中国高等职业技术教育研究会推荐
高职高专系列规划教材

工 程 力 学

主　编　郭谆钦
副主编　王承文　黄登红　杨　丰　周春华
主　审　陈　勇

西安电子科技大学出版社

内 容 简 介

本书分为理论力学和材料力学两篇。理论力学篇包括静力学基础、平面力系、空间力系、运动学、动力学等内容；材料力学篇包括材料力学的基本概念、轴向拉伸和压缩、剪切和挤压、圆轴扭转、梁的弯曲、组合变形、压杆稳定等内容。

本书可作为高职高专院校相关专业的教材，也可作为从事工程力学相关工作的从业人员的参考用书。

图书在版编目(CIP)数据

工程力学/郭谆钦主编. —西安：西安电子科技大学出版社，2014.1(2016.7重印)
高职高专系列规划教材
ISBN 978-7-5606-3257-5

Ⅰ. ①工… Ⅱ. ①郭… Ⅲ. ①工程力学—高等职业教育—教材 Ⅳ. ①TB12

中国版本图书馆CIP数据核字(2013)第292411号

策　　划　杨丕勇
责任编辑　杨丕勇
出版发行　西安电子科技大学出版社(西安市太白南路2号)
电　　话　(029)88242885　88201467　　邮　　编　710071
网　　址　www.xduph.com　　电子邮箱　xdupfxb001@163.com
经　　销　新华书店
印刷单位　陕西华沐印刷科技有限责任公司
版　　次　2014年1月第1版　2016年7月第2次印刷
开　　本　787毫米×1092毫米　1/16　印张18
字　　数　409千字
印　　数　3001～6000册
定　　价　36.00元
ISBN 978-7-5606-3257-5/TB

XDUP 3549001-2

＊＊＊如有印装问题可调换＊＊＊

前　言

为适应高职高专教育发展形势的需要，根据教育部最新制订的“高职高专教育机械类专业力学课程教学基本要求”，结合长期从事力学课程教学的经验，尤其是近几年的高职高专教学实践，编者在充分吸收高职教育力学课程改革成果的基础上，编写了本书。

本书的编写立意是：注重与高职高专学生的知识、能力结构相适应，体现以应用为目的，理论以必需、够用为度，尽量与生产生活实践相结合，突出对学生分析、解决实际问题的能力和工程意识的培养。在编写过程中，力求做到用简单浅显的语言描述复杂的问题，尽可能将国内外与力学相关的最新知识、成果或经验引入教材，在专业术语及名词的表达上力求规范、统一。每章配有充足的典型例题、思考题与习题，以达到学以致用的目的。

“工程力学”作为工科专业教育中重要的技术基础课，是系统引导学生结合工程实际的一门理论课程，在学生能力和素质培养中占有重要地位。本书内容涵盖“工程力学”课程的基本要求，共分两篇12章，第一篇“理论力学”部分又分为静力学、运动力学和动力学三部分。其中，“静力学”部分主要介绍静力学基础、平面力系、空间力系；运动力学主要介绍质点的运动、刚体的运动、点的合成运动和刚体的平面运动；动力学主要介绍质点动力学基础、刚体动力学基础、动静法——达朗贝尔原理和动能定理。第二篇“材料力学”部分包括材料力学的基本概念、轴向拉伸和压缩、剪切和挤压、圆轴扭转、梁的弯曲、组合变形及压杆稳定等内容。

本书内容较多，涉及面广，各章节内容安排相对独立，在教学中可根据不同专业、不同学时的实际需要进行取舍。节前加星号“*”的内容为选学内容。

由于编者水平有限，书中不足之处在所难免，恳请读者批评指正。

编　者

2013年9月

目　　录

第二篇 材料力学

绪　论

1. 工程力学研究的内容

工程力学是一门应用范围极其广泛的技术基础课程，包含了传统学科中理论力学与材料力学两门学科中的主要内容。

（1）理论力学。理论力学是研究物体机械运动一般规律的基础学科，讨论机器与结构的运动情况及其受力分析，是工程分析与设计的起点。

理论力学又包含静力学、运动力学和动力学三部分。

（2）材料力学。材料力学是研究构件承载能力的一门学科。本书主要研究了材料的四种基本变形，即拉伸与压缩、剪切与挤压、扭转、弯曲，以及两种组合变形，即拉(压)弯组合变形、弯扭组合变形。

由以上内容可见，工程力学是认识与分析工程技术问题的必备的基础工具。

2. 工程力学的学习方法

（1）联系实际。工程力学来源于人类长期的生活实践、生产实践与科学实验，并且广泛应用于各类工程实践中。因此，在实践中学习工程力学是一种重要的学习方法。

广泛联系与分析生活及生产中的各种力学现象，是培养未来的工程技术人员对工程力学的兴趣的一条重要途径，而对工程力学的兴趣是其身心投入的重要起点。联系实际是从获得理论知识到具备分析与解决问题能力之间的一座桥梁。初学工程力学的人的通病就是感到"理论好懂,习题难解"，这就是缺少各种实践的过程(包括大量的课内外练习)，没有完成理论到能力之间转化的一种反映。

（2）善于总结。将书读薄是做学问的一种基本方法，读一本书后要将其总结成一两页材料，唯其如此，才能抓住一个章节、一本书、一门学科的精髓，才能融会贯通，才能真正使其成为自己的知识。

理论要总结，解题的方法与技巧也要总结。本书例题中常有一题多解和多题一解的现象，其目的就在于传授方法，培养学生举一反三的能力。

（3）勤于交流。相互交流是获取知识的一种重要手段，因此从课堂教学、习题讨论、课件利用至网上交流，要经常表述自己的观点，不断纠正自己的错误理念，从而使自己的综合素质得到提高。

第一篇 理论力学

理论力学是研究物体机械运动一般规律的一门科学。

运动是物质的存在形式，是物质的固有属性，它包括了宇宙中发生的一切变化与过程。物质的运动形式是多种多样的，包括从简单的位置变化到各种物理现象、化学现象，直至人的思维与人们的社会活动。对于物质运动各种形式的研究，分别形成了各种学科。

理论力学所研究的机械运动是指物体在空间的位置随时间的变化，如日月运行、车船行驶、机器运转、河水流动及物体的平衡等。所谓物体的平衡，一般是指物体相对于地面处于静止或作匀速直线运动的状态。

机械运动不仅广泛地出现在我们的周围，存在于人类的一切生产劳动过程中，也普遍存在于研究其他运动形式的各门学科中。因此，研究机械运动，不仅可以解释周围许多现象，为研究其他学科提供条件，更重要的还在于它是现代工程技术的重要理论基础，是解决工程技术问题的重要手段之一。

理论力学的内容通常包括以下三个部分：

(1) 静力学：研究物体在受力作用下的平衡规律。

(2) 运动力学：从几何角度研究机械的运动规律。

(3) 动力学：研究作用于物体上的力与物体机械运动变化之间的关系。

理论力学的研究对象称为刚体与质点。所谓刚体，是指在力的作用下，大小和形状始终保持不变的物体。质点是指不计物体的尺寸，将其看做一个点。这些理想化的力学模型都是将事物抽象化的结果。

理论力学是一门理论性较强，在工程技术领域中有着广泛应用的技术基础课，是近代工程技术的重要基础之一。同时，它又为工科院校中一系列后继课程提供必要的基础知识。

理论力学的分析和研究方法在科学研究中有一定的典型性。通过对本课程的学习，有助于培养辩证唯物主义的世界观，有助于提高分析和解决实际问题的能力，为今后从事生产实践、科学研究打下良好的基础。

第 1 章　静力学基础

静力学是研究物体在力系作用下的平衡规律的一门科学，是理论力学的重要组成部分。本章主要介绍静力学的基础知识，包括力的基本概念、基本公理、运算以及物体受力图的绘制等。

1.1　力的基本概念

1.1.1　力的概念

1. 力的定义

人们对力的感受产生于人类的生活及所从事的生产劳动之中。当人们用手握、拉、掷及举起物体时，由于肌肉紧张而感受到力的作用，这种作用广泛存在于人与物及物与物之间。例如，奔腾的水流能推动水轮机旋转，锤子的敲打会使烧红的铁块变形，等等。如图 1－1 所示，人给小车一个推力 $\boldsymbol{F}$，小车就会给人一个反作用力 $\boldsymbol{F}'$。

图 1－1　力的定义

综上所述，在静力学的范畴内，力可定义为：是物体间的相互(机械)作用，这种作用将引起物体的机械运动状态发生变化。

2. 力的效应

力作用于物体将产生两种效果：一种是使物体机械运动状态发生变化，称为力的外效应；另一种是使物体产生变形，称为力的内效应。

理论力学研究对象的模型为刚体，不涉及变形，故理论力学研究的是外效应。

材料力学主要研究物体的变形，故材料力学研究的是内效应。

3. 力的三要素

实践证明，力对物体的作用效应是由力的大小、方向和作用点的位置所决定的，这三个因素称为力的三要素。例如，用扳手拧螺母时，作用在扳手上的力 $\boldsymbol{F}_A$、$\boldsymbol{F}_B$、$\boldsymbol{F}_C$因大小不同，或方向不同，或作用点不同，产生的效果就不一样(见图 1－2)。

4. 力的表示方法

力是矢量，其表示方法如图 1－3 所示，即用一个带有箭头的直线线段来表示。线段 AB 的长度(按一定比例尺寸)表示力的大小，线段的方位和箭头(由 A 指向 B)表示力的方向，其起点或终点表示力的作用位置。此线段的延伸称为力的作用线。力矢量用黑体字母表示，如 $\boldsymbol{F}$；力的大小是标量，用一般字母表示，如 F。

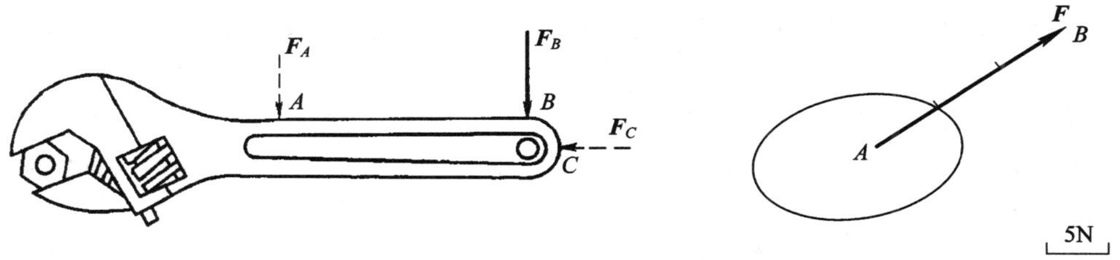

图 1－2　力的三要素　　　图 1－3　力的矢量表示

5. 力的单位

按照国际单位制的规定，力的单位为牛顿(N)或千牛顿(kN)，在工程单位制中，力的常用单位曾为千克力，记做 kgf。两种单位之间的换算关系为

$$1\ \text{kgf}=9.806\ 65\ \text{N}$$

1.1.2　力的投影

力 $\boldsymbol{F}$ 在坐标轴上的投影定义为：过 $\boldsymbol{F}$ 两端向坐标轴引垂线分别得垂足 a、b 和 a'、b' (见图 1－4)。线段 ab 和 $a'b'$ 分别为力 $\boldsymbol{F}$ 在 x 和 y 轴上投影的大小。

投影的正负规定为：将从 a 到 b(或从 a' 到 b')的指向与坐标轴的正向进行比较，相同为正，相反为负。力 $\boldsymbol{F}$ 在 x、y 轴上的投影分别用 $\boldsymbol{F}_x$ 和 $\boldsymbol{F}_y$ 表示。

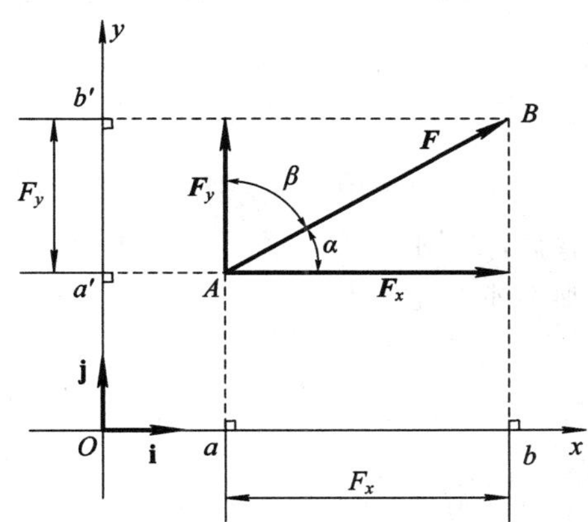

图 1－4　力在直角坐标轴上的投影

若已知力 $\boldsymbol{F}$ 的大小及其与 x 轴所夹的锐角 α，则有

$$\begin{cases}F_x=\pm F\cos\alpha\\F_y=\pm F\sin\alpha\end{cases}\qquad(1-1)$$

力的矢量表达式为

$$\boldsymbol{F}=F_x\mathbf{i}+F_y\mathbf{j}\qquad(1-2)$$

图 1－4 中，力 $\boldsymbol{F}$ 的投影分别为

$$\begin{cases}F_x=F\cos\alpha\\F_y=F\sin\alpha\end{cases}$$

若已知投影 F_x 和 F_y，则可求出力 $\boldsymbol{F}$ 的大小和方向，即

$$\begin{cases}F=\sqrt{F_x^2+F_y^2}\\\tan\alpha=|F_y/F_x|\end{cases}\qquad(1-3)$$

一个力沿着互相垂直的两个方向分解为两个正交分力，这种分解称为正交分解。

1.1.3　力系的概念

力系是指作用于同一物体上的一组力。

平衡力系：如果刚体在一个力系作用下处于平衡状态，则称该力系为平衡力系。

等效力系：若两力系分别作用于同一物体且效应相同，则二者互称等效力系。

所谓力系的简化，就是用简单的力系等效替代复杂的力系。若力系与一个力等效，则称此力为该力系的合力，该力系中各力称为该合力的分力或分量，求合力的过程称为力系的合成。

力系按作用线分布情况可分为如下两种：

平面力系：力系所有的作用线在同一平面内，按作用线相互位置不同又分为平面汇交力系、平面平行力系和平面任意力系。

空间力系：力系所有的作用线不在同一平面内，按作用线相互位置不同分为空间汇交力系、空间平行力系和空间任意力系。

1.1.4　均布载荷

当力作用于物体上的一个点时称为集中力或集中载荷，而当力均匀分布在一段直线上时，称为均布力或均布载荷。均布载荷的作用强度用单位长度上力的大小 q(N/m)来度量，称为载荷集度，如图 1－5(a)所示。

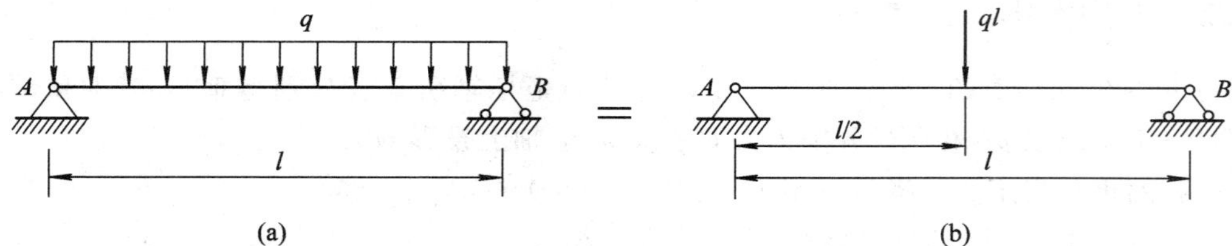

图 1－5　均布载荷及等效

在静力学中，因为将物体看为刚体，不考虑其变形，故可将均布载荷等效为一个集中载荷，如图 1－5(b)所示，集中力的大小为 ql，作用点位于均布载荷的正中间。材料力学中则不能如此处理。

1.2　静力学基本公理

静力学公理是人们从反复实践中总结出来的客观规律，是静力学的基础。

1. 公理 1　二力平衡公理

作用于同一刚体上的两个力，使刚体处于平衡状态的充分必要条件是：这两个力必须大小相等，方向相反，且作用在同一直线上(即等值、反向、共线)。

由二力平衡公理可知，当一刚体仅受两个力作用，处于平衡状态时，这两个力一定是等值、反向、共线的，此时该力系是平衡力系，这两个作用力称为一对平衡力。

仅受两个力作用且处于平衡状态的构件称为二力构件。如图 1－6 所示，二力构件所受的两个力的作用线必定沿两作用点的连线。

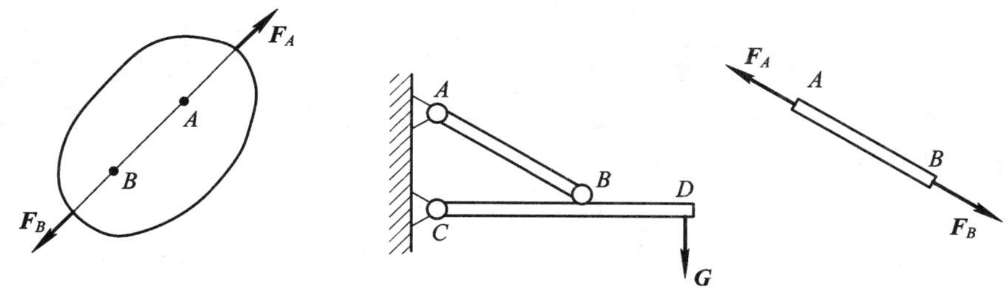

图 1－6　二力构件

2. 公理 2　加减平衡力系公理

在作用于刚体上的已知力系中加上或减去任意平衡力系，不会改变原力系对刚体的作用效应。

推论 1　力的可传性原理

作用于刚体上的力，可沿其作用线滑移到任何位置而不改变此力对刚体的作用效应。

此推论的证明如下：

设力 $\boldsymbol{F}$ 作用于刚体上的 A 点，如图 1－7 所示，在其作用线上任取一点 B，并在 B 点加上一平衡力系($\boldsymbol{F}_1$、$\boldsymbol{F}_2$)，且 $\boldsymbol{F}_2=\boldsymbol{F}=-\boldsymbol{F}_1$。根据二力平衡公理和加减平衡力系公理可知，力 $\boldsymbol{F}$ 与力系($\boldsymbol{F}$、$\boldsymbol{F}_1$、$\boldsymbol{F}_2$)等效。同理，在力系($\boldsymbol{F}$、$\boldsymbol{F}_1$、$\boldsymbol{F}_2$)中减去平衡力系($\boldsymbol{F}_1$、$\boldsymbol{F}$)效果也不变，即力 $\boldsymbol{F}$ 与 $\boldsymbol{F}_2$ 等效。由图 1－7 可知，力 $\boldsymbol{F}$ 相当于等效移至其作用线上的任一点 B。

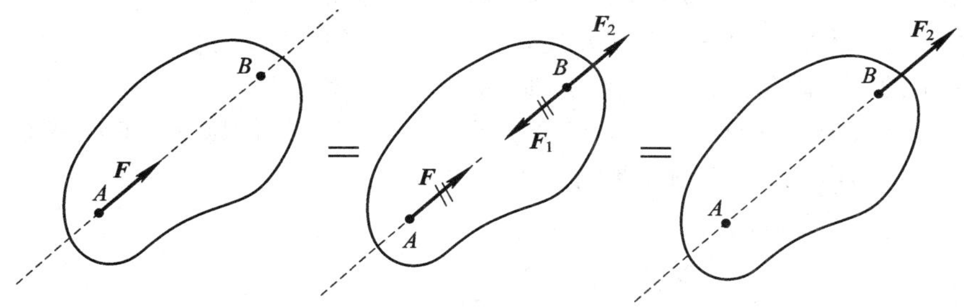

图 1－7　力的可传性

比如，水平推车与拉车的效果是相同的，如图 1－8 所示。由此可见，作用于刚体上的力是滑移矢量，它可沿作用线滑移，但不能偏离作用线。

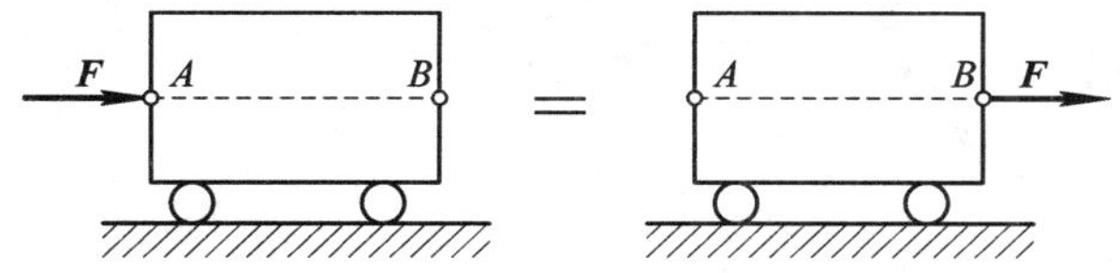

图 1－8　水平推力与拉力对小车的作用效果

需要指出的是，力的可传性仅仅适用于刚体，对于变形体则不适用。

3. 公理 3　力的平行四边形法则

作用于物体上同一点的两个力，可以合成为一个合力。其合力也作用于该点，合力的大小和方向，由以这两个力为邻边所构成的平行四边形的对角线来确定。

如图 1－9(a)所示，$\boldsymbol{F}_1$、$\boldsymbol{F}_2$为作用于 A 点的两个力，以这两个力为邻边作平行四边形 $ABCD$，则对角线 AC 即为 $\boldsymbol{F}_1$与 $\boldsymbol{F}_2$的合力 $\boldsymbol{F}_R$，或者说，合力矢 $\boldsymbol{F}_R$等于原来两个力矢 $\boldsymbol{F}_1$与 $\boldsymbol{F}_2$的矢量和，其矢量表达式为

$$\boldsymbol{F}_R = \boldsymbol{F}_1 + \boldsymbol{F}_2 \tag{1-4}$$

有时为简便起见，作图时可省略 AD 与 DC，直接将 $\boldsymbol{F}_2$连在 $\boldsymbol{F}_1$的末端，通过$\triangle ABC$ 即可求得合力 $\boldsymbol{F}_R$，如图 1－9(b)所示。此法称为求两汇交力合力的三角形法则。按一定比例作图，可直接量得合力 $\boldsymbol{F}_R$的近似值。

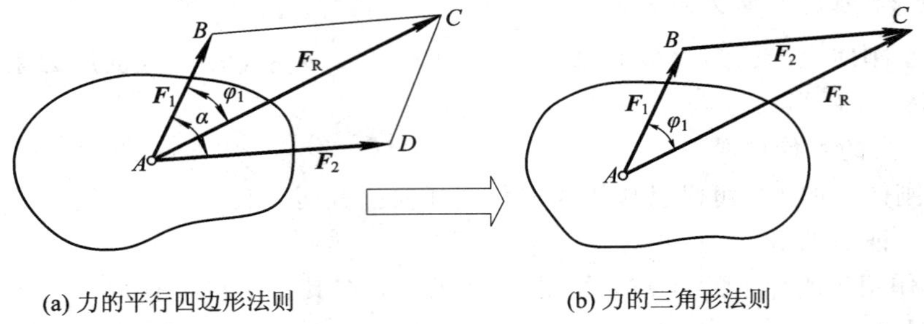

(a) 力的平行四边形法则　　(b) 力的三角形法则

图 1－9　力的合成

力的平行四边形法则常用于两个力的合成，当物体受到多个力作用时，依次采用平行四边形法则进行合成比较麻烦，通常采用力的多边形法则进行合成。其合成方法如图 1－10(b)所示，即将力系中各力首尾相连，形成一条折线，再连接第一个力的始端与最后一个力的末端的矢量就是此力系的合力。此法称为力的多边形法则。

利用力的多边形法则求合力时，可任意改变力首尾相连的顺序，其合成结果不会改变。如图 1－10(c)所示，其合成结果与图 1－10(b)一致。

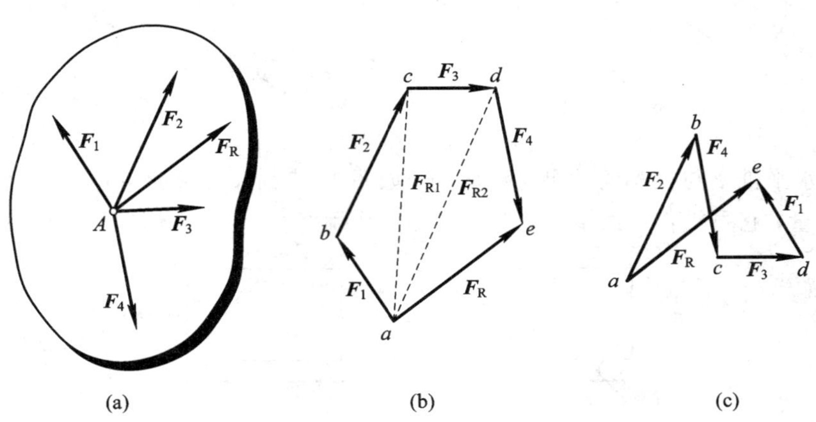

(a)　　(b)　　(c)

图 1－10　力的多边形法则

力的平行四边形法则、三角形法则和多边形法则都属于几何法求合力，优点是简单易用，缺点是精度不高。如果要获得高精度的合力则必须采用解析法。

推论 2　三力平衡汇交定理

当刚体受到共面但互不平行的三个力作用而平衡时，此三个力的作用线必汇交于一点。

证明　刚体上 A_1、A_2、A_3 三点分别作用着使该刚体平衡的三个力 $\boldsymbol{F}_1$、$\boldsymbol{F}_2$、$\boldsymbol{F}_3$，它们的作用线都在一个平面内但不平行，$\boldsymbol{F}_1$、$\boldsymbol{F}_2$ 的作用线交于 O 点。根据力的可传性原理，将这两个力分别移至 O 点，则这两个力的合力 $\boldsymbol{F}_R$ 必定在此平面内且其作用线通过 O 点，而 $\boldsymbol{F}_R$ 必须和 $\boldsymbol{F}_3$ 平衡。由二力平衡的条件可知，$\boldsymbol{F}_3$ 与 $\boldsymbol{F}_R$ 必共线，所以 $\boldsymbol{F}_3$ 的作用线亦必过 $\boldsymbol{F}_1$、$\boldsymbol{F}_2$ 的交点 O，即三个力的作用线汇交于一点，如图 1-11 所示。

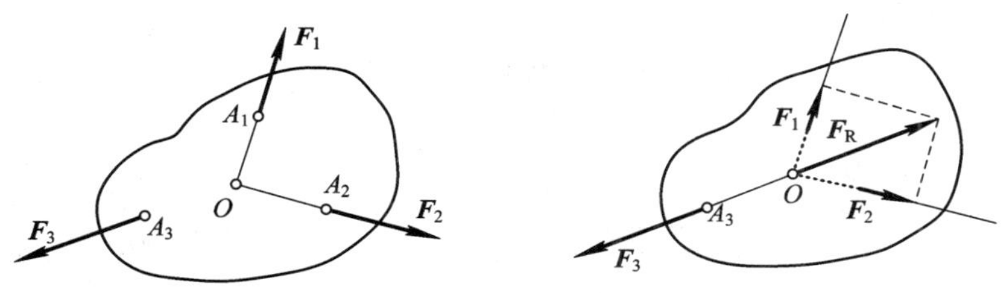

图 1-11　三力平衡汇交原理

4. 公理 4　作用和反作用公理

作用与反作用力总是同时存在的，两个力的大小相等，方向相反，沿着同一直线分别作用在两个相互作用的物体上。

公理 4 概括了物体相互作用的关系，表明力总是成对出现的。但应注意作用力和反作用力虽然也是等值、反向、共线关系，但并不构成一对平衡力。因为作用力与反作用力是分别作用在两个物体上的，而一对平衡力是作用在同一个物体上的。借助于此原理，我们能从一个物体的受力分析过渡到相邻物体的受力分析。

有时我们考察的对象是物系，物系外的物体与物系间的作用力称为外力，而物系内部物体间的相互作用力称为内力。内力总是成对出现的且呈等值、反向、共线的特点，所以就物系而言，内力的合力总是为零。因此，内力不会改变物系的运动状态。但内力与外力的划分又与所取物系的范围有关，随着所取对象范围的不同，内力与外力又是可以相互转化的。

5. 解析法求解汇交力系合力

1）合力投影定理

如图 1-12 所示，合力在 x 轴的投影等于各分力在 x 轴上投影的代数和，即

$$F_{Rx} = F_{1x} + F_{2x}$$

同理可得：

$$F_{Ry} = F_{1y} + F_{2y}$$

若有多个力 $\boldsymbol{F}_1$，$\boldsymbol{F}_2$，…，$\boldsymbol{F}_n$ 汇交于一点，则有：

$$\begin{cases} F_{Rx} = F_{1x} + F_{2x} + \cdots + F_{nx} = \sum F_x \\ F_{Ry} = F_{1y} + F_{2y} + \cdots + F_{ny} = \sum F_y \end{cases} \tag{1-5}$$

即合力在任一轴上的投影等于各分力在同一轴上投影的代数和，称为合力投影定理。

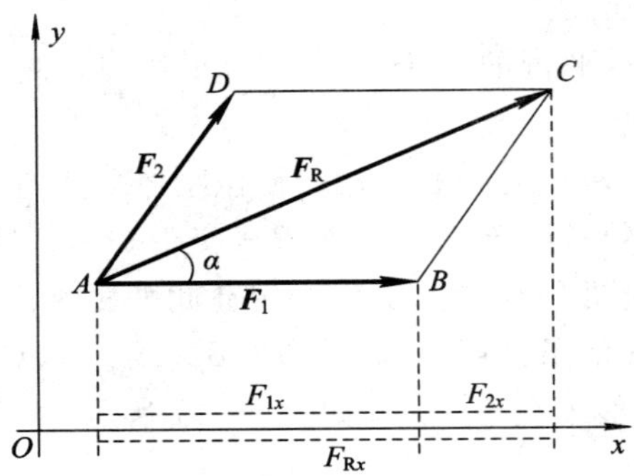

图 1-12　合力与分力投影的关系

2）解析法

$\boldsymbol{F}_R$的大小和方向为

$$\begin{cases} F_R = \sqrt{F_{Rx}^2 + F_{Ry}^2} = \sqrt{(\sum F_x)^2 + (\sum F_y)^2} \\ \alpha = \arctan\left|\dfrac{F_{Ry}}{F_{Rx}}\right| = \arctan\left|\dfrac{\sum F_y}{\sum F_x}\right| \end{cases} \tag{1-6}$$

式中，α 为合力 $\boldsymbol{F}_R$与轴 x 所夹的锐角；实际 $\boldsymbol{F}_R$的方向夹角由 $\boldsymbol{F}_{Rx}$和 $\boldsymbol{F}_{Ry}$决定。

【例 1-1】 已知物体的 O 点作用着平面汇交力系($\boldsymbol{F}_1$，$\boldsymbol{F}_2$，$\boldsymbol{F}_3$，$\boldsymbol{F}_4$)，其中 $F_1 = F_2 = 100$ N，$F_3 = 150$ N，$F_4 = 200$ N，各力的方向如图 1-13(a)所示，求此力系合力的大小和方向。

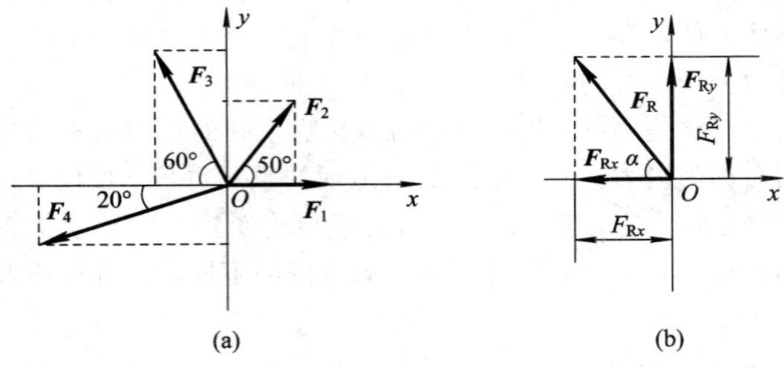

图 1-13　合力与分力投影的关系

解　(1) 建立平面直角坐标系 Oxy，分别确定各力与 x 轴所夹的锐角。

(2) 由合力投影定理分别求两个合力的投影为

$$\begin{aligned} F_{Rx} &= \sum F_x = F_{1x} + F_{2x} + F_{3x} + F_{4x} \\ &= 100 + 100\cos 50^\circ - 150\cos 60^\circ - 200\cos 20^\circ \\ &= -98.7\ \text{N} \end{aligned}$$

$$\begin{aligned} F_{Ry} &= \sum F_y = F_{1y} + F_{2y} + F_{3y} + F_{4y} \\ &= 0 + 100\sin 50^\circ + 150\sin 60^\circ - 200\sin 20^\circ \\ &= 138.1\ \text{N} \end{aligned}$$

(3) 合力的大小和夹角为

$$F_R = \sqrt{F_{Rx}^2 + F_{Ry}^2} = \sqrt{(\sum F_x)^2 + (\sum F_y)^2}$$
$$= \sqrt{(-98.7)^2 + (138.1)^2} = 168.7 \text{ N}$$
$$\alpha = \arctan\left|\frac{F_{Ry}}{F_{Rx}}\right| = \arctan\left|\frac{138.1}{-98.7}\right| = 54.5°$$

(4) 求合力的方向。由 $\boldsymbol{F}_{Rx}$ 为"−"，$\boldsymbol{F}_{Ry}$ 为"+"，可确定该合力位于第二象限，如图 1-13(b)所示。

1.3　力　　矩

1.3.1　力矩的概念

人们从生产实践中得知，力不仅有使物体沿着某一方向移动的平动效应，还有使物体绕某点转动的转动效应。例如，在生产劳动中，人们通过杠杆、滑轮、鼓轮等简单机械移动和提升物体时，都能体会到力对物体转动效应的存在。必须指出，一个力不可能只使物体产生绕质心转动的效应(如用单桨划船时，船不可能在原处旋转)，但如果力作用在有固定支点的物体上，就可以使该物体产生绕固定支点转动的效应。

当用扳手拧紧螺母时(见图 1-14)，若作用力为 $\boldsymbol{F}$，转动中心 O(称为矩心)到力作用线的垂直距离为 d(称为力臂)，由经验可知，扳动螺母的转动效应不仅与力 $\boldsymbol{F}$ 的大小和方向有关，而且与力臂 d 的大小有关，故力 $\boldsymbol{F}$ 对物体转动效应的大小可用两者的乘积 Fd 来度量。当然，若力 $\boldsymbol{F}$ 对物体的转动方向不同，则其效果也不相同。表示力使物体绕某点转动效应的量称为力对点之矩，简称力矩。

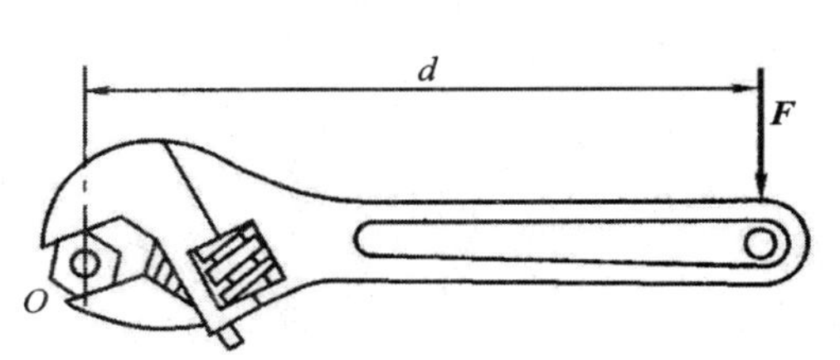

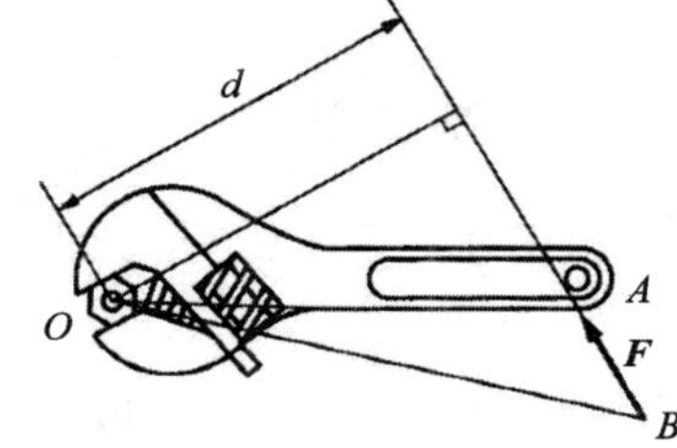

图 1-14　力对点之矩

力矩为一代数量，它的大小为力 $\boldsymbol{F}$ 的大小与力臂 d 的乘积，它的正负号表示力矩在平面上的转向。力矩可表示为

$$M_O(\boldsymbol{F}) = \pm Fd \tag{1-7}$$

一般规定，力使物体绕矩心逆时针旋转为正，顺时针为负。力矩的单位为 N·m(牛·米)。

由力矩的定义和式(1-7)可知：

(1) 当力的作用线通过矩心时，力臂值为零，力矩值也必定为零。

(2) 力沿其作用线滑移时，不会改变力矩的值，因为此时并未改变力、力臂的大小及力矩的转向。

【例 1-2】 如图 1-15 所示，数值相同的三个力按不同方式分别施加在同一扳手的 A 端。若 F=100 N，试求三种不同情况下力对点 O 之矩。

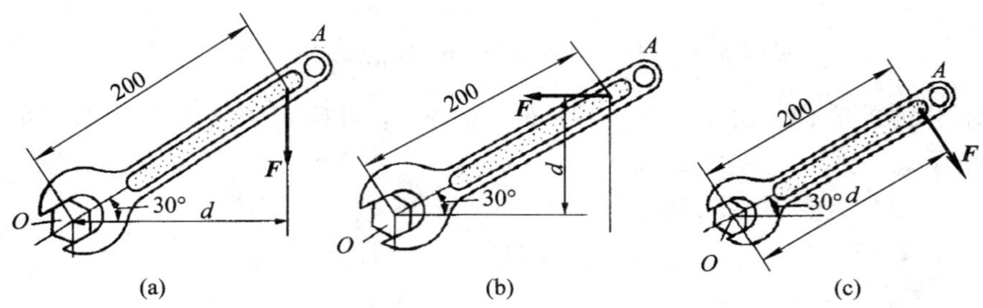

图 1-15　扳手拧螺母的三种受力方式比较

解　图 1-15 所示的三种情况下，虽然力的大小、作用点和矩心均相同，但力的作用线各异，致使力臂均不相同，因而在这三种情况下，力对点 O 之矩不同。在图 1-15(a)中，$d=200\times10^{-3}\times\cos30°$ m；在图 1-15(b)中，$d=200\times10^{-3}\times\sin30°$ m。根据力矩的定义式(1-7)可求出力 $\boldsymbol{F}$ 对点 O 之矩分别如下：

图(a)中：

$$M_O(\boldsymbol{F})=-Fd=-100\times200\times10^{-3}\times\cos30°=-17.32\ \text{N}\cdot\text{m}$$

图(b)中：

$$M_O(\boldsymbol{F})=Fd=100\times200\times10^{-3}\times\sin30°=10\ \text{N}\cdot\text{m}$$

图(c)中：

$$M_O(\boldsymbol{F})=-Fd=-100\times200\times10^{-3}=-20\ \text{N}\cdot\text{m}$$

由计算结果可见，第三种情况(力臂最大)下，力矩值为最大，这与我们的实际体会是一致的。

1.3.2　合力矩定理

合力矩定理：平面力系的合力对平面上任一点之矩，等于所有各分力对同一点力矩的代数和，即

$$M_O(\boldsymbol{F}_R)=M_O(\boldsymbol{F}_1)+M_O(\boldsymbol{F}_2)+\cdots+M_O(\boldsymbol{F}_n)=\sum M_O(\boldsymbol{F}) \tag{1-8}$$

上述合力矩定理不仅适用于平面力系，对于空间力系也同样成立。

在计算力矩时，有时力臂值未在图上直接标出，计算亦繁琐。应用这个定理，可将力沿图上标注尺寸的方向作正交分解，分别计算各分力的力矩，然后相加得出原力对该点之矩。

【例 1-3】 一齿轮受到啮合力 $\boldsymbol{F}_n$ 的作用，F_n=1000 N，齿轮的压力角(啮合力与齿轮节圆切线间的夹角)α=20°，节圆直径 D=0.16 m，求啮合力 $\boldsymbol{F}_n$ 对轮心 O 之矩(见图 1-16)。

解　解法一　应用力矩计算公式计算。

$$M_O(\boldsymbol{F})=-F_n d=-F_n\frac{D}{2}\cos\alpha=-1000\times\frac{160\times10^{-3}}{2}\cos20°=-75.2\ \text{N}\cdot\text{m}$$

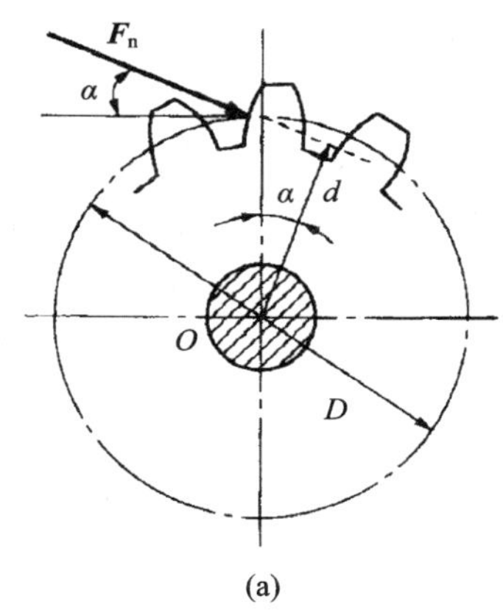

(a)

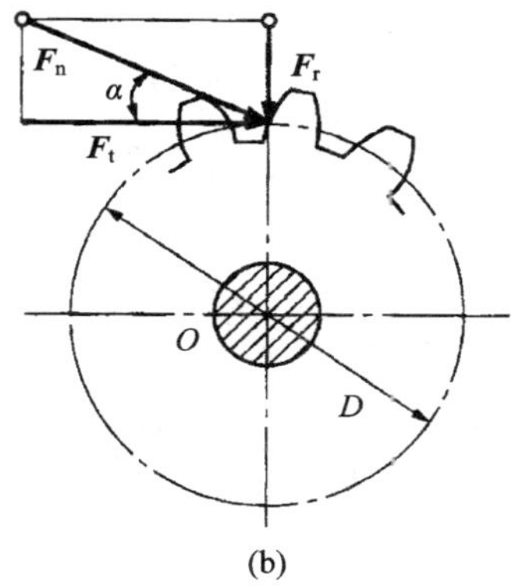

(b)

图 1-16　齿轮啮合时的受力分析

解法二　利用合力矩定理计算。

将合力 $\boldsymbol{F}_n$ 在齿轮啮合点处分解为圆周力 $\boldsymbol{F}_t$ 和径向力 $\boldsymbol{F}_r$，则 $F_t=F_n\cos\alpha$，$F_r=F_n\sin\alpha$，由合力矩定理得

$$
\begin{aligned}
M_O(\boldsymbol{F}) &= M_O(\boldsymbol{F}_t)+M_O(\boldsymbol{F}_r)=-F_t\frac{D}{2}+0=-(F_n\cos\alpha)\frac{D}{2}\\
&=-1000\times\frac{160\times10^{-3}}{2}\cos20^\circ\\
&=-75.2\ \text{N}\cdot\text{m}
\end{aligned}
$$

1.4　力　　偶

1.4.1　力偶的定义

在日常生活和生产实践中，常见到物体受到一对大小相等、方向相反、作用线互相平行的两个力作用而使物体产生转动效应的情况。如图 1-17 所示，用手拧水龙头开关(见图(a))，司机用双手转动方向盘(见图(b))、用丝锥攻螺纹(见图(c))等，都属这类情况。

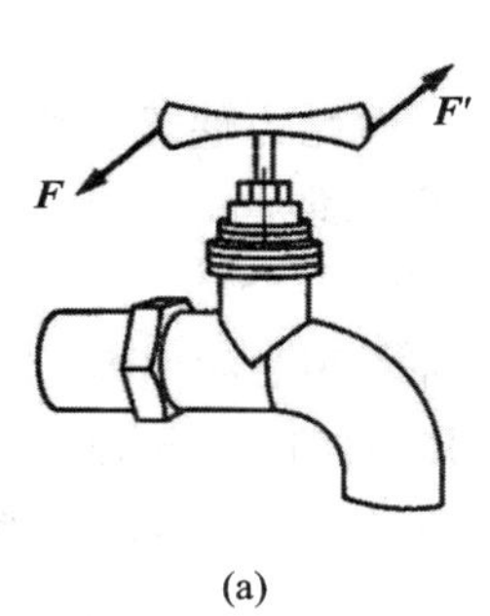

(a)

(b)

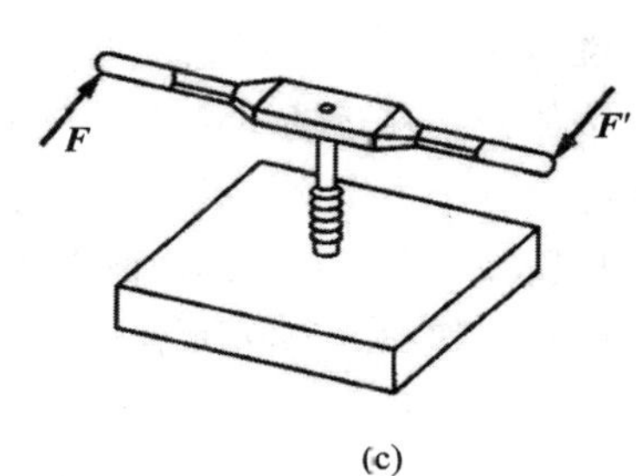

(c)

图 1-17　力偶实例

这样一对大小相等、方向相反、不同线的平行力($\boldsymbol{F}$, $\boldsymbol{F}'$)所组成的力系称为力偶。两力

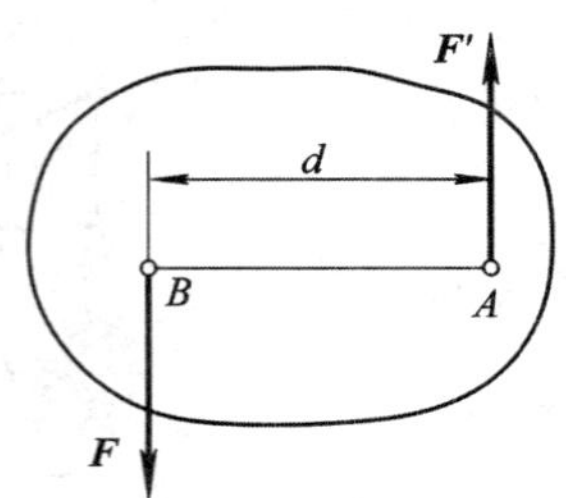

图 1－18　力偶

之间的垂直距离 d 称为力偶臂，如图 1－18 所示。

力偶只能对物体产生转动效应，而不能使物体产生移动效应。

1.4.2　力偶矩

由实例可知，在力偶的作用面内，力偶对物体的转动效应取决于组成力偶两反向平行力的大小 F、力偶臂 d 的大小以及力偶的转向。

在力学中，我们以 F 与 d 的乘积并加以适当的正负号作为量度力偶在其作用面内对物体转动效应的物理量，称为力偶矩，用 M 表示，即

$$M = \pm Fd \tag{1-9}$$

式中：正负号表示力偶的转向，逆时针转动取正号，顺时针转动取负号。

力偶矩的单位是 N · m(牛 · 米)或 kN · m(千牛 · 米)。

1.4.3　力偶的三要素

力偶对物体的转动效应取决于下列三要素：

(1) 力偶矩的大小。

(2) 力偶的转向。

(3) 力偶的作用面——它的方位表征作用面在空间的位置及旋转轴的方向。作用面方位由垂直于作用面的垂线指向来表征。凡空间相互平行的平面，它们的方位均相同。

凡三要素相同的力偶则彼此等效，即它们可以相互置换。

1.4.4　力偶的性质

性质一　力偶在任意轴上投影的代数和为零，如图 1－19 所示。因此力偶无合力，力偶对物体的平移运动不产生任何影响。力与力偶相互不能代替，力偶不能与一个力等效，也不能用一个力平衡。因此，力与力偶是静力学的两种基本要素。

性质二　力偶对其作用面内任意点的矩恒等于此力偶的力偶矩，而与矩心的位置无关。

证明　如图 1－20 所示，设有一力偶($\boldsymbol{F}$，$\boldsymbol{F}'$)，力偶臂为 d，在其内任选一点 O 作为矩心。设点 O 到 $\boldsymbol{F}$、$\boldsymbol{F}'$之间的垂直距离分别为 $d+x$ 和 x，则组成力偶的两力对点 O 的矩之和为

$$M_O(\boldsymbol{F}) + M_O(\boldsymbol{F}') = F(d+x) - F'x = Fd = M$$

由于所取的矩心是任意的，因此力偶对力偶面内任一点的矩只与力偶中力的大小、力偶臂有关，而与矩心位置无关。

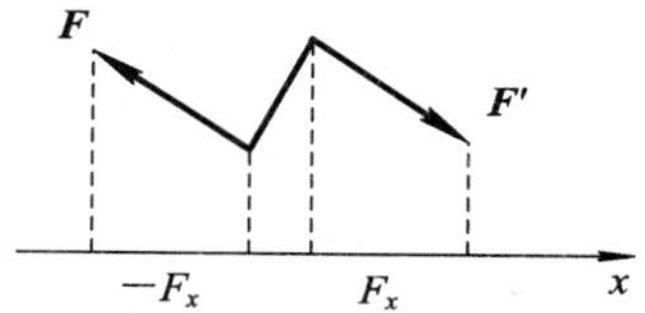

图 1-19 力偶的投影

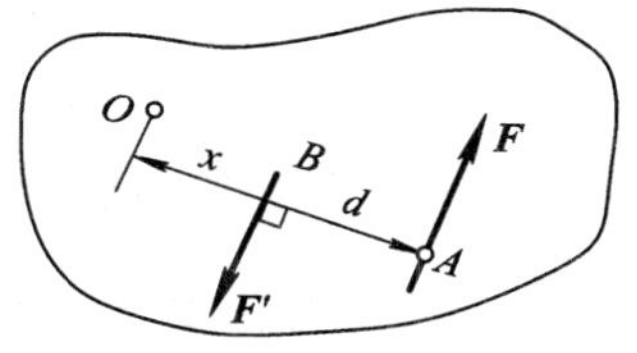

图 1-20 力偶对其平面内任意点之矩

性质三 保持力偶的转向和力偶矩的大小不变，力偶可在其作用面内任意移动和转动，而不会改变它对刚体的作用效应。

力偶的这一性质说明力偶对物体的作用与力偶在作用面内的位置无关。需要指出的是，这一性质只适用于刚体，而不适用于变形体。

性质四 只要保持力偶的转向和力偶矩大小不变，可以任意改变力偶中力的大小和力偶臂的长短，而不会改变力偶对刚体的转动效应，如图 1-21 所示。

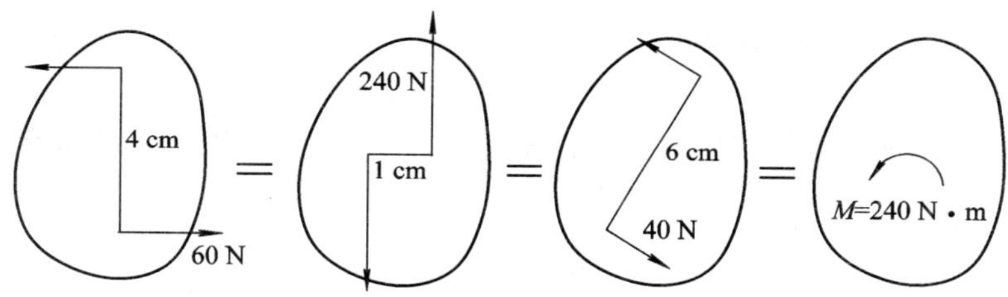

图 1-21 力偶的等效

力偶的这一性质说明力偶中力或力偶臂都不是力偶的特征量，只有力偶矩才是力偶作用的度量。因此，力偶可以用一段带箭头的弧线表示，其中弧线所在平面表示力偶的作用面，箭头指向表示力偶的转向。图 1-21 表示力偶矩为 M 的一个力偶，四种表示方法等效。

1.4.5 平面力偶系的合成

设在刚体某平面上有两个力偶 M_1 和 M_2 的作用，如图 1-22(a)所示，现求其合成的结果。

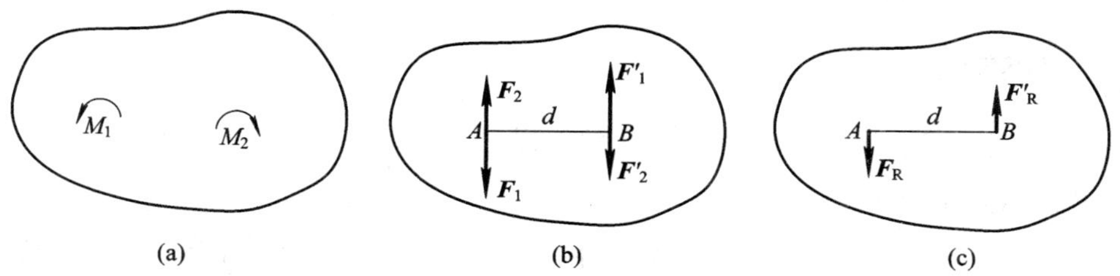

图 1-22 力偶的合成

在平面上任取一线段 $AB=d$ 当作公共力偶臂，并把每一个力偶化为一组作用在两点的反向平行力，如图 1-22(b)所示。根据力偶的等效条件，有

$$F_1=\frac{M_1}{d},\quad F_2=\frac{M_2}{d}$$

于是 A、B 两点各得一组共线力系，其合力各为 F_R 和 F'_R，如图 1-22(c)所示，且有

$$F_R = F_1 + F_2$$

$$M = F_R d = (F_1 + F_2)d = M_1 + M_2$$

若在刚体上有若干力偶作用，则采用上述方法叠加，可得合力偶矩为

$$M = M_1 + M_2 + \cdots + M_n = \sum M_i \tag{1-10}$$

平面力偶系可合成为一合力偶，合力偶矩为各分力偶矩的代数和。

1.5 力的平移定理

1.5.1 平移定理的定义

图 1-23 描述了力向作用线外一点的平移过程。欲将作用于刚体上 A 点的力 $\boldsymbol{F}$ 平移到平面上任意点 B(见图 1-23(a))，则可在 B 点施加一对与 $\boldsymbol{F}$ 等值的平衡力 $\boldsymbol{F}'$、$\boldsymbol{F}''$(见图 1-23(b))，$\boldsymbol{F}'$与 $\boldsymbol{F}$ 平行、等值且同向，$\boldsymbol{F}'$称为平移力，余下 $\boldsymbol{F}$ 与 $\boldsymbol{F}''$为一对等值、反向、不共线的平行力，组成一个力偶，称为附加力偶，其力偶矩等于原力 $\boldsymbol{F}$ 对 B 点的力矩，即

$$M = M_B(\boldsymbol{F}) = \pm Fd$$

于是作用在 A 点上的力 $\boldsymbol{F}$ 就与作用于 B 点的平移力 $\boldsymbol{F}'$和附加力偶 M 的联合作用等效，如图 1-23 所示。

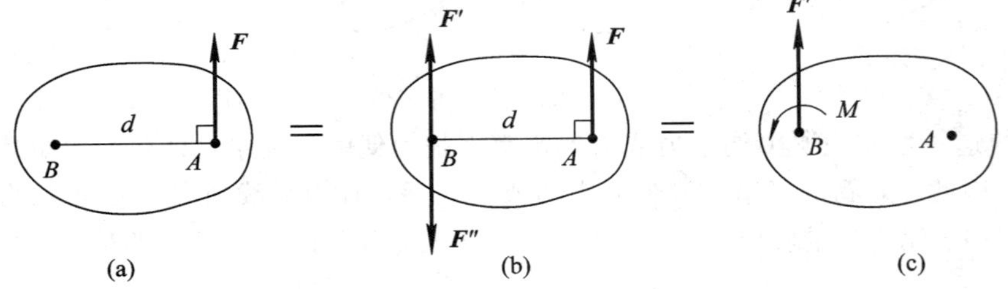

图 1-23　力的平移

由此可得力的平移定理：作用在刚体上的力，均可平移到同一刚体内任一点，但同时附加一个力偶，其力偶矩等于原力对该点之矩。

1.5.2 平移定理的实例

力的平移定理不仅是力系向一点简化的依据，而且可以用来解释一些实际问题。

1. 圆周力对轴的作用

力的平移定理表明力对绕力作用线外的中心转动的物体有两种作用：一是平移力的作用，二是附加力偶对物体产生的旋转作用，如图 1-24 所示。

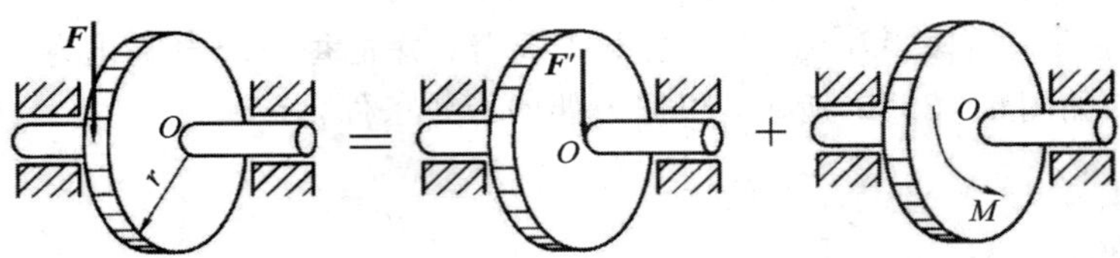

图 1-24　圆周力对轴的两种作用

圆周力 $\boldsymbol{F}$ 作用于转轴的齿轮上，为观察力 $\boldsymbol{F}$ 的作用效应，将力 $\boldsymbol{F}$ 平移至轴心 O 点，则有平移力 $\boldsymbol{F}'$ 作用于轴上，同时有附加力偶 M 使齿轮绕轴旋转。

2. 丝锥攻丝

攻丝时，必须用两只手握扳手，而且用力要相等。不能用一只手扳动扳手，如图 1-25(a)所示，这是因为作用在扳手 AB 一端的力 $\boldsymbol{F}$，与作用在图 1-25(b)中点 C 的一个力 $\boldsymbol{F}'$ 和一个力偶 M 等效。力偶 M 使丝锥转动，而力 $\boldsymbol{F}'$会使攻丝不正，甚至折断丝锥。

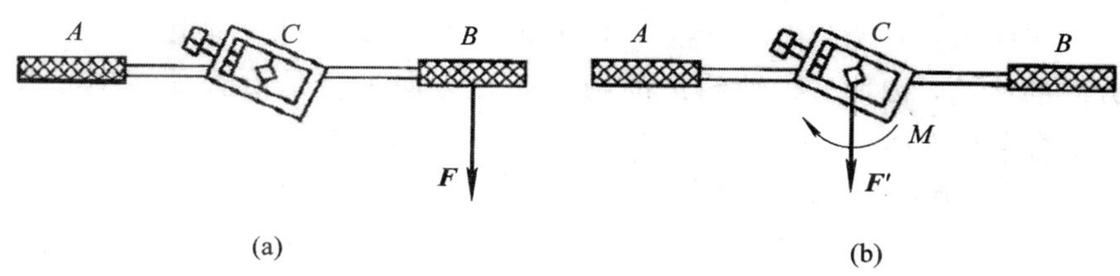

图 1-25　丝锥攻丝

1.5.3　平移定理的逆定理

平移定理的逆定理：共面的一个力和一个力偶也可以合成为同平面内的一个力。

如图 1-26(a)所示，作用于 B 点的一个力 $\boldsymbol{F}'$ 和一个力偶 M 可以等效为作用于 A 点的一个力 $\boldsymbol{F}$，如图 1-26(c)所示，即将 B 点的 $\boldsymbol{F}'$ 和 M 逆向平移到了 A 点，变成了力 $\boldsymbol{F}$，平移距离为

$$d = \frac{M}{F}$$

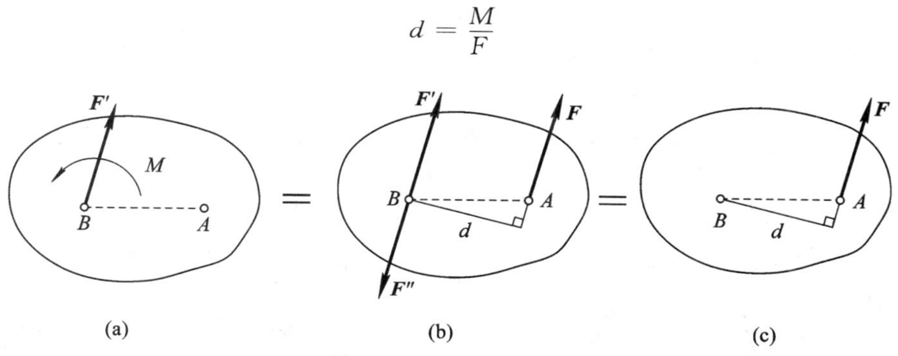

图 1-26　力的平移定理的逆定理

1.6　约束与约束力

1.6.1　约束的概念

约束：物体的运动受到周围其他物体的限制，这种限制条件称为约束。

被约束物：被限制运动的物体称为被约束物。例如，钢丝绳对悬挂的重物而言是约束，钢轨对火车车轮而言是约束，轴承对转轴而言是约束，而其中的重物、火车、转轴称为被约束物。

约束力(约束反力)：作用于被约束物体上限制其运动的力，称为约束力。因为它总是与被约束物的运动或主动力方向相反，故又称为约束反力。

1.6.2 常见的约束及约束反力

1. 柔性约束

工程上将钢丝绳、皮带、链条等柔性索状物体(简称柔索)形成的约束统称为柔性约束。

这类约束只能承受拉力，而不能抵抗压力和弯曲。柔性约束只能限制物体沿着柔索中心线伸长方向的运动，因此，柔性约束的约束反力方向一定是沿着柔索中心线而背离物体，且作用在柔索与物体的连接点。柔性约束常用符号 $\boldsymbol{F}_T$ 表示。

在图 1-27 中，图(a)表示用钢丝绳悬挂一重物，钢丝绳对重物的约束反力如图(b)所示。

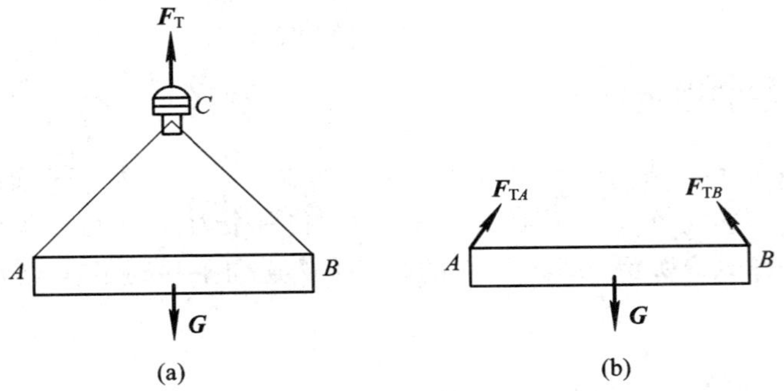

图 1-27　钢丝绳悬挂重物

如图 1-28(a)所示，当柔性的绳索、链条或皮带绕过轮子时，它们给轮子的约束反力沿着柔索中心线，指向背离轮子，如图 1-28(b)所示。

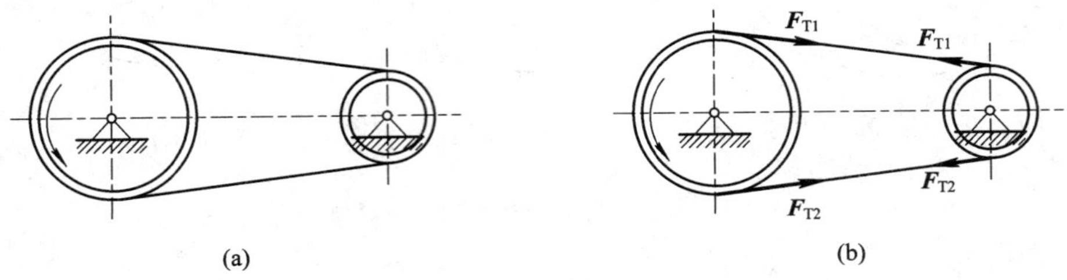

图 1-28　钢丝绳悬挂重物

2. 光滑面约束

当两物体直接接触并可忽略接触处的摩擦时，约束只能限制物体在接触点沿接触面的公法线方向的运动，不能限制物体沿接触面切线方向的运动，故约束力必过接触点沿接触面法向指向被约束物体，称为法向约束力，通常用符号 $\boldsymbol{F}_N$ 表示此类约束力。

图 1-29 所示为光滑面约束的几种力学模型。

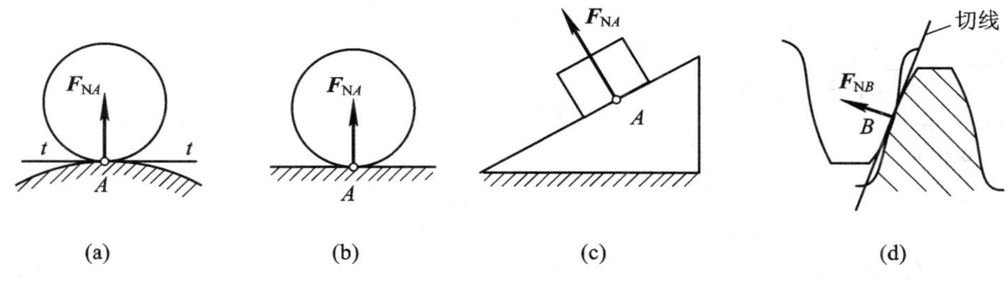

图 1-29 光滑面约束

3. 铰链约束

两构件采用圆柱销所形成的连接为铰链连接。圆柱销只限制两构件的相对移动，而不限制两构件的相对转动。

1）固定铰链约束

当圆柱形铰链中有一构件固定时，称为固定铰链支座，其结构和简图如图 1-30 所示。销钉将支座与构件连接起来，构件可绕销钉转动，但不能在垂直于销钉轴线的平面内移动。

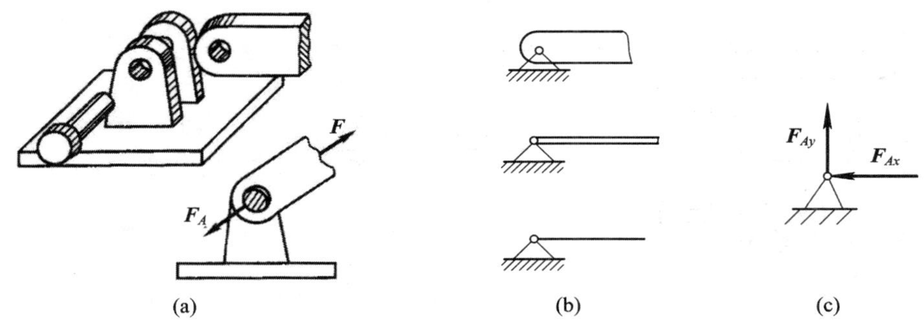

图 1-30 固定铰链约束

由于销钉与物体的圆孔表面都是光滑的，两者之间总有缝隙，会产生局部接触，故本质上属于光滑面约束；销钉只能限制被约束构件在垂直于销钉轴线的平面内沿径向的相对移动，而不限制物体绕销钉轴线的相对转动或沿其轴线方向的移动。因此，铰链的约束力反力作用在圆孔与销钉的接触点处，通过销钉中心，作用线沿接触点处的公法线，如图 1-30(a)中的反力 $\boldsymbol{F}_A$所示。但由于接触角点的位置一般不能预先确定，因此 $\boldsymbol{F}_A$ 的方向也不能预先确定。在实际计算中，通常用铰链中心的两个互相垂直的分力 $\boldsymbol{F}_{Ax}$ 和 $\boldsymbol{F}_{Ay}$ 来代替 $\boldsymbol{F}_A$，如图 1-30(c)所示。固定铰链常用简图 1-30(b)表示。

2）中间铰链约束

如图 1-31(a)所示，用销钉穿入带圆孔的构件的圆孔中，即构成中间铰链约束，通常用简图 1-31(b)表示。

显然，中间铰链支座是圆柱形铰链的一种特殊情况，故其约束反力的确定原则与固定铰链约束反力的确定原则相同，一般也分解为两个正交分力，如图 1-31(c)所示。

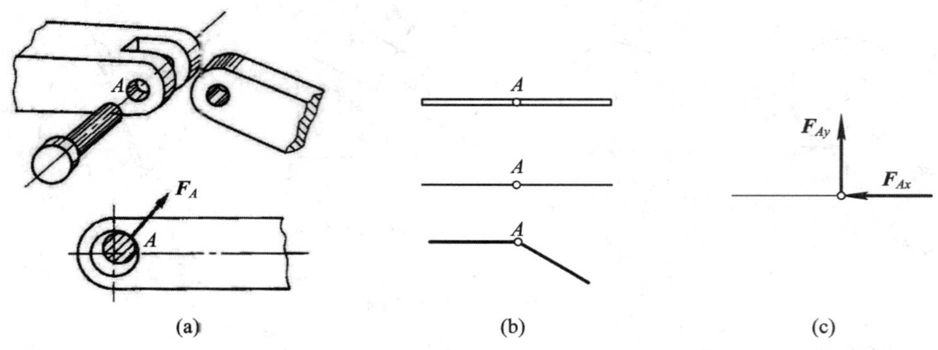

(a) (b) (c)

图 1 - 31　中间铰链约束

3）活动铰链约束

在滚子上可任意左右移动的铰链支座，称为活动铰链支座，如图 1 - 32 所示。活动铰链支座常用于桥梁、屋架等结构中。

如果略去摩擦，则这种支座不限制构件沿支承面的移动和绕销钉轴线的转动，只限制构件沿支承面法线方向的移动，因此，活动铰链支座的约束反力必垂直于支承面，通过铰链中心，如图 1 - 32(c)所示。

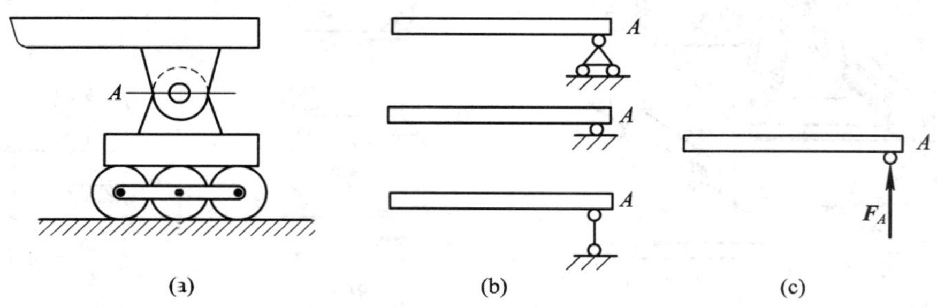

(a) (b) (c)

图 1 - 32　活动铰链约束

4. 固定端约束

工程中还有一种常见的基本约束，如图 1 - 33 所示的建筑物上的阳台、风扇固定端、车刀刀架等，这些约束均称为固定端约束。以上这些工程实例均可归结为一杆插入固定面

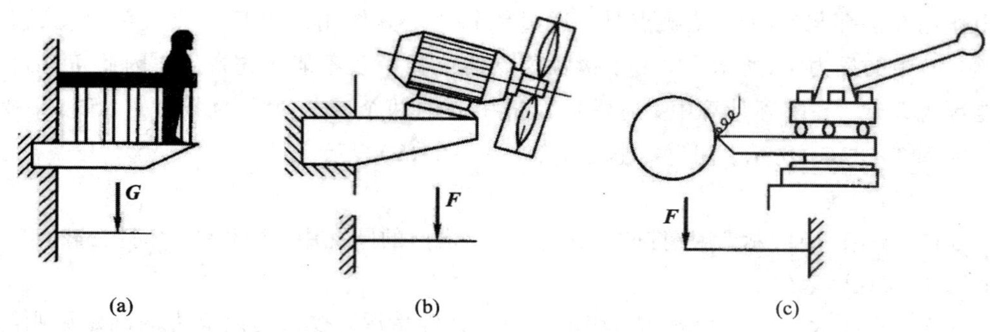

(a) (b) (c)

图 1 - 33　固定端约束实例

的力学模型，如图 1－34(a)所示。

对固定端约束，可按约束作用画其约束力。固定端既限制了被约束构件的垂直与水平位移，又限制了被约束构件的转动，故固定端在一般情况下，有一组正交的约束力与一个约束力偶，如图 1－34(b)所示。

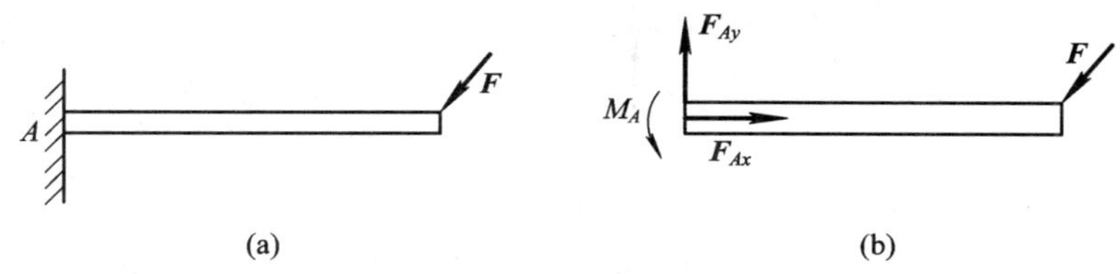

图 1－34　固定端约束的约束力

1.7　受　力　图

为了清晰地表示出物体的受力情况，需要将受力物体从与其相连的周围物体中分离出来，解除周围物体的约束，单独画出它的简图，这个步骤叫取分离体。在分离体上画上物体所受的全部主动力和约束力，此图称为研究对象的受力图。这个过程称为对研究对象进行受力分析。

画受力图的基本步骤如下：

(1) 确定研究对象，取分离体；

(2) 在分离体上画出已知主动力；

(3) 在分离体解除约束处画出约束反力。

【例 1－4】　重力为 $\boldsymbol{G}$ 的梯子 AB，放在水平地面和铅直墙壁上。在 D 点用水平绳索 DE 与墙相连，如图 1－35(a)所示。若略去摩擦，试画出梯子的受力图。

解　(1) 画分离体。将梯子从周围物体中分离出来，单独画出。

(2) 画主动力。梯子所受主动力为重力 $\boldsymbol{G}$，作用于其重心上，方向铅直向下。

(3) 画约束反力。根据梯子与地面、墙壁和绳索的关系，有两类约束：在 B 点与 A 点处为光滑接触面约束，其约束反力分别为 $\boldsymbol{F}_{NB}$ 和 $\boldsymbol{F}_{NA}$，方向垂直于接触表面，指向梯子；在 D 点处为柔索约束，其约束反力为 $\boldsymbol{F}_{TD}$，沿着 DE 方向背离梯子，如图 1－35(b)所示。

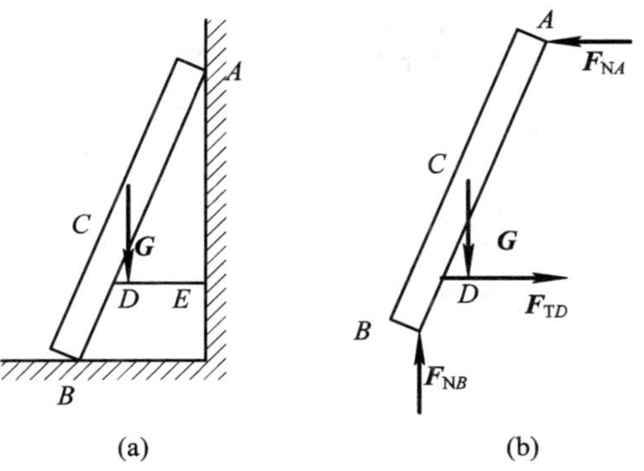

图 1－35　梯子受力分析

【例 1－5】　如图 1－36 所示，三铰拱桥由左、右两半拱铰接而成。试分别画出半拱 AC 和 CB 的受力图(重力不计)。

解　(1) 画半拱 BC 的受力图，如图 1－36(c)所示。

取半拱 BC 为研究对象，画出分离体简图，半拱 BC 只在 B、C 处受到铰链的约束反力 $\boldsymbol{F}_C$ 和 $\boldsymbol{F}_B$ 的作用，故半拱 BC 为二力构件。

(2) 画半拱 AC 的受力图，如图 1－36(b)所示。

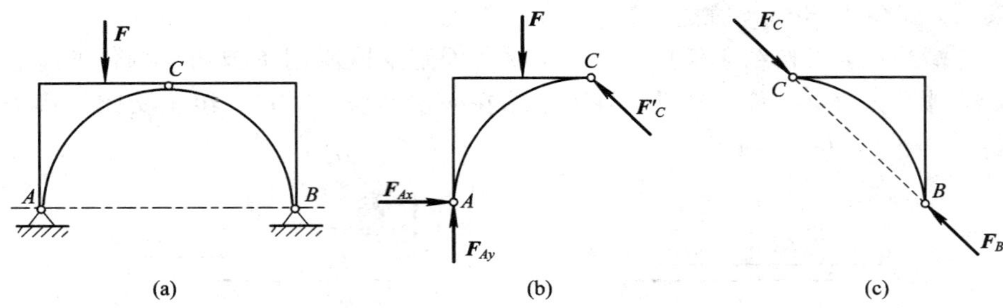

图 1－36　构件受力分析实例

取半拱 AC 为研究对象，画出分离体简图；画主动力 $\boldsymbol{F}$；铰链 C 处可根据作用与反作用力关系画出 $\boldsymbol{F}_C'=-\boldsymbol{F}_C$，铰链 A 处的约束反力用相互垂直的两个分力 $\boldsymbol{F}_{Ax}$ 和 $\boldsymbol{F}_{Ay}$ 表示。

【例 1－6】 图 1－37(a)是内燃机中的曲柄滑块机构，图 1－37(c)是凸轮机构。试分别画出两图中的滑块和凸轮从动杆的受力图。

解　(1) 画滑块的受力图，如图 1－37(b)所示。

① 取滑块为研究对象，并画出其分离体简图；

② 画出主动力 $\boldsymbol{F}$；

③ 画出其约束反力 $\boldsymbol{F}_{\mathrm{N}}$ 和 $\boldsymbol{F}_B$。

(2) 画凸轮从动杆的受力图，如图 1－37(d)所示。

① 取凸轮从动杆为研究对象，并画出其分离体简图；

② 画出主动力 $\boldsymbol{F}$；

③ 画出其约束反力 $\boldsymbol{F}_{\mathrm{N}B}$、$\boldsymbol{F}_{\mathrm{N}D}$ 和 $\boldsymbol{F}_E$。

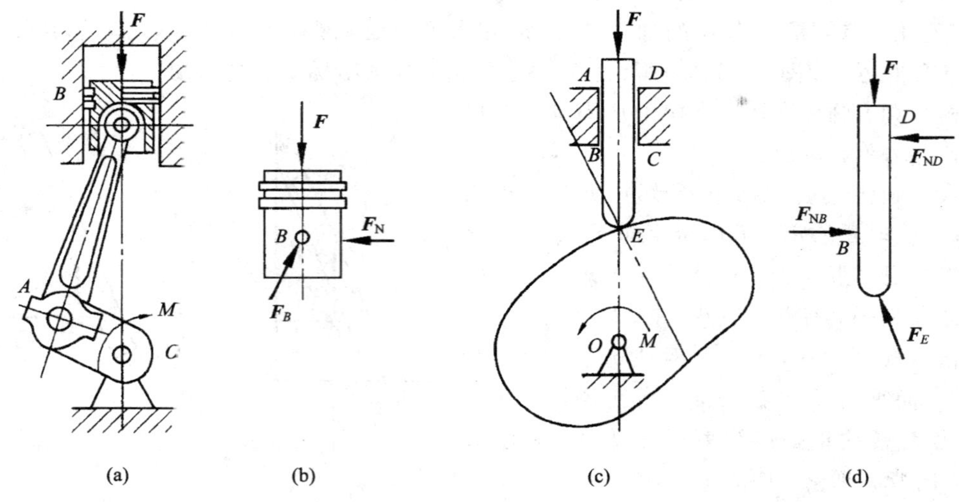

图 1－37　构件受力分析实例

【例 1－7】 重力为 $\boldsymbol{G}$ 的水平梁 AB 用斜杆 CD 支承，A、C、D 三点均为光滑铰链连接。梁上放置一重力为 $\boldsymbol{W}$ 的电机，如图 1－38(a)所示。不计 CD 杆的自重，试分别画出斜杆 CD 和梁 AB(包括电机)的受力图。

解　(1) 画杆 CD 的受力图。取杆 CD 为分离体时，需在 C、D 两点解除约束，而分别代之以固定铰链支座 C 的约束反力 $\boldsymbol{F}_C$ 和水平梁 AB 通过铰链 D 作用的约束反力 $\boldsymbol{F}_D$。根据光滑铰链约束反力的特点，这两个约束反力必定分别通过铰链 C、D 的中心，方向暂时不能确定。但由于斜杆的自重不计，它只在 $\boldsymbol{F}_C$ 和 $\boldsymbol{F}_D$ 两个力作用下处于平衡，因此根据二力平衡公理，这两个力必定沿同一直线，且等值、反向。由此可以确定 $\boldsymbol{F}_C$ 和 $\boldsymbol{F}_D$ 的作用线必定在 C 和 D 两点的连线上。由经验判断，杆 CD 受压力，如图 1－38(b)所示。

(2) 画梁 AB 的受力图。梁 AB 受到 $\boldsymbol{G}$、$\boldsymbol{W}$ 两个主动力的作用；在 A、D 两点处解除约束，用相应的约束反力代替：在 A 点处为固定铰链支座约束，其约束反力用两个正交分力 $\boldsymbol{F}_{Ax}$ 和 $\boldsymbol{F}_{Ay}$ 表示，其指向可以任意假设；在 D 点处，二力杆 CD 通过铰链 D 与水平梁 AB 连接，其约束反力为 $\boldsymbol{F}_D'$，$\boldsymbol{F}_D'$ 和 $\boldsymbol{F}_D$ 互为作用力与反作用力，故 $\boldsymbol{F}_D'$ 应与 $\boldsymbol{F}_D$ 等值、反向、共线，如图 1－38(c)所示。

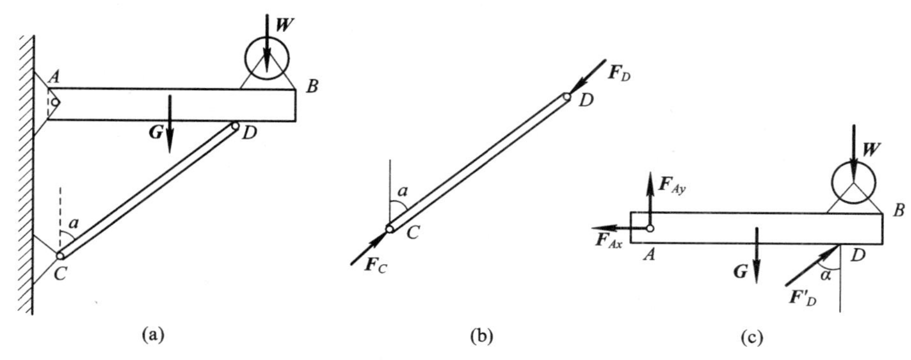

图 1－38　斜杆支撑梁受力分析

【例 1－8】　如图 1－39(a)所示的结构由杆 AC、CD 与滑轮 B 铰接而成。物体用绳索挂在滑轮上，所受的重力为 $\boldsymbol{G}$。如果杆、滑轮及绳索的自重不计，并忽略各处的摩擦，试分别画出滑轮 B(包括绳索)、杆 AC、杆 CD 及整体系统的受力图。

解　(1) 画滑轮的受力图。取滑轮为研究对象，画分离体。滑轮上无主动力。在 B 点处滑轮通过中间铰 B 受到杆 AC 的约束，解除约束，在 B 点处用两个正交分力 $\boldsymbol{F}_{Bx}$ 和 $\boldsymbol{F}_{By}$ 来表示；在 E 点处受柔索约束，可在 E 点处用沿绳索中心背离滑轮的拉力 $\boldsymbol{F}_{TE}$ 表示；在 H 点处为柔索约束，用沿绳索中心线背离滑轮的拉力 $\boldsymbol{F}_{TH}$ 表示，如图 1－39(b)所示。

(2) 画杆 CD 的受力图。取杆 CD 为研究对象，画出分离体图。CD 杆无主动力，为二力杆构件，根据二力杆的特点，C、D 两点的约束反力必沿两点的连线，且等值、反向。假设杆 CD 受拉力，在 C、D 点画拉力 $\boldsymbol{F}_C$ 和 $\boldsymbol{F}_D$，且 $\boldsymbol{F}_C=-\boldsymbol{F}_D$。杆 CD 受力图如图 1－39(c)所示。

(3) 画杆 AC 的受力图。取杆 AC 为研究对象，画出分离体图。AC 杆无主动力，在 A 点受固定铰链支座约束，在解除约束的 A 点可用两个正交分力 $\boldsymbol{F}_{Ax}$、$\boldsymbol{F}_{Ay}$ 来表示；在 B 点通过中间铰链 B 受滑轮的约束，可在 B 点画出约束反力 $\boldsymbol{F}_{Bx}'$、$\boldsymbol{F}_{By}'$，它们与 $\boldsymbol{F}_{Bx}$、$\boldsymbol{F}_{By}$ 互为作用力与反作用力；在 C 点受到杆 CD 的约束，其约束反力为 $\boldsymbol{F}_C'$，它与 $\boldsymbol{F}_C$ 互为作用力与反作用力。杆 AC 的受力图如图 1－39(d)所示。

(4) 画整体系统的受力图。取整体系统为研究对象，画出分离体图，并画主动力 $\boldsymbol{G}$。在 A 点受固定铰链支座的约束，其约束反力与 AC 杆的 A 点的画法相同。同理，在 E 点其约束反力的画法与滑轮 E 点的画法相同，在 D 点其约束反力的画法与 CD 杆的 D 点画法相同，如图 1－39(e)所示。

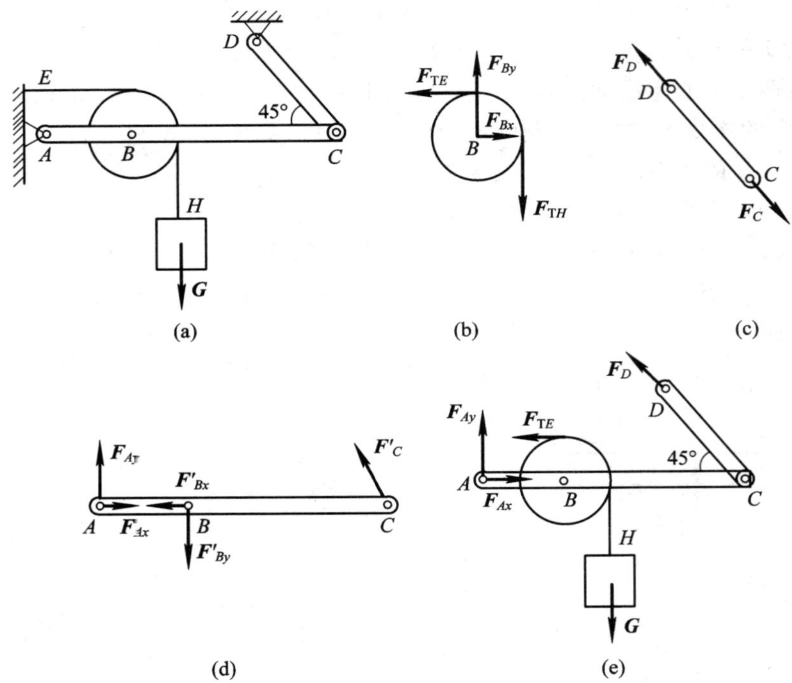

图 1-39 构件受力分析实例

思 考 题

1-1 “分力一定小于合力”，这种说法正确吗？为什么？试举例说明。

1-2 已知 $\boldsymbol{F}_R$ 的大小和方向，能否确定其分力的大小和方向？为什么？

1-3 在什么情况下力的坐标轴上的投影为零？在什么情况下力对点之矩为零？

1-4 如题图 1-1 所示，能否将作用于三角架 A、B 杆的力 $\boldsymbol{F}$ 沿其作用线移到 B、C 杆上？

1-5 手推磨如题图 1-2 所示，何时磨最不好转？为什么？

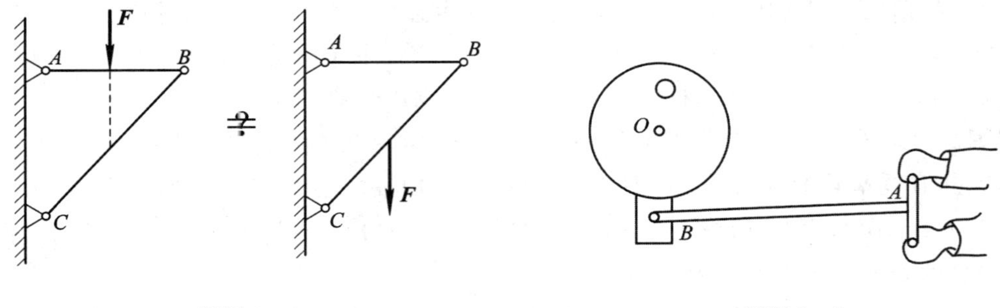

题图 1-1 题图 1-2

1-6 参考题图 1-3，为什么力偶不能与一个力平衡？如何解释图示之转轮平衡现象？

1-7 为什么题图 1-4(a) 中无底圆筒有翻倒的可能，而题图 1-4(b) 中有底圆筒不可能翻倒？

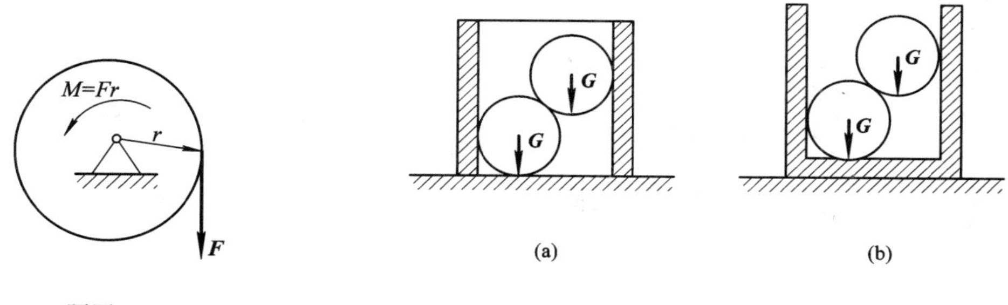

题图 1－3　　　　题图 1－4

1－8　题图 1－5 所示受力图是否正确？如有错误，请改正。

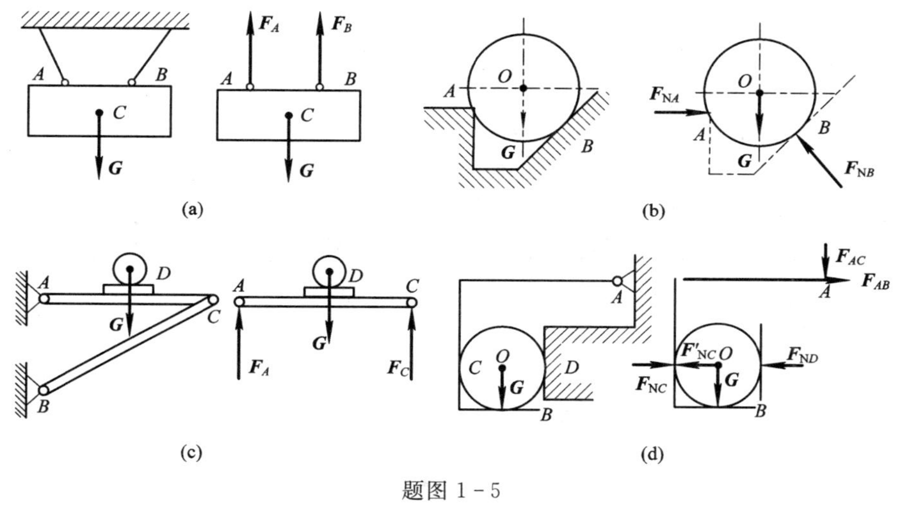

题图 1－5

习　　题

1－1　已知 $F_1=500$ N，$F_2=150$ N，$F_3=200$ N，$F_4=100$ N，各力的方向如习题 1－1 图所示。试求各力在 x、y 轴上的投影。

1－2　铆接薄钢板在孔 A、B、C 和 D 处受四个力作用，孔间尺寸如习题 1－2 图所示。已知$F_1=50$ N，$F_2=100$ N，$F_3=150$ N，$F_4=200$ N，求此汇交力系的合力。

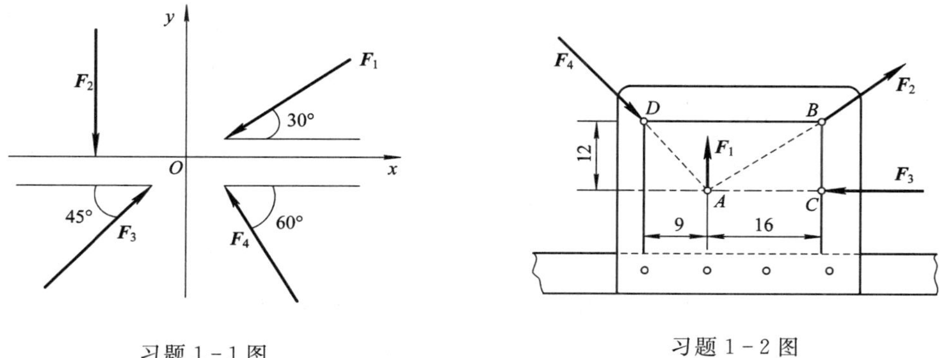

习题 1－1 图　　　　习题 1－2 图

1-3　求习题 1-3 图所示各种情况下力 $\boldsymbol{F}$ 对点 O 的力矩。

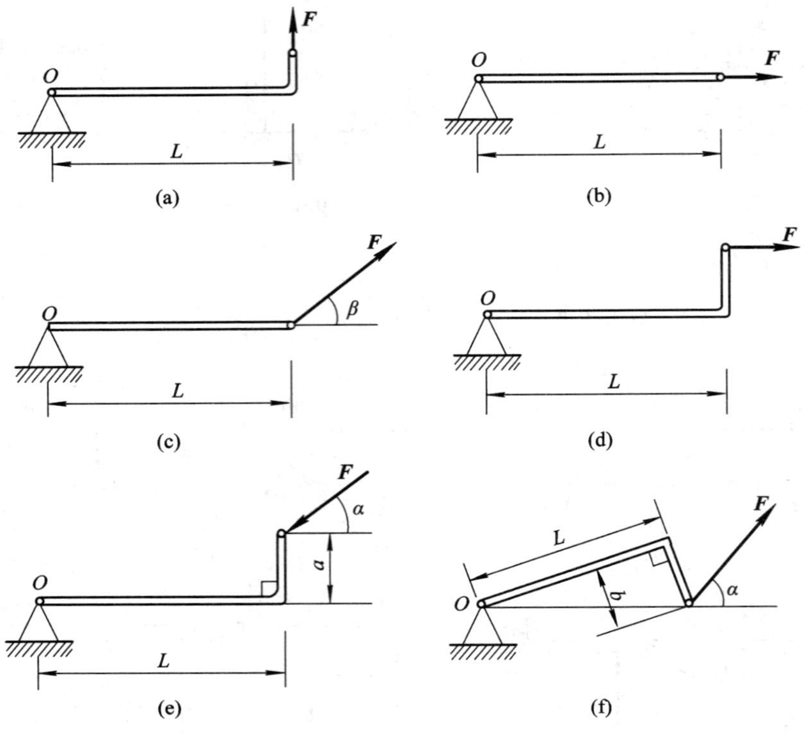

习题 1-3 图

1-4　求习题 1-4 图所示情况下 $\boldsymbol{G}$ 与 $\boldsymbol{F}$ 对转心 A 之矩。

1-5　如习题 1-5 图所示，矩形钢板的边长为 $a=4$ m，$b=2$ m，作用力偶为 M。当 $F=F'=200$ N 时，才能使钢板转动。试考虑如何选择加力的位置与方向才能使所费力为最小而达到使钢板转一角度的目的，并求出此最小的力。

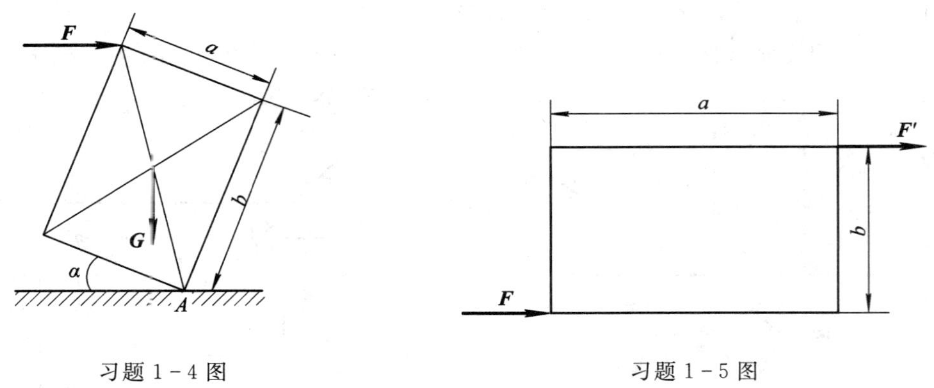

习题 1-4 图　　习题 1-5 图

1-6　试画出习题 1-6 图所示的简单物体的受力图。(未标重力则忽略，不计摩擦)

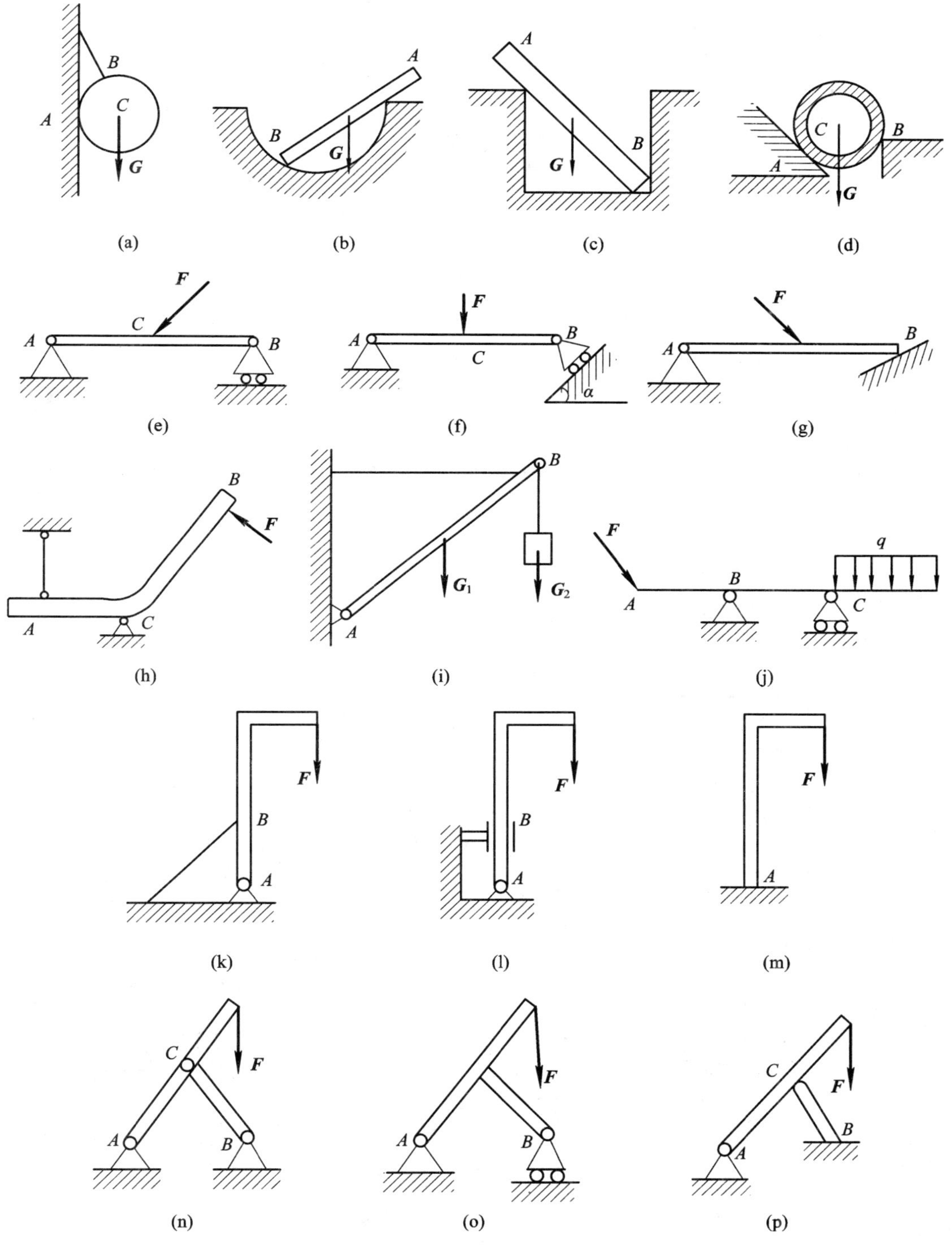

习题 1 - 6 图

1 - 7　试画出习题 1 - 7 图所示物体系统中每个物体的受力图。(未标重力则忽略，不计摩擦)

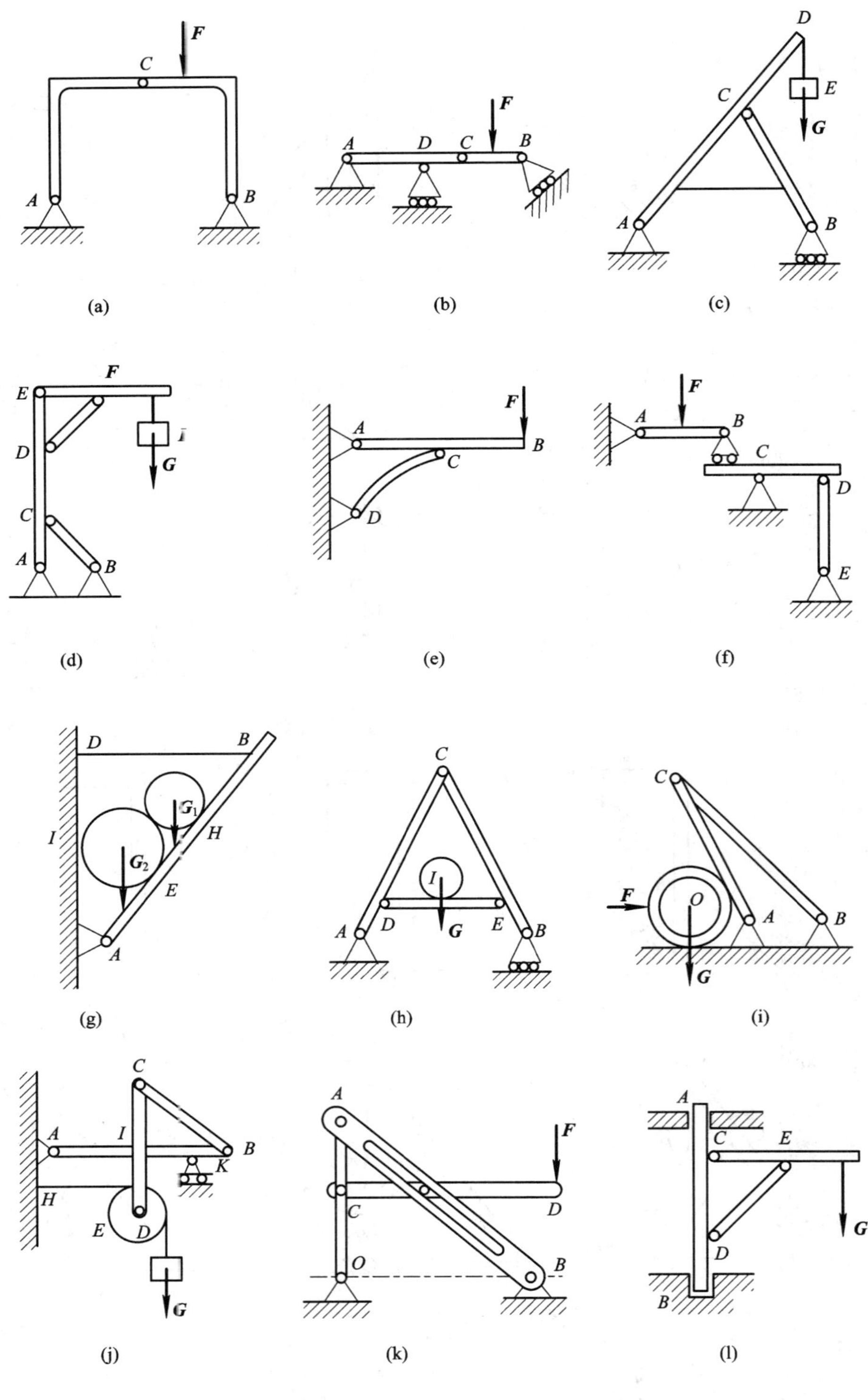
F
C
A
B
(a)
F
A
D
C
B
(b)
D
E
C
G
A
B
(c)
F
E
D
G
C
A
B
(d)
F
A
B
C
D
(e)
F
A
B
C
D
E
(f)
D
B
I
H
E
A
(g)
C
I
A
D
G
E
B
(h)
C
F
O
A
B
G
(i)
C
A
I
B
K
H
E
D
G
(j)
A
F
C
D
O
B
(k)
A
C
E
G
D
B
(l)

习题 1-7 图

第 2 章　平 面 力 系

作用在刚体上的力系中，当各力的作用线都在同一平面内时，这种力系称为平面力系。平面力系是空间力系的一种特殊情况。

平面力系根据其中各力作用线分布不同又可以分为平面汇交力系、平面平行力系、平面力偶系和平面任意力系，如图 2－1 所示。

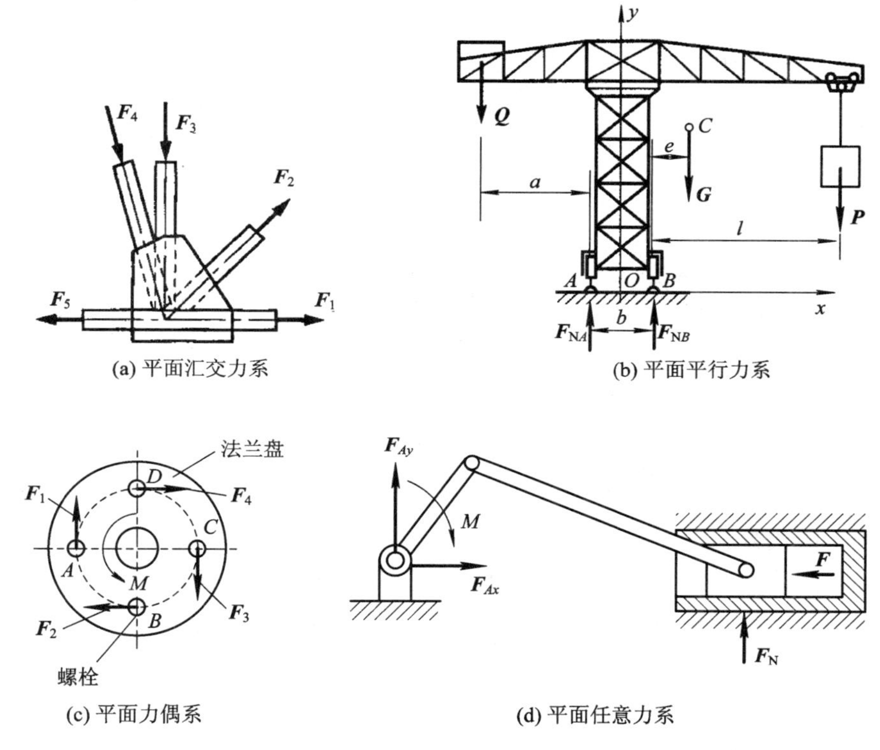

图 2－1　平面力系的分类

2.1　平面任意力系的简化

2.1.1　平面任意力系向一点简化

在刚体上作用一个平面力系 $\boldsymbol{F}_1$，$\boldsymbol{F}_2$，…，$\boldsymbol{F}_n$，如图 2－2(a)所示，在平面内任选一点 O 为简化中心。根据力的平移定理，将各力都向 O 点平移，得到一个交于 O 点的平面汇交力系 $\boldsymbol{F}_1'$，$\boldsymbol{F}_2'$，…，$\boldsymbol{F}_n'$，以及平面力偶系 M_1，M_2，…，M_n，如图 2－2(b)所示。

(1) 平面汇交力系 $\boldsymbol{F}_1'$，$\boldsymbol{F}_2'$，…，$\boldsymbol{F}_n'$可以合成为一个作用于 O 点的合矢量 $\boldsymbol{F}_R'$，如图 2－2

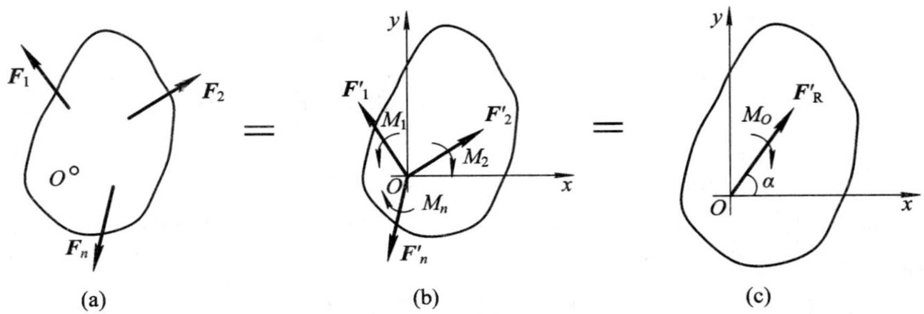

图 2-2 平面任意力系的简化

(c)所示，它等于力系中各力的矢量和。显然，单独的 $\boldsymbol{F}'_R$不能和原力系等效，故称它为力系的主矢。按式(1-6)可得主矢的大小为

$$F'_R = \sqrt{(F'_{Rx}) + F'_{Ry}} = \sqrt{(\sum F_x)^2 + (\sum F_y)^2} \tag{2-1}$$

主矢的方向

$$\alpha = \arctan\left|\frac{\sum F_y}{\sum F_x}\right|$$

其中，α 为锐角，$\boldsymbol{F}'_R$的指向由 $\sum F_x$ 和 $\sum F_y$ 的正负号决定。

(2) 附加平面力偶系 M_1，M_2，…，M_n可以合成为一个合力偶M_O，按式(1-10)可得主矩的值为

$$M_O = M_1 + M_2 + \cdots + M_n = \sum M_O(\boldsymbol{F}) \tag{2-2}$$

显然，单独的 M_O也不能和原力系等效，故称其为原力系的主矩，它等于力系中各力对简化中心力矩的代数和。

原力系与其主矢 $\boldsymbol{F}'_R$和主矩 M_O的联合作用等效。其中，主矢 $\boldsymbol{F}'_R$的大小和方向与简化中心的选择无关，而主矩 M_O的大小和转向与简化中心的选择有关。

2.1.2 简化结果的讨论

平面任意力系经简化后一般可得到主矢 $\boldsymbol{F}'_R$和主矩 M_O，但它不是简化的最终结果。简化结果通常有以下四种情况。

1. $F'_R \neq 0$，$M_O = 0$

因为 $M_O=0$，所以主矢 $\boldsymbol{F}'_R$就与原力系等效，$\boldsymbol{F}'_R$即为原力系的合力，其作用线通过简化中心。

2. $F'_R = 0$，$M_O \neq 0$

原力系简化结果为一合力偶 $M = M_O(\boldsymbol{F})$，此时主矩 M 与简化中心的选择无关。

3. $F'_R \neq 0$，$M_O \neq 0$

根据力的平移定理逆过程，可以把 $\boldsymbol{F}'_R$和 M_O合成为一个合力 $\boldsymbol{F}_R$，合成过程如图 2-3 所示。合力 $\boldsymbol{F}_R$的作用线到简化中心的 O 的距离为

$$d=\frac{M_O}{F_R'} \tag{2-3}$$

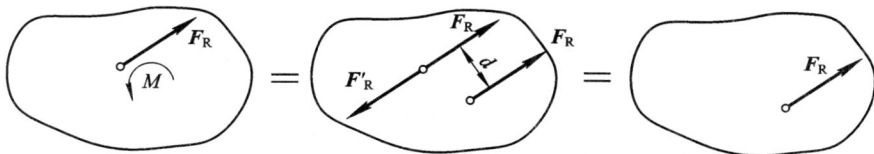

图 2-3　力与力偶的合成

4. $F_R'=0$，$M_O=0$

物体在此力系作用下处于平衡状态。

2.2　平面任意力系平衡方程及应用

2.2.1　平面任意力系的平衡方程

1. 基本形式

如平面任意力系向任一点 O 简化，所得主矢、主矩均为零，则物体处于平衡；反之，若力系是平衡力系，则主矢、主矩必同时为零。因此，平面任意力系平衡的充要条件为

$$\begin{cases} F_R'=\sqrt{(\sum F_x)^2+(\sum F_y)^2}=0 \\ M_O=\sum M_O(\boldsymbol{F})=0 \end{cases} \tag{2-4}$$

可得

$$\begin{cases} \sum F_x=0 \\ \sum F_y=0 \\ \sum M_O(\boldsymbol{F})=0 \end{cases} \tag{2-5}$$

式(2-5)为平面任意力系平衡方程的基本形式，由方程可知平面任意力系平衡的条件为：力系中各力在两个任选的直角坐标轴上投影的代数和分别等于零，且各力对任一点之矩的代数和也等于零。

因平面任意力系仅有三个独立的平衡方程，故最多只能求解三个未知量。

2. 二矩式平衡方程

平面任意力系的平衡条件也可以通过各力的一个投影方程和对任意两点的力矩方程来体现，称为二矩式。二矩式平衡方程为

$$\begin{cases} \sum F_x=0 \\ \sum M_A(\boldsymbol{F})=0 \\ \sum M_B(\boldsymbol{F})=0 \end{cases} \tag{2-6}$$

式(2-6)的附加条件为：A、B 两点连线不能与投影轴 x 垂直。

3. 三矩式平衡方程

若平面任意力系对平面内任选的不共线三点之矩的代数和分别等于零，则此力系必为平衡力系，可得三矩式：

$$\begin{cases}\sum M_A(\boldsymbol{F})=0\\ \sum M_B(\boldsymbol{F})=0\\ \sum M_C(\boldsymbol{F})=0\end{cases}\qquad(2-7)$$

式(2-7)的附加条件为：A、B、C 三点不能共线。

2.2.2 平面任意力系平衡方程的应用

求解平面任意力系平衡问题的步骤如下：

(1) 取研究对象，画受力图。根据问题的已知条件和未知量，选择合适的研究对象；取分离体，画出全部作用力(主动力和约束反力)。

(2) 选取投影轴和矩心，列平衡方程。为了简化计算，通常尽可能使力系中多数未知力的作用线平行或垂直于投影轴，尽可能把未知力的交点作为矩心，力求做到列一个平衡方程解一个未知数，以避免联立解方程。但是应注意，不管列出哪种形式的平衡方程，对于同一个平面力系来说，最多能列出三个独立的平衡方程，因而只能求解三个未知数。

(3) 解平衡方程，校核结果。将已知条件代入方程，求出未知数。但应注意由平衡方程求出的未知量的正、负号的含义，正号说明求出的力的实际方向与假设方向相同，负号说明求出的力的实际方向与假设方向相反，不要去改动受力图中原假设的方向。必要时可根据已得出的结果，代入列出的任何一个平衡方程，检验其正误。

【例 2-1】 如图 2-4(a)所示，已知梁长 $l=2$ m，$F=100$ N，求固定端 A 处的约束反力。

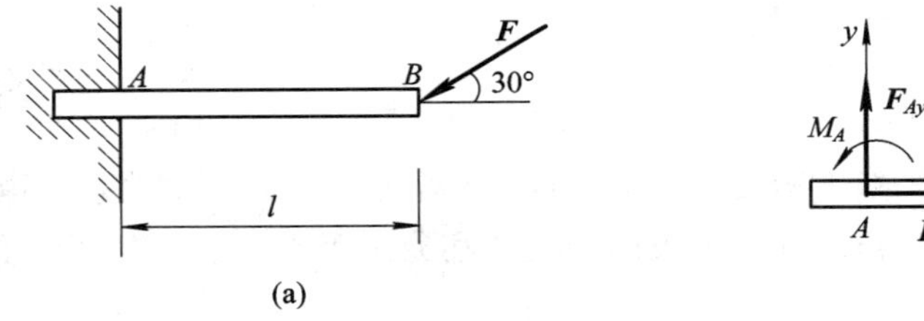

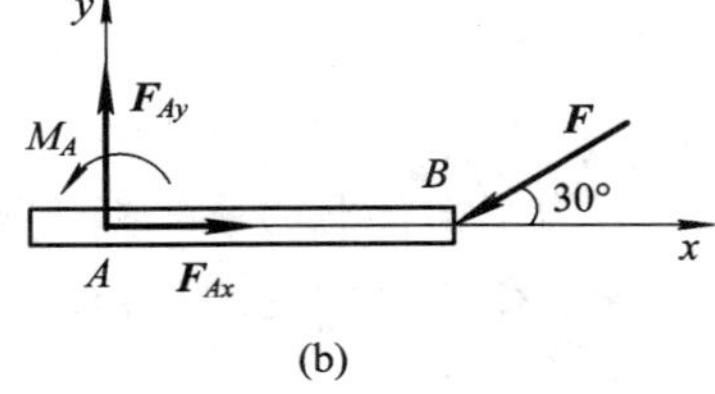

图 2-4 悬臂梁

解 (1) 取梁 AB 为研究对象，并画出受力图。如图 2-4(b)所示，AB 梁在 B 点受到已知力 $\boldsymbol{F}$ 的作用，A 点为固定端约束，其约束反力为 $\boldsymbol{F}_{Ax}$、$\boldsymbol{F}_{Ay}$，约束力偶为 $\boldsymbol{M}_A$。

(2) 选择直角坐标系 xAy，矩心为 A 点，列平衡方程：

$$\sum F_x=0\qquad F_{Ax}-F\cos30^\circ=0\qquad ①$$

$$\sum F_y=0\qquad F_{Ay}-F\sin30^\circ=0\qquad ②$$

$$\sum M_A(\boldsymbol{F})=0\qquad M_A-Fl\sin30^\circ=0\qquad ③$$

(3) 求解未知量。将已知条件代入上述平衡方程解得

由①解得

$$F_{Ax} = F\cos30^\circ = 100 \times \cos30^\circ = 86.6\ \text{N}$$

由②解得

$$F_{Ay} = F\sin30^\circ = 100 \times \sin30^\circ = 50\ \text{N}$$

由③解得

$$M_A = Fl\sin30^\circ = 100 \times 2 \times \sin30^\circ = 100\ \text{N} \cdot \text{m}$$

【例 2－2】 图 2－5 所示的水平横梁 AB 中，A 端为固定铰链支座，B 端为一活动铰链支座。梁的长 $l=3$ m，梁重 $G=200$ N，作用在梁的中点 D。在梁的 AC 端上受均布载荷 $q=100$ N/m 作用，在 E 点受集中力 $\boldsymbol{F}$ 的作用，$F=500$ N，在梁的 BE 段上受力偶作用，力偶矩 $M=50$ N · m。试求 A 和 B 处的支座反力。

解　(1) 选梁 AB 为研究对象。它所受的主动力有均布载荷 $\boldsymbol{q}$、重力 $\boldsymbol{G}$、集中力 $\boldsymbol{F}$ 和力偶 $\boldsymbol{M}$，它所受的约束反力有铰链 A 的两个分力 F_{Ax} 和 F_{Ay}，活动铰链支座 B 处垂直向上的约束反力 F_B，如图 2－5 所示。

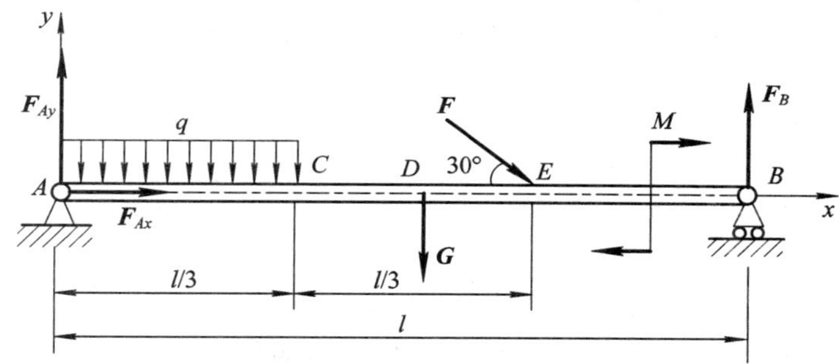

图 2－5　简支梁

(2) 选择直角坐标系 xAy，矩心为 A 点，列平衡方程：

$$\sum F_x = 0 \qquad F_{Ay} + F\sin30^\circ = 0 \qquad ①$$

$$\sum F_y = 0 \qquad F_{Ay} + F_B - G - F\sin30^\circ - q \times \frac{1}{3} = 0 \qquad ②$$

$$\sum M_A(\boldsymbol{F}) = 0 \qquad F_B \times l - M - G \times \frac{l}{2} - F\sin30^\circ \times \frac{2l}{3} - q \times \frac{l}{3} \times \frac{l}{6} = 0 \qquad ③$$

(3) 求解未知量。将已知条件代入上述平衡方程解得

由①解得

$$F_{Ax} = -250\sqrt{3} = -433\ \text{N}$$

由③解得

$$F_B = 300\ \text{N}$$

将 F_B 代入②解得

$$F_{Ay} = 250\ \text{N}$$

【例 2－3】 悬臂吊车如图 2－6 (a)所示。横梁 AB 长 $l=2.5$ m，自重 $G_1=1.2$ kN。拉杆 BC 倾斜角 $\alpha=30^\circ$，自重不计。电葫芦连同重物共重 $G_2=7.5$ kN。当电葫芦在图示位置 $a=2$ m 处匀速吊起重物时，求拉杆 BC 的拉力和支座 A 的约束反力。

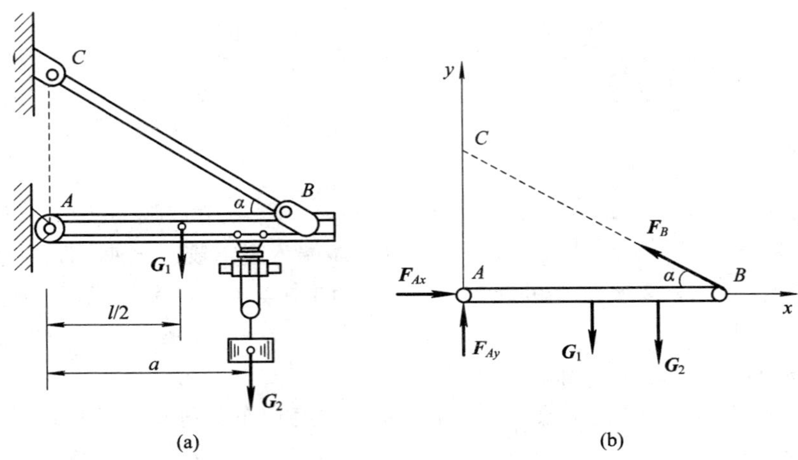

图 2-6 悬臂吊车

解 (1) 取梁 AB 为研究对象，并画出受力图。如图 2-6(b)所示，AB 梁在 B 点受到已知拉力 $\boldsymbol{F}_B$作用，A 点为固定端约束，其约束反力为 $\boldsymbol{F}_{Ax}$、$\boldsymbol{F}_{Ay}$。

(2) 选择直角坐标系 xAy，矩心为 A 点，列平衡方程：

$$\sum F_x = 0 \qquad F_{Ax} - F_B\cos\alpha = 0 \qquad ①$$

$$\sum F_y = 0 \qquad F_{Ay} - G_1 - G_2 + F_B\sin 30° = 0 \qquad ②$$

$$\sum M_A(\boldsymbol{F}) = 0 \qquad F_B l\sin\alpha - G_1\frac{l}{2} - G_2 a = 0 \qquad ③$$

(3) 求解未知量。将已知条件代入上述平衡方程解得

由③解得

$$F_B = \frac{G_1 l + 2G_2 a}{2l\sin\alpha} = \frac{1.2\times 2.5 + 2\times 7.5\times 2}{2\times 2.5\times\sin 30°} = 13.2\ \text{kN}$$

由①解得

$$F_{Ax} = F_B\cos\alpha = 13.2\times\cos 30° = 11.4\ \text{kN}$$

由②解得

$$F_{Ay} = G_1 + G_2 - F_B\sin\alpha = 1.2 + 7.5 - 13.2\times\sin 30° = 2.1\ \text{kN}$$

2.3 特殊平面力系的平衡

2.3.1 平面汇交力系的平衡

若平面力系中各力作用线汇交于一点，则称为平面汇交力系，如图 2-7 所示。由图2-7 可见，各力对汇交点的力矩代数和恒等于零，即 $M = \sum M(\boldsymbol{F}) = 0$ 恒能满足，则其独立的平衡方程仅剩下如下两个：

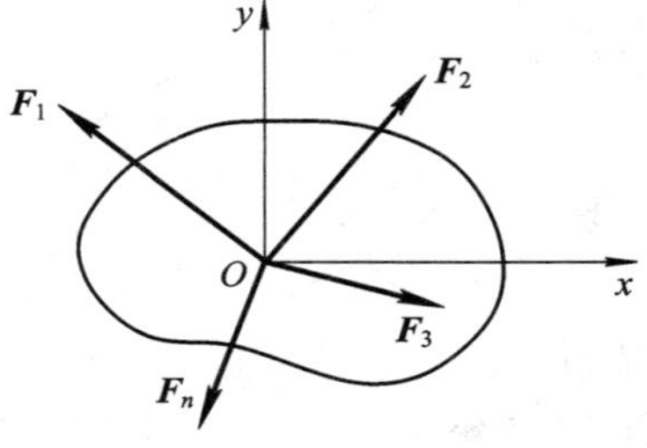

图 2-7 平面汇交力系

$$\begin{cases} \sum F_x = 0 \\ \sum F_y = 0 \end{cases} \tag{2-8}$$

由于只有两个独立的平衡方程，故只能求解两个未知量。

【例 2-4】 如图 2-8 所示，重物 $P=20$ kN，用钢丝绳挂在支架的滑轮 B 上，钢丝绳的另一端缠绕在绞车 D 上。杆 AB 与 BC 铰接，并以铰链 A、C 与墙连接。如两杆和滑轮的自重不计，并忽略摩擦和滑轮的大小，试求平衡时杆 AB 和 BC 所受的力。

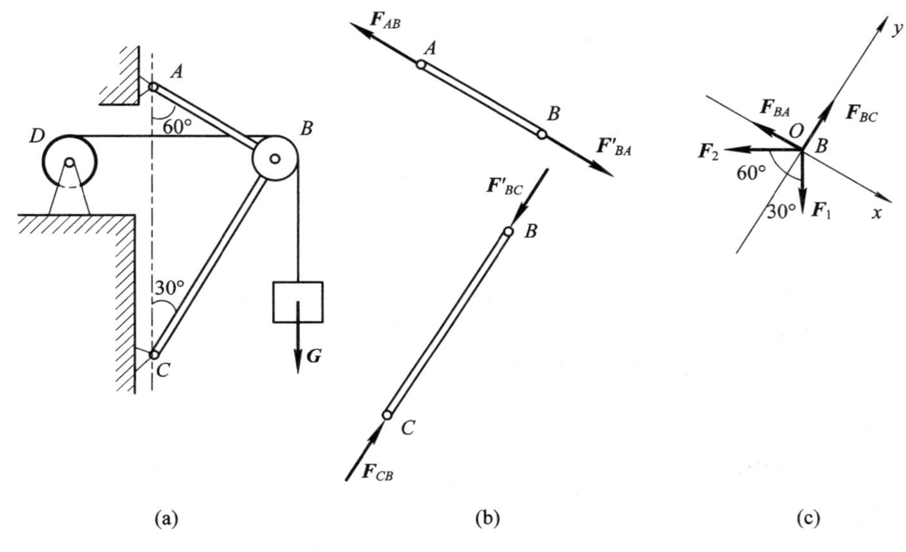

图 2-8　绞车

解　(1) 取研究对象，并画受力图。选取滑轮 B 为研究对象，由于 AB、BC 两杆都是二力构件，假设杆 AB 受拉力，杆 BC 受压力，如图 2-8(b)所示。根据作用力与反作用力可知，杆 AB 和 BC 对滑轮的约束反力为 $\boldsymbol{F}_{BA}$ 和 $\boldsymbol{F}_{BC}$。此外，滑轮还受到钢丝绳的拉力 $\boldsymbol{F}_1$ 和 $\boldsymbol{F}_2$(已知 $F_1 = F_2 = G$)。由于滑轮的大小可忽略不计，故这些力可看做是平面汇交力系，如图 2-8 (c)所示。

(2) 建立坐标系，如图 2-8(c)所示。为使每个未知力只在一个轴上有投影，在另一个轴上的投影为零，坐标轴应尽量取在与未知力作用线相垂直的方向上。这样在一个平衡方程中只有一个未知数，不必解联立方程。

(3) 列平衡方程求解，即

$$\sum F_x = 0 \qquad -F_{BA} + F_1\cos60^\circ - F_2\cos30^\circ = 0$$

$$\sum F_y = 0 \qquad F_{BC} - F_1\cos30^\circ - F_2\cos60^\circ = 0$$

解方程得 $F_{BA} = -7.32$ kN，$F_{BC} = 27.32$ kN。

所求结果中，F_{BC} 为正值，表示这个力的假设方向与实际方向相同，即杆 BC 受压；F_{BA} 为负值，表示这个力的假设方向与实际方向相反，即杆 AB 也受压力。

2.3.2　平面平行力系的平衡

若平面力系中各力作用线全部平行，则称为平面平行力系，如图 2-9 所示。各力的作

用线都与 y 轴平行，则各力的作用线均垂直于 x 轴，在 x 轴上投影的代数和恒等于零，于是该平衡力系的平衡方程为

$$\begin{cases}\sum F_y = 0 \\ \sum M_O(\boldsymbol{F}) = 0\end{cases} \tag{2-9}$$

由于只有两个独立的平衡方程，故只能求解两个未知量。

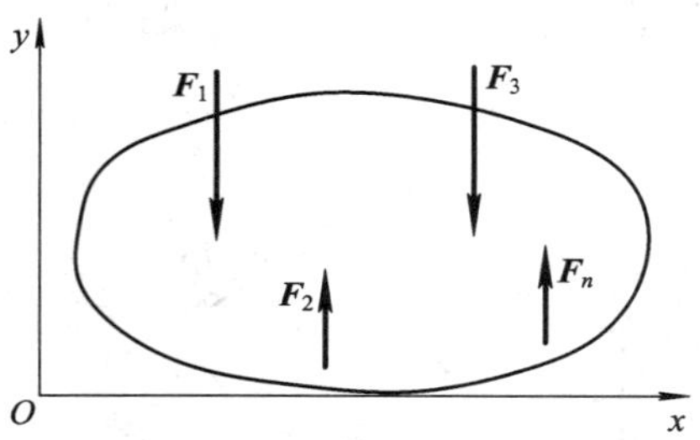

图 2-9　平面平行力系

【例 2-5】 图 2-10(a)所示为一塔式起重机简图。已知机身重 $G=700$ kN，重心与机架中心线距离为 4 m，最大起重量 $G_1=200$ kN，最大吊臂长为 12 m，轨距为 4 m，平衡块重 $\boldsymbol{G}_2$，其作用线至机身中心线距离为 6 m。试求保证起重机满载和空载时不翻倒的平衡块重。

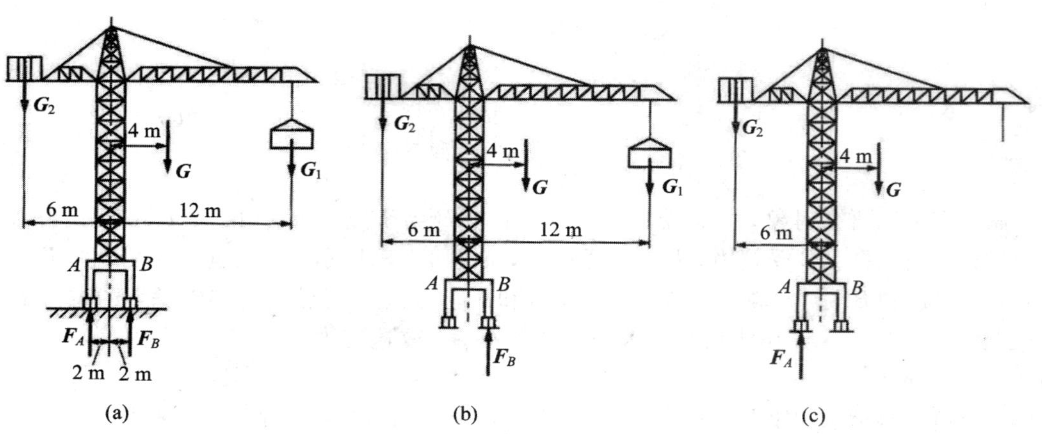

图 2-10　建筑塔吊

解　取整个起重机为研究对象，画受力图。

分析：由题意可知，应分为两种临界情况处理。① 若平衡块过轻，则满载时会使机身绕 B 点向右翻倒，所以须配一定重量的平衡块，保持起重机在满载时不会绕 B 点翻转。在临界状态下，A 点悬空，$F_A=0$，如图 2-10(b)所示，平衡块的重量应为 $\boldsymbol{G}_{2\min}$。② 若平衡块过重，则空载时会使机身绕 A 点向左翻倒，所以平衡块不能过重，保持起重机在空载时不会绕 A 点翻转。在临界状态下，B 点悬空，$F_B=0$，如图 2-10(c)所示，平衡块的重量应为 $G_{2\max}$。

(1) 满载时($G_1=200$ kN)，求平衡时最小平衡块重 $G_{2\min}$，此时为临界状态 $F_A=0$。

列平衡方程：

$$\sum M_B(\boldsymbol{F}) = 0 \qquad G_{2\min} \times (6+2) - G \times 2 - G_1 \times (12-2) = 0$$

将已知条件代入，解得 $G_{2\min}=425\ \text{N}$

(2) 空载时($G_1=0$)，求平衡时最大平衡块重 $G_{2\max}$，此时为临界状态 $F_B=0$。

列平衡方程：

$$\sum M_A(\boldsymbol{F})=0 \qquad G_{2\max}\times(6-2)-G\times(4+2)=0$$

将已知条件代入，解得 $G_{2\max}=1050\ \text{N}$

结论：为了保证安全，平衡块重必须满足下列条件：$425\ \text{kN}<G_2<1050\ \text{kN}$

2.3.3　平面力偶系的平衡

若平面力系中所有力均是力偶，则称为平面力偶系。平面力偶系平衡的充分必要条件是：力偶中各力偶矩的代数和等于零，即

$$\sum M_i=0 \tag{2-10}$$

【例 2-6】 图 2-11 所示为用多轴钻床在水平工件上钻孔，每个钻头的切削刀刃作用于工件的力在水平面内构成一力偶。已知切制三个孔对工件的力偶矩分别为 $M_1=M_2=15\ \text{N}\cdot\text{m}$，$M_3=20\ \text{N}\cdot\text{m}$，固定螺栓 A 和 B 之间的距离 $l=0.2\ \text{m}$。求两螺栓在工件平面内所受的力。

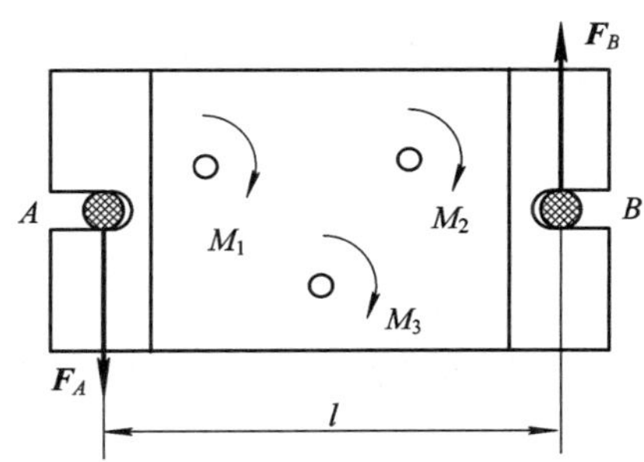

图 2-11　多轴钻床钻多孔

解　取工件为研究对象，工件在水平面内受三个力偶和两个螺栓的水平力作用，它们处于平衡状态。根据力偶系平衡条件，两螺栓对工件的约束反力必定组成力偶才能与三个力偶相平衡。约束反力 $\boldsymbol{F}_A$、$\boldsymbol{F}_B$ 的方向如图 2-11 所示，建立如下平衡方程：

$$\sum M_i=0 \qquad F_A l-M_1-M_2-M_3=0$$

解得

$$F_A=F_B=\frac{M_1+M_2+M_3}{l}=\frac{15+15+20}{2\times10^{-1}}=250\ \text{N}$$

2.4　静定与静不定问题及物系的平衡

2.4.1　静定与静不定问题的概念

一个刚体平衡时，未知量个数等于独立方程的个数，全部未知量可通过静力平衡方程求得。这类问题称为静定问题。

对于工程中的很多构件和结构，为了提高其可靠度，采用了增加约束的方法，因而其未知量个数超过了独立方程个数，仅用静力学平衡方程不可能求出所有的未知量。这类问题称为静不定问题。

求解力学问题，首先要判断研究的问题是静定问题还是静不定问题。图 2-12(a)所示的力系是平面汇交力系，有三个未知量，图 2-12(b)所示为一平面平行力系，有三个未知量，图 2-12(c)所示结构受平面任意力系作用，但它有四个未知约束力，故这些问题中未知量个数都超过了能列出独立方程的个数，皆为静不定问题。对于静不定问题的求解，将在材料力学中讨论。

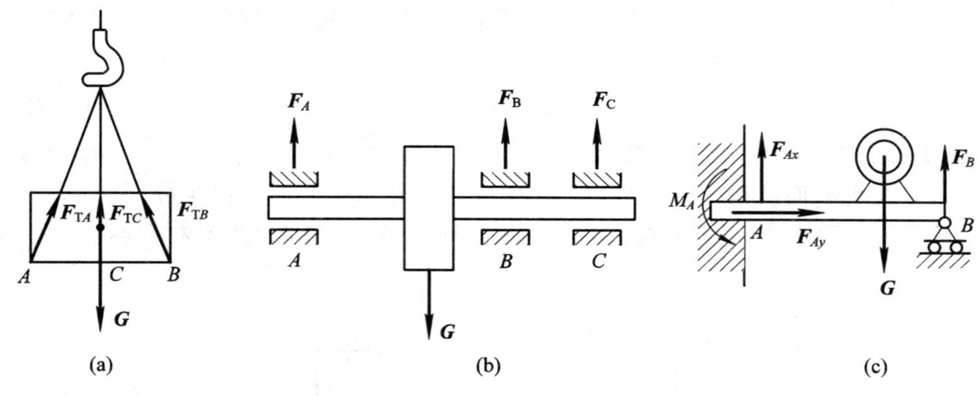

图 2-12 静不定问题

2.4.2 物体系统的平衡

工程中机构和结构都由若干个物体通过一定形式的约束组合在一起，称为物体系统，简称物系。

求解物系平衡问题的步骤如下：

(1) 适当选择研究对象(研究对象可以是物系整体、单个物体，也可以是物系中几个物体组成的系统)，画出各研究对象的分离体的受力图。

(2) 分析各受力图，确定求解顺序。研究对象的受力图可分为两类：一类是未知力数等于独立平衡方程数，称为可解的；另一类是未知力数超过独立平衡方程数，称为暂不可解的。若是可解的，应先选其为研究对象，求出某些未知量，再利用作用与反作用的关系，增加其他受力图中的已知量，扩大求解范围。有时也可利用其受力特点，列平衡方程，解出部分未知量。例如，某物体受平面任意力系作用，有四个未知量，但有三个未知量汇交于一点(或三个未知量平行)，则可取该三力汇交点为矩心(或取垂直于三未知量的投影轴)，解出部分未知量。这也许是问题的突破口，因为由于某些未知量的求出会逐步扩大求解范围。

(3) 根据确定的求解顺序，逐个列出平衡方程求解。

【例 2-7】 如图 2-13(a)所示，人字梯由 AB、AC 两杆在 A 处铰接，并在 D、E 两点用水平线相连而成。梯子放在光滑的水平面上，有一重量为 $\boldsymbol{G}$ 的人攀登至梯上 H 处，如不计梯重，且已知 $\boldsymbol{G}$、a、α、l、h。试求绳拉力与铰链支座 A 的内力。

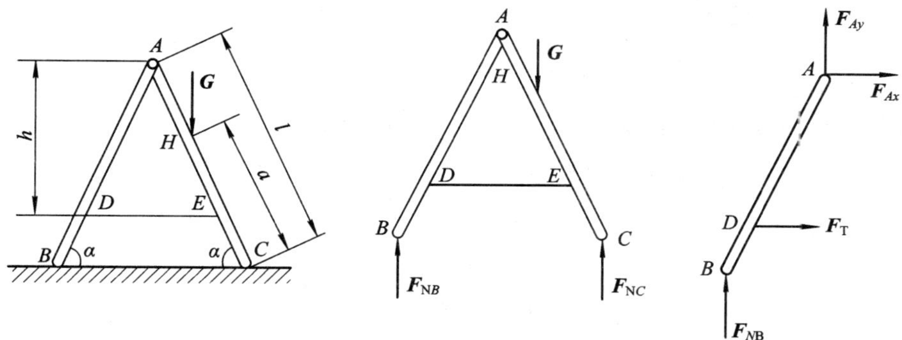

图 2-13　人字梯

分析　求解绳的拉力及支座 A 的内力，必须拆开人字梯，取 AB 或 AC 进行研究，如图 2-13(c)所示，但取分离体 AB 画受力图后，我们发现，未知力有四个，最多只能列出三个平衡方程，故直接取分离体求解无法解出全部未知力。我们可以先以人字梯整体为研究对象，如图 2-13(b)所示，先解出地面支承力 $\boldsymbol{F}_{NB}$，然后再以 AB 或 AC 分离体为研究对象求出全部未知力。

解　(1) 由图 2-13(b)得

$$\sum M_C(\boldsymbol{F}) = 0 \qquad Ga\cos\alpha - F_{NB}2l\cos\alpha = 0$$

$$F_{NB} = \frac{Ga}{2l}$$

(2) 由图 2-13(c)得

$$\sum F_y = 0 \qquad F_{Ay} + F_{NB} = 0$$

$$F_{Ay} = -F_{NB} = -\frac{Ga}{2l}$$

$$\sum M_A(\boldsymbol{F}) = 0 \qquad F_T h - F_{NB} l\cos\alpha = 0$$

$$F_T = \frac{Ga\cos\alpha}{2h}$$

$$\sum F_x = 0 \qquad F_{Ax} + F_T = 0$$

$$F_{Ax} = -F_T = -\frac{Ga\cos\alpha}{2h}$$

【例 2-8】　一构件如图 2-14(a)所示。已知 $\boldsymbol{F}$ 和 a，且 $F_1 = 2F$。试求两固定铰支座 A、B 和铰链 C 的约束力。

解　(1) 分别取构件 AD 及 BC 为研究对象，画出各自分离体的受力图，如图 2-14(b)、(c)所示。

(2) 图 2-14(b)中有四个未知力，不可解；图 2-14(c)中有四个未知力，但存在三个未知力汇交于一点，故可先求出 F_{Bx} 和 F_{Cx}，即

$$\sum M_C(\boldsymbol{F}) = 0 \qquad F_{Bx}2a - Fa = 0$$

$$F_{Bx} = \frac{F}{2}$$

$$\sum F_x = 0 \qquad F_{Cx}' - F + F_{Bx} = 0$$

$$F_{Cx}' = F - F_{Bx} = F - \frac{F}{2} = \frac{F}{2}$$

解出 F_{Cx}' 后，图 2-14(b)中的 $\boldsymbol{F}_{Cx}$ 变为已知量，因而可解，即

$$\sum M_A(\boldsymbol{F}) = 0 \qquad F_{Cy}a + F_{Cx}2a - F_1 2a = 0$$

$$F_{Cy} = 2F_1 - 2F_{Cx} = 4F - 2F_{Cx} = 3F$$

$$\sum F_y = 0 \qquad F_{Ay} + F_{Cy} - F_1 = 0$$

$$F_{Ay} = F_1 - F_{Cy} = -F$$

$$\sum F_x = 0 \qquad F_{Ax} - F_{Cx} = 0$$

$$F_{Ax} = \frac{F}{2}$$

再回到图 2-14(c)中，得

$$\sum F_y = 0 \qquad F_{By} - F_{Cy}' = 0$$

$$F_{By} = 3F$$

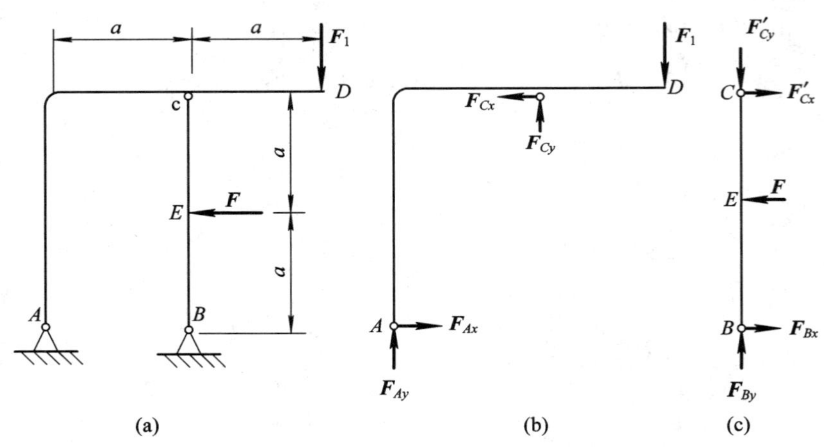

图 2-14　物系受力

2.4.3　平面静定桁架内力的计算

工程中的屋架、铁架桥梁、电视塔、输变电铁架等都采用桁架结构。

桁架是由一些杆件彼此两端连接而组成的一种结构。各杆件处于同一平面内的桁架称为平面桁架。桁架中各构件彼此连接的地方称为节点。

为了简化桁架的计算，工程中采用以下假设：

(1) 桁架中各杆的重力不计，载荷全部加在节点上。

(2) 各杆件两端用光滑铰链连接。

以上假设保证了桁架中各杆件为两力杆，其内力均沿杆件的轴线方向。

在工程实际中，据上述假设所得的计算结果可基本满足工程需要。桁架中杆件内力的计算方法一般有节点法和截面法两种。

1. 节点法

由于桁架的外力和内力汇交于节点，故桁架各节点承受平面汇交力系作用，可逐个取节点为研究对象，解出各杆的内力。这种方法称为节点法。由于平面汇交力系只有两个独立平衡方程，故求解时应从只有两个未知力的节点开始。在解题中，各杆内力全部假设为受拉状态，即其指向背离节点。如果所求力为正即是拉力，反之则为压力。

【例 2-9】 试求图 2-15(a)所示平面桁架中各杆件的内力，已知 $\alpha=30°$，$G=10\ \text{kN}$。

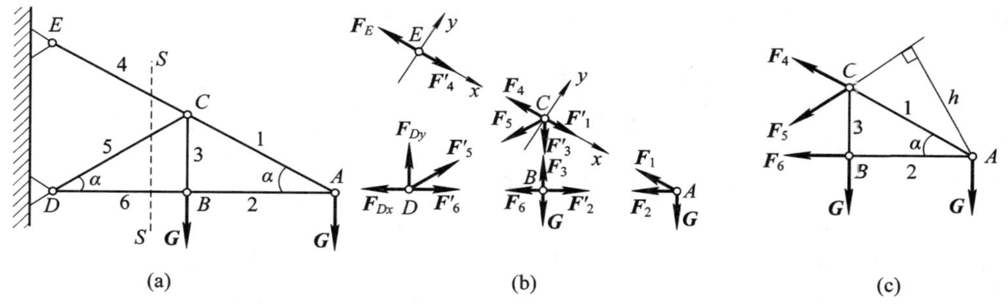

图 2-15　平面桁架

解　(1) 取各节点为研究对象，画出各节点的受力图，并选取各节点坐标，如图 2-15(b)所示。

(2) 逐个取节点，列平衡方程，即

A 节点：

$$\sum F_y=0 \qquad F_1\sin30°-G=0 \qquad F_1=20\ \text{kN}$$

$$\sum F_x=0 \qquad -F_1\cos30°-F_2=0 \qquad F_2=-17.3\ \text{kN}$$

B 节点：

$$\sum F_x=0 \qquad F_2'-F_6=0 \qquad F_6=-17.3\ \text{kN}$$

$$\sum F_y=0 \qquad F_3-G=0 \qquad F_3=10\ \text{kN}$$

C 节点：

$$\sum F_y=0 \qquad -F_5\cos30°-F_3'\cos30°=0 \qquad F_5=-10\ \text{kN}$$

$$\sum F_x=0 \qquad F_1'-F_4+F_3'\sin30°-F_5\sin30°=0 \qquad F_4=30\ \text{kN}$$

2. 截面法

截面法是假想用一个截面将桁架切开，任取一半为研究对象；在切开处画出杆件的内力，分离体上受平面任意力系作用，它可解三个未知力。解题时应注意两点：

(1) 截面必须将桁架切成两半，不能有一根杆件相连。

(2) 每取一次截面，一般情况下截开的杆件中未知力不应超过三个。

【例 2-10】 试用截面法求出例 2-9 中 4、5、6 三杆的内力。

解　取截面 S 将桁架截开，留右侧如图 2-15(c)所示。

列平衡方程如下：

$$\sum M_C(\boldsymbol{F})=0 \qquad -G\times AB-F_6\times BC=0 \qquad F_6=-17.3\ \text{kN}$$

$$\sum M_A(\boldsymbol{F})=0 \qquad F_5h+G\times AB=0 \qquad F_5=-10\ \text{kN}$$

$$\sum F_y=0 \qquad F_4\sin30°-F_5\sin30°-2G=0 \qquad F_4=30\ \text{kN}$$

2.5 考虑摩擦时的平衡问题

摩擦是一种普遍的现象。在一些问题中，由于其不成为主要因素，故设想了一种理想化的状态，常将摩擦忽略不计。但在很多工程技术问题中，它可能成为一个不容忽略的重要因素。

摩擦广泛存在于实际生活和生产中。如人靠摩擦行走，车靠摩擦制动，螺钉无摩擦将自动松开，带轮无摩擦将无法传动，这些都是摩擦有利的一面；但是，摩擦还会损坏机件，降低效率，消耗能量等，这是摩擦有害的一面。

一般可将摩擦现象进行如下分类：

(1) 按照物体接触部分可能存在的相对运动分为滑动摩擦与滚动摩擦。

(2) 按照两接触体之间是否发生相对运动分为静摩擦与动摩擦。

(3) 按接触面之间是否有润滑分为干摩擦与湿摩擦。

本节重点介绍无润滑的静滑动摩擦的性质，以及考虑摩擦时力系平衡问题的分析方法。

2.5.1 滑动摩擦

两个相互接触的物体发生相对滑动，或存在相对滑动趋势时，彼此之间就有阻碍滑动的力存在，此力称为滑动摩擦力。滑动摩擦力作用于接触处的公切面上，并与物体间滑动方向或滑动趋势的方向相反。

1. 静滑动摩擦

图 2-16 所示为库仑摩擦实验，设重为 $\boldsymbol{G}$ 的物体放在一个固定的水平面上，并受到一个水平方向的拉力 $\boldsymbol{F}_T$ 的作用。当拉力较小时，物体不动但有向右滑动的趋势。由于此时物体处于水平平衡状态，因此在其接触面上除了有一个法向反力 $\boldsymbol{F}_N$ 外，还存在一个阻止物体滑动的力 $\boldsymbol{F}_f$。力 $\boldsymbol{F}_f$ 就是静滑动摩擦力，它的方向与物体运动趋势的方向相反，大小可根据

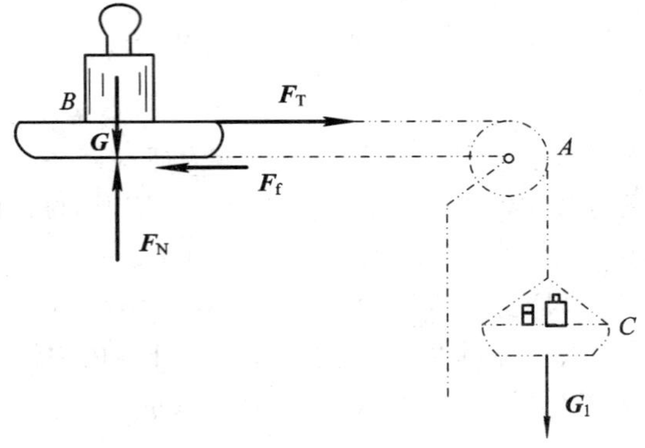

图 2-16 库仑摩擦实验

如下平衡方程求得：

$$\sum F_x = 0 \qquad F_T - F_f = 0$$

即

$$F_f = F_T$$

由上式可知，静摩擦力 $\boldsymbol{F}_f$随着主动力 $\boldsymbol{F}_T$的增大而增大。当拉力 $\boldsymbol{F}_T$增大到某一极限值时，物体处于将要滑动而尚未滑动的临界状态(也称为临界平衡状态)，此时静摩擦力达到最大值，称为最大静滑动摩擦力(简称最大静摩擦力)，用 $\boldsymbol{F}_{fmax}$表示，即

$$0 \leqslant F_f \leqslant F_{fmax} \tag{2-11}$$

这说明，如果水平力 $\boldsymbol{F}_T$的值不超过 $\boldsymbol{F}_{fmax}$，则由于摩擦力的存在，物体总能保持平衡(即相对静止)。

实验证明，最大静摩擦力的大小与两物体间的正压力成正比，即

$$F_{fmax} = f_s \cdot F_N \tag{2-12}$$

这就是静摩擦定律。式中的比例常数 f_s称为静滑动摩擦系数，简称静摩擦系数。f_s的大小主要取决于接触物体的材料、接触面的粗糙程度、温度、湿度等，而与接触面积的大小无关。f_s的值可从有关工程手册中查取。表 2-1 列出了部分常用材料的滑动摩擦系数。

表 2-1　常用材料的滑动摩擦系数

材料名称	静滑动摩擦系数 f_s	动滑动摩擦系数 f
钢对钢	0.15	0.15
钢对青铜	0.15	0.15
钢对铸铁	0.3	0.18
木材对木材	0.4～0.6	0.2～0.5

2. 动滑动摩擦力和动摩擦定律

在图 2-16 中，当主动力 $\boldsymbol{F}_T$增大到略大于 $\boldsymbol{F}_{fmax}$时，最大静摩擦力不能阻止物体运动，物体开始滑动，这时接触面间的摩擦力就是动滑动摩擦力，它的方向与相对运动速度的方向相反。实验证明，动滑动摩擦力 $\boldsymbol{F}_f'$的大小也与接触面上的法向反力 $\boldsymbol{F}_N$成正比，即

$$F_f' = f \cdot F_N \tag{2-13}$$

这就是动滑动摩擦定律。式中，f 称为动滑动摩擦系数(简称动摩擦系数)，它除与接触面的材料、表面粗糙度、温度、湿度等有关外，还与物体间的相对滑动速度有关。动摩擦系数一般小于静摩擦系数，即 $f < f_s$。在大多数情况下，动摩擦系数随相对滑动速度的增大而稍减小。当相对滑动速度不大时，可近似地认为是个常数。常用材料的滑动摩擦系数参看表 2-1。在精确度要求不高时，可以近似地认为动摩擦系数与静摩擦系数相等。

2.5.2　摩擦角与自锁现象

1. 摩擦角

如图 2-17(a)所示，将支承面对物块的法向反力 $\boldsymbol{F}_N$和静摩擦力 $\boldsymbol{F}_f$合成，得到一个合力 $\boldsymbol{F}_R$，称为全约束反力，简称全反力；将主动力 $\boldsymbol{F}_T$和 $\boldsymbol{G}$ 合成一个力 $\boldsymbol{F}_Q$。

设 $\boldsymbol{F}_Q$与接触面法线的夹角为 α，全反力 $\boldsymbol{F}_R$与接触面法线的夹角为 φ，于是物块在主动

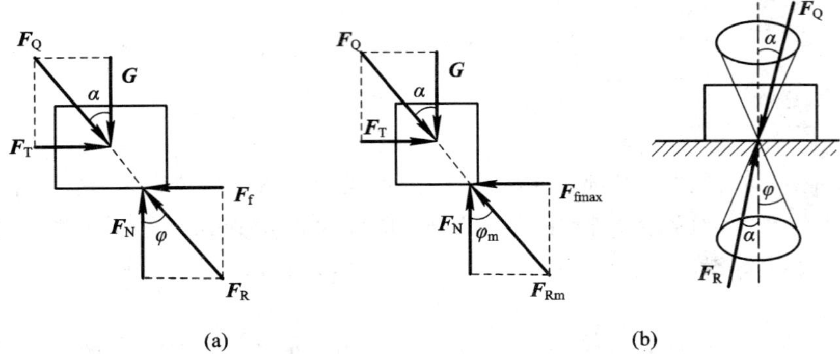

图 2－17　摩擦角

力合力 $\boldsymbol{F}_Q$ 和全约束反力 $\boldsymbol{F}_R$ 的作用下平衡，此时 $\alpha=\varphi$，静摩擦力 $\boldsymbol{F}_f$ 是个有界值，所以 φ 也是有界值，即 $0\leqslant\varphi\leqslant\varphi_m$。$\varphi_m$ 为物块处于临界平衡状态时，全反力与接触面法线夹角的最大值，称为摩擦角。

由图 2－17(b)可得

$$\tan\varphi_m=\frac{F_{fmax}}{F_N}=f_s \tag{2-14}$$

即摩擦角 φ_m 的正切等于静摩擦系数。可见，摩擦角与静摩擦系数一样，也是表示摩擦性质的物理量。

2. 自锁

由前面可知，物体静止平衡时，由于摩擦力 $\boldsymbol{F}_f$ 的大小总是小于或等于最大静摩擦力 $\boldsymbol{F}_{fmax}$，因此支承面的全反力 $\boldsymbol{F}_R$ 与接触面法线的夹角 α 也总是小于或等于摩擦角 φ_m，即 $0\leqslant\alpha\leqslant\varphi_m$。这表明，物体平衡时全反力作用线的位置不可能超出摩擦角的范围。

如果作用于物体的主动力的合力 $\boldsymbol{F}_Q$ 的作用线位于摩擦角范围内，如图 2－18(a)、(b)所示，则不论该力有多大，总有一个全反力 $\boldsymbol{F}_R$ 与它平衡。如果主动力的合力 $\boldsymbol{F}_Q$ 的作用线位于摩擦角之外，则全反力就不可能再与 $\boldsymbol{F}_Q$ 共线，物体也不能再保持平衡，见图 2－18(c)。这种物体的平衡条件与主动力大小无关，而与其方向有关的现象称为自锁现象。

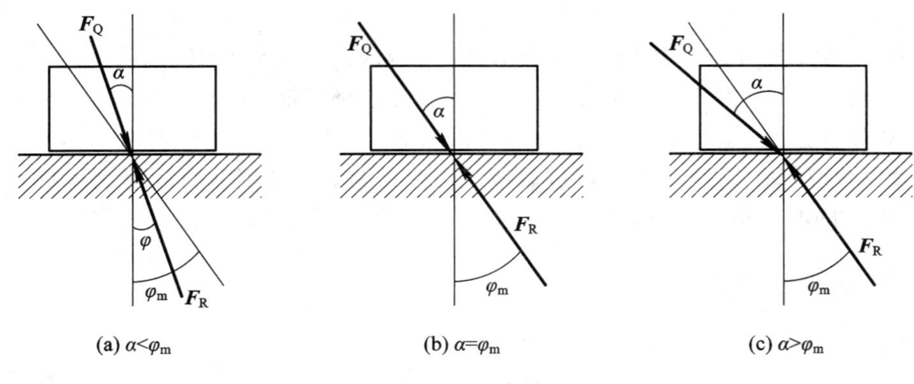

图 2－18　自锁

由此可知，自锁的条件是：

$$\alpha\leqslant\varphi_m \tag{2-15}$$

【例 2－11】 在倾角为 α 的斜面上放一物体，如图 2－19(a)所示，物体只受一个重力 $\boldsymbol{G}$ 的作用，物体与斜面间的静摩擦系数为 f_s。求物体保持平衡时，斜面的最大倾角 α_m。

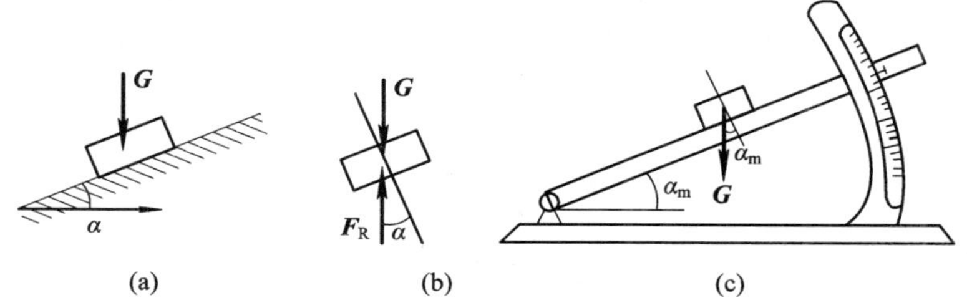

图 2－19　摩擦系数的测定

解　画出物体的受力图，如图 2－19(b)所示，物体受到主动力 $\boldsymbol{G}$ 及全约束反力 $\boldsymbol{F}_R$ 的作用。据二力平衡公理，此二力必须等值、反向、共线，故全约束反力 $\boldsymbol{F}_R$ 的方向应沿铅垂线向上，它与斜面法线间的夹角等于 α。根据静摩擦自锁条件，α_m 不能大于静摩擦角 φ_m，故能保持物体平衡的斜面最大倾角为 φ_m。

自锁原理常用来设计某些机构和夹具，例如，脚套钩在电线杆上不会自行下滑就是自锁现象；而在另外一些情况下，则要设法避免自锁现象的发生，例如，变速箱中滑移齿轮的拨动就绝对不允许自锁，否则变速箱便无法正常工作。

2.5.3　考虑滑动摩擦时的平衡问题

1. 解析法

在受力较多的情况下，通常采用解析法来求解。解有摩擦时的平衡问题的解析法与解一般静力学问题的不同之处在于：

(1) 在分析物体受力时要考虑摩擦力。它的方向与物体的运动趋势相反。

(2) 摩擦力是一项未知量。解题时，除列出平衡方程外，还需增加补充方程，补充方程数与摩擦力数相同。不过，由于摩擦力来自临界值，故问题的解答也一定是平衡范围的一个临界值。

【例 2－12】 如图 2－20(a)所示，用力 $\boldsymbol{F}$ 拉一重量为 $G=500\ \text{N}$ 的物体，物体与地面的摩擦系数 $f_s=0.2$，绳与水平面夹角 $\alpha=30°$。试求拉动此物体所需要的最小拉力 F_{min}。

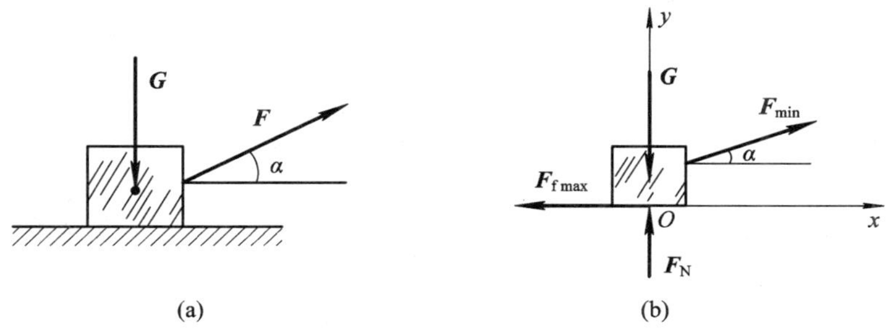

图 2－20　平面受拉物体

解　(1) 选取研究对象，画受力图。根据题意，取物体为研究对象，并画受力图，如图

2－20(b)所示。因为物体相对地面有向右运动的趋势，所以摩擦力 $\boldsymbol{F}_{\mathrm{f}}$ 向左，$\boldsymbol{F}_{\mathrm{N}}$ 为法向约束反力。

(2) 列平衡方程。为了求拉动此物体所需要的最小力，需将物体看做将要滑动但还没有滑动的临界平衡状态，此时摩擦力达到最大值，即

$$F_{\mathrm{fmax}} = f_{\mathrm{s}} F_{\mathrm{N}} \qquad ①$$

按图 2－20(b)列平衡方程：

$$\sum F_x = 0 \qquad F_{\min}\cos\alpha - F_{\mathrm{fmax}} = 0 \qquad ②$$

$$\sum F_y = 0 \qquad F_{\min}\sin\alpha - G + F_{\mathrm{N}} = 0 \qquad ③$$

(3) 解方程，求出未知量。

由式③得：

$$F_{\mathrm{N}} = G - F_{\min}\sin\alpha$$

将其代入①得

$$F_{\mathrm{fmax}} = f_{\mathrm{s}}(G - F_{\min}\sin\alpha)$$

将其代入②得

$$F_{\min}\cos\alpha - f_{\mathrm{s}}G + f_{\mathrm{s}}F_{\min}\sin\alpha = 0$$

又

$$F_{\min}(\cos\alpha + f_{\mathrm{s}}\sin\alpha) = f_{\mathrm{s}}G$$

故

$$F_{\min} = \frac{f_{\mathrm{s}}G}{\cos\alpha + f_{\mathrm{s}}\sin\alpha} = \frac{0.2 \times 500}{\cos 30^\circ + 0.2 \times \sin 30^\circ} \approx 103.5\ \mathrm{N}$$

因此，拉动此物体所需的最小拉力 $F_{\min}=103.5$ N。

【例 2－13】 制动器的构造和主要尺寸如图 2－21(a)所示，制动块与鼓轮表面间的静摩擦因数为 f_{s}，试求制动鼓轮转动所必需的最小力 $F_{\min}$。

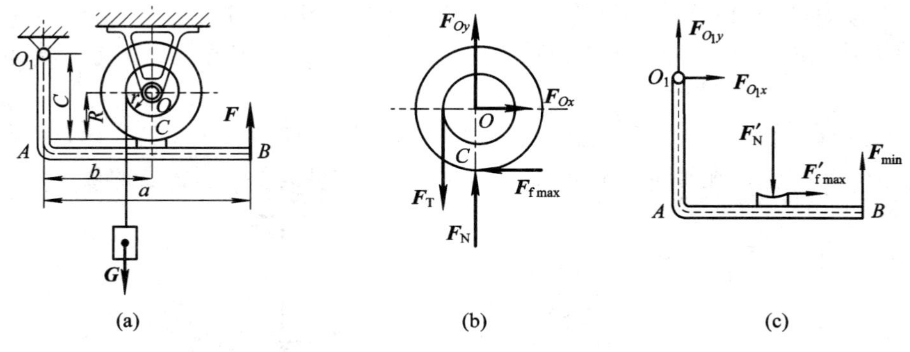

图 2－21 制动器

解 (1) 取制动轮为研究对象，画受力图，如图 2－21(b)所示，并选取 O 为矩心，建立平衡方程：

$$\sum M_O(\boldsymbol{F}) = 0 \qquad F_{\mathrm{T}}r = F_{\mathrm{fmax}}R = 0$$

补充方程：

$$F_{\mathrm{T}} = G$$

解方程得：

$$F_{\text{fmax}}=\frac{r}{R}F_{\text{T}}=\frac{r}{R}G$$

(2) 取制动杆 O_1AB 为研究对象，画其受力图，如图 2－21(c)所示，选取 O_1 为矩心，并建立平衡方程和补充方程：

$$\sum M_{O_1}(\boldsymbol{F})=0\qquad F_{\min}a+F'_{\text{fmax}}c-F'_{\text{N}}b=0 \tag{①}$$

补充方程：

$$F'_{\text{fmax}}=F_{\text{fmax}}=\frac{r}{R}G \tag{②}$$

$$F'_{\text{N}}=F_{\text{N}}=\frac{F_{\text{fmax}}}{f_{\text{s}}}=\frac{rG}{Rf_{\text{s}}} \tag{③}$$

解联立方程得：

$$F_{\min}=\frac{Gr}{aR}\left(\frac{b}{f_{\text{s}}}-c\right)$$

【例 2－14】 重力为 $\boldsymbol{G}$ 的物块放在倾角为 α 的斜面上，如图 2－22(a)所示，物块与斜面间的静摩擦因数为 f_{s}，且当 $\tan\alpha>f_{\text{s}}$时，求使物块静止时水平力 $\boldsymbol{F}$ 的大小。

解 要使物块静止，$\boldsymbol{F}$ 的值不能太大，也不能太小。若 $\boldsymbol{F}$ 过大，物块将向上滑动；若 $\boldsymbol{F}$ 太小，则物块将向下滑动。因此，力 $\boldsymbol{F}$ 的数值必然在某一范围内。

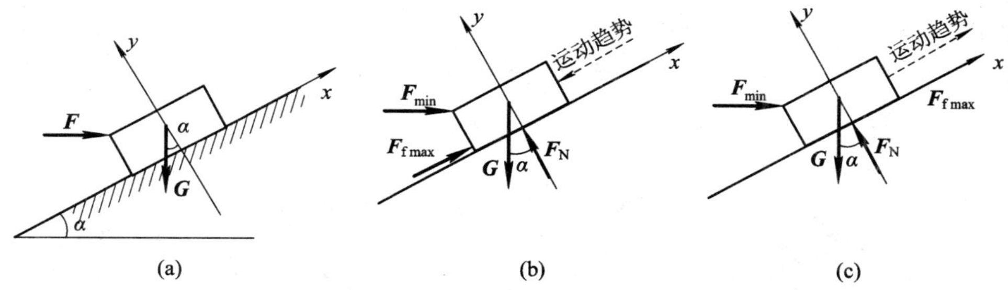

图 2－22　斜面摩擦

(1) 求出刚好足以维持物块不致下滑的 $\boldsymbol{F}$ 的值，即 $F_{\min}$。当物体受力 $F_{\min}$时，物块处于有向下滑动趋势的临界状态，此时摩擦力沿斜面向上并达到最大值。物块受力如图 2－22(b)所示。

物块平衡方程为

$$\sum F_x=0\qquad F_{\min}\cos\alpha-G\sin\alpha+F_{\text{fmax}}=0$$

$$\sum F_y=0\qquad F_{\text{N}}-F_{\min}\sin\alpha-G\cos\alpha=0$$

补充方程：

$$F_{\text{fmax}}=f_{\text{s}}F_{\text{N}}$$

解得

$$F_{\min}=\frac{\sin\alpha-f_{\text{s}}\cos\alpha}{\cos\alpha+f_{\text{s}}\sin\alpha}G$$

因为 $\varphi_{\text{m}}=\arctan f_{\text{s}}$，故上式可化简为

$$F_{\min}=G\tan(\alpha-\varphi_{\text{m}})$$

(2) 求物块不致上移时 $\boldsymbol{F}$ 的值，即 F_{max}。物块在 $\boldsymbol{F}_{max}$ 的作用下处于有向上滑动趋势的临界平衡状态，所以摩擦力向下并达到最大值，物块受力如图 2-22(c)所示。

物块平衡方程为

$$\sum F_x = 0 \qquad F_{max}\cos\alpha - G\sin\alpha - F_{fmax} = 0$$

$$\sum F_y = 0 \qquad F_N - F_{max}\sin\alpha - G\cos\alpha = 0$$

补充方程：

$$F_{fmax} = f_s F_N$$

解得

$$F_{max} = \frac{\sin\alpha + f_s\cos\alpha}{\cos\alpha - f_s\sin\alpha}G$$

同样可化简为

$$F_{max} = G\tan(\alpha + \varphi_m)$$

综合以上结果可知，使物块静止时的水平力 $\boldsymbol{F}$ 的值应为

$$G\tan(\alpha - \varphi_m) \leqslant F \leqslant G\tan(\alpha + \varphi_m)$$

2. 几何法

将接触面的切向和法向约束力合成表示为全约束力 $\boldsymbol{F}_R$ 后，若物体平衡问题所涉及的力不超过三个，则用几何法求解比较简便。

【例 2-15】 用几何法求解例 2-14。

解 分别画出 $\boldsymbol{F}_{max}$ 与 $\boldsymbol{F}_{min}$ 作用下两种临界状态的受力图，如图 2-23(a)、(c)所示。

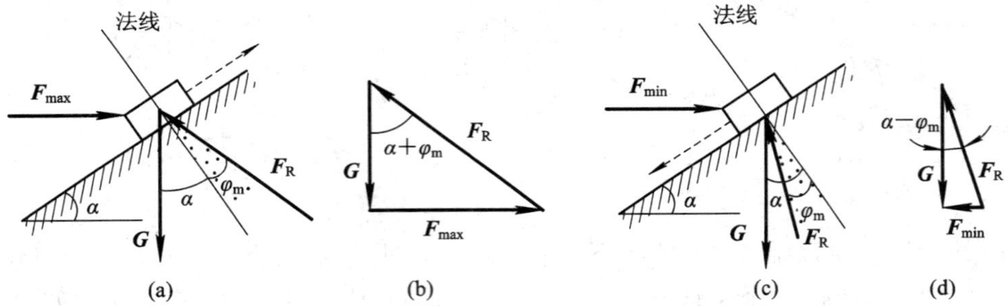

图 2-23 几何法

图 2-23(a)中，将法向反力和最大静摩擦力用全反力 $\boldsymbol{F}_R$ 来代替，这时物块在 $\boldsymbol{G}$、$\boldsymbol{F}_R$、$\boldsymbol{F}_{max}$ 三个力的作用下平衡。根据汇交力系平衡的几何条件可知，这三个力构成一个封闭的力三角形，如图 2-23(b)所示，因此求得水平推力 $\boldsymbol{F}$ 的最大值为

$$F_{max} = G\tan(\alpha + \varphi_m)$$

同样，可以画出物块处于向下滑动临界状态时的受力图，如图 2-23(c)所示，作封闭的力三角形如图 2-23(d)所示，因此得水平推力 $\boldsymbol{F}$ 的最小值为

$$F_{min} = G\tan(\alpha - \varphi_m)$$

综合以上两个结果，可得水平力 $\boldsymbol{F}$ 的取值范围为

$$G\tan(\alpha - \varphi_m) \leqslant F \leqslant G\tan(\alpha + \varphi_m)$$

与例 2-14 的计算结果完全相同。

在此例题中，如果斜面的倾角小于摩擦角，即 $\alpha<\varphi_m$，则水平推力 **F** 为负值。这说明，此时物块不需要力 **F** 的支持就能静止于斜面上，而且无论重力 **G** 的值多大，物块也不会下滑，这就是自锁现象。

2.5.4　滚动摩擦简介

当搬运重物时，若在重物底下垫辊轴，比直接放在地面上推动省力得多。这说明用辊轴的滚动来代替箱底的滑动，所受的阻力要小得多(见图 2－24(a))。车辆用车轮，机器中用滚动轴承，就是利用了这个道理(见图 2－24(b))。

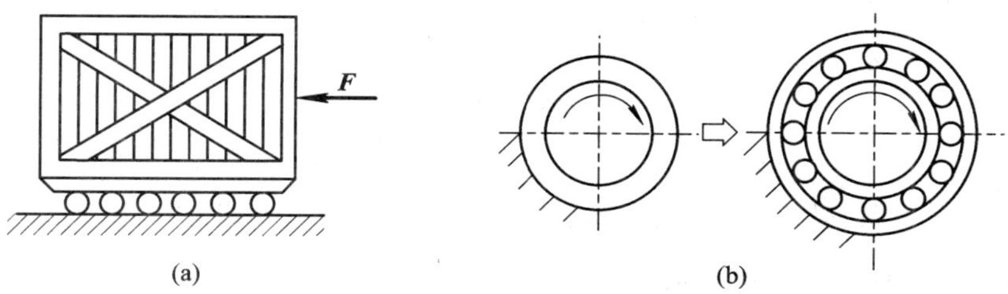

图 2－24　滚动摩擦实例

将一重力为 G 的车轮放在地面上，在车轮上加一微小的水平拉力 **F**，此时车轮与地面接触处就会产生一摩擦阻力 $\boldsymbol{F}_f$，以阻止车轮滑动。由图 2－25(a)可见，主动力 **F** 与滑动摩擦力 $\boldsymbol{F}_f'$ 组成一力偶，其值为 $\boldsymbol{F}_r$，不论它有多小，它都将驱使车轮转动。其实，若 **F** 不大，转动并不会发生，这说明还存在一阻止转动的力偶，这就是滚动力偶矩。实际情况是，在车轮重力作用下，车轮与地面都会产生变形，变形后车轮与地面接触面上的约束力分析情况如图 2－25(b)所示。

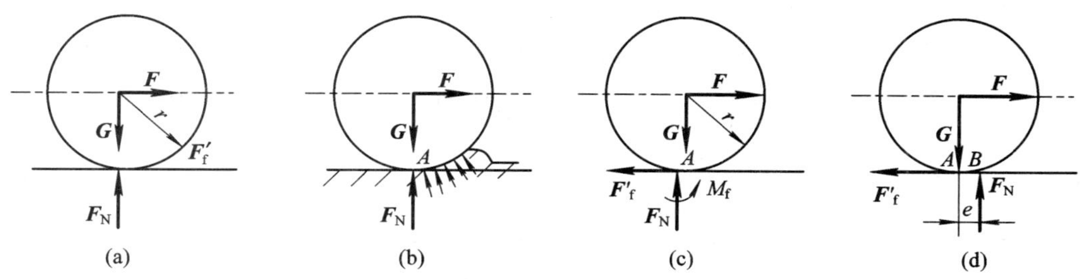

图 2－25　车轮滚动

若将这些分布约束力向点 A 简化，可得法向约束力 $\boldsymbol{F}_N$(正压力)、切向有限约束力 $\boldsymbol{F}_f'$(滑动摩擦力)及滚动摩擦力偶 M_f，如图 2－25(c)所示。当 **F** 逐渐增加时，M_f 也会增加，但也有一最大值 M_{fmax}；若 **F** 再增加，滚动就会开始。

实验表明，滚动摩擦力偶的最大值 M_{fmax} 与两个互相接触物体间的法向约束力成正比，即

$$M_{fmax}=\delta F_N \tag{2-16}$$

这就是库仑滚动摩擦定理。式中，常数 δ 的单位是 mm，可视为接触画的法向约束力与理论接触点的偏离最大值 e，如图 2－25(d)所示，称为滚动摩擦系数。该因数取决于相互接触物体表面的材料性质和表面状况，可由实验得到。表 2－2 给出了几种常见材料的滚动摩

擦因数参考值。通常接触处变形越小，δ 值就越小。

表 2-2　滚动摩擦系数 δ

摩擦材料	δ/mm	摩擦材料	δ/mm
软钢对软钢 淬火钢对淬火钢	0.05 0.01	铸铁对铸铁 火车轮对钢轨	0.05 0.5～0.7

【例 2-16】 试分析重力为 $\boldsymbol{W}$ 的车轮，在轮心受水平力 $\boldsymbol{F}$ 作用下的滑动和滚动条件。

解　车轮受力图见图 2-25(c)。车轮的滑动条件为 $F > f_s F_N$，即 $F > f_s G$，车轮的滚动条件为 $Fr > M_{fmax}$，即

$$F > \frac{\delta}{r}G$$

由于 $\frac{\delta}{r} \ll f_s$，所以使车轮滚动比滑动要容易得多。

当物体在支承面上作纯滚动时，在接触点处也一定产生一滑动摩擦力 $\boldsymbol{F}_f$，但它并未达到最大值，也不是动摩擦力。其值在静力学问题中要由平衡方程求得，在动力学问题中则要由动力学方程解出。

思　考　题

2-1　如题图 2-1 所示刚体上有等值且互成 60°夹角的三力作用。试问此刚体是否平衡？

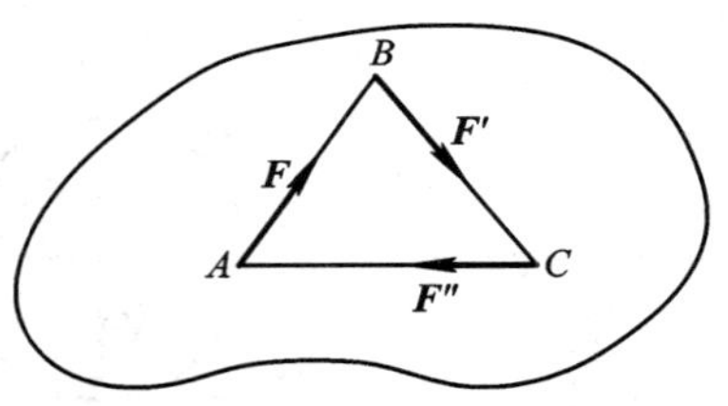

题图 2-1

2-2　匀质刚体 AB 的重力为 $\boldsymbol{G}$。由于不计自重力的三根杆支撑在如题图 2-2 所示的位置上平衡，若需求 A、B 处所受的约束力，试讨论在列平衡方程时应如何选择投影轴和矩心。

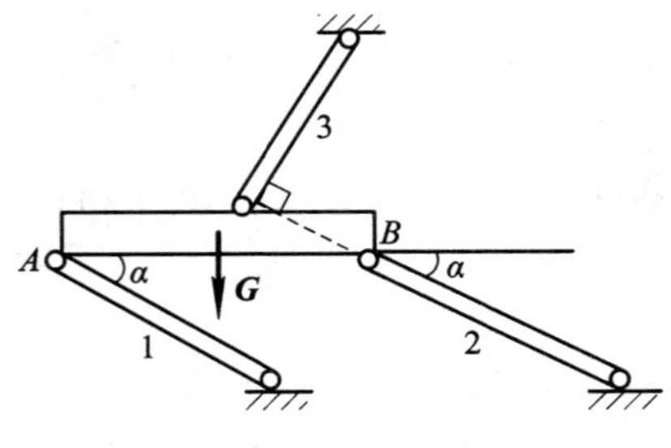

题图 2-2

2-3 试判断题图 2-3 所示各结构是静定还是静不定结构，不计各杆自重。

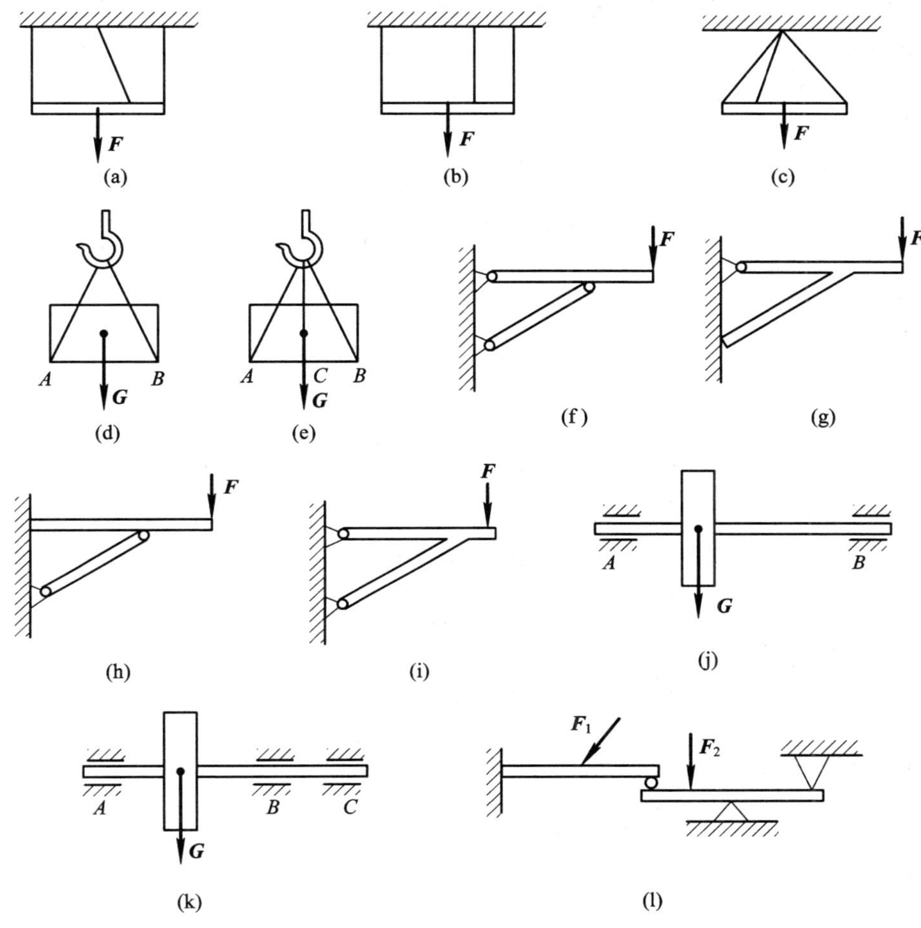

题图 2-3

2-4 摩擦力是否一定是阻力？试分析自行车向前行驶时地面给前后轮的摩擦力的方向。当自行车刹车时，摩擦力的方向是否改变？

2-5 如题图 2-4 所示一重力 $G=100$ N 的物块，在力 $F=400$ N 的作用下处于平衡。物块与墙间的摩擦因数 $f_s=0.3$，求它与墙之间的摩擦力。

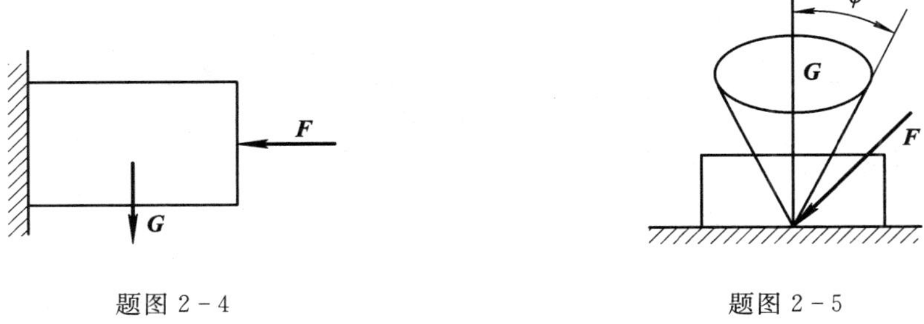

题图 2-4　　　　题图 2-5

2-6 重力为 **G** 的物块放在地面上如题图 2-5 所示，有一主动力 **F** 作用于摩擦锥之外，此时物体是否一定移动？

2-7 如题图 2-6 所示，物块重力为 $\boldsymbol{G}$，与水平面间的摩擦因数为 f_s，欲使物块向右滑动，将题图 2-6(a)的施力方法与题图 2-6(b)的施力方法相比较，哪种省力？若要最省力，α 角应多大？

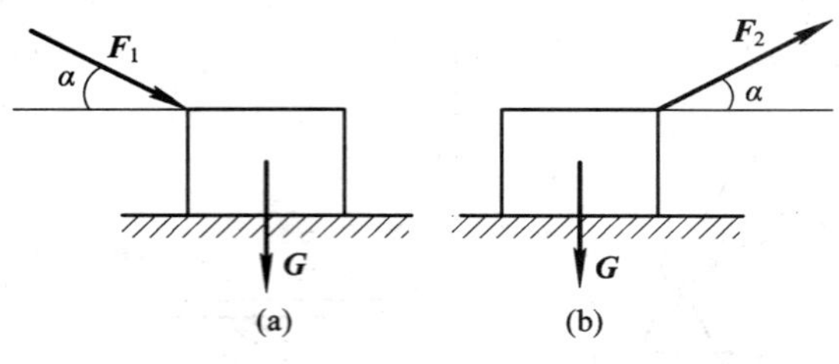

题图 2-6

习　　题

2-1 习题 2-1 图所示的三角支架由杆 AB、AC 铰接而成，在 A 处作用有重力 $\boldsymbol{G}$，分别求出图中 4 种情况下杆 AB、AC 所受的力(不计自重)。

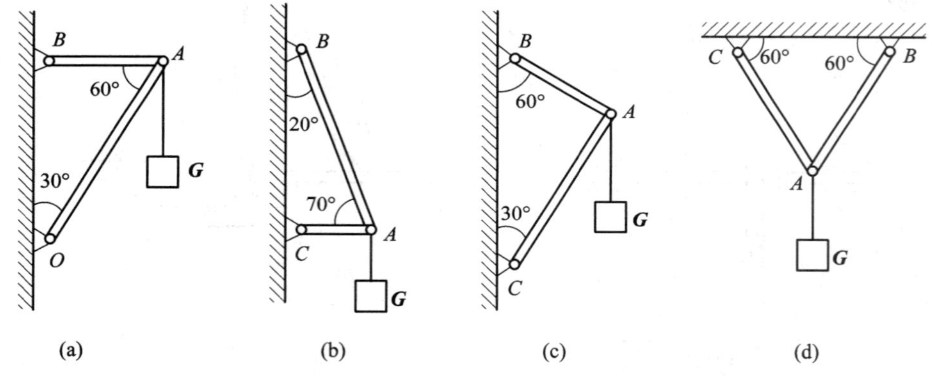

习题 2-1 图

2-2 如习题 2-2 图所示，简支梁受力 $\boldsymbol{F}$ 的作用，已知 $F=20$ kN，求下列两种情况中支座 A、B 两处的约束反力。

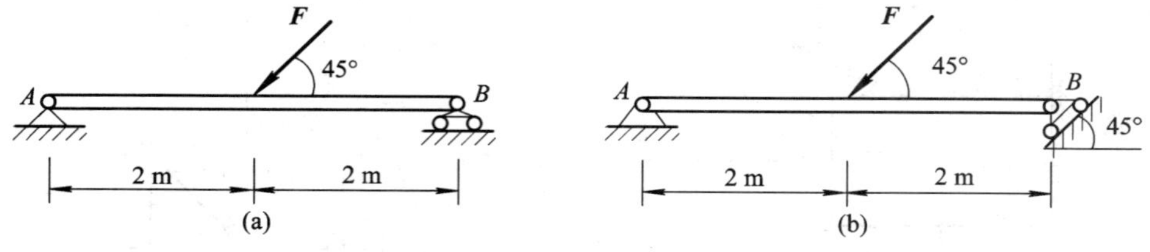

习题 2-2 图

2-3 如习题 2-3 图所示，已知 q、a，$F=qa$ 且 $M=qa^2$。求各梁的支座反力。

2-4 求习题 2-4 图中各梁的支座反力(不计杆重)。

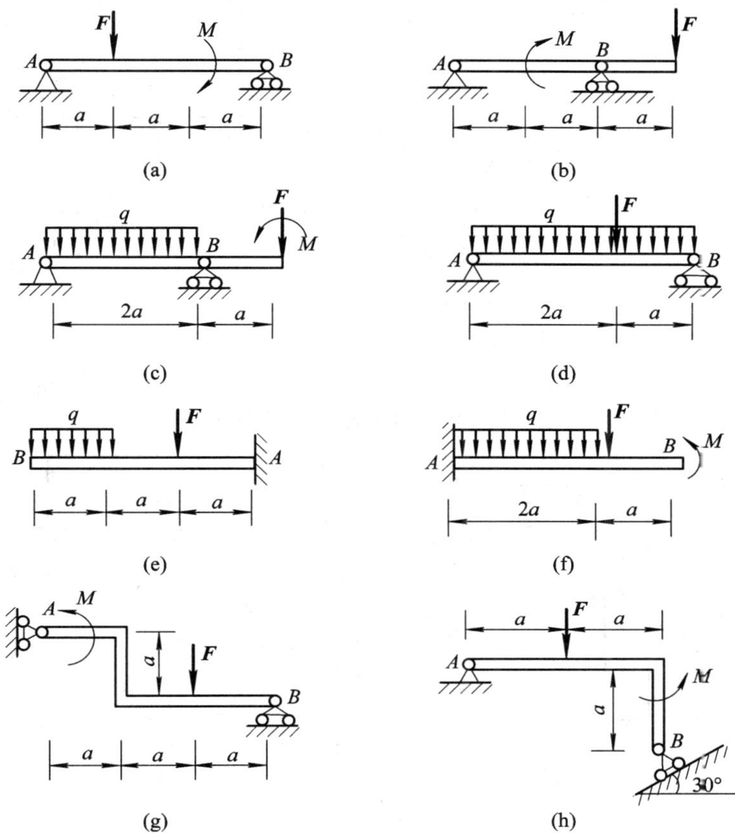
F
M
A
B
a
(a)
(b)
q
2a
(c)
(d)
(e)
(f)
(g)
(h)
30°

习题 2-3 图

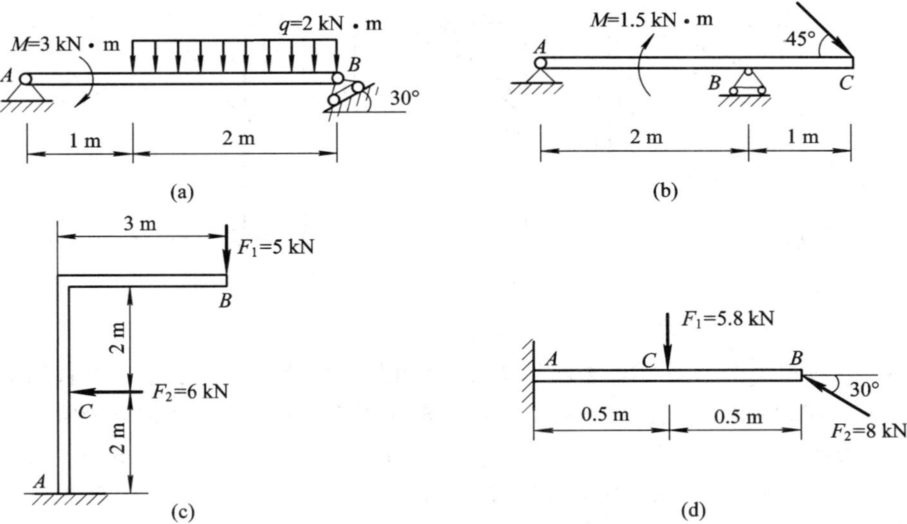
M=3 kN · m
q=2 kN · m
A
B
30°
1 m
2 m
(a)
F=2 kN
M=1.5 kN · m
45°
C
(b)
3 m
F1=5 kN
F2=6 kN
(c)
F1=5.8 kN
0.5 m
F2=8 kN
(d)

习题 2-4 图

2－5　如习题 2－5 图所示，已知 $G=10$ kN，试求 A、B 处的约束力。

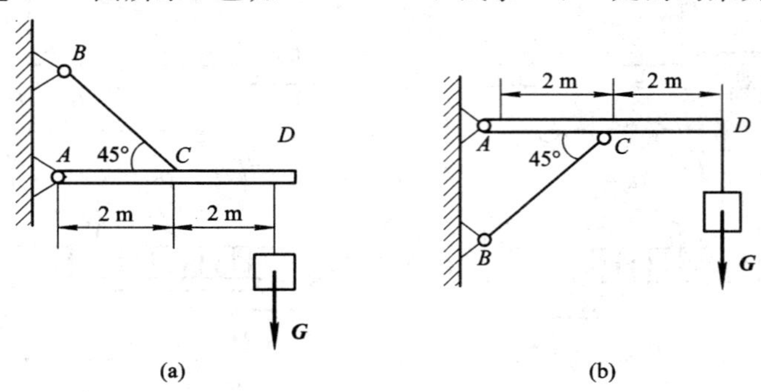

习题 2－5 图

2－6　已知 $G=5$ kN，试求习题 2－6 图所示两支架各支承点的约束力。

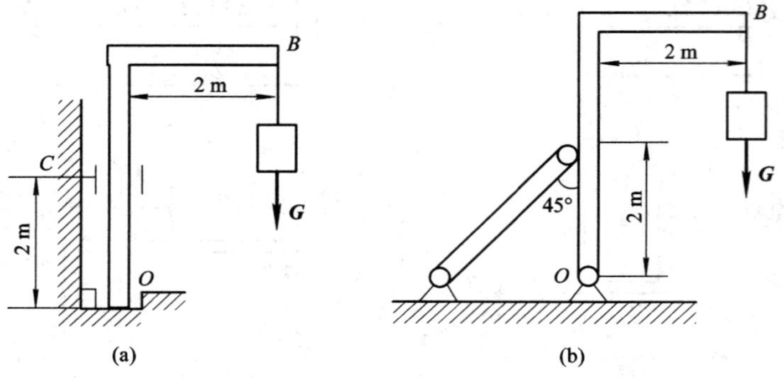

习题 2－6 图

2－7　悬臂重 $G=5$ kN，滑轮直径 $d=0.2$ m，其他尺寸如习题 2－7 图所示，试分别求图中三种情况下立柱固定端 A 处的支座约束力。

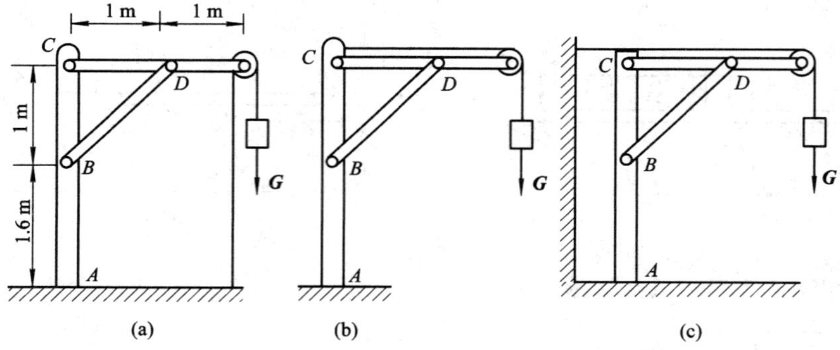

习题 2－7 图

2－8　如习题 2－8 图所示，重力为 $\boldsymbol{G}$ 的球夹在墙和匀质杆 AB 之间。AB 杆的重量 $G_Q=4G/3$，长为 l，$AD=2l/3$。已知 $\boldsymbol{G}$ 和 $\alpha=30°$，求绳子 BC 的拉力和铰链 A 的约束力。

2－9　在习题 2－9 图所示平面构架中，已知 $\boldsymbol{F}$、a。试求 A、B 两支座的约束力。

2－10　如习题 2－10 图所示，重量 $G=5$ kN 的电机，放置在三角支架 ABC 上，支架由杆 AB 和 BC 组成，A、B、C 三处均为铰链。不考虑各杆的自重，求杆 BC 的受力。

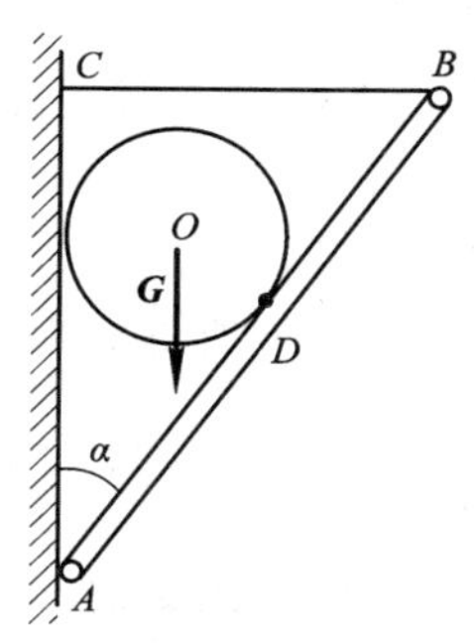

习题 2-8 图

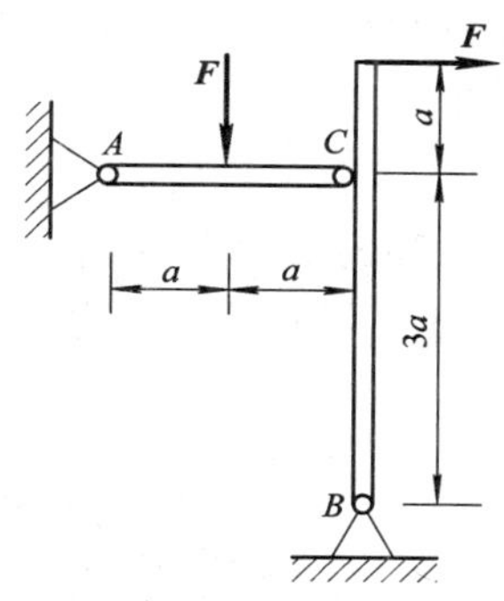

习题 2-9 图

2-11　如习题 2-11 图所示，物体重量 $G=20$ kN，用绳子挂在支架的滑轮 B 上，绳子的另一端接在绞车 D 上。转动绞车，物体便能升起，设滑轮的大小及其中摩擦略去不计，A、B、C 三处均为铰链连接。当物体处于平衡时，求拉杆 AB 和支杆 CB 所受的力。

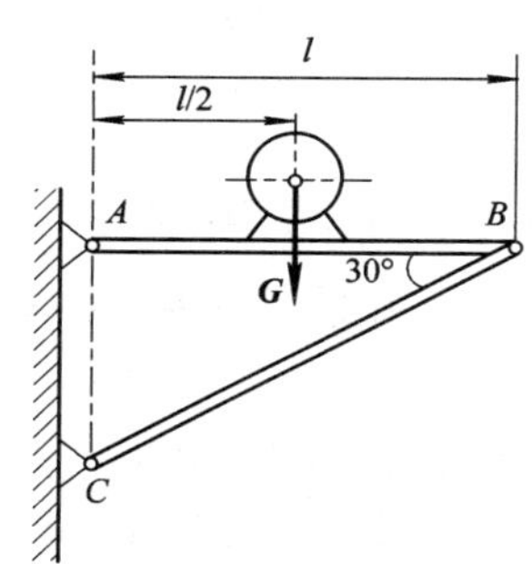

习题 2-10 图

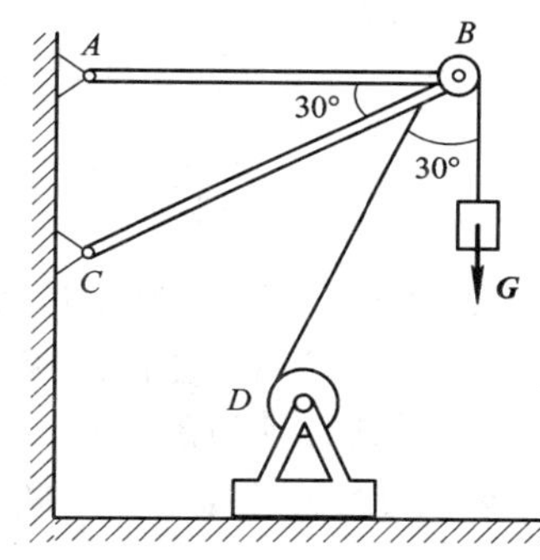

习题 2-11 图

2-12　如习题 2-12 图所示，移动式起重机重量 $G_1=500$ kN，其重心在离右轨 1.5 m 处，起重机的起重量 $G_2=250$ kN。欲使跑车满载或空载时起重机均不至于翻倒，求平衡锤的最小重量 $\boldsymbol{G}_3$ 以及平衡锤到左轨的最大距离 x(跑车本身重量略去不计)。

2-13　如习题 2-13 图所示汽车起重机，车体重量 $G_1=26$ kN，吊臂重量 $G_2=4.5$ kN，起重机旋转及固定部分重量 $G_3=31$ kN。设吊臂在起重机对称面内，试求汽车的最大起重量 $\boldsymbol{G}$。

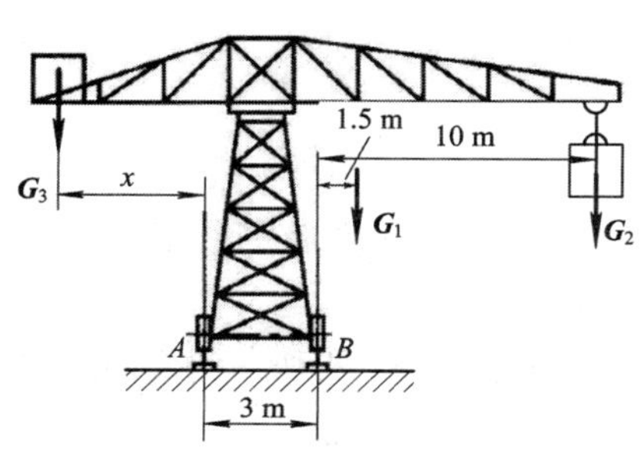

习题 2-12 图

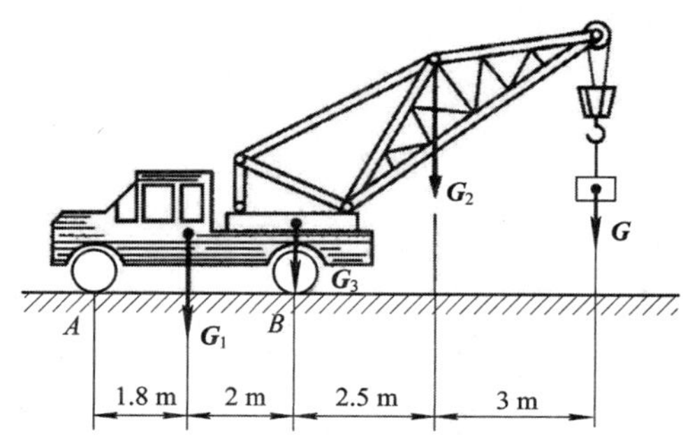

习题 2-13 图

2-14 已知如习题 2-14 图所示履带式起重机的机身重 $G=100$ kN，起重臂重 $G_1=20$ kN，悬臂重 $G_2=20$ kN，$l=10$ m，$b=7$ m。试分析 a 值至少应为多大，才能保证此起重位置保持平衡。

2-15 重物的重力为 $\boldsymbol{G}$，杆 AB、CB 与滑轮相连，如习题 2-15 图所示。已知 $\boldsymbol{G}$ 的大小和 $\alpha=45°$，不计滑轮的自重力，求支座 A 处的约束力以及 BC 杆所受的力。

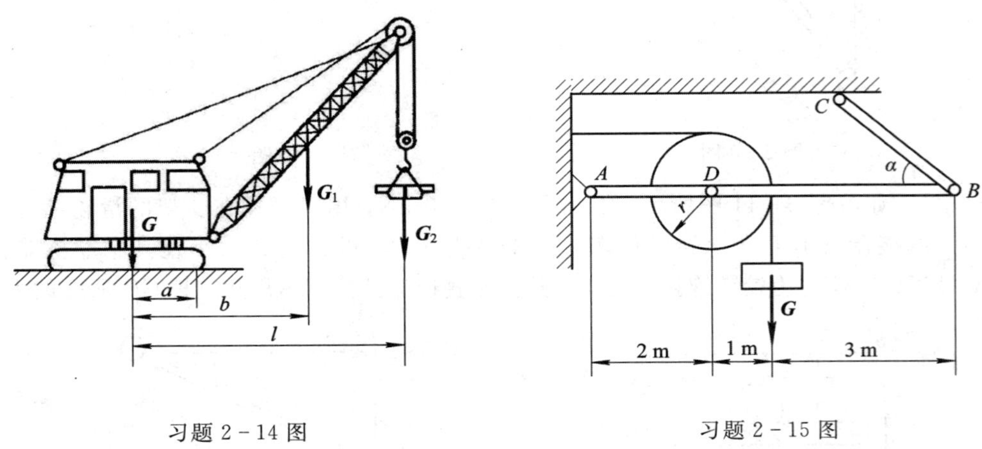

习题 2-14 图　　习题 2-15 图

2-16 如习题 2-16 图所示构架中，DF 杆的中点有一销钉 E 套在 AC 杆的导槽内。已知 $\boldsymbol{F}$、a，试求 B、C 两支座的约束力。

2-17 汽车地秤如习题 2-17 图所示，BCE 为整体台面，杠杆 AOB 可绕 O 轴转动，B、C、D 三点均为铰链连接，已知砝码重 $\boldsymbol{G}_1$ 以及尺寸 l、a，不计其他构件自重，试求汽车自重 $\boldsymbol{G}_2$。

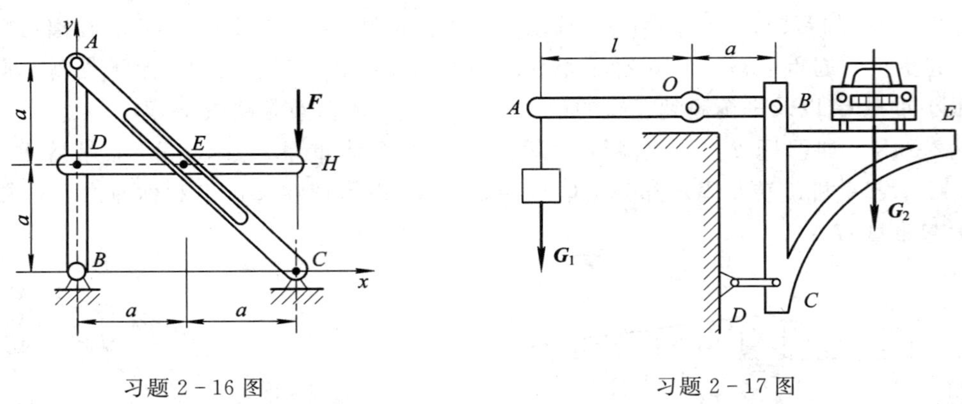

习题 2-16 图　　习题 2-17 图

2-18 已知 $\alpha=45°$，$F=50\sqrt{2}$ kN。试求习题 2-18 图所示的桁架中杆 1、2、3、4、5 的内力。

2-19 如习题 2-19 图所示，斜面上的物块重力 $G=980$ N，物块与斜面间的静摩擦系数 $f_s=0.20$，动摩擦系数 $f=0.17$。当水平主动力分别为 $F=500$ N 和 $F=100$ N 两种情况时：

(1) 问物块是否滑动？

(2) 求实际摩擦力的大小和方向。

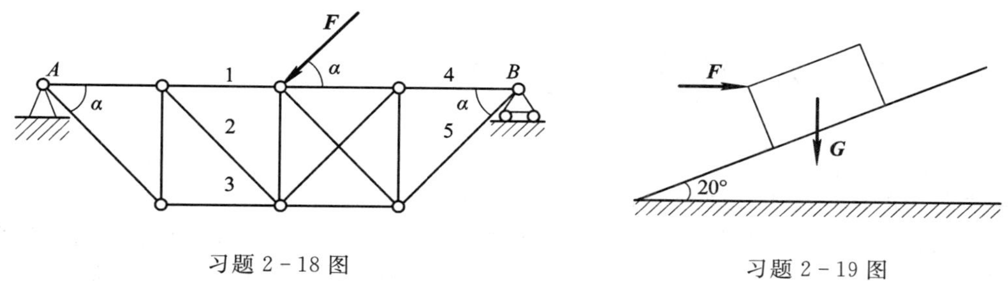

习题 2－18 图　　　　习题 2－19 图

2－20　如习题 2－20 图所示，梯子 AB 重力为 $G=200$ N，靠在光滑墙上，梯子长为 $l=3$ m，已知梯子与地面间的静摩擦系数为 0.25，今有一重为 650 N 的人沿梯子向上爬，若 $\alpha=60°$，求人能够达到的最大高度。

2－21　如习题 2－21 图所示，砖夹宽 280 mm，爪 AHB 和 $BCED$ 在 B 点处铰接。被提起的砖重力为 $\boldsymbol{G}$，提举力 $\boldsymbol{F}$ 作用在砖夹中心线上。若砖夹与砖之间的静摩擦系数 $f_s=0.5$，则尺寸 b 应为多大，才能保证砖被夹住不滑掉？

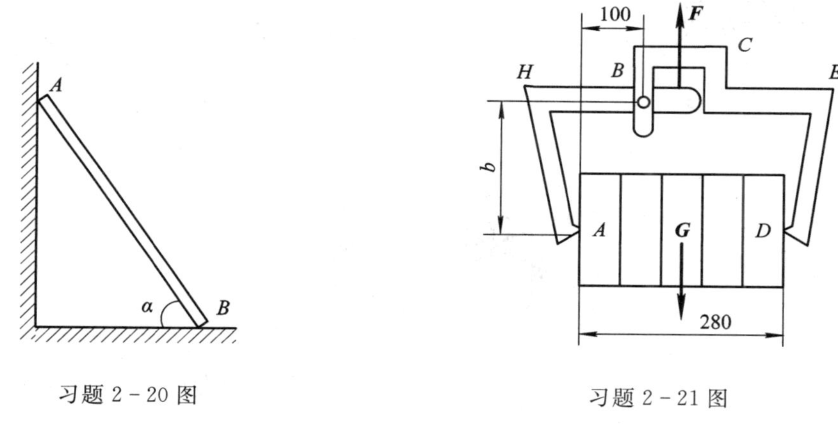

习题 2－20 图　　　　习题 2－21 图

2－22　有三种制动装置如习题 2－22 图所示。已知圆轮上转矩为 M，几何尺寸 a、b、c 及圆轮同制动块 K 间静摩擦因数 f_s。试求制动所需要的最小力 $\boldsymbol{F}$ 的大小。

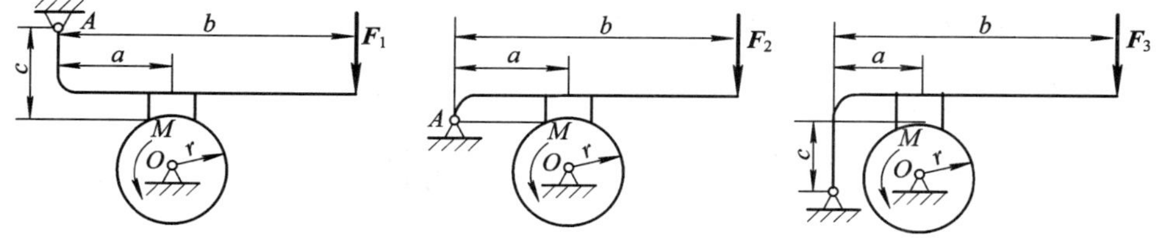

习题 2－22 图

第3章　空 间 力 系

力系中各力的作用线不在同一平面内，该力系称为空间力系。

空间力系按各力分布作用线的情况，可分为空间汇交力系、空间平行力系与空间任意力系。图 3-1(a)所示的桅杆起重机、图 3-1(b)所示的脚踩杆以及图 3-1(c)所示的手摇钻等，都是空间力系的实例。

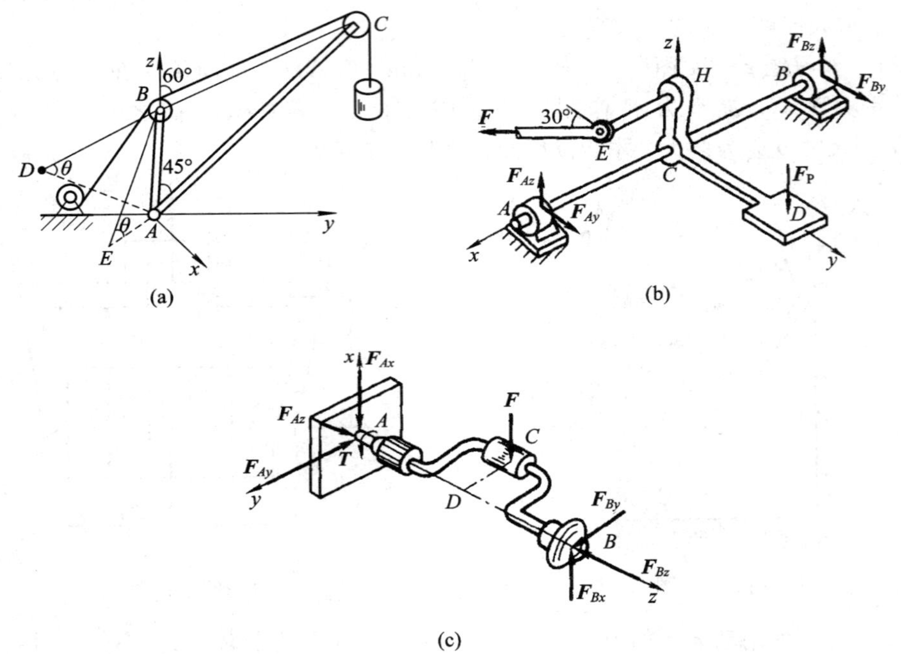

图 3-1　空间力系实例

本章讨论力在空间直角坐标轴上的投影、力对轴之矩的概念与运算以及空间力系平衡问题的求解方法。

3.1　力在空间直角坐标轴上的投影

3.1.1　直接投影法

若力 $\boldsymbol{F}$ 与 x、y、z 轴的正向夹角 α、β、γ 均为已知，则力 $\boldsymbol{F}$ 在空间的方位就已完全确定。如图 3-2(a)所示，$\triangle OBA$、$\triangle OCA$、$\triangle ODA$ 均为直角三角形，所以力 $\boldsymbol{F}$ 可直接在三个坐标轴上投影，故有

$$\begin{cases} F_x = \pm F\cos\alpha \\ F_y = \pm F\cos\beta \\ F_z = \pm F\cos\gamma \end{cases} \tag{3-1}$$

投影方向与坐标轴正向相同为正，反之，则为负。

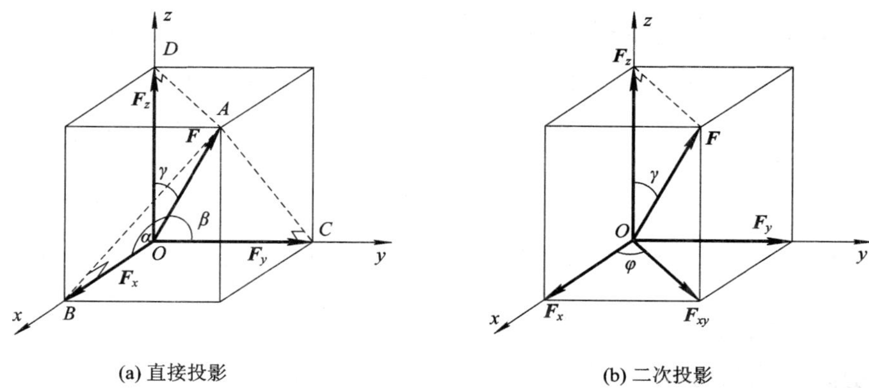

图 3-2　空间力的投影

3.1.2　二次投影法

如图 3-2(b)所示，若已知力 $\boldsymbol{F}$ 与 z 轴的夹角 γ 以及力 $\boldsymbol{F}$ 与 z 轴所组成的平面与 x 轴的夹角 φ，则力 $\boldsymbol{F}$ 在 x、y、z 轴的投影计算可分两步进行：① 将力 $\boldsymbol{F}$ 分解到 z 轴和 Oxy 坐标平面上，以 $\boldsymbol{F}_z$ 和 $\boldsymbol{F}_{xy}$ 表示；② 将 $\boldsymbol{F}_{xy}$ 投影到 x、y 轴上，求出力 $\boldsymbol{F}$ 在 x、y 两坐标轴上的投影。其方程为

$$F \Rightarrow \begin{cases} F_{xy} = F\sin\gamma \Rightarrow \begin{cases} F_x = F_{xy}\cos\varphi = F\sin\gamma\cos\varphi \\ F_y = F_{xy}\sin\varphi = F\sin\gamma\sin\varphi \end{cases} \\ F_z = F\cos\gamma \end{cases} \tag{3-2}$$

反之，如果力 $\boldsymbol{F}$ 在 x、y、z 三轴的投影分别为 $\boldsymbol{F}_x$、$\boldsymbol{F}_y$、$\boldsymbol{F}_z$，也可以求出力 $\boldsymbol{F}$ 的大小和方向。其方法为

$$\begin{cases} F = \sqrt{F_{xy}^2 + F_z^2} = \sqrt{F_x^2 + F_y^2 + F_z^2} \\ \cos\alpha = \left|\dfrac{F_x}{F}\right|, \quad \cos\beta = \left|\dfrac{F_y}{F}\right|, \quad \cos\gamma = \left|\dfrac{F_z}{F}\right| \end{cases} \tag{3-3}$$

【例 3-1】　已知圆柱斜齿轮所受的啮合力 $F_n = 1410$ N，齿轮压力角 $\alpha = 20°$，螺旋角 $\beta = 25°$(见图 3-3)。试计算斜齿轮所受的圆周力 $\boldsymbol{F}_t$、轴向力 $\boldsymbol{F}_a$ 和径向力 $\boldsymbol{F}_r$ 的大小。

解　取坐标系如图 3-3 所示，使 x、y、z 分别沿齿轮的轴向、圆周的切线方向和径向。先把啮合力 $\boldsymbol{F}_n$ 向 z 轴和 Oxy 坐标平面投影，得

$$F_r = -F_n\sin\alpha = -1410\sin20° = -482\ \text{N}$$

$\boldsymbol{F}_n$ 在 Oxy 平面上的分力 $\boldsymbol{F}_{xy}$ 其大小为

$$F_{xy} = F_n\cos\alpha = 1410\cos20° = 1325\ \text{N}$$

然后再把 $\boldsymbol{F}_{xy}$ 投影到 x、y 轴，得

$$F_a = -F_{xy}\sin\beta = 1325\sin25° = -560\ \text{N}$$

$$F_t = -F_{xy}\cos\beta = 1325\cos25° = -1201\ \text{N}$$

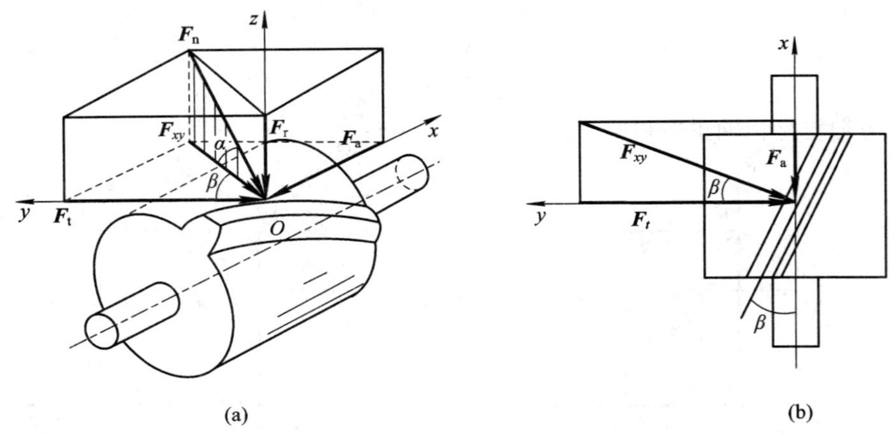

图 3-3 斜齿轮受力分析

3.1.3 空间汇交力系的合成

在平面汇交力系中，我们将力系合成为一个合力 $\boldsymbol{F}_R$，其大小与方向由矢量和确定，作用线通过汇交点。与平面汇交力系一样，空间汇交力系也可以合成为一个合力，即合力大小和方向可由矢量和(几何法或解析法)求出，合力作用线通过汇交点。

设有一空间汇交力系 $\boldsymbol{F}_1$，$\boldsymbol{F}_2$，…，$\boldsymbol{F}_n$，利用力的平行四边形法则可将其逐步合成为一个合力矢 $\boldsymbol{F}_R$：

$$\boldsymbol{F}_R = \boldsymbol{F}_1 + \boldsymbol{F}_2 + \cdots + \boldsymbol{F}_n = \sum \boldsymbol{F} \tag{3-4}$$

将式(3-4)向空间坐标轴 x、y、z 上投影得

$$\begin{cases} F_{Rx} = F_{1x} + F_{2x} + \cdots + F_{nx} = \sum F_x \\ F_{Ry} = F_{1y} + F_{2y} + \cdots + F_{ny} = \sum F_y \\ F_{Rz} = F_{1z} + F_{2z} + \cdots + F_{nz} = \sum F_z \end{cases} \tag{3-5}$$

式(3-5)表明空间力系的合力在某轴上的投影等于各分力在同一轴上投影的代数和。这称为空间力系的合力投影定理。

合力的大小与方向为

$$\begin{cases} F_R = \sqrt{F_{Rx}^2 + F_{Ry}^2 + F_{Rz}^2} = \sqrt{(\sum F_x)^2 + \left(\sum F_y\right)^2 + (\sum F_z)^2} \\ \cos\alpha = \left|\dfrac{F_{Rx}}{F_R}\right|, \quad \cos\beta = \left|\dfrac{F_{Ry}}{F_R}\right|, \quad \cos\gamma = \left|\dfrac{F_{Rz}}{F_R}\right| \end{cases} \tag{3-6}$$

3.2 力对轴之矩

3.2.1 力对轴之矩的概念

在工程中，常遇到刚体绕定轴转动的情形。为了度量力对转动刚体的作用效应，必须引入力对轴之矩的概念。

现以关门动作为例，图 3-4(a)中门的一边有固定轴 z，在 A 点作用一力 $\boldsymbol{F}$。为度量此力对刚体的转动效应，可将力 $\boldsymbol{F}$ 分解为两个互相垂直的分力：一个是与转轴平行的分力 $F_z=F\sin\beta$；另一个是在与转轴 z 垂直的平面上的分力 $F_{xy}=F\cos\beta$。由经验可知，$\boldsymbol{F}_z$ 不能使门绕 z 轴转动，只有分力 $\boldsymbol{F}_{xy}$ 才对门有绕 z 轴的转动作用。

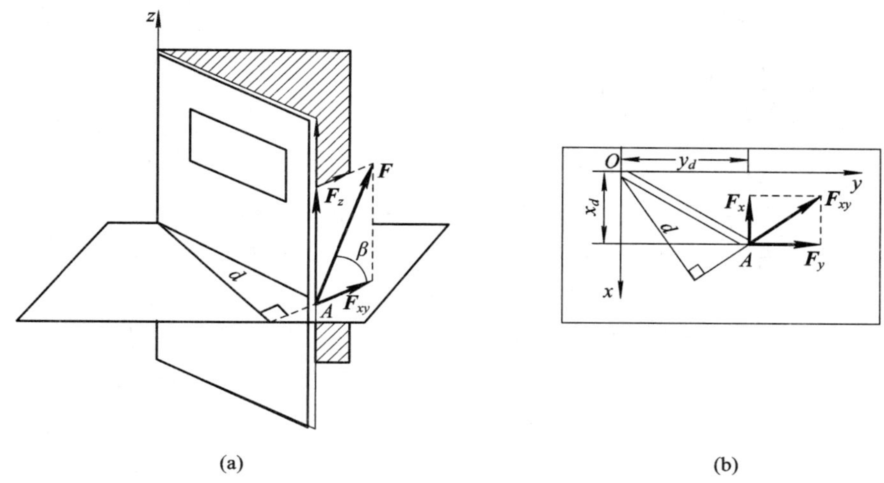

图 3-4　力对轴之矩

如果以 d 表示 z 轴与 xy 平面的交点 O 到 $\boldsymbol{F}_{xy}$ 作用线的垂直距离，则 $\boldsymbol{F}_{xy}$ 对 O 点之矩就可以用来度量 $\boldsymbol{F}$ 对门绕 z 轴的转动作用，故可记做

$$M_z(\boldsymbol{F}) = M_O(\boldsymbol{F}_{xy}) = \pm F_{xy}d \tag{3-7}$$

$M_z(\boldsymbol{F})$的下标 z 表示取矩的轴，力对轴之矩的单位为 N·m 或 kN·m。

力对轴之矩为代数量，正负号用右手螺旋法则判定：以右手四指握向与力矩转向相同而握拳，若拇指的指向与转轴正向一致，则力对该轴之矩为正，反之，则为负，如图 3-5(a)所示。

或从转轴的正端看过去，逆时针转向的力矩为正，顺时针转向的力矩为负，如图 3-5(b)所示。

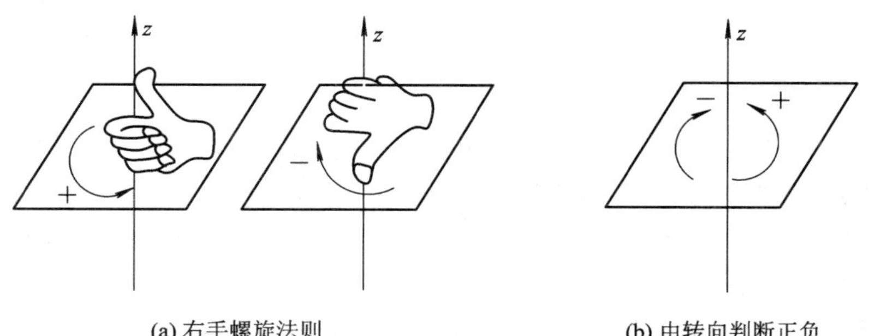

图 3-5　力对轴之矩的正负判断

力对轴之矩等于零的情况如下：

(1) 当力 $\boldsymbol{F}$ 的作用线与轴平行($F_{xy}=0$)时，力对轴之矩等于零。

(2) 当力 $\boldsymbol{F}$ 的作用线与轴相交($d=0$)时，力对轴之矩等于零。

3.2.2 合力矩的定理

与平面力系情况类似，在空间力系中也有合力矩定理。设有一空间力系 $\boldsymbol{F}_1$，$\boldsymbol{F}_2$，…，$\boldsymbol{F}_n$，其合力为 $\boldsymbol{F}_R$，合力对某一轴之矩等于力系中各分力对同一轴之矩的代数和，这就是合力矩定理。合力矩定理可用公式表示为

$$\begin{cases} M_x(\boldsymbol{F}_R) = M_x(\boldsymbol{F}_1) + M_x(\boldsymbol{F}_2) + \cdots + M_x(\boldsymbol{F}_n) = \sum M_x(\boldsymbol{F}_i) \\ M_y(\boldsymbol{F}_R) = M_y(\boldsymbol{F}_1) + M_y(\boldsymbol{F}_2) + \cdots + M_y(\boldsymbol{F}_n) = \sum M_y(\boldsymbol{F}_i) \\ M_z(\boldsymbol{F}_R) = M_z(\boldsymbol{F}_1) + M_z(\boldsymbol{F}_2) + \cdots + M_z(\boldsymbol{F}_n) = \sum M_z(\boldsymbol{F}_i) \end{cases} \tag{3-8}$$

在实际计算力对轴的矩时，有时利用合力矩定理较为简便。首先将力分解为沿正交坐标系 $Oxyz$ 的坐标轴方向的三个分力 $\boldsymbol{F}_x$、$\boldsymbol{F}_y$、$\boldsymbol{F}_z$，然后计算各分力对轴的力矩，最后求出这些力矩的代数和，即得出该力对轴的矩。

如图 3-6 所示，若力 $\boldsymbol{F}$ 的作用点 A 在坐标系 $Oxyz$ 中的坐标分别为 x_A、y_A、z_A，且 $\boldsymbol{F}$ 在 x、y、z 三个坐标方向的分力为 $\boldsymbol{F}_x$、$\boldsymbol{F}_y$、$\boldsymbol{F}_z$，根据合力矩定理，则有

$$\begin{cases} M_x(\boldsymbol{F}) = M_x(\boldsymbol{F}_x) + M_x(\boldsymbol{F}_y) + M_x(\boldsymbol{F}_z) = 0 - F_y z_A + F_z y_A \\ M_y(\boldsymbol{F}) = M_y(\boldsymbol{F}_x) + M_y(\boldsymbol{F}_y) + M_y(\boldsymbol{F}_z) = F_x z_A + 0 - F_z x_A \\ M_z(\boldsymbol{F}) = M_z(\boldsymbol{F}_x) + M_z(\boldsymbol{F}_y) + M_z(\boldsymbol{F}_z) = - F_x y_A + F_y x_A + 0 \end{cases} \tag{3-9}$$

应用式(3-9)时，分力 $\boldsymbol{F}_x$、$\boldsymbol{F}_y$、$\boldsymbol{F}_z$ 及坐标 x_A、y_A、z_A 均应考虑本身的正负号，所得力矩的正负号也将表明力矩绕轴的转向。

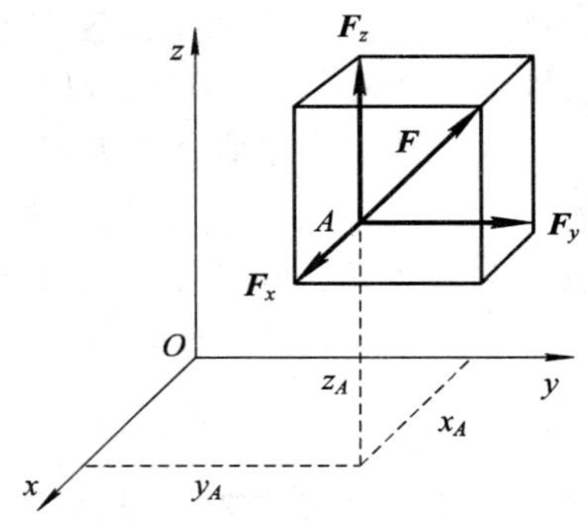

图 3-6　空间力对轴之矩

【例 3-2】 计算图 3-7 所示的手摇曲柄上力 $\boldsymbol{F}$ 对过点 O 的 x、y、z 轴之矩。已知 $F=100$ N，且力 $\boldsymbol{F}$ 平行于 Oxz 平面，$\alpha=30°$，$AB=15$ cm，$BC=40$ cm，$CO=20$ cm，A、B、C、O 处于同一水平面上。

解 力 $\boldsymbol{F}$ 为平行于 Oxz 平面的平面力，在 x 和 z 轴上有投影，其值为

$$F_x = F\sin\alpha = 100\sin 30° = 50\ \text{N}$$

$$F_y = 0\ \text{N}$$

$$F_z = -F\cos\alpha = -100\cos 30° = -86.6\ \text{N}$$

A 在坐标系 $Oxyz$ 中的坐标 x_A、y_A、z_A 分别为

$$x_A = -BC = -40 \text{ cm}$$
$$y_A = (AB + CO) = 35 \text{ cm}$$
$$z_A = 0 \text{ cm}$$

将上述投影值及坐标值代入式(3-9)得力 $\boldsymbol{F}$ 对 x、y、z 轴之矩为

$$M_x(\boldsymbol{F}) = -F_y z_A + F_z y_A = 0 - 86.6 \times 35 = -3031 \text{ N} \cdot \text{cm}$$
$$M_y(\boldsymbol{F}) = F_x z_A - F_z x_A = 0 - (-86.6) \times (-40) = -3464 \text{ N} \cdot \text{cm}$$
$$M_z(\boldsymbol{F}) = -F_x y_A + F_y x_A = -50 \times 35 + 0 = -1750 \text{ N} \cdot \text{cm}$$

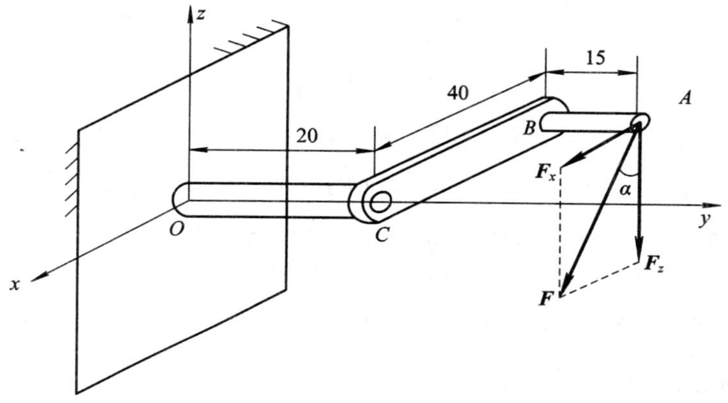

图 3-7　手摇曲柄

3.3　空间力系的平衡方程及应用

3.3.1　空间任意力系的平衡条件及平衡方程

如图 3-8 所示，某物体上作用有一个空间任意力系 $\boldsymbol{F}_1$，$\boldsymbol{F}_2$，…，$\boldsymbol{F}_n$，如果物体不平衡，则力系可能使物体沿 x、y、z 轴方向的移动状态发生变化，也可能使该物体绕其三轴的转动状态发生变化；若物体在力系作用下处于平衡，则物体沿 x、y、z 三轴的移动状态不变，同时绕该三轴的转动状态也不变。

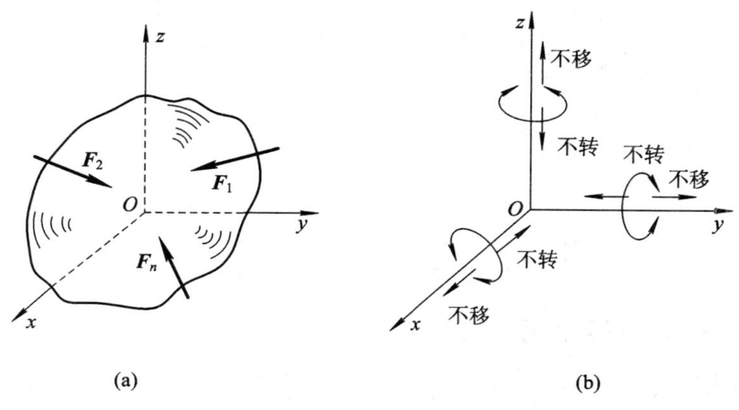

图 3-8　空间任意力系平衡条件

因此，当物体沿 x 方向的移动状态不变时，该力系各力在 x 轴上的投影的代数和为零，即 $\sum F_x = 0$，同理可得 $\sum F_y = 0$，$\sum F_z = 0$。当物体绕 x 轴的转动状态不变时，该力系对 x 轴力矩的代数和为零，即 $\sum M_x = 0$，同理可得 $\sum M_y = 0$，$\sum M_z = 0$。由此可见，空间任意力系的平衡方程式为

$$\begin{cases} \sum F_x = 0 \\ \sum F_y = 0 \\ \sum F_z = 0 \\ \sum M_x(\boldsymbol{F}) = 0 \\ \sum M_y(\boldsymbol{F}) = 0 \\ \sum M_z(\boldsymbol{F}) = 0 \end{cases} \tag{3-10}$$

式(3-10)表达了空间任意力系平衡的充分必要条件为：各力在三个坐标轴上投影的代数和以及各力对三个坐标轴之矩的代数和都必须同时为零。

利用这六个独立平衡方程式可以求解六个未知量。

3.3.2 空间汇交力系的平衡方程

对于空间汇交力系，若取各力的汇交点作为坐标原点 O，如图 3-9(a)所示，则力系中各力对三个坐标轴之矩恒等于零。因此，空间汇交力系只有三个平衡方程式，即

$$\begin{cases} \sum F_x = 0 \\ \sum F_y = 0 \\ \sum F_z = 0 \end{cases} \tag{3-11}$$

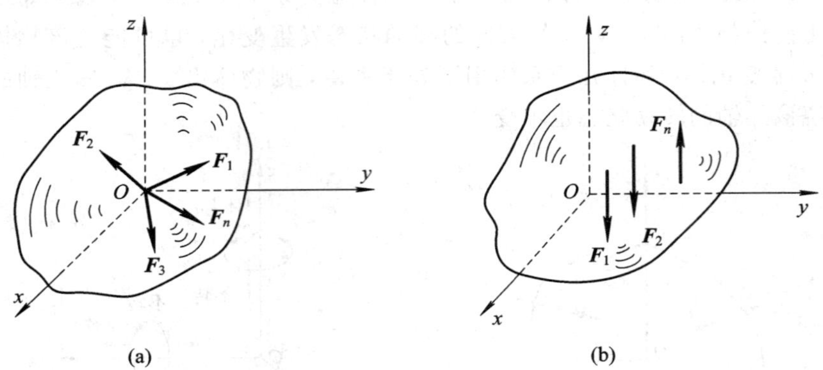

图 3-9 空间任意力系平衡条件

3.3.3 空间平行力系的平衡方程

设某一物体受一空间平行力系作用而平衡，各力的作用线平行于 z 轴，如图 3-9(b)所示，则力系中各力对 z 轴之矩都等于零，同时，各力在 x 轴和 y 轴上的投影也都等于零，

所以空间平行力系也只有3个独立的平衡方程，即

$$\begin{cases}\sum F_z = 0 \\ \sum M_x(\boldsymbol{F}) = 0 \\ \sum M_y(\boldsymbol{F}) = 0\end{cases} \tag{3-12}$$

3.3.4　空间力系平衡方程的应用

求解空间力系平衡问题的解法和步骤与平面力系相同，即

（1）确定研究对象，取分离体，画受力图。

本步骤的关键是画受力图，要搞清空间约束及约束反力。表3-1是空间常见约束及约束反力的表示方法。

（2）确定力系类型，选择空间坐标轴系 $Oxyz$，建立空间力系平衡方程。

（3）代入已知条件，求解未知量。

表3-1　空间常见约束及其约束反力的表示

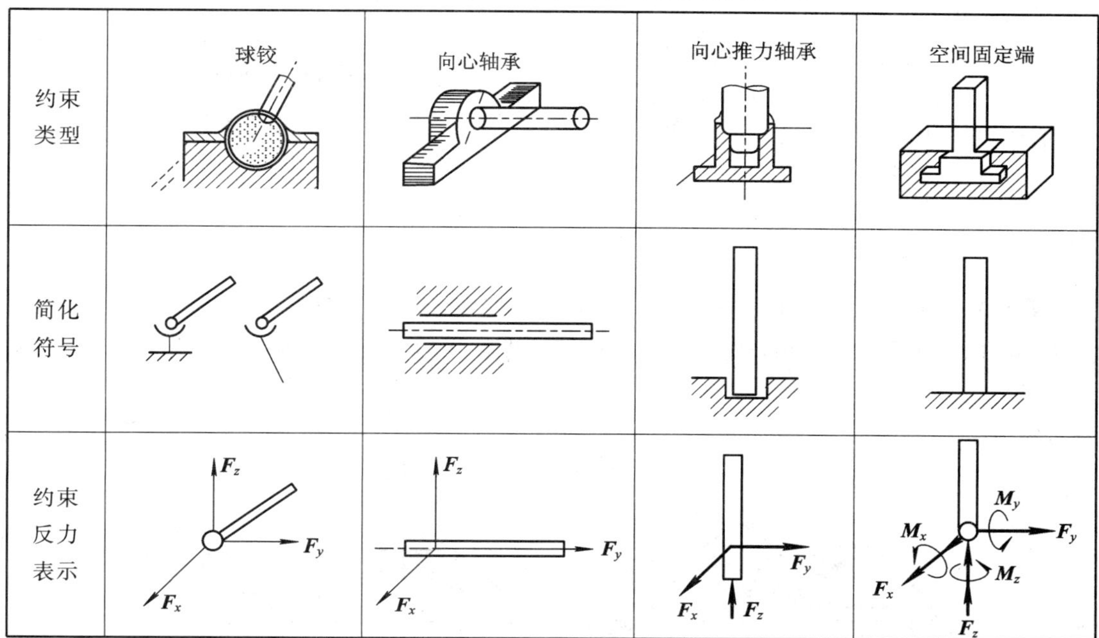

【例3-3】　有一空间支架固定在相互垂直的墙上。支架由垂直于两墙的铰接二力杆 OA、OB 和钢绳 OC 组成。已知 $\theta=30°$，$\varphi=60°$，点 O 处吊一重力 $G = 1.2$ kN 的重物(见图3-10(a))。试求两杆和钢绳所受的力。图中 O、A、B、D 四点都在同一水平面上，杆和绳的重力均略去不计。

解　(1) 选取研究对象，画受力图。取铰链 O 为研究对象，设坐标系为 $Oxyz$，受力如图3-10(b)所示。

(2) 列力系的平衡方程式，求未知量，即

$$\sum F_x = 0 \qquad F_B - F\cos\theta\sin\varphi = 0$$

$$\sum F_y = 0 \qquad F_A - F\cos\theta\cos\varphi = 0$$

$$\sum F_z = 0 \qquad F\sin\theta - G = 0$$

解上述方程得

$$F = \frac{G}{\sin\theta} = \frac{1.2}{\sin 30^\circ} = 2.4\ \text{kN}$$

$$F_A = F\cos\theta\cos\varphi = 2.4\cos 30^\circ\cos 60^\circ = 1.04\ \text{kN}$$

$$F_B = F\cos\theta\sin\varphi = 2.4\cos 30^\circ\sin 60^\circ = 1.8\ \text{kN}$$

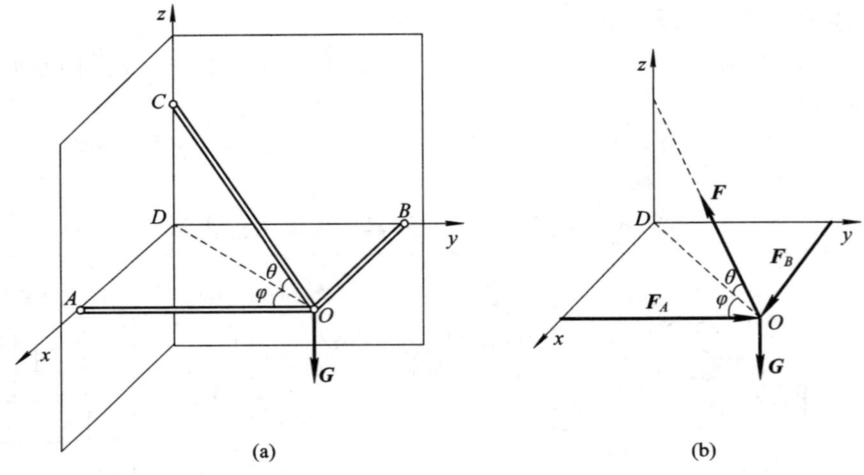

图 3-10　空间支架受力分析

【例 3-4】 三轮推车如图 3-11 所示。若已知 $AH=BH=0.5$ m，$CH=1.5$ m，$EH=0.3$ m，$ED=0.5$ m，载荷 $G=1.5$ kN，试求 A、B、C 三轮所受到的压力。

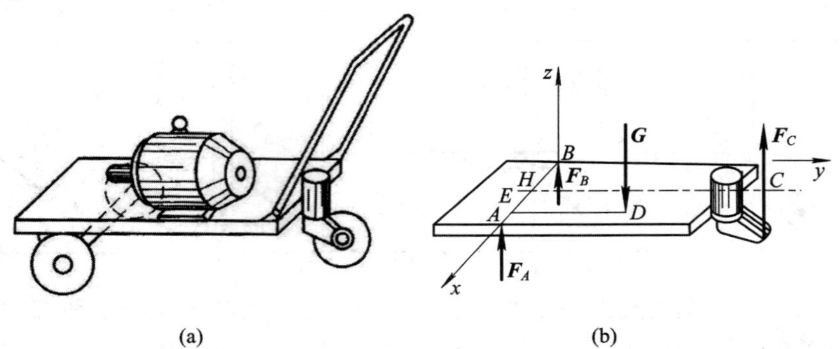

图 3-11　三轮推车

解　(1) 取小车为研究对象，并作其分离体受力图，如图 3-11(b)所示。车板受已知载荷 $\boldsymbol{G}$ 及未知的 A、B、C 三轮之约束力 $\boldsymbol{F}_A$、$\boldsymbol{F}_B$ 和 $\boldsymbol{F}_C$ 作用。这些力的作用线相互平行，构成一空间平行力系。

(2) 按力作用线的方向和几何位置，取 z 轴为纵坐标，平板为 xy 平面，B 为坐标原点，BA 为 x 轴。

(3) 列力系的平衡方程式并求解，得

$$\sum M_x(\boldsymbol{F}) = 0 \qquad F_C \times HC - G \times DE = 0$$

$$F_C = G \times \frac{DE}{HC} = 1.5 \times \frac{0.5}{1.5} = 0.5\ \text{kN}$$

$$\sum M_y(\boldsymbol{F}) = 0 \qquad G \times EB - F_C \times HB - F_A AB = 0$$

$$F_A = \frac{G \times EB - F_C \times HB}{AB} = \frac{1.5 \times 0.8 - 0.5 \times 0.5}{1} = 0.95\ \text{kN}$$

$$\sum F_z = 0 \qquad F_A + F_B + F_C - G = 0$$

$$F_B = G - F_C - F_A = 1.5 - 0.95 - 0.5 = 0.05\ \text{kN}$$

【例 3-5】 有一起重绞车的鼓轮轴如图 3-12 所示。已知 $G=10$ kN，$b=c=30$ cm，$a=20$ cm，大齿轮半径 $R=20$ cm，在最高处 E 点受 $\boldsymbol{F}_n$ 的作用，$\boldsymbol{F}_n$ 与齿轮分度圆切线之夹角为 $\alpha=20°$，鼓轮半径 $r=10$ cm，A、B 两端为深沟球轴承。试求齿轮作用力 $\boldsymbol{F}_n$ 以及 AB 两轴承受的压力。

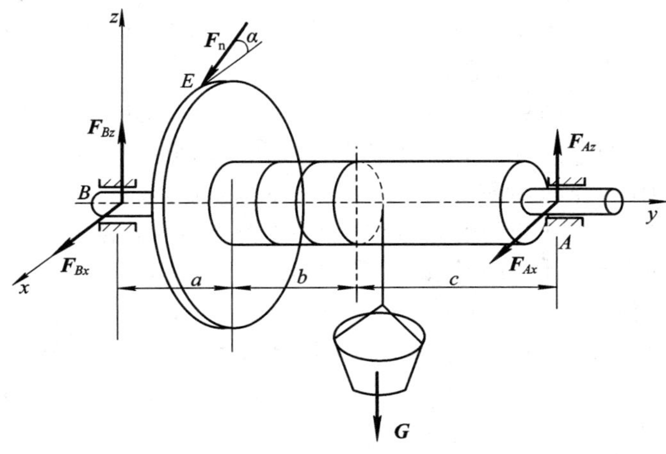

图 3-12　起重绞车鼓轮轴

解　取鼓轮轴为研究对象，其上作用有齿轮作用力 $\boldsymbol{F}_n$、起重物重力 $\boldsymbol{G}$ 和轴承 A、B 处的约束力 $\boldsymbol{F}_{Ax}$、$\boldsymbol{F}_{Az}$、$\boldsymbol{F}_{Bx}$、$\boldsymbol{F}_{Bz}$，如图 3-12 所示。该力系为空间任意力系，可列平衡方程式如下：

$$\sum M_y(\boldsymbol{F}) = 0 \qquad F_n R \cos\alpha - Gr = 0$$

$$F_n = \frac{Gr}{R \cos\alpha} = 10 \times \frac{10}{20 \cos 20°} = 5.32\ \text{kN}$$

$$\sum M_x(\boldsymbol{F}) = 0 \qquad F_{Az}(a+b+c) - G(a+b) - F_n a \sin\alpha = 0$$

$$F_{Az} = \frac{G(a+b) + F_n a \sin\alpha}{a+b+c} = 6.7\ \text{kN}$$

$$\sum F_z = 0 \qquad F_{Az} + F_{Bz} - F_n \sin\alpha - G = 0$$

$$F_{Bz} = F_n \sin\alpha + G - F_{Az} + F_{Bz} = 5.12\ \text{kN}$$

$$\sum M_z(\boldsymbol{F}) = 0 \qquad -F_{Ax}(a+b+c) - F_n a \cos\alpha = 0$$

$$F_{Ax} = -\frac{F_n a \cos\alpha}{a+b+c} = -1.25\ \text{kN}$$

$$\sum F_x = 0 \qquad F_{Ax} + F_{Bx} + F_n \cos\alpha = 0$$

$$F_{Bx} = -F_{Ax} - F_n \cos\alpha = -3.75\ \text{kN}$$

3.4 重心与形心

3.4.1 重心的概念

重心问题是日常生活和工程实际中经常遇到的问题。例如，骑自行车时需要不断地调整重心的位置，才不至于翻倒；体操运动员和杂技演员在表演时，需要保持重心的平衡，才能做出高难度的动作；对塔式起重机来言，重心位置也很重要，需要选择合适的配重，才能在满载和空载时不致翻倒，并且在起吊重物时，吊钩必须与物体重心在一条垂线上，才能保持安全、平稳；高速旋转的飞轮或轴类工件，若重心位置偏离轴线，则会引起强烈振动，甚至破坏。总之，掌握重心的有关知识，学习一些确定重心位置的方法，对于机械类专业学生今后从事工程实践十分重要。

重心是空间平行力系中的一个特例。我们知道，在地面上的一切物体都受到地球对它们的吸引，产生所谓的重力作用；而物体是由无数微小部分组成的，这些微小的部分可视为质量微元，则每个微元都受到重力的作用，这些重力对物体而言，可以看成是铅垂向下相互平行的空间平行力系。这个空间平行力系的合力即为物体的重力，重力的大小等于物体所有各部分重力大小的总和，重力的作用点即为空间平行力系的中心，称为物体的重心。

若将物体看成刚体，则不论物体在空间处于什么位置，也不论怎样放置，它的重心在物体中的相对位置是确定不变的。因为重心是物体的重力作用点，若在重心位置加上一个与重力大小相等、方向相反的力，则可以使物体平衡。因此悬挂或支持在重心位置的物体在任何位置都能保持平衡。

3.4.2 重心坐标公式

将一重力为 $\boldsymbol{G}$ 的均质物体放在空间直角坐标系 $Oxyz$ 中，设物体的重心 C 点坐标为 (x_C, y_C, z_C)，如图 3-13 所示。将物体分成几个微元，每个微元所受重力分别为 $\boldsymbol{G}_1$，$\boldsymbol{G}_2$，…，$\boldsymbol{G}_n$，组成空间平行力系，各微元重心的坐标分别为 (x_1, y_1, z_1)，(x_2, y_2, z_2)，…，(x_n, y_n, z_n)。由于物体重力 $\boldsymbol{G}$ 是各微元重力 $\boldsymbol{G}_1$，$\boldsymbol{G}_2$，…，$\boldsymbol{G}_n$ 的合力，因此根据合力矩定理，合力 $\boldsymbol{G}$ 对轴之矩等于各分力对同轴之矩的代数和。例如对 x 轴之矩，有

$$M_x(\boldsymbol{G}) = \sum M_x(\boldsymbol{G}_i)$$

或

$$G \cdot y_C = G_1 \cdot y_1 + G_2 \cdot y_2 + \cdots + G_n \cdot y_n = \sum G_i \cdot y_i$$

可得

$$y_C = \frac{\sum G_i \cdot y_i}{G}$$

同理可得

$$
\begin{cases}
x_C = \dfrac{\sum G_i \cdot x_i}{G} \\
z_C = \dfrac{\sum G_i \cdot z_i}{G}
\end{cases}
\tag{3-13}
$$

式(3－13)即为物体的重心坐标公式。

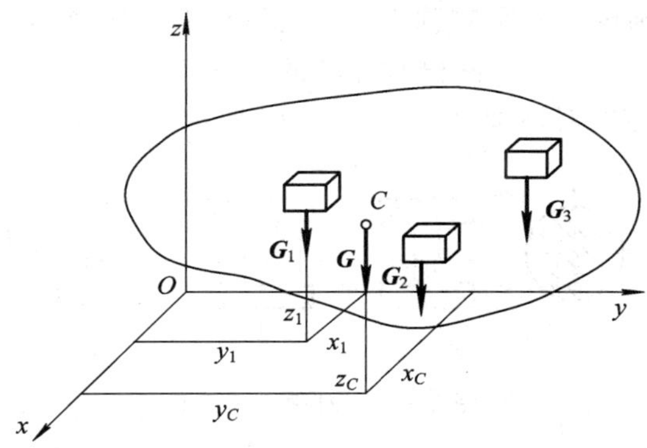

图 3－13 重心

3.4.3 均质物体的重心与形心

若物体为均质的，即其重量是均匀分布的，则物体的重心就是形心(物体形状的几何中心)。设物体密度为 ρ，总体积为 V，微元的体积为 V_i，则 $G=\rho gV$；每个微元的重量分别为 $G_1=\rho gV_1$、$G_2=\rho gV_2$、…、$G_n=\rho gV_n$，将其代入重心坐标公式(3－13)得

$$
\begin{cases}
x_C = \dfrac{\sum V_i \cdot x_i}{V} \\
y_C = \dfrac{\sum V_i \cdot y_i}{V} \\
z_C = \dfrac{\sum V_i \cdot z_i}{V}
\end{cases}
\tag{3-14}
$$

3.4.4 均质薄板的重心与形心

对于平面薄板，其重心与形心只求两个坐标即可，如图 3－14 所示的 x_C 和 y_C。设板的厚度为 h，面积为 A，将薄板分成若干微小部分，每个微小部分的面积为 A_1，A_2，…，A_n，则 $V=hA$。将 $V_1=hA_1$，$V_2=hA_2$，…，$V_n=hA_n$ 代入式(3－14)中，得

$$
\begin{cases}
x_C = \dfrac{\sum A_i \cdot x_i}{A} \\
y_C = \dfrac{\sum A_i \cdot y_i}{A}
\end{cases}
\tag{3-15}
$$

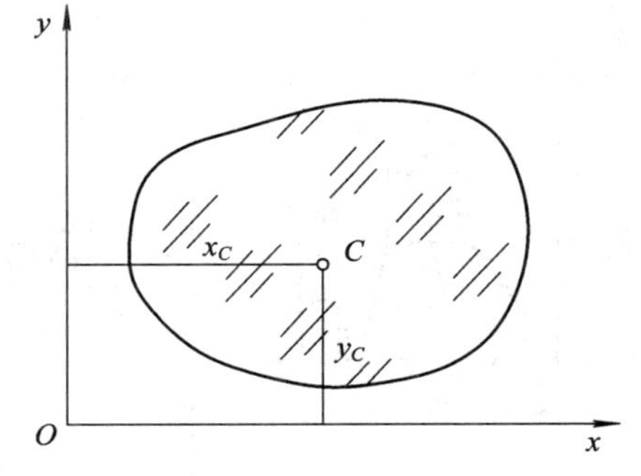

图 3－14 均质薄板重心

3.4.5　物体重心与形心的求法

1. 对称法

在工程实际中，经常遇到具有对称轴、对称面或对称中心的均质物体，这种物体的重心与形心一定在对称轴、对称面或对称中心上。

若物体有两个对称面，则重心必在两面的交线上；若物体有两根对称轴，则重心必在两轴的交点上。例如，圆球中心是对称点，也就是其重心或形心；矩形、圆形、工字钢截面、空心砖等都有两根对称轴，这两根对称轴的交点即为重心；T 形钢、槽形钢截面都有对称轴，它们的重心一定在对称轴上，如图 3-15 所示。

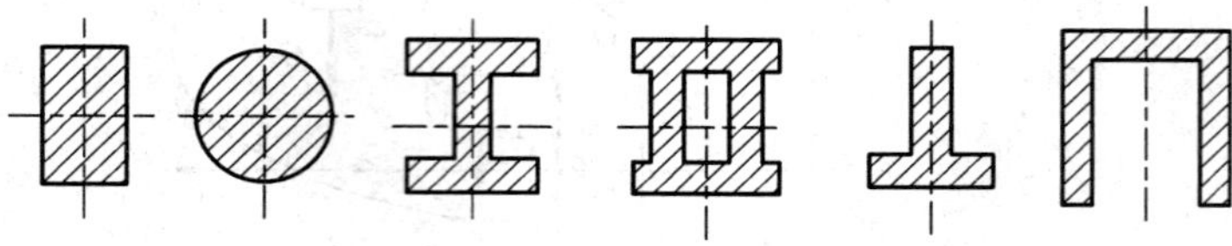

图 3-15　对称法求重心

2. 分割法(组合法)

组合形体形状比较复杂，但它们大都可看成由表 3-2 中给出的简单几何图形的物体组合而成。分割法是先将形状比较复杂的物体分成几个部分，这些部分形状简单，其重心或形心位置容易确定，然后根据重心坐标公式求出组合形体的重心或形心。

表 3-2　简单图形的重心与形心

图　形	形心坐标	图　形	形心坐标
三角形	$y_C=\frac{1}{3}h$ $A=\frac{1}{2}bh$	弓形	$x_C=\frac{2R^3\sin^3\alpha}{3A}$ $A=\frac{R^2(2\alpha-\sin 2\alpha)}{2}$
梯形	$y_C=\frac{(2b+d)}{3(b+d)}h$ $A=\frac{1}{2}(b+d)h$	$\frac{1}{4}$椭圆	$x_C=\frac{4b}{3\pi}$ $y_C=\frac{4h}{3\pi}$ $A=\frac{1}{4}\pi bh$

续表

图　形	形心坐标	图　形	形心坐标
圆弧	$x_C=\dfrac{R\sin\alpha}{\alpha}$ $\left(当\ \alpha=\dfrac{\pi}{2}时，\ x_C=\dfrac{2R}{\pi}\right)$	抛物线三角形	$x_C=\dfrac{3}{8}b$ $y_C=\dfrac{2}{5}h$ $A=\dfrac{2}{3}bh$
扇形	$x_C=\dfrac{2R\sin\alpha}{3\alpha}$ $A=R^2\alpha$ $\left(当\ \alpha=\dfrac{\pi}{2}时，\ x_C=\dfrac{4R}{3\pi}\right)$	抛物线三角形	$x_C=\dfrac{3}{4}b$ $y_C=\dfrac{3}{10}h$ $A=\dfrac{1}{3}bh$

【例 3-6】 用分割法确定图 3-16 所示图形的形心。

解 将 L 形图形分割为形心已知的两个矩形。两部分面积及其形心坐标分别为

Ⅰ：$A_1=20\times(200-20)=3600\ \text{mm}^2$；　Ⅱ：$A_2=20\times150=3000\ \text{mm}^2$；

$x_1=10\ \text{mm}$，$y_1=110\ \text{mm}$；　$x_2=75\ \text{mm}$，$y_2=10\ \text{mm}$

$$A=A_1+A_2=6600\ \text{mm}^2$$

将以上数据代入形心公式(3-15)得

$$x_C=\frac{\sum A_i x_i}{A}=\frac{3600\times10+3000\times75}{6600}=39.5\ \text{mm}$$

$$y_C=\frac{\sum A_i y_i}{A}=\frac{3600\times110+3000\times10}{6600}=64.5\ \text{mm}$$

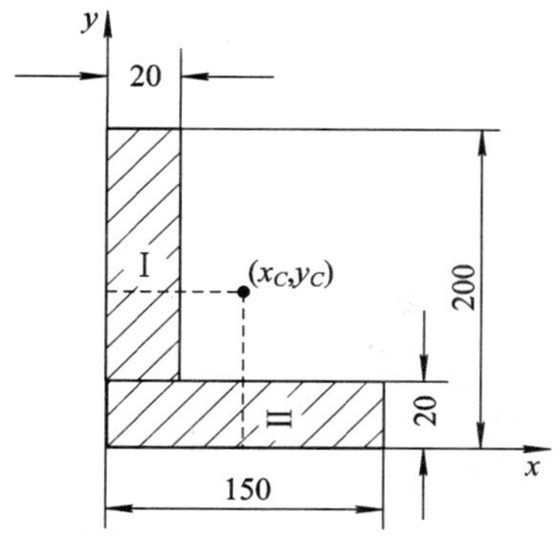

图 3-16　L 形组合体

若某物体为一个基本形体挖去一部分后的残留体，则只需将被挖去的体积或面积看成负值，仍然可应用相同的方法求出形心。

【例 3－7】 试求打桩机中偏心块(见图 3－17)的形心。已知 $R=10\ \text{cm}$，$r_2=3\ \text{cm}$，$r_3=1.7\ \text{cm}$。

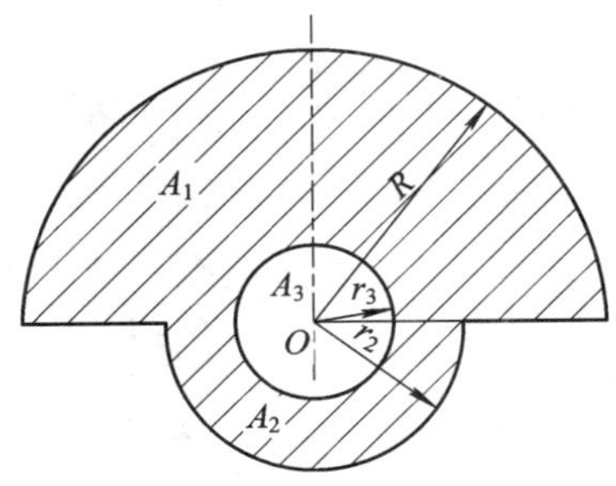

图 3－17 偏心块

解 将偏心块看成由三部分组成：

(1) 半圆面 A_1：

$$A_1=\frac{\pi R^2}{2}=157\ \text{cm}^2$$

$$x_1=0\ \text{cm}\quad y_1=\frac{4R}{3\pi}=4.24\ \text{cm}$$

(2) 半圆面 A_2：

$$A_2=\frac{\pi r_2^2}{2}=14\ \text{cm}^2$$

$$x_2=0\ \text{cm}\quad y_2=\frac{4r_2}{3\pi}=-1.27\ \text{cm}$$

(3) 挖去面积 A_3：

$$A_3=-\pi r_3^2=-9.1\ \text{cm}^2$$

$$x_3=0\ \text{cm}\quad y_3=0\ \text{cm}$$

因为 y 轴为对称轴，重心 C 必在 y 轴上，所以 $x_C=0$，应用式(3－15)可得

$$\begin{aligned}y_C&=\frac{\sum A_i y_i}{A}=\frac{A_1y_1+A_2y_2+A_3y_3}{A_1+A_2+A_3}\\&=\frac{157\times4.24-14\times1.27}{157+14-9.1}\\&=4\ \text{cm}\end{aligned}$$

3. 平衡法(试验法)

如物体的形状复杂或质量分布不均匀，其重心常由试验来确定。

(1) 悬挂法。对于形状复杂的薄平板，求形心位置时，可将板悬挂于任一点 A(见图 3－18)。根据二力平衡公理，板的重力与绳的张力必在同一直线上，故形心一定在铅垂的挂绳延长线 AB 上。重复使用上述方法，将板挂于 D 点，可得 DE 线。显而易见，平板的重心即为 AB 和 DE 的交点 C。

(2) 称重法。对于形状复杂的零件、体积庞大的物体以及由许多构件组成的机械，常用此法确定其重心的位置。

例如，连杆本身具有两个互相垂直的纵向对称面，其重心必在这两个对称平面的交线上，即连杆的中心线 AB 上，如图 3－19 所示。其重心在 x 轴上的位置可用下述方法确定：先测出连杆重量 $\boldsymbol{G}$，然后将其一端支于固定点 A，另一端支于磅秤上，使中心线 AB 处于水平位置，读出磅秤读数 F_B，并量出两支点间的水平距离，则由

$$\sum M_A(\boldsymbol{F}) = 0 \quad F_B l - G x_C = 0$$

可得

$$x_C = \frac{F_B l}{G}$$

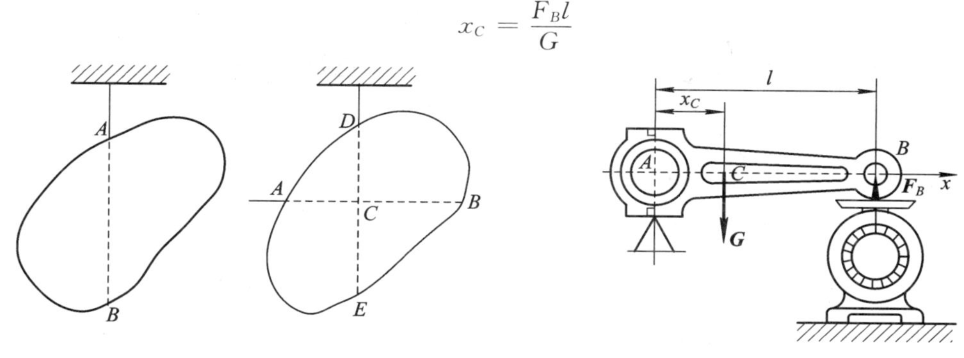

图 3－18　悬挂法

图 3－19　称重法

思　考　题

3－1　为什么力(矢量)在轴上的投影是代数量，而在平面上的投影为矢量？

3－2　在什么情况下力对轴之矩为零？如何判断力对轴之矩的正负号？

3－3　如果力 $\boldsymbol{F}$ 与 x 轴之夹角为 α，在什么情况下 $F_z=F\sin\alpha$？此时 F_y 又为多少？

3－4　已知力 $\boldsymbol{F}$ 及其与 x 轴的夹角为 α 以及它与 y 轴的夹角 β，能不能算出 $\boldsymbol{F}_z$？

3－5　物体的重心是否一定在物体的内部？

3－6　两个形状大小均相同、但质量不同的均质物体，其重心位置是否相同？

3－7　如题图 3－1 所示，两球各重 $\boldsymbol{G}_1$ 和 $\boldsymbol{G}_2$。证明：两球总重的重心 C 位于连心线 O_1O_2 上，并且 C 与球心的距离和球的重力成反比，即 $\dfrac{CO_1}{CO_2}=\dfrac{G_2}{G_1}$。

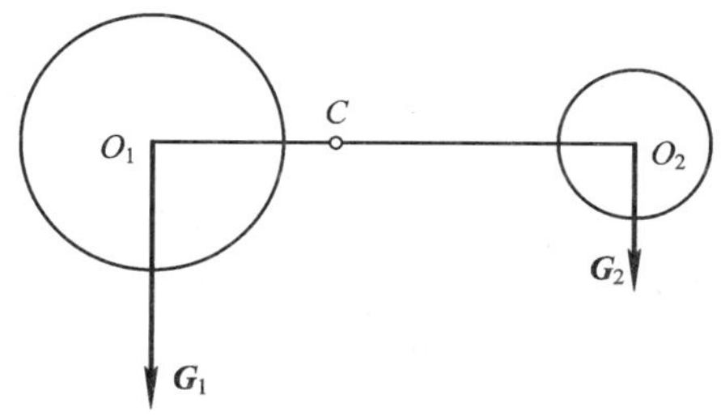

题图 3－1

习　　题

3－1　已知在边长为 a 的正六面体上有 $F_1 = 6$ kN，$F_2 = 4$ kN，$F_3 = 2$ kN，如习题

3-1 图所示。试计算各力在三坐标轴上的投影。

3-2 铅垂力 $F=500$ N，作用于曲柄上，如习题 3-2 图所示，求该力对于各坐标轴之矩。

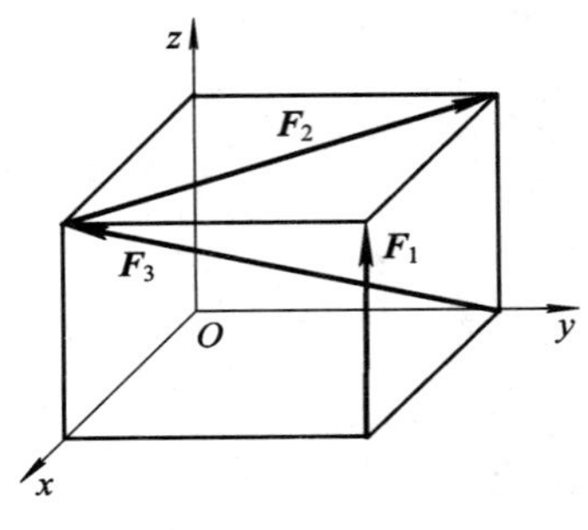

习题 3-1 图

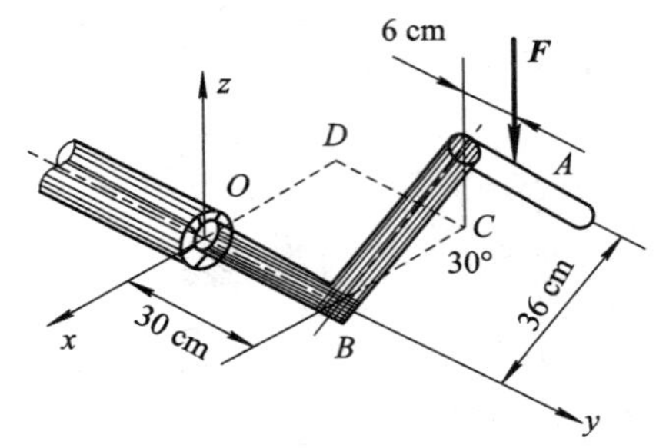

习题 3-2 图

3-3 挂物架如习题 3-3 图所示，三杆的重量不计，用铰链连接于 O 点，平面 BOC 是水平的，且 $OB=OC$。若在点 O 挂一重物，其重量 $G=1000$ N。求三杆所受的力。

3-4 如习题 3-4 图所示，水平转盘上 A 处有一力 $F=1$ kN 作用，$\boldsymbol{F}$ 在垂直平面内，且与过 A 点的切线所成夹角 $\alpha=60°$，OA 与 y 轴方向的夹角 $\beta=45°$，$h=r=1$ m，如图所示。试计算力 $\boldsymbol{F}_x$、$\boldsymbol{F}_y$、$\boldsymbol{F}_z$ 及 $M_z(\boldsymbol{F})$ 之值。

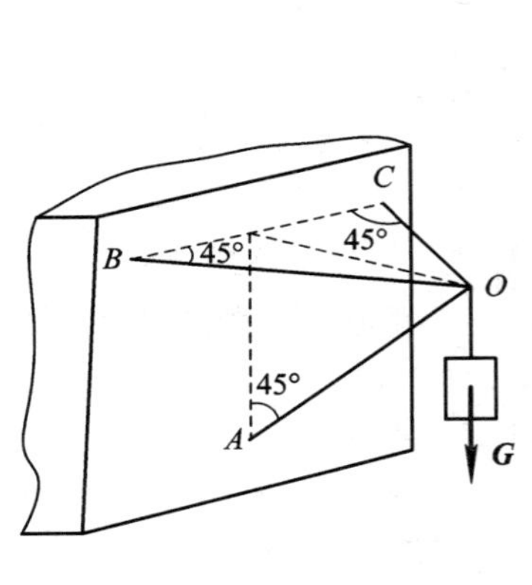

习题 3-3 图

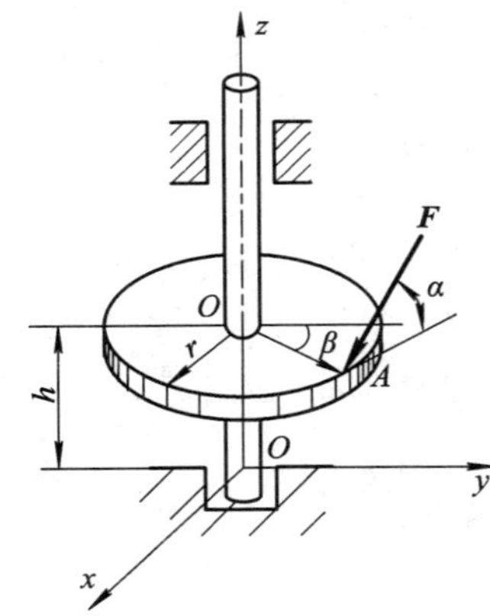

习题 3-4 图

3-5 如习题 3-5 图所示，变速箱中间轴装有两直齿圆柱齿轮，其分度圆半径 $r_1=100$ mm，$r_2=72$ mm，啮合点分别在两齿轮的最高与最低位置，两齿轮压力角 $\alpha=20°$，在齿轮 1 上的圆周力 $F_{t1}=1.58$ kN。试求当轴平衡时作用于齿轮 2 上的圆周力 F_{t2} 与 A、B 处轴承约束力。

3-6 传动轴如习题 3-6 图所示。胶带轮直径 $D=400$ mm，胶带拉力 $F_1=2000$ N，$F_2=1000$ N，胶带拉力与水平线夹角为 15°；圆柱直齿轮的节圆直径 $d=200$ mm，齿轮压力 F_3 与铅垂线成 20°角。试求轴承约束力和齿轮压力 F_3。

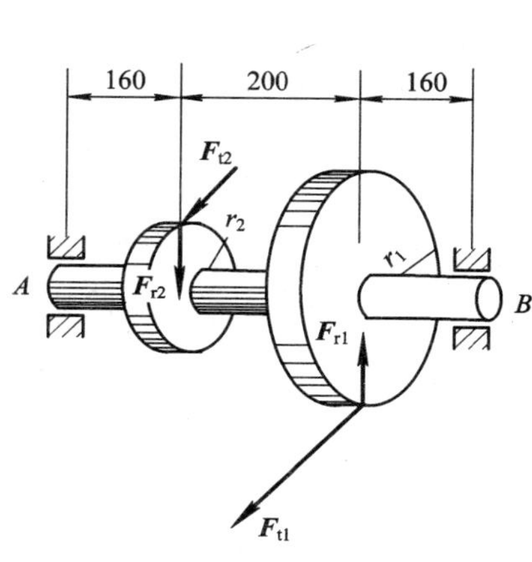

习题 3-5 图

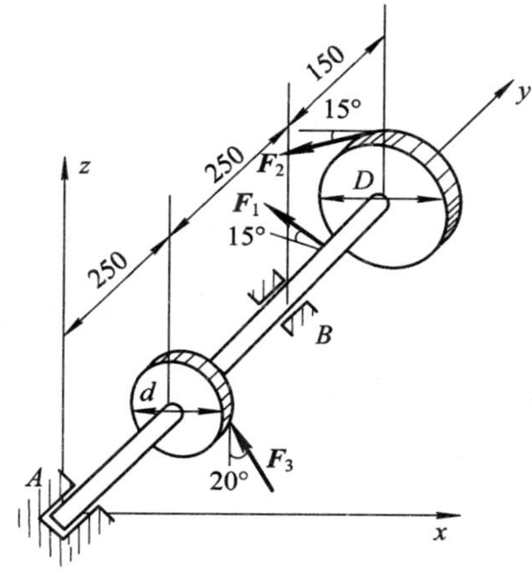

习题 3-6 图

3-7　试求习题 3-7 图中阴影线平面图形的形心坐标。

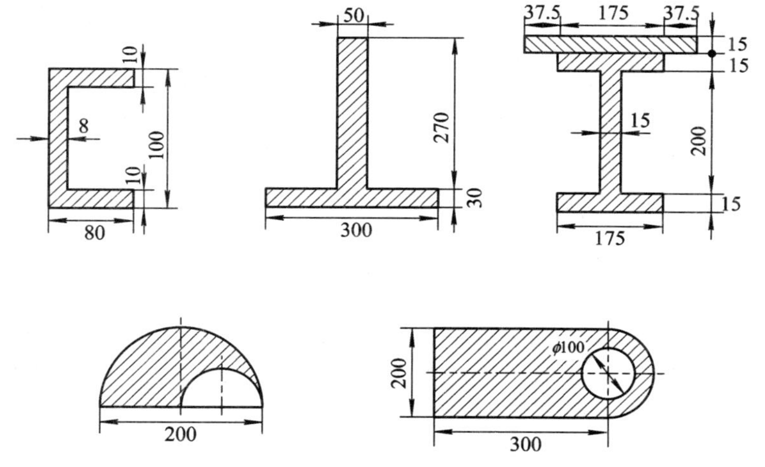

习题 3-7 图

第 4 章 运 动 力 学

运动学是从几何观点研究物体的位置随时间变化的规律，包括运动轨迹、速度、加速度、运动方程及它们相互间的关系，它是研究物体运动几何性质的科学。在运动学中，我们将研究的物体抽象为点和刚体两种力学模型，因此，本章主要介绍点的运动和刚体的运动。

4.1 质 点 的 运 动

当物体的大小和形状在运动过程中不起作用时，物体的运动可简化为点的运动。点的运动学生要讨论动点作曲线运动(直线运动可看做曲线运动的一种特例)时，其在空间的位置随时间变化的规律。

4.1.1 自然表示法

自然法又称为弧坐标法，其特点是结合轨迹来确定点沿轨迹运动的规律。所谓轨迹，是指动点运动时在空间经过的路线。对于轨迹已给出的问题，常用自然法求解。为了简单起见，这里只讨论动点运动轨迹为平面曲线的情形。

1. 点的运动方程

若动点 M 的轨迹为如图 4－1 所示的平面曲线，则动点 M 在轨迹上的瞬时位置可以这样确定：在轨迹上任选一固定点 O 为坐标原点，并规定 O 点某一侧为正向，动点 M 在轨迹上的位置可用具有相应正负号的弧长来确定，即 $s=\pm\overset{\frown}{OM}$。$s$ 称为 M 的弧坐标，是代数量。动点沿已知轨迹运动时，弧坐标 s 随时间变化，是时间 t 的单值连续函数，即

$$s = f(t) \tag{4-1}$$

式(4－1)称为点的弧坐标形式的运动方程。

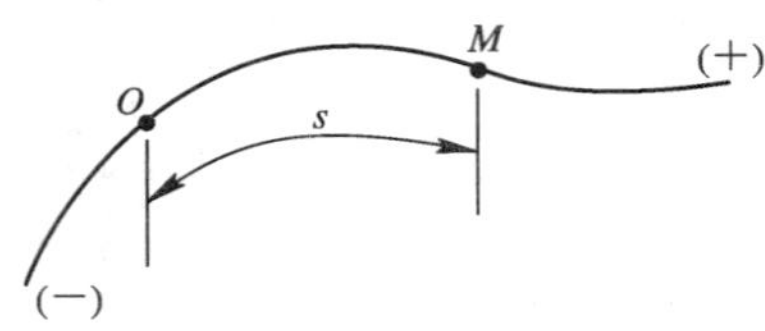

图 4－1

2. 点的速度

速度是表示点运动的快慢和方向的物理量。

设动点沿平面曲线 AB 运动，如图 4－2 所示，在瞬时 t，动点在弧坐标为 s 的 M 处，瞬时 $t_1=t+\Delta t$，动点运动到 M_1 位置，其弧坐标为 $s+\Delta s$，则在时间间隔 Δt 内动点的位移

为$\overrightarrow{MM_1}$。位移$\overrightarrow{MM_1}$与时间间隔 Δt 之比称为动点在 Δt 时间内的平均速度，以 $\boldsymbol{v}^*$ 表示，即

$$\boldsymbol{v}^* = \frac{\overrightarrow{MM_1}}{\Delta t}$$

$\boldsymbol{v}^*$ 与$\overrightarrow{MM_1}$的方向一致。由此可见，速度是矢量。

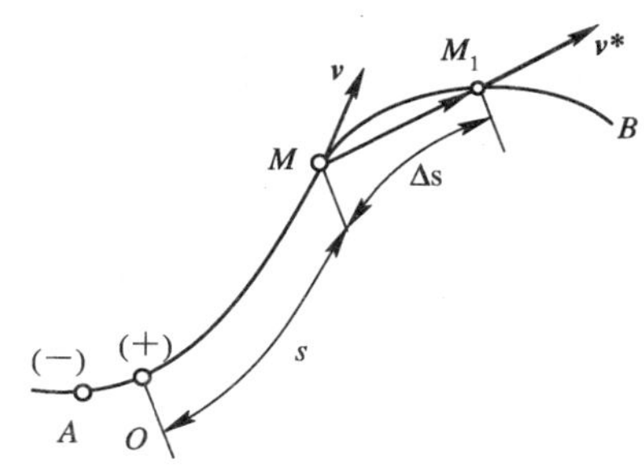

图 4-2

当 Δt 趋近于零时，点 M_1 趋近于 M，而平均速度趋近于一极限值，该值就是动点在位置 M 处(时刻 t)的瞬时速度，即

$$\boldsymbol{v} = \lim_{\Delta t\to 0}\boldsymbol{v}^* = \lim_{\Delta t\to 0}\frac{\overrightarrow{MM_1}}{\Delta t} \tag{4-2}$$

当 Δt 趋近于零时，位移$\overrightarrow{MM_1}$的大小趋于弧长 Δs，即$|\overrightarrow{MM_1}|\approx\Delta s$，所以瞬时速度的大小为

$$v = \lim_{\Delta t\to 0}\frac{\Delta s}{\Delta t} = \frac{\mathrm{d}s}{\mathrm{d}t} \tag{4-3}$$

速度 $\boldsymbol{v}$ 的方向与位移$\overrightarrow{MM_1}$在 Δt 趋近于零时的极限方向一致，即沿曲线在 M 点的切线方向，指向由导线 $\mathrm{d}s/\mathrm{d}t$ 的正负号决定。

由上述分析可知，瞬时速度的大小等于动点的弧坐标对时间的一阶导数，若 $\mathrm{d}s/\mathrm{d}t>0$，则点沿轨迹的正向运动，若 $\mathrm{d}s/\mathrm{d}t<0$，则点沿轨迹的负向运动。瞬时速度的方向是沿运动轨迹在该点的切线方向，并指向运动的一方。速度的单位为 m/s。

3. 加速度

加速度是反映点的速度大小、方向随时间变化的物理量。

设点沿已知的平面曲线运动，在瞬时 t 位于 M 点，其速度为 $\boldsymbol{v}$，经过时间 Δt，该点运动到 M_1 处，其速度为 $\boldsymbol{v}_1$，如图 4-3 所示。为了说明在 Δt 时间内点的速度变化情况，把速度 $\boldsymbol{v}_1$ 平移到 M 点，如图 4-3 所示，由矢量合成法则可得到 Δt 时间内速度改变量为 $\Delta\boldsymbol{v}=\boldsymbol{v}_1-\boldsymbol{v}$，则在时间 Δt 内点的平均加速度为

$$\boldsymbol{a}^* = \frac{\Delta\boldsymbol{v}}{\Delta t}$$

图 4-3

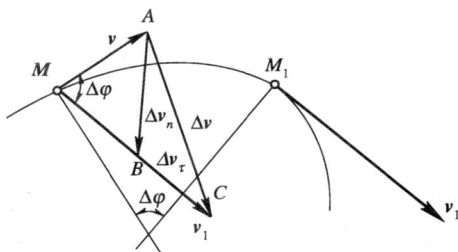

平均加速度 $\boldsymbol{a}^*$ 是矢量，其方向与 $\Delta\boldsymbol{v}$ 相同。

当 $\Delta t\to 0$ 时，平均加速度 $\boldsymbol{a}^*$ 趋近于一极限值，这个极限值就是点在瞬时 t 的加速度 $\boldsymbol{a}$，有

$$a = \lim_{\Delta t \to 0} a^* = \lim_{\Delta t \to 0} \frac{\Delta v}{\Delta t}$$

可把 $\Delta \boldsymbol{v}$ 分解为反映速度大小变化的 $\Delta \boldsymbol{v}_\tau$ 和反映速度方向变化的 $\Delta \boldsymbol{v}_n$，在 MC 上找点 B，使 $MB=MA=v$，连接 AB，则$\overrightarrow{AB}$为 $\Delta \boldsymbol{v}_n$，$\overrightarrow{BC}$为 $\Delta \boldsymbol{v}_\tau$。其中，$\Delta v_\tau = v_1 - v$ 表示速度大小的改变量，而 $\Delta \boldsymbol{v}_n$ 表示速度方向的改变量。由$\triangle ABC$ 可得到 $\Delta \boldsymbol{v} = \Delta \boldsymbol{v}_\tau + \Delta \boldsymbol{v}_n$，如图 4-3 所示。因此

$$\boldsymbol{a} = \lim_{\Delta t \to 0} \frac{\Delta \boldsymbol{v}}{\Delta t} = \lim_{\Delta t \to 0} \frac{\Delta \boldsymbol{v}_\tau}{\Delta t} + \lim_{\Delta t \to 0} \frac{\Delta \boldsymbol{v}_n}{\Delta t} \tag{4-4}$$

即加速度 $\boldsymbol{a}$ 可以分解为两个分量。

一个分量是$\lim\limits_{\Delta t \to 0} \frac{\Delta \boldsymbol{v}_\tau}{\Delta t}$，用 $\boldsymbol{a}_\tau$ 表示，它描述了速度大小随时间的变化率。因为 $\Delta v_\tau = \Delta v = v_1 - v$ 是一代数量，所以 $\boldsymbol{a}_\tau$ 的大小为

$$a_\tau = \lim_{\Delta t \to 0} \frac{\Delta v_\tau}{\Delta t} = \lim_{\Delta t \to 0} \frac{\Delta v}{\Delta t} = \frac{\mathrm{d}v}{\mathrm{d}t} \tag{4-5}$$

由图 4-3 可知，当 $\Delta t \to 0$ 时，$\boldsymbol{v}_1$ 趋近于 $\boldsymbol{v}$，$\Delta \varphi \to 0$，$\lim\limits_{\Delta t \to 0} \frac{\Delta \boldsymbol{v}_\tau}{\Delta t}$趋近于 $\Delta \boldsymbol{v}_\tau$ 的极限方向，与轨迹在 M 点的切线方向相重合，故 $\boldsymbol{a}_\tau$ 称为切向加速度。当 $a_\tau > 0$ 时，切向加速度指向轨迹的正向，反之指向轨迹的负向。

另一个分量是$\lim\limits_{\Delta t \to 0} \frac{\Delta \boldsymbol{v}_n}{\Delta t}$，用 $\boldsymbol{a}_n$ 表示，它描述了速度方向随时间的变化率。其大小既与该点的速度有关，也与轨迹在该点的弯曲程度有关。经严密推导(本书从略)，可得

$$a_n = \frac{v^2}{\rho} \tag{4-6}$$

式中，ρ 为轨迹曲线在 M 点的曲率半径。$\boldsymbol{a}_n$ 的方向沿轨迹在该点的法线，并指向圆心，故称 $\boldsymbol{a}_n$ 为法向加速度。若点的运动轨迹是圆，则 $\rho = R$，$a_n = v^2/R$，即为向心加速度。

综上所述，可得结论：切向加速度 $\boldsymbol{a}_\tau$ 表明了速度大小随时间的变化率，其大小为 $\mathrm{d}v/\mathrm{d}t$，方向沿轨迹的切线方向；法向加速度 $\boldsymbol{a}_n$ 表明了速度方向随时间的变化 率，其大小为 v^2/ρ，方向沿轨迹的法线方向，并指向轨迹曲线的曲率中心。点的全加速度 $\boldsymbol{a}$ 为切向加速度 $\boldsymbol{a}_\tau$ 和法向加速度 $\boldsymbol{a}_n$ 的矢量和，即

$$\boldsymbol{a} = \boldsymbol{a}_\tau + \boldsymbol{a}_n \tag{4-7}$$

因 $\boldsymbol{a}_\tau$ 与 $\boldsymbol{a}_n$ 垂直，故全加速大小为

$$a = \sqrt{a_\tau^2 + a_n^2} = \sqrt{\left(\frac{\mathrm{d}v}{\mathrm{d}t}\right)^2 + \left(\frac{v^2}{\rho}\right)^2} \tag{4-8}$$

全加速度的方向为

$$\tan\beta = \frac{|a_\tau|}{a_n} \tag{4-9}$$

式中，β 为 $\boldsymbol{a}$ 与 $\boldsymbol{a}_n$ 所夹的锐角，如图 4-4 所示。加速度的单位为 $\mathrm{m/s^2}$。

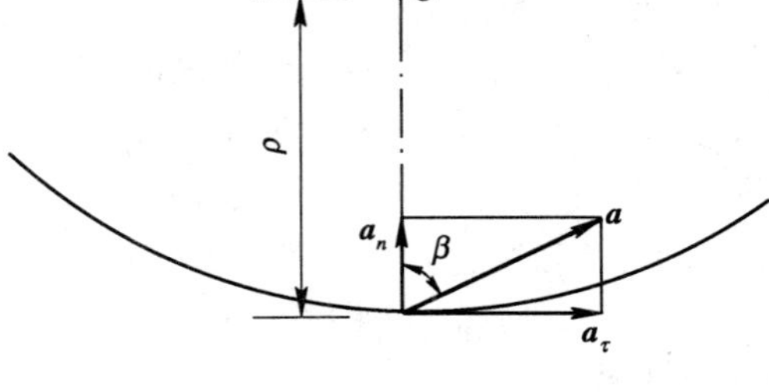

图 4-4

【例 4-1】 滑道摇杆机构由滑道摆杆 BC、滑块 A 和曲柄 OA 组成，如图 7.5(a)所示。已知 $BO=OA=10$ cm，滑道摆杆 BC 绕轴心 B 按 $\varphi=10t$ 的规律逆时针方向转动(φ 的单位为 rad，t 的单位为 s)，试求滑块 A 的运动方程、t 时刻的速度和加速度。

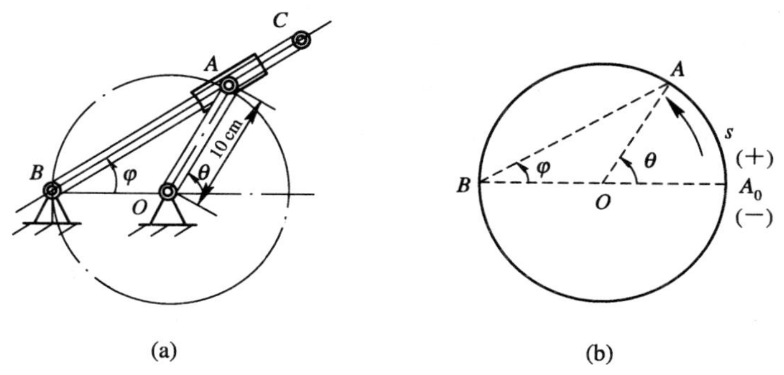

图 4 - 5

解 (1) 求滑块 A 的运动方程。滑块 A 的运动轨迹是以轴心 O 为圆心，OA 为半径的圆。取滑块 A 在 $t=0$ 时的位置 A_0 为弧坐标原点，并以其初始瞬时的运动方向为弧坐标的正向，如图 7.5(b)所示，则滑块经时间 t 后的弧坐标为

$$s = \widehat{A_0A} = OA \cdot \theta$$

式中，θ 为曲柄 OA 在时间 t 内转过的角度。由图 7.5(b)可知，$\theta=2\varphi$，于是上式可写成

$$s = OA(2\varphi) = 0.1 \times 2 \times 10t = 2t$$

这就是滑块 A 沿轨迹的运动方程。

(2) 求 A 点的速度。

$$v = \frac{\mathrm{d}s}{\mathrm{d}t} = \frac{\mathrm{d}(2t)}{\mathrm{d}t} = 2\ \mathrm{m/s}$$

(3) 求 A 点的加速度。

切向加速度

$$a_\tau = \frac{\mathrm{d}v}{\mathrm{d}t} = 0$$

法向加速度

$$a_n = \frac{v^2}{\rho} = \frac{2^2}{0.1}\ \mathrm{m/s^2} = 40\ \mathrm{m/s^2}$$

故全加速度 $\boldsymbol{a}$ 的大小为

$$a = \sqrt{a_\tau^2 + a_n^2} = 40\ \mathrm{m/s^2}$$

方向为

$$\tan\theta = \frac{|a_\tau|}{a_n} = 0$$

即沿 OA 指向 O 轴。

下面分析几种典型的点的运动。

(1) 直线运动：曲率半径 $\rho\to\infty$，故 $a_n\equiv0$，加速度仅有切向加速度 $\boldsymbol{a}_\tau$。

(2) 匀速曲线运动：v 为常数，故 $a_\tau\equiv0$，加速度仅有法向加速度 $\boldsymbol{a}_n$。

(3) 匀变速曲线运动：a_τ 为常数，加速度既有切向加速度，又有法向加速度。由

$$a_\tau = \frac{\mathrm{d}v}{\mathrm{d}t} = \frac{\mathrm{d}^2 s}{\mathrm{d}t}$$

积分可求得动点沿运动轨迹作匀变速曲线运动的三个基本公式：

$$\begin{cases} v = v_0 + a_\tau t \\ s = s_0 + v_0 t + \dfrac{1}{2} a_\tau t^2 \\ v^2 = v_0^2 + 2a_\tau (s - s_0) \end{cases} \tag{4-10}$$

【例 4-2】 列车进入如图 4-6 所示的曲线轨迹匀变速行驶，在 M_1 处速度 $v_1 = 54\ \text{km/h}$，经过路程 1000 m 后到达 M_2 处，此时速度 $v_2 = 18\ \text{km/h}$。已知 M_1 处的曲率半径 $\rho_1 = 600\ \text{m}$，M_2 处的曲率半径 $\rho_2 = 800\ \text{m}$。试求列车经过这段路程所需的时间及通过 M_1、M_2 时的全加速度的大小。

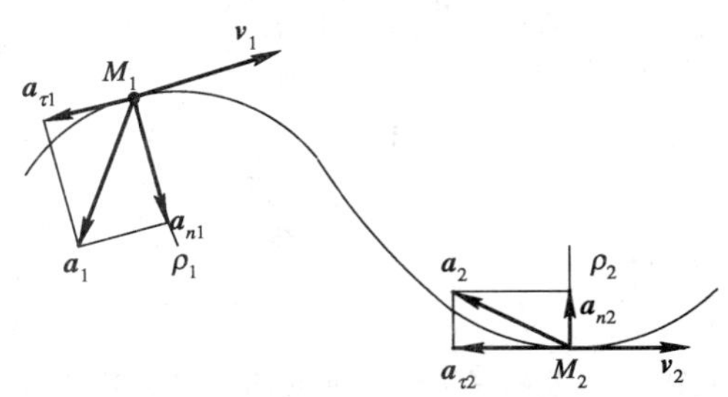

图 4-6

解 因列车作匀变速曲线运动，故可用匀变速曲线运动公式进行计算。

(1) 求列车的切向加速度 $\boldsymbol{a}_\tau$ 的大小。

由 $v^2 = v_0^2 + 2a_\tau(s - s_0)$ 得

$$a_\tau = \frac{v^2 - v_0^2}{2\Delta s}$$

式中，$v_0 = v_1 = \dfrac{54 \times 1000}{3600} = 15\ \text{m/s}$，$v = v_2 = \dfrac{18 \times 1000}{3600} = 5\ \text{m/s}$，$\Delta s = s - s_0 = 1000\ \text{m}$，代入上式得

$$a_\tau = \frac{5^2 - 15^2}{2000} = -0.1\ \text{m/s}$$

(2) 求列车从 M_1 运动到 M_2 所需的时间。

由 $v = v_0 + a_\tau t$ 得

$$t = \frac{v - v_0}{a_\tau} = \frac{5 - 15}{-0.1} = 100\ \text{s}$$

(3) 求列车通过 $M_1 + M_2$ 时全加速度的大小。

$$a_1 = \sqrt{a_{\tau 1}^2 + a_{n1}^2} = \sqrt{a_\tau^2 + \left(\frac{v_1^2}{\rho_1}\right)^2} = \sqrt{(-0.1)^2 + \left(\frac{15^2}{600}\right)^2} = 0.388\ \text{m/s}^2$$

$$a_2 = \sqrt{a_{\tau 2}^2 + a_{n2}^2} = \sqrt{a_\tau^2 + \left(\frac{v_2^2}{\rho_2}\right)^2} = \sqrt{(-0.1)^2 + \left(\frac{5^2}{800}\right)^2} = 0.105\ \text{m/s}^2$$

4.1.2 直角坐标表示法

点作平面曲线运动时，对于未给出运动轨迹的问题，应考虑用直角坐标法求解。

1. 点的运动方程

设动点 M 作平面曲线运动，M 相对于直角坐标系 Oxy 的瞬时位置可用其坐标 x、y 唯一确定。如图 4-7 所示，动点 M 运动时，其坐标 x、y 随时间 t 变化，它们都是时间 t 的单值连续函数，可以写成

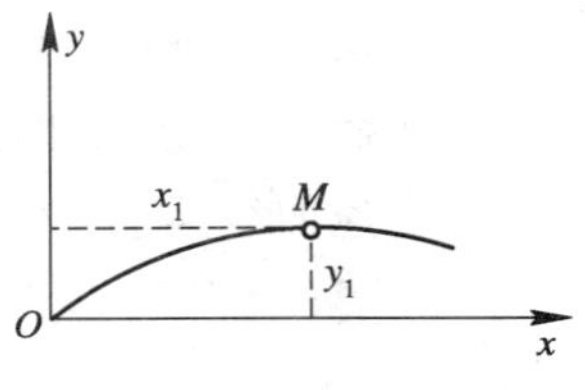

图 4-7

$$\begin{cases} x = f_1(t) \\ y = f_2(t) \end{cases} \tag{4-11}$$

式(4－11)称为点的直角坐标形式的运动方程。

如果消去式(4－11)中的时间 t，即得动点 M 的轨迹方程 $y=\varphi(x)$。

2. 点的速度

若已知动点 M 的直角坐标运动方程为

$$\begin{cases} x = f_1(t) \\ y = f_2(t) \end{cases}$$

如图 4－8 所示，t 瞬时动点位于 M 处，经 Δt 时间后动点位于 M'处，其平均速度为 $\boldsymbol{v}^*$，显示 $\boldsymbol{v}^* = \dfrac{\overrightarrow{MM'}}{\Delta t}$ 与位移 $\overrightarrow{MM'}$ 方向相同，$\boldsymbol{v}^*$ 在 x、y 轴上的投影分别为 v_x^* 和 v_y^* 表示(注意它们与矢量 $\boldsymbol{v}_x^*$ 和 $\boldsymbol{v}_y^*$ 的区别)。动点的位移 $\overrightarrow{MM'}$ 在 x、y 轴上的投影分别以 Δx 和 Δy 表示。利用相似三角形关系，即有

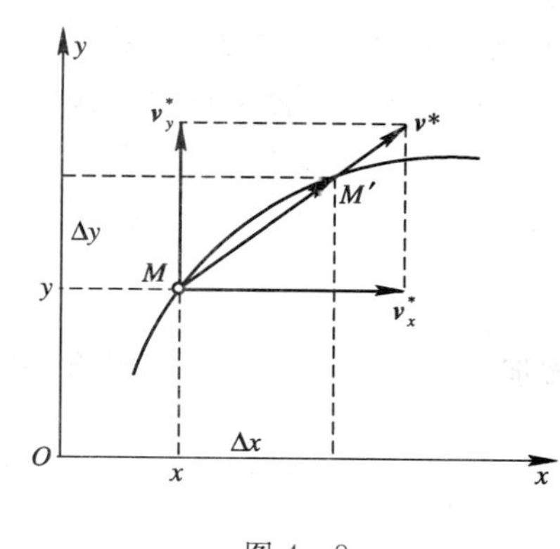

图 4－8

$$\frac{v_x^*}{v^*} = \frac{\Delta x}{|\overrightarrow{MM'}|}$$

上式可改写为

$$v_x^* = v^* \cdot \frac{\Delta x}{|\overrightarrow{MM'}|} = \frac{|\overrightarrow{MM'}|}{\Delta t} \cdot \frac{\Delta x}{|\overrightarrow{MM'}|} = \frac{\Delta x}{\Delta t}$$

同理可得

$$v_y^* = \frac{\Delta y}{\Delta t}$$

当 $\Delta t \to 0$ 时，得瞬时速度的投影为

$$\begin{cases} v_x = \lim\limits_{\Delta t \to 0} v_x^* = \lim\limits_{\Delta t \to 0} \dfrac{\Delta x}{\Delta t} = \dfrac{\mathrm{d}x}{\mathrm{d}t} = f_1'(t) \\ v_y = \lim\limits_{\Delta t \to 0} v_y^* = \lim\limits_{\Delta t \to 0} \dfrac{\Delta y}{\Delta t} = \dfrac{\mathrm{d}y}{\mathrm{d}t} = f_2'(t) \end{cases} \tag{4-12}$$

即动点速度在直角坐标轴上的投影等于该点对应的坐标对时间的一阶导数。

如图 4－9 所示，速度大小和方向分别为

$$v = \sqrt{v_x^2 + v_y^2} = \sqrt{\left(\frac{\mathrm{d}x}{\mathrm{d}t}\right)^2 + \left(\frac{\mathrm{d}y}{\mathrm{d}t}\right)^2} \tag{4-13}$$

$$\tan\alpha = \left|\frac{v_y}{v_x}\right| \tag{4-14}$$

α 为速度 $\boldsymbol{v}$ 与 x 轴所夹之锐角，$\boldsymbol{v}$ 的具体指向由 v_x 和 v_y 的正、负号来决定。

3. 点的加速度

仿照直角坐标求速度的方法，可求得加速度在直角坐标轴上的投影为

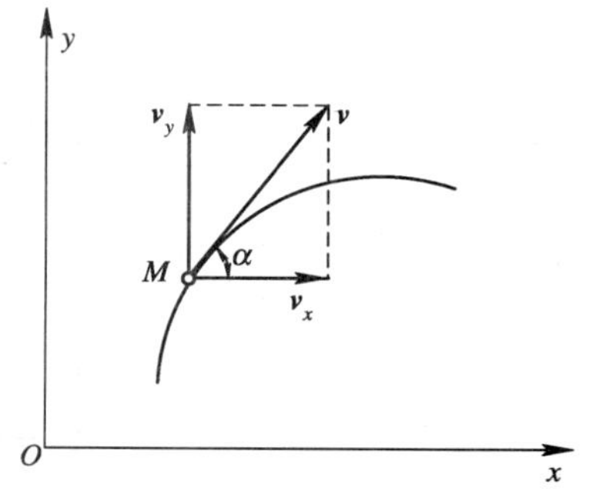

图 4－9

$$\begin{cases} a_x = \dfrac{\mathrm{d}v_x}{\mathrm{d}t} = \dfrac{\mathrm{d}^2 x}{\mathrm{d}t^2} = f_1''(t) \\ a_y = \dfrac{\mathrm{d}v_y}{\mathrm{d}t} = \dfrac{\mathrm{d}^2 y}{\mathrm{d}t^2} = f_2''(t) \end{cases} \tag{4-15}$$

即动点加速度在直角坐标轴上的投影，等于该点速度对应的投影对时间的一阶导数，也等于该点对应的坐标对时间的二阶导数。

如图 4－10 所示，加速度大小和方向分别为

$$a = \sqrt{a_x^2 + a_y^2} = \sqrt{\left(\frac{\mathrm{d}^2 x}{\mathrm{d}t^2}\right)^2 + \left(\frac{\mathrm{d}^2 y}{\mathrm{d}t^2}\right)^2} \tag{4-16}$$

$$\tan\beta = \left|\frac{a_y}{a_x}\right| \tag{4-17}$$

β 为加速度 $\boldsymbol{a}$ 与 x 轴所夹之锐角，$\boldsymbol{a}$ 的具体指向由 a_x 和 a_y 的正、负号决定。

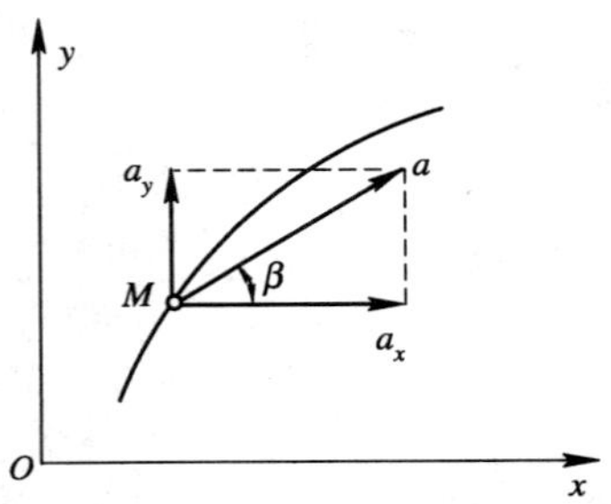

图 4－10

【例 4－3】 摆动导杆机构如图 4－11 所示，已知 $\varphi=\omega t$（ω 为常量），O 点为到滑杆 CD 间的距离为 l，求滑杆上销钉 A 的运动方程、速度方程和加速度方程。

解 取直角坐标系如图 4－11 所示。销钉 A 与滑杆一起沿水平轨道运动，其运动方程

$$x = l\tan\varphi = l\tan\omega t$$

将运动方程对时间 t 求导，得销钉 A 的速度方程：

$$v_A = \frac{\mathrm{d}x}{\mathrm{d}t} = \frac{\omega l}{\cos^2\omega t}$$

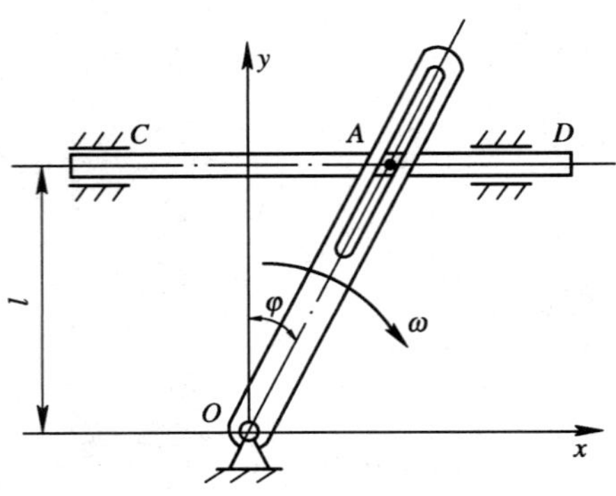

图 4－11

将速度方程对时间 t 求导，得销钉 A 的加速度方程：

$$a_A = \frac{\mathrm{d}v_A}{\mathrm{d}t} = \frac{2\omega^2 l \sin\omega t}{\cos^3\omega t}$$

4.1.3　矢量表示法

设有动点 M 相对于某参考系 $Oxyz$ 运动，如图 4-12 所示，由坐标系原点 O 向动点 M 作一矢量，即 $\boldsymbol{r}=\overrightarrow{OM}$，矢量 $\boldsymbol{r}$ 称为动点 M 的矢径。动点 M 在坐标系中的位置由矢径唯一确定。动点运动时，矢径 $\boldsymbol{r}$ 的大小、方向随时间 t 而改变，故矢径 $\boldsymbol{r}$ 可写为时间的单值连续函数：

$$\boldsymbol{r} = \boldsymbol{r}(t) \tag{4-18}$$

式(4-18)称为动点 M 矢量形式的运动方程，其矢端曲线即为动点的运动轨迹。

若某瞬时 t_1，动点的矢径为 $\boldsymbol{r}_1$，瞬时 t_2，动点的矢径为 $\boldsymbol{r}_2$，则 $\Delta\boldsymbol{r}=\boldsymbol{r}_2-\boldsymbol{r}_1$ 称为时间间隔 $\Delta t=t_2-t_1$ 内动点的位移，如图 4-13 所示。由速度和加速度的定义可以推出，动点的速度等于矢径对时间的一阶导数，动点的加速度等于它的速度对时间的一阶导数或其矢径对时间的二阶导数，即

$$\begin{cases} \boldsymbol{v} = \lim\limits_{\Delta t\to 0}\dfrac{\Delta\boldsymbol{r}}{\Delta t} = \dfrac{\mathrm{d}\boldsymbol{r}}{\mathrm{d}t} \\ \boldsymbol{a} = \dfrac{\mathrm{d}\boldsymbol{v}}{\mathrm{d}t} = \dfrac{\mathrm{d}^2\boldsymbol{r}}{\mathrm{d}t^2} \end{cases} \tag{4-19}$$

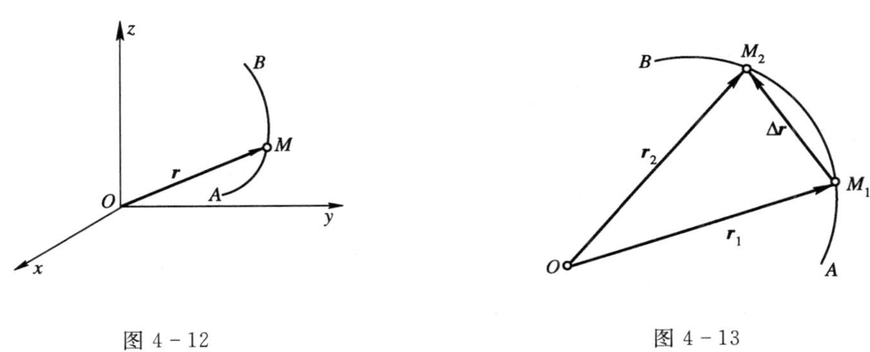

图 4-12　　　　图 4-13

4.2　刚体的运动

在工程实践中，刚体的运动有两种最常见的基本运动形式：平动和定轴转动。刚体的一些较为复杂的运动可以归结为这两种基本运动的组合。因此，平动和定轴转动这两种基本运动形式是分析一般刚体运动的基础。

4.2.1　刚体的平动

1. 工程中的平动问题

工程中的平动问题是日常生活和生产实践中常有的现象。例如，如图 4-14 所示，沿

水平直线轨道行驶的火车车厢，其上的任意一直线 AB 始终平行于初始位置 $A'B'$。又如，图 4-15 所示为筛砂机，如果在筛砂机的筛子上作任一直线 AB，则虽 A 点和 B 点的轨迹均为曲线(圆弧)，但因摇杆长 $OA=O_1B$，且 $AB=OO_1$，故直线 AB 始终与其初始位置 $A'B'$ 平行。

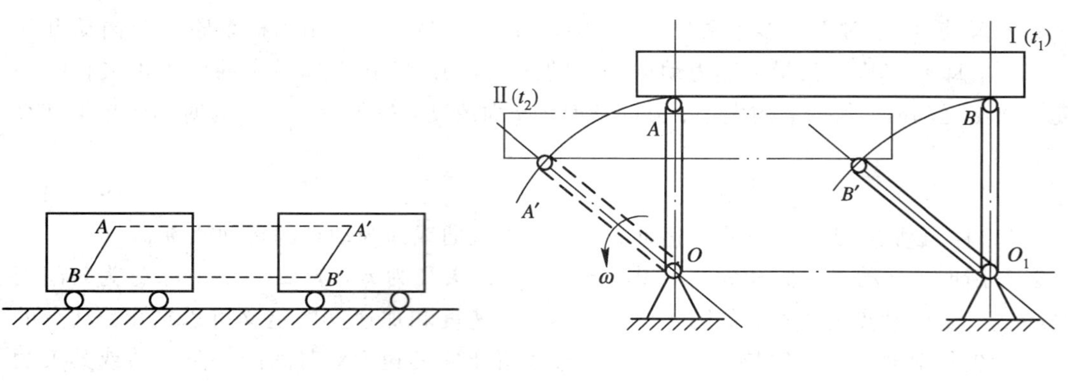

图 4-14　　　　图 4-15

在上述机构中，车厢的运动和筛子的运动有着一个共同的特点，即在刚体运动的过程中，刚体内任一直线始终保持与原来的位置平行。一般称这种运动为刚体的平行移动，简称平动。刚体平动时，其上各点的轨迹若是直线，则称刚体作直线平动，如上述火车车厢的运动；其上各点的轨迹若是曲线，则称刚体作曲线平动，如上述筛砂机中筛子的运动。

2. 刚体平动的特性

如图 4-16 所示，设一刚体作平动，任取刚体上的两点 A 和 B，则这两点以矢径表示的运动方程为

$$\boldsymbol{r}_A = \boldsymbol{r}_A(t)$$

$$\boldsymbol{r}_B = \boldsymbol{r}_B(t)$$

连接 B、A 得矢量 $\overrightarrow{BA}$，由图中易见

$$\boldsymbol{r}_A = \boldsymbol{r}_B + \overrightarrow{BA}$$

将该式两边对时间求导，并注意到由于 A、B 为刚体上的两点，且刚体作平动，因此矢量 $\overrightarrow{BA}$ 的大小和方向始终保持不变，即 $\overrightarrow{BA}$ 为常矢量，其导数为零，故有

$$\frac{\mathrm{d}\boldsymbol{r}_A}{\mathrm{d}t} = \frac{\mathrm{d}\boldsymbol{r}_B}{\mathrm{d}t}$$

图 4-16

即

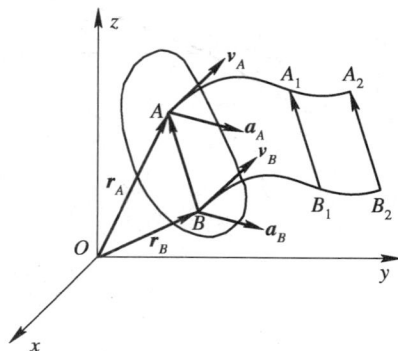

$$\boldsymbol{v}_A = \boldsymbol{v}_B \tag{4-20}$$

将式(4-20)两边再对时间求导，可得

$$\frac{\mathrm{d}\boldsymbol{v}_A}{\mathrm{d}t} = \frac{\mathrm{d}\boldsymbol{v}_B}{\mathrm{d}t}$$

即

$$\boldsymbol{a}_A = \boldsymbol{a}_B \tag{4-21}$$

由式(4－20)和式(4－21)可得结论：刚体平动时，其上各点的运动轨迹形状相同且彼此平行；在同一瞬时，刚体上各点的速度相同，各点的加速度也相同。因此，研究刚体的平动时，只需分析刚体上任意一点的运动，即可确定刚体上其余各点的运动状态。

4.2.2　刚体的定轴转动

刚体运动时，若刚体上(或其延伸部分)有一条直线始终保持不动，则这种运动称为刚体的定轴转动。其中，这条固定的直线称为转轴。例如，电机的转子、传动轴、吊扇的叶片等的运动都属于定轴转动。

1. 转动方程、角速度和角加速度

(1) 转动方程。为了确定转动刚体在空间的位置，过转轴 z 作一固定平面Ⅰ为参考面。如图 4－17 所示，半平面Ⅱ过转轴 z 且固连在刚体上，则半平面Ⅱ与刚体一起绕 z 轴转动。这样，任一瞬时，刚体在空间的位置都可以用固定的半平面Ⅰ与半平面Ⅱ之间的夹角 φ 来表示，φ 称为转角。刚体转动时，角 φ 随时间 t 变化，是时间 t 的单值连续函数，即

$$\varphi = \varphi(t) \tag{4-22}$$

式(4－22)被称为刚体的转动方程，它反映转动刚体任一瞬时在空间的位置，即刚体转动的规律。

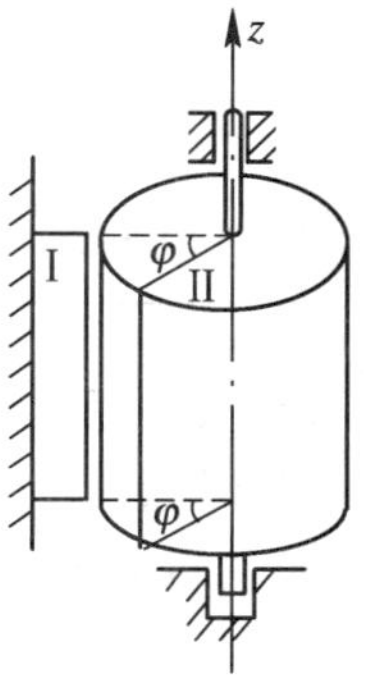

图 4－17

转角 φ 是代数量，规定从转轴的正向看，逆时针转向的转角为正，反之为负。转角 φ 的单位是 rad 。

(2) 角速度。角速度是描述刚体转动快慢和转动方向的物理量，用符号 ω 表示，它是转角 φ 对时间 t 的一阶导数，即

$$\omega = \frac{\mathrm{d}\varphi}{\mathrm{d}t} \tag{4-23}$$

角速度是代数量，其正负表示刚体的转动方向。当 $\omega>0$ 时，刚体逆时针转动；反之则顺时针转动，角速度的单位是 rad/s。

工程上常用每分钟转过的圈数表示刚体转动的快慢，称为转速，用符号 n 表示，单位是 r/min。转速 n 与角速度 ω 的关系为

$$\omega = \frac{2\pi n}{60} = \frac{\pi n}{30} \tag{4-24}$$

(3) 角加速度。角加速度是表示刚体角速度变化快慢和方向的物理量，用符号 α 表示，它是角速度 ω 对时间的一阶导数，即

$$\alpha = \frac{\mathrm{d}\omega}{\mathrm{d}t} = \frac{\mathrm{d}^2\omega}{\mathrm{d}t^2} \tag{4-25}$$

角加速度 α 是代数量，当 α 与 ω 同号时，表示角速度的绝对值随时间增加而增大，刚体作加速转动；反之，则作减速转动。角加速度的单位是 $\mathrm{rad/s^2}$。

虽然刚体绕定轴转动与点的曲线运动形式不同，但它们相对应的变量之间的关系是相似的，其相似关系如表 4－1 所示。

表 4-1 刚体绕定轴转动与点的曲线运动

点的曲线运动	刚体绕定轴转动
运动方程 $s=s(t)$	转动方程 $\varphi=\varphi(t)$
速度 $v=\dfrac{ds}{dt}$	角速度 $\omega=\dfrac{d\varphi}{dt}$
切向加速度 $a_\tau=\dfrac{dv}{dt}=\dfrac{d^2s}{dt^2}$	角加速度 $\alpha=\dfrac{d\omega}{dt}=\dfrac{d^2\varphi}{dt^2}$
匀速运动 $v=$常数 $s=s_0+vt$	匀速转动 $\omega=$常数 $\varphi=\varphi_0+\omega t$
匀变速运动 $a_\tau=$常数 $s=s_0+v_0t+\dfrac{a_\tau t^2}{2}$ $v=v_0+a_\tau t$	匀变速转动 $\alpha=$常数 $\varphi=\varphi_0+\omega_0 t+\dfrac{\alpha t^2}{2}$ $\omega=\omega_0+\alpha t$

【例 4-4】 某发动机转子在启动过程中的转动方程为 $\varphi=t^3$，其中 t 以 s 计，φ 以 rad 计。试计算转子在 2 s 内转过的圈数和 $t=2$ s 时转子的角速度、角加速度。

解 由转动方程 $\varphi=t^3$ 可知，$t=0$ 时，$\varphi_0=0$，转子在 2 s 内转过的角度为

$$\varphi-\varphi_0=t^3-0=2^3-0=8\ \text{rad}$$

转子转过的圈数为

$$N=\frac{\varphi-\varphi_0}{2\pi}=\frac{8}{2\pi}=1.27$$

由式(4-23)和式(4-25)得转子的角速度和角加速度为

$$\omega=\frac{d\varphi}{dt}=3t^2,\quad \alpha=\frac{d\omega}{dt}=6t$$

当 $t=2$ s 时，有

$$\omega=3\times2^2=12\ \text{rad/s}$$
$$\alpha=6\times2=12\ \text{rad/s}^2$$

2. 定轴转动刚体上各点的速度和加速度

在机械加工的车、铣、磨等工序中，需要知道各种刀具的切削速度，以便设计和选择刀具；对于带轮、砂轮，要计算线速度。它们均与作定轴转动的刚体(主轴、带轮)的角速度有关，更确切地说，是与定轴转动刚体上点的速度、加速度有直接关系。因此，有必要研究定轴转动刚体的角速度、角加速度与刚体上各点的速度、加速度之间的关系。

1) 转动刚体上各点的速度

如图 4-18 所示，刚体作定轴转动时，刚体内各点始终都在各自特定的垂直于转轴的平面内作圆周运动。在刚体上任取一点 M，设该点到转轴的垂直距离为 R(称为转动半径)。显然，M 点的轨迹就是以 R 为半径的圆。若刚体的转角为 φ，则以弧坐标形式表示的 M 点的运动方程为

$$s=\widehat{MO'}=R\varphi \tag{4-26}$$

M 点的速度大小为

$$v=\frac{\mathrm{d}s}{\mathrm{d}t}=R\frac{\mathrm{d}\varphi}{\mathrm{d}t}=R\omega \tag{4-27}$$

即转动刚体上任一点的速度大小等于其转动半径与刚体角速度的乘积。

由式(4-27)可以看出，转动刚体上点的速度大小与点的转动半径成正比，方向垂直于转动半径，指向与角速度的转向一致，如图 4-19 所示。

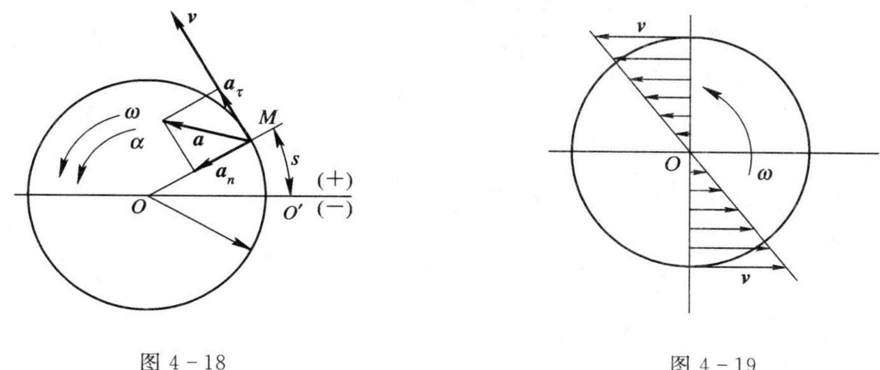

图 4-18　　图 4-19

若以转速 n 表示刚体转动的快慢，则直径为 D 的圆周上各点的速度可表示为

$$v=R\omega=\frac{D\pi n}{2\times 30}=\frac{D\pi n}{60}\ \mathrm{m/s}$$

或

$$v=\pi D n\ \mathrm{m/min} \tag{4-28}$$

2）转动刚体上各点的加速度

由于定轴转动刚体上的各点作圆周运动，因此其加速度分为切向加速度和法向加速度。

M 点切向加速度的大小为

$$a_\tau=\frac{\mathrm{d}v}{\mathrm{d}t}=R\frac{\mathrm{d}\omega}{\mathrm{d}t}=R\alpha \tag{4-29}$$

即转动刚体上任一点切向加速度的大小等于其转动半径与角加速度的乘积，其方向垂直于转动半径，指向与角加速度的转向一致，如图 4-18 所示。

M 点法向加速度的大小为

$$a_n=\frac{v^2}{R}=\frac{(R\omega)^2}{R}=R\omega^2 \tag{4-30}$$

即转动刚体上任一点法向加速度的大小等于其转动半径与角速度平方的乘积，其方向沿转动半径指向圆心，如图4-18 所示。

由此可确定 M 点全加速度的大小和方向，如图 4-20 所示。

$$\begin{cases} a=\sqrt{a_\tau^2+a_n^2}=\sqrt{(R\alpha)^2+(R\omega^2)^2}=R\sqrt{\alpha^2+\omega^4} \\ \tan\theta=\dfrac{a_\tau}{a_n}=\dfrac{R\alpha}{R\omega^2}=\dfrac{\alpha}{\omega^2} \end{cases} \tag{4-31}$$

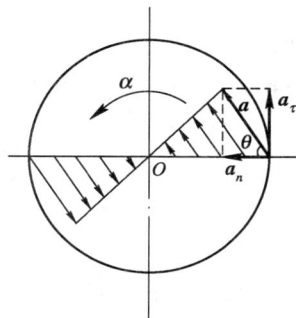

图 4-20

式中，θ 是加速度 α 与转动半径 R 的夹角。

式(4-31)表明定轴转动刚体上各点全加速度的大小与该点的转动半径成正比，方向与转动半径成 θ 角，且各点 θ 角均相同，其分布如图 4-20 所示。

【例 4－5】 轮Ⅰ和轮Ⅱ固连，半径分别为 R_1 和 R_2，在轮Ⅰ上绕有不可伸长的细绳，绳端挂重物 A，如图 4－21 所示。若重物自静止以匀加速度 $\boldsymbol{a}$ 下降，带动轮Ⅰ和轮Ⅱ转动。求当重物下降了 h 高度时，轮Ⅱ边缘上 B_2 点的速度和加速度的大小。

解 重物自静止下降了高度 h 时，其速度大小为 $v=\sqrt{v_0^2+2ah}$，其中 $v_0=0$，故 $v=\sqrt{2ah}$。轮Ⅰ和轮Ⅱ的角速度、角加速度分别为

$$\omega=\frac{v_1}{R_1}=\frac{v}{R_1}=\frac{\sqrt{2ah}}{R_1}$$

$$\alpha=\frac{a_\tau}{R_1}=\frac{a}{R_1}$$

轮Ⅱ边缘上 B_2 点的速度、加速度大小为

$$v_2=R_2\omega=\frac{R_2}{R_1}\sqrt{2ah}$$

$$a_\tau=R_2\alpha=\frac{R_2}{R_1}a$$

$$a_n=R_2\omega^2=R_2\left(\frac{\sqrt{2ah}}{R_1}\right)^2=\frac{2R_2}{R_1^2}ah$$

图 4－21

$$a=\sqrt{a_\tau^2+a_n^2}=\sqrt{\left(\frac{R_2}{R_1}a\right)^2+\left(\frac{2R_2}{R_1^2}ah\right)^2}=\frac{R_2a}{R_1^2}\sqrt{R_1^2+4h^2}$$

4.3　点的合成运动

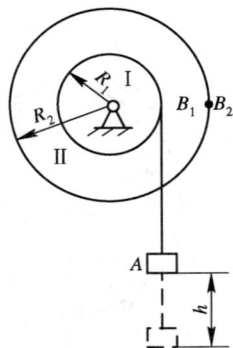

前面我们研究物体的运动是相对于同一参考坐标系而言的，当所研究的物体相对于不同参考坐标系运动(即它们之间存在相对运动)时，就形成了运动的合成。本节主要学习动点相对于不同参考坐标系运动时的运动方程、速度、加速度之间的关系。

4.3.1　点的合成运动的概念

在不同的参考系中研究同一个物体的运动，看到的运动情况是不同的。例如，沿直线滚动的车轮，在地面上观察轮边缘上点 M 的运动轨迹是旋轮线，但在车厢上观察则是一个圆，如图 4－22 (a)所示；又如，在雨天观察雨滴的运动，如果在地面上观察(不计自然风的干扰)，则雨滴铅垂下落，而在行驶的汽车上，雨滴在车窗上留下的是倾斜的痕迹，如图 4－22 (b)所示。

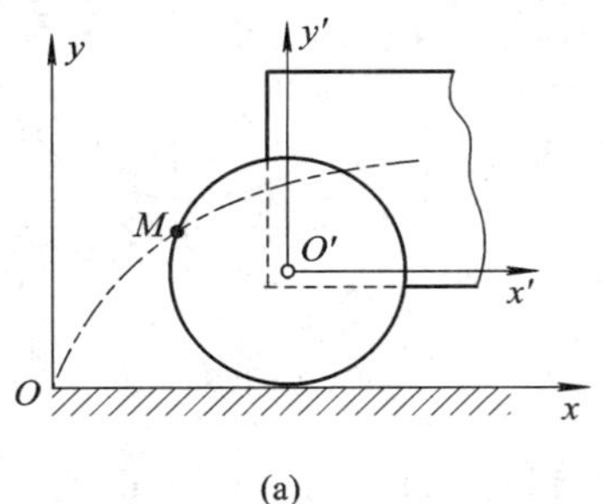

(a)

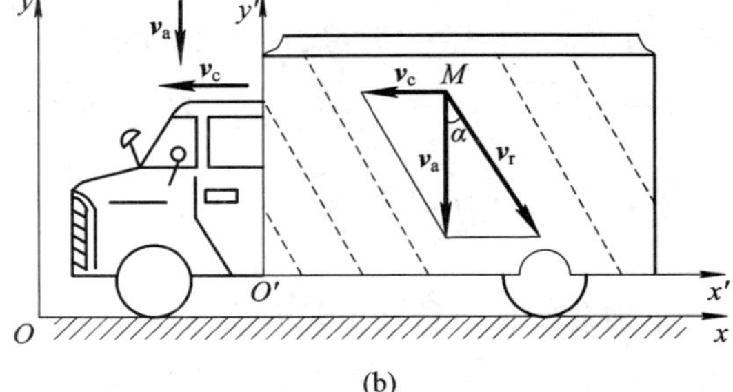

(b)

图 4－22　不同参考系时的运动观察

从上面的两个例子看出，物体相对于不同参考系的运动是不同的，它们之间存在着运动的合成和分解的关系。在研究与运动相对性有关的点的运动时，将研究的点看成动点，动点相对于两个坐标系运动，其中固结在地球表面上的坐标系 Oxy 称为定参考坐标系（简称定系或静系），固结在运动参考体上的坐标系 $O'x'y'$ 称为动参考坐标系（简称动系）。动点相对于定系运动可以看成是动点相对于动系的运动和动系相对于定系的运动的合成。因此，这类运动就称为点的合成运动或复合运动。在上面的例子中，定系建立在地面上，动点 M 的运动轨迹是旋轮线，动系建立在车厢上，点 M 相对于动系的运动轨迹是一个圆，而车厢是做平移的运动，即动点 M 的旋轮线可以看成圆的运动和车厢平移运动的合成。

研究点的合成运动必须选定两个参考坐标系，清楚以下三种运动：

（1）动点相对于定参考坐标系运动，称为动点的绝对运动。所对应的轨迹、速度和加速度分别称为绝对运动轨迹、绝对速度 $\boldsymbol{v}_a$、绝对加速度 $\boldsymbol{a}_a$。

（2）动点相对于动参考坐标系运动，称为动点的相对运动。所对应的轨迹、速度和加速度分别称为相对运动轨迹、相对速度 $\boldsymbol{v}_r$、相对加速度 $\boldsymbol{a}_r$。

（3）动系相对于定系的运动，称为动点的牵连运动。动系上与动点重合的点称为动点的牵连点，牵连点所对应的轨迹、速度和加速度分别称为牵连运动轨迹、牵连速度 v_e、牵连加速度 a_e。

4.3.2 点的速度合成定理

如前所述，动点的绝对运动可以看成是相对运动和牵连运动合成的结果。以此类推，动点的绝对速度也可以由相对速度和牵连速度合成而来。下面以图 4－23 所示的桥式起重机为例加以证明。

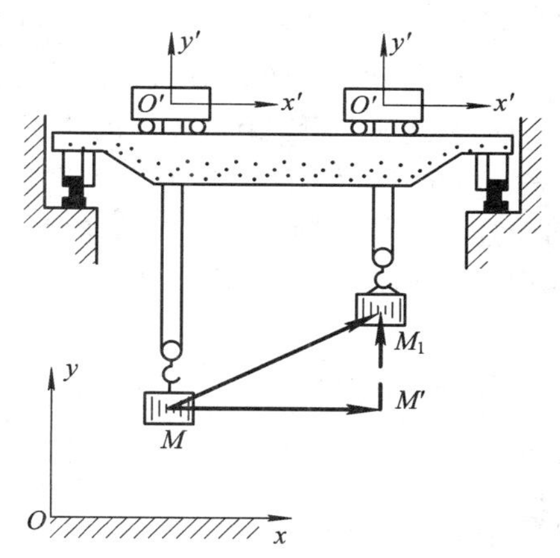

图 4－23 桥式起重机

在图 4－23 中，取起吊重物为动点，静系 Oxy 固连于地面，动系 $O'x'y'$ 固连于起重小车。设在瞬时 t，重物位于 M 点。在 $t+\Delta t$ 瞬时，重物运动至 M_1 点。在 Δt 时间内，矢量 $\overrightarrow{M'M_1}$ 是动点在相对运动中的位移，矢量 $\overrightarrow{MM'}$ 是动参考系在瞬时 t 与动点相重合的那一点在 Δt 时间内的位移，矢量 $\overrightarrow{MM_1}$ 是动点在绝对运动中的位移。

由图 4－23 可见

$$MM_1 = MM' + M'M_1$$

将上式两边同除以 Δt，并取 $\Delta t \to 0$ 时的极限，即将上式两边对时间求导，得

$$\frac{\mathrm{d}(\overrightarrow{MM_1})}{\mathrm{d}t} = \frac{\mathrm{d}(\overrightarrow{MM'})}{\mathrm{d}t} + \frac{\mathrm{d}(\overrightarrow{M'M_1})}{\mathrm{d}t}$$

根据速度的定义，上式左端项是动点 M 在瞬时 t 的绝对速度 $\boldsymbol{v}_a$，上式右端第一项是牵连点的速度，即动点的牵连速度 $\boldsymbol{v}_e$，右端第二项是动点的相对速度 $\boldsymbol{v}_r$，于是有

$$\boldsymbol{v}_a = \boldsymbol{v}_e + \boldsymbol{v}_r \tag{4-32}$$

式(4－32)表明，动点的绝对速度等于同一瞬时它的牵连速度与相对速度的矢量和。这就是点的速度合成定理，也称为速度平行四边形定理，即若以动点在某瞬时的牵连速度矢

量 $\boldsymbol{v}_e$ 和相对速度矢量 $\boldsymbol{v}_r$ 为邻边作一个平行四边形，则其对角线就是动点在该瞬时的绝对速度矢量 $\boldsymbol{v}_a$。

在式(4－32)中包含有 $\boldsymbol{v}_a$、$\boldsymbol{v}_e$、$\boldsymbol{v}_r$ 三个矢量的大小和方向共六个要素，若已知其中任意四个要素，就能求出其余两个未知要素。

【例 4－6】 图 4－24 所示为牛头刨床的摆动导杆机构。曲柄 OA 以匀角速度 $\omega=2$ rad/s 绕 O 轴转动，通过滑块 A 带动导杆 O_1B 绕 O_1 轴转动。已知 $OA=20$ cm，$\angle OO_1A=30°$，求导杆 O_1B 在图示瞬时的角速度 ω_1。

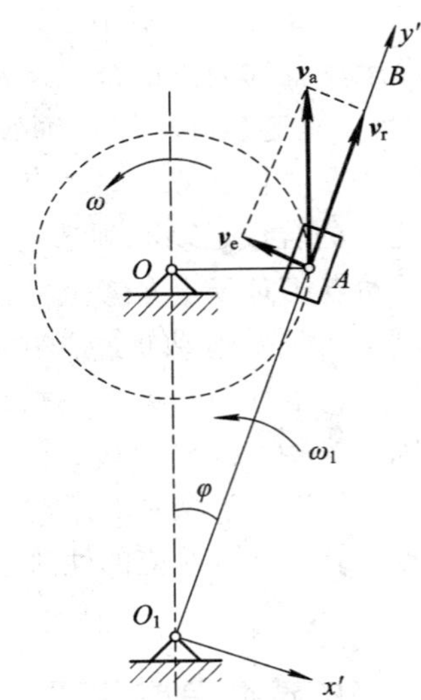

图 4－24　导杆机构

解　(1) 选取动点，确定动系和静系。由题意知，曲柄 OA 转动，通过滑块 A 带动导杆 O_1B 摆动。滑块与导杆彼此间有相对运动，故可选取滑块 A 为动点，动系固连于导杆 O_1B，静系固连于机座。

(2) 运动分析。

绝对运动：动点 A 以 O 为圆心、以 OA 为半径的圆周运动。

相对运动：动点 A 沿导杆 O_1B 的直线运动。

牵连运动：导杆 O_1B 绕 O_1O 轴的定轴转动。

(3) 速度分析。绝对速度的大小 $v_a=r\omega=20\times2=40$ cm/s，方向如图；相对速度和牵连速度的方向如图 4－24 所示，大小未知。如能求出牵连速度就可确定导杆的角速度。根据速度合成定理 $\boldsymbol{v}_a=\boldsymbol{v}_e+\boldsymbol{v}_r$，作出点 A 的速度平行四边形，如图 4－24 所示。由几何关系可求得

$$v_e=v_a\sin\varphi=40\times0.5=20\ \text{cm/s}$$

导杆的角速度为

$$\omega_1=\frac{v_e}{O_1A}=\frac{20}{40}=0.5\ \text{rad/s}$$

转向由 $\boldsymbol{v}_e$ 的指向确定，为逆时针转向。

【例 4－7】 曲柄移动导杆机构如图 4－25 所示。曲柄 OA 长为 r，以匀角速度 ω 绕轴 O 转动，滑块 A 可在导杆中滑动，从而带动导杆 BC 在滑槽 K 中上下运动。求图示瞬时连杆 BC 的速度。

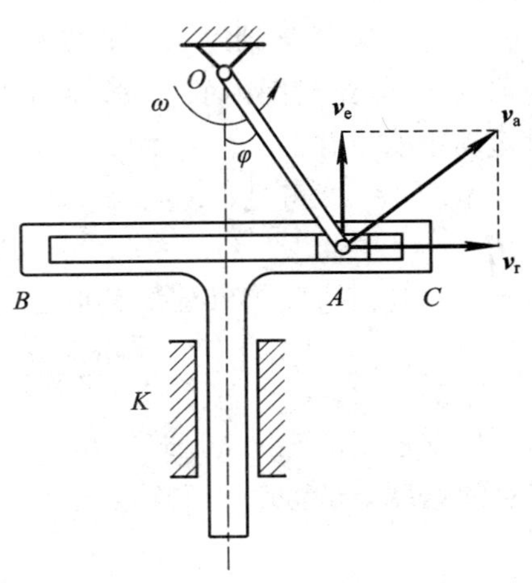

图 4－25　曲柄移动导杆机构

解　(1)选取动点，确定动系和静系。由题意知，滑块与导杆彼此间有相对运动，故可选取滑块 A 为动点，动系固连于导杆 BC，静系固连于机座。

(2) 运动分析。

绝对运动：动点以 O 点为圆心的圆周运动。

相对运动：动点在导杆中的水平直线运动。

牵连运动：导杆 BC 的直线平移。

由于导杆作平移，其上各点速度相同，故动点 A 的牵连速度即为所要求的连杆 BC 的速度。

(3) 速度分析。绝对速度 $\boldsymbol{v}_a$ 的大小 $v_a = r\omega$，方向如图 4-25 所示；相对速度和牵连速度的方向均已知，大小待求。根据速度合成定理 $\boldsymbol{v}_a = \boldsymbol{v}_e + \boldsymbol{v}_r$，作出 A 点的速度平行四边形，如图 4-25 所示。由几何关系得

$$v_e = v_a \sin\varphi = r\omega \sin\varphi$$

方向铅垂向上，如图 4-25 所示。

【例 4-8】 凸轮机构如图 4-26 所示。凸轮半径为 R，偏心距为 e，以匀角速度 ω 绕轴 O 转动，带动顶杆 AB 在滑槽中上下滑动，杆端 A 始终与凸轮接触，且 OAB 成一直线。求图示瞬时杆 AB 的速度。

解 (1) 选取动点，确定动系和静系。

由题意知，杆 AB 平移，其上各点速度均相等，所以杆 AB 的速度即杆上任意一点的速度。杆端 A 点与凸轮间有相对运动，故取杆端 A 点为动点，动系固连于凸轮，静系固连于机架。

(2) 运动分析。

绝对运动：动点 A 的直线运动。

相对运动：动点 A 以轮心 C 为圆心的圆周运动。

牵连运动：凸轮绕 O 轴的定轴转动。

(3) 速度分析。绝对速度和相对速度的方向如图 4-26所示，大小未知；牵连速度 $\boldsymbol{v}_e$ 的大小 $v_e = OA \cdot \omega = \sqrt{R^2+e^2}\omega$，方向如图 4-26 所示。根据速度合成定理 $\boldsymbol{v}_a = \boldsymbol{v}_e + \boldsymbol{v}_r$，作出点 A 的速度平行四边形，如图 4-26 所示。由几何关系可得

$$v_a = v_e \cot\theta = OA \cdot \omega \cdot \frac{e}{OA} = e\omega$$

方向铅直向上，如图 4-26 所示。

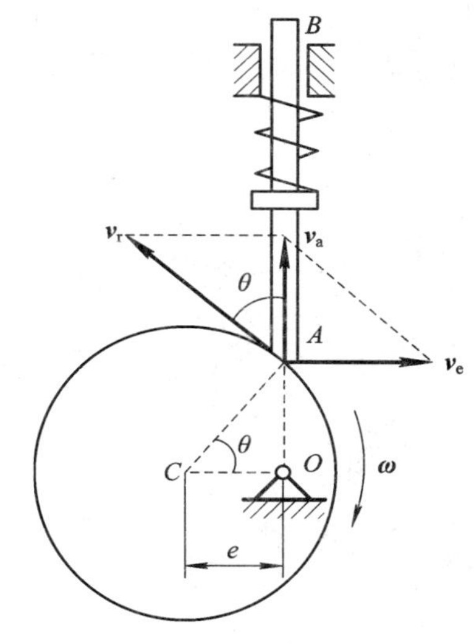

图 4-26 凸轮机构

综观上面例题的解题方法，可以归纳出应用点的速度合成定理解题的步骤与注意要点如下：

(1) 动点、静系和动系的选取。

动点、动系和静系必须分别选在三个物体上，静系一般取为固连于地面，如何选择动点、动系是解决问题的关键。一般来讲，动点相对于动系应有相对运动，且运动轨迹比较明显。对于没有约束联系的系统，例如雨点、矿砂、物料等，可选取所研究的点为动点，动系固定在另一运动的物体(如车辆、传送带等)上。

对于有约束联系的系统，例如机构传动问题，动点多选在两构件的连接点或接触点，并与其中一个构件固连，动系则固定在另一运动的构件上。

(2) 三种运动和三种速度的分析。

相对运动和绝对运动都是点的运动，要分析点的运动轨迹是直线还是圆周或是某种曲线。牵连运动是刚体的运动，要分析刚体是作平动还是转动。对各种运动的速度，都要分析大小和方向两个要素，弄清已知量和未知量。

分析相对速度时，可设想观察者站在参考系上，所观察到的运动即为点的相对运动。分析牵连速度时，可假定动点不作相对运动，而把它固结在动系上，然后根据牵连运动的性质去分析该点的速度，即分析牵连点的速度。

(3) 根据点的速度合成定理求解未知量。

按各速度的已知条件，作出速度平行四边形。应注意要使绝对速度的矢量成为平行四边形的对角线，然后根据几何关系求解未知量。

4.4 刚体的平面运动

4.4.1 刚体平面运动的基本概念

机械结构中很多构件的运动，例如行星齿轮机构中动齿轮 B 的运动，如图 4-27(a)所示；曲柄连杆机构中连杆 AB 的运动，如图 4-27(b)所示；以及沿直线轨道滚动的轮子，如图 4-27(c)所示，它们的共同特点是既不沿同一方向平移，又不绕某固定点做定轴转动，而是在其自身平面内的运动，即物体运动过程中，其上任意一点与某一固定平面的距离始终保持不变。刚体的这种运动形式称为平面运动。

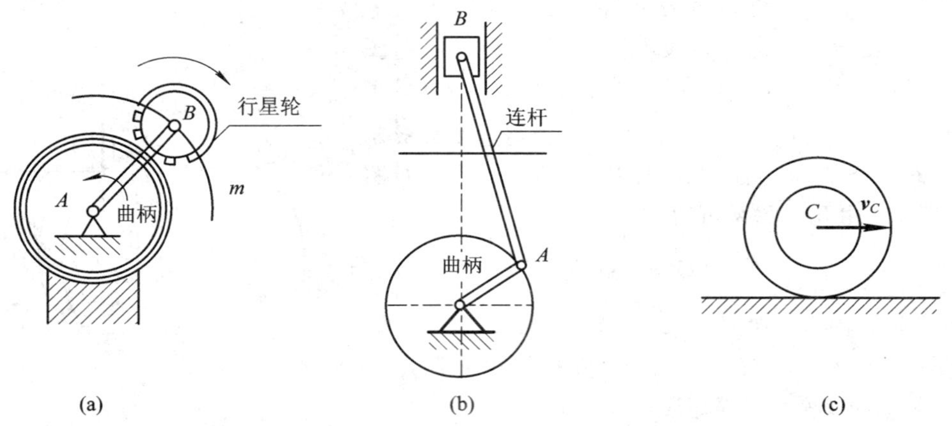

图 4-27 刚体的平面运动实例

在研究刚体平面运动时，根据平面运动的上述特点，可对问题加以简化。

设一刚体做平面运动，运动中刚体内每一点到固定平面Ⅰ的距离始终保持不变，如图 4-28 所示。作一个与固定平面Ⅰ平行的平面Ⅱ来截割刚体，得截面 S，该截面称为平面运动刚体的平面图形。刚体运动时，平面图形 S 始终在平面Ⅱ内运动，即始终在其自身平面内运动，而刚体内与 S 垂直的任一直线 A_1AA_2 都做平动。因此，只要知道平面图形上点 A 的运动，便可知道 A_1AA_2 线上所有各点的运动，从而只要知道平面图形 S 内各点的运动，就可以知道整个刚体的运动。由此可知，平面图形上各点的运动可以代表刚体内所有各点的运动，即刚体的平面运动可以简化为平面图形在其自身平面内的运动。

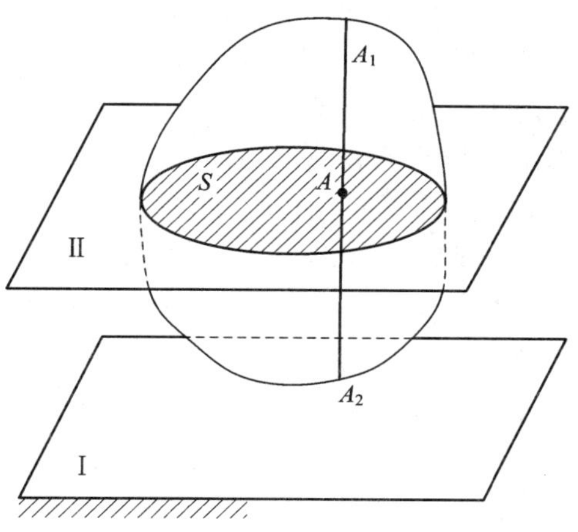

图 4－28　刚体平面运动的简化

4.4.2　平面图形的运动方程和平面图形运动的分解

如图 4－29(a)所示，在平面图形 S 内建立平面直角坐标系 Oxy，以确定平面图形 S 的位置。为确定平面图形 S 的位置，只需确定其上任意直线段 AB 的位置。线段 AB 的位置可由点 A 的坐标和线段 AB 与 x 轴或者与 y 轴的夹角来确定，即有

$$\begin{cases} x_A = f_1(t) \\ y_A = f_2(t) \\ \varphi = f_3(t) \end{cases} \tag{4-33}$$

式(4－33)称为平面图形 S 的运动方程，即刚体平面运动的运动方程。点 A 称为基点，一般选为已知点，若已知刚体的运动方程，则刚体在任一瞬时的位置和运动规律即可确定。

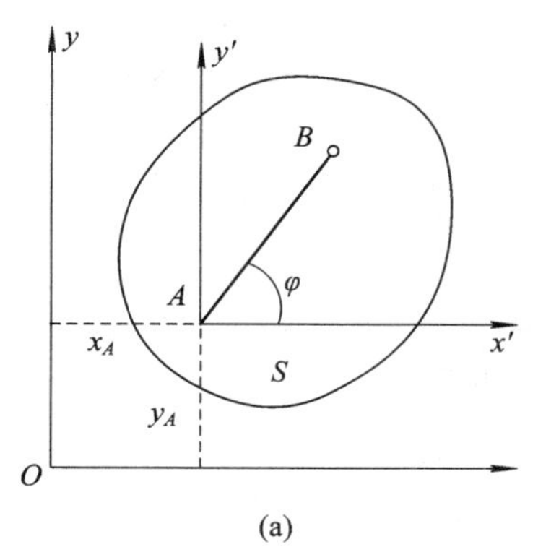

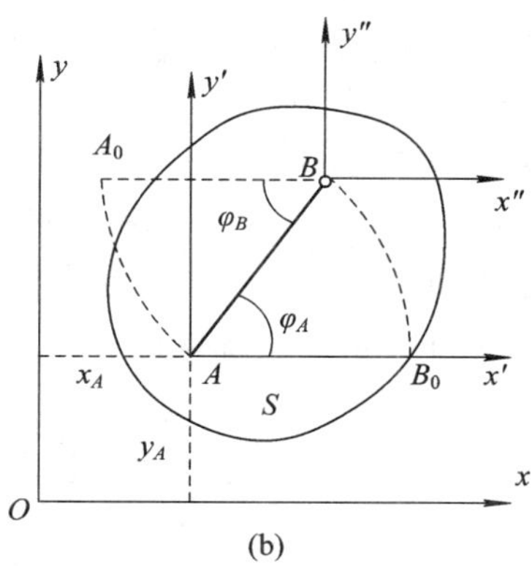

图 4－29　平面图形 S 的运动

由式(4－33)知：

(1) 若基点 A 不动，基点 A 坐标 x_A、y_A 均为常数，则平面图形 S 绕基点 A 做定轴转动。

(2) 若 φ 为常数，平面图形 S 无转动，则平面图形 S 以方位不变的 φ 角做平移。

由此可见，当两者都变化时，平面图形 S 的运动可以看成是随着基点的平移和绕基点

的转动的合成，即平面图形的运动可以分解为随基点的平动和绕基点的转动。其中，“随基点的平动”是牵连运动，“绕基点的转动”是相对运动。

基点的选择是任意的。因为一般情况下平面图形上各点的运动各不相同，所以选取不同的点作为基点时，平面图形运动分解后的平动部分与基点的选择有关；而转动部分的转角是相对于平动坐标系而言的，选择不同的基点时，图形的转角仍然相同。如图 4－29(b)所示，选 A 为基点时，线段 AB 从 AB_0 转至 AB，转角为 φ_A；选 B 为基点时，线段 AB 从 A_0B 转至 AB，转角为 φ_B。从图中可见，$\varphi_A=\varphi_B$，即平面图形相对于不同的基点的转角相等，在同一瞬时平面图形绕基点转动的角速度、角加速度也相等。因此平面图形运动分解后的转动部分与基点的选择无关。对角速度、角加速度而言，无须指明是绕哪个基点转动的，而统称为平面图形的角速度、角加速度。

4.4.3　平面图形上各点的速度

1. 基点法

平面图形 S 运动可以看成是随着基点的平移和绕基点的转动的合成。因此，运用速度合成定理可求平面图形内各点的速度。

如图 4－30 所示，取 A 为基点，求平面图形内 B 点的速度。设图示瞬时平面图形的角速度为 ω，因为牵连运动是平动，所以点 B 的牵连速度就等于基点 A 的速度 $\boldsymbol{v}_A$，而点 B 的相对速度就是点 B 随同平面图形绕基点 A 转动的速度，以 $\boldsymbol{v}_{BA}$ 表示，其大小等于 $BA\omega$ (ω 为图形的角速度)，方向垂直于 BA 连线而指向图形的转动方向，如图 4－30 所示。

以 $\boldsymbol{v}_A$ 和 $\boldsymbol{v}_{BA}$ 为两邻边作速度平行四边形，则点 B 的绝对速度由这个平行四边形的对角线表示，即

$$\boldsymbol{v}_B=\boldsymbol{v}_A+\boldsymbol{v}_{BA} \tag{4-34}$$

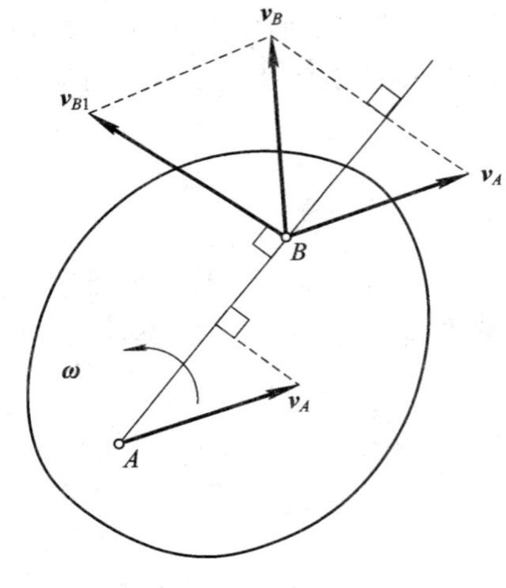

图 4－30　基点法

式(4－34)称为速度合成的矢量式。注意到 A、B 是平面图形上的任意两点，选取点 A 为基点时，另一点 B 的速度由式(4－34)确定；但若选取点 B 为基点，则点 A 的速度表达式应写为 $\boldsymbol{v}_A=\boldsymbol{v}_B+\boldsymbol{v}_{AB}$。由此可得速度合成定理：平面图形上任一点的速度等于基点的速度与该点随图形绕基点转动速度的矢量和。

应用式(4－34)分析求解平面图形上点的速度问题的方法称为速度基点法，又叫做速度合成法。式(4－34)中共有三个矢量，各有大小和方向两个要素，总计六个要素，要使问题可解，一般应有四个要素是已知的。考虑到相对速度 $\boldsymbol{v}_{BA}$ 的方向必定垂直于连线 BA，于是只需再知道任何其他三个要素，即可解得剩余的两个未知量。

2. 速度投影法

在求平面图形上点的速度时，常常应用式(4－34)在 A、B 两点连线上的投影式。

已知平面图形 S 内任意两点 A、B 的速度，如图 4－31 所示。将式(4－34)投影到 AB 连线上，并注意到 $\boldsymbol{v}_{BA}$ 垂直于 AB，在 AB 连线上的投影为零，则可得 $\boldsymbol{v}_B$ 在连线 AB 上的投

影$(\boldsymbol{v}_B)_{AB}$等于$\boldsymbol{v}_A$在连线AB上的投影$(\boldsymbol{v}_A)_{AB}$，即

$$(\boldsymbol{v}_A)_{AB} = (\boldsymbol{v}_B)_{AB} \tag{4-35}$$

即得速度投影定理：平面图形S内任意两点的速度在两点连线上的投影相等。

式(4－34)和式(4－35)反映刚体上各点的速度关系。一般情况下，刚体上各点的速度是不相等的，它们相差的是相对基点转动的速度，这说明选不同的点作为基点时，平面图形S随基点平动的速度与基点的选择是有关的。

速度投影定理反映了刚体不变形的特性。因刚体上任意两点间的距离应保持不变，所以刚体上任意两点的速度在这两点连线上的投影应该相等，否则，这两点间的距离不是伸长，就是缩短，这将与刚体的性质相矛盾。因此，速度投影定理不仅适用于刚体做平面运动，而且也适用于刚体的一般运动。

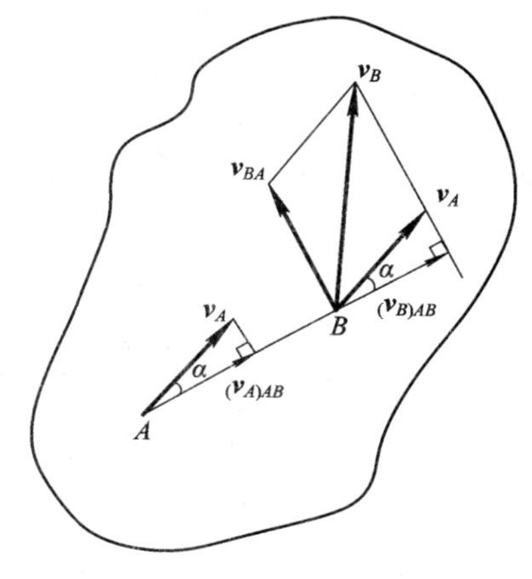

图 4－31　速度投影法

【例 4－9】　如图 4－32 (a)所示，连杆A、B分别在相互垂直的滑槽中滑动，连杆AB的长度为$l=20$ cm，在图示瞬时，$v_A=20$ cm/s，水平向左，连杆AB与水平线的夹角为$\varphi=30°$，试求滑块B的速度和连杆AB的角速度。

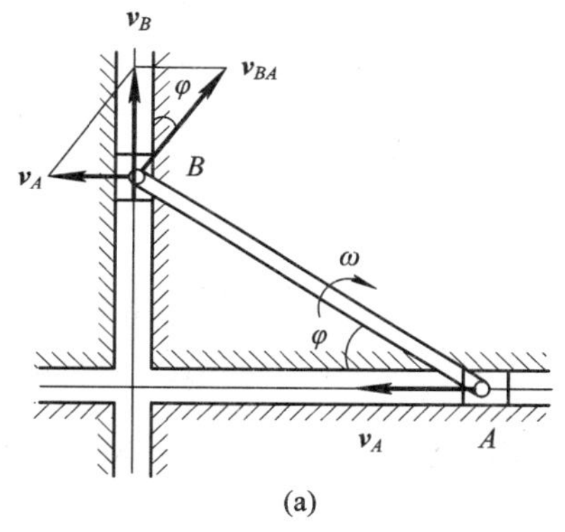

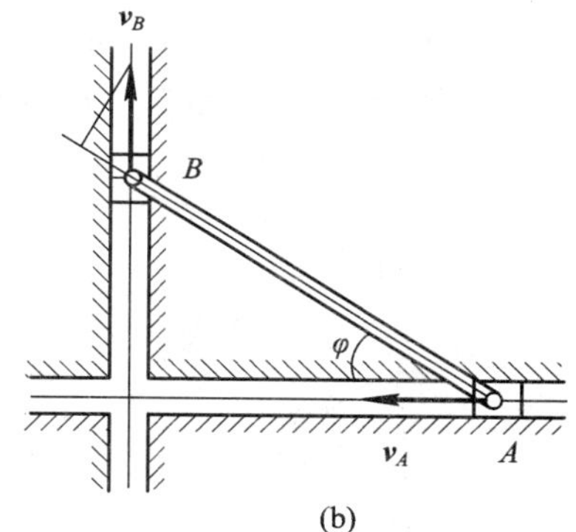

图 4－32　滑槽机构

解　连杆AB做平面运动，因滑块A的速度是已知的，故选点A为基点，由式(4－34)得滑块B的速度为

$$\boldsymbol{v}_B = \boldsymbol{v}_A + \boldsymbol{v}_{BA}$$

上式中有三个大小和三个方向，共六个要素，其中$\boldsymbol{v}_B$的方位是已知的，$\boldsymbol{v}_B$的大小是未知的，$\boldsymbol{v}_A$的大小和方位是已知的，点B相对于基点转动的速度$\boldsymbol{v}_{BA}$的大小是未知的，$v_{BA}=\omega AB$，方位是已知的，垂直于连杆AB。在点B处作速度的平行四边形，应使$\boldsymbol{v}_B$位于平行四边形对角线的位置，如图 4－32 (a)所示。由图中的几何关系得

$$v_B = \frac{v_A}{\tan\varphi} = \frac{20}{\tan 30°} = 34.6\ \text{cm/s}$$

$\boldsymbol{v}_B$的方向垂直向上。

点B相对基点转动的速度为

$$v_{BA} = \frac{v_A}{\sin\varphi} = \frac{20}{\sin 30^\circ} = 40 \text{ cm/s}$$

则连杆 AB 的角速度为

$$\omega = \frac{v_{BA}}{l} = \frac{40}{20} = 2 \text{ rad/s}$$

转向为顺时针。

本题若采用速度投影法，可以快速求出滑块 B 的速度。如图 4－32(b)所示，由式(4－35)有

$$(\boldsymbol{v}_A)_{AB} = (\boldsymbol{v}_B)_{AB}$$

即

$$v_A \cos\varphi = v_B \sin\varphi$$

则

$$v_B = \frac{\cos\varphi}{\sin\varphi} v_A = \frac{v_A}{\tan\varphi} = \frac{20}{\tan 30^\circ} = 34.6 \text{ cm/s}$$

3. 瞬心法

对式(4－34)作进一步分析，若所选取基点的速度恰好是零，则得到 $\boldsymbol{v}_B = \boldsymbol{v}_{BA}$，即平面图形上任一点 B 的速度等于该点绕基点转动的速度，这样就把问题转化为平面图形绕基点作定轴转动，从而使问题大大简化。那么，在任意瞬时平面图形上是否存在速度恰好是零的点呢？若存在，又该如何确定它的位置呢？

如图 4－33 所示，设有一平面图形 S，取图形上的点 A 为基点，它的速度为 $\boldsymbol{v}_A$，图形的角速度为 ω，转向如图所示。图形上任一点 M 的速度由基点法可得

图 4－33　速度瞬心概念图

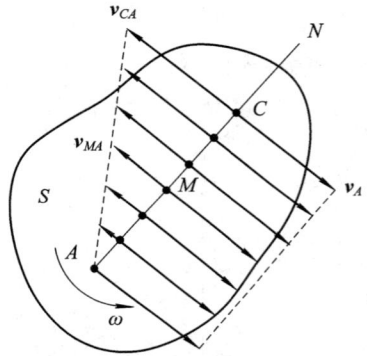

$$\boldsymbol{v}_M = \boldsymbol{v}_A + \boldsymbol{v}_{MA}$$

若在 $\boldsymbol{v}_A$的垂线 AN 上取一点 M，由图中可以看出，$\boldsymbol{v}_A$和 $\boldsymbol{v}_{MA}$在同一直线上，而方向相反，故 $\boldsymbol{v}_M$的大小为

$$v_M = v_A - \omega \cdot AM$$

由上式可知，随着点 M 在垂线 AN 上的位置不同，$\boldsymbol{v}_M$的大小也不同，因此总可以找到一点 C，这点的瞬时速度等于零：

$$v_C = v_A - \omega \cdot AC = 0$$

即

$$v_A = \omega \cdot AC$$

若在不与 $\boldsymbol{v}_A$垂直的任何直线上取一点时，则 M 点的相对速度与牵连速度不可能共线，因而其速度不可能为零。

综上所述，作平面运动的平面图形，在任一瞬时必有且只有一个点的速度为零。这个点称为平面图形的瞬时速度中心，简称瞬心。瞬心可能在平面图形内，也可能在平面图形外。

如果知道以角速度 ω 作平面运动的平面图形的瞬心，则求解平面图形上各点的速度就

比较简单，只需把平面图形看为绕瞬心作定轴转动，运用定轴转动刚体上各点速度的求法进行计算即可。这种利用瞬心求解平面图形上各点速度的方法称为速度瞬心法，简称瞬心法。

显然，确定瞬心的位置是使用瞬心法的关键。确定瞬心位置的方法如下：

（1）当平面图形沿固定面作纯滚动时，瞬心是其接触点，如图 4－34 所示。

（2）若已知平面图形上 A、B 两点速度 $\boldsymbol{v}_A$、$\boldsymbol{v}_B$ 的方向，且方向不同，则瞬心是两点速度垂线的交点，如图 4－35 所示。

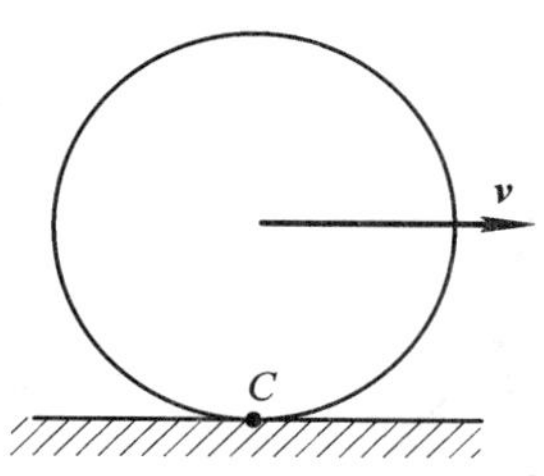

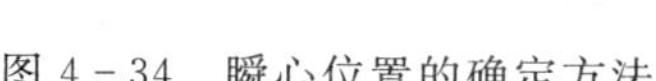
图 4－34　瞬心位置的确定方法

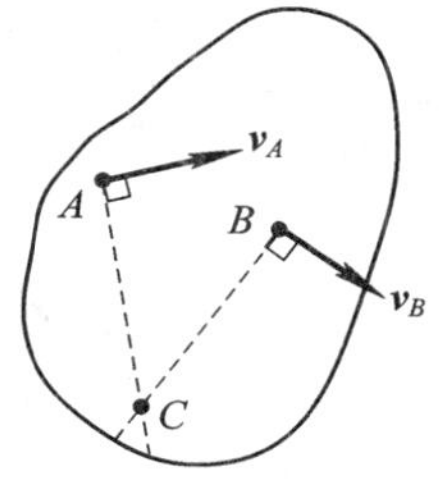

图 4－35　瞬心位置的确定方法

（3）若已知平面图形上 A、B 两点速度 $\boldsymbol{v}_A$、$\boldsymbol{v}_B$ 的大小不等，而方向与 AB 连线垂直，则瞬心是 AB 连线与两速度矢量端点连线的交点，如图 4－36 所示。

（4）若已知平面图形上 A、B 两点速度 $\boldsymbol{v}_A$、$\boldsymbol{v}_B$ 的大小相等，方向也相同，则瞬心在无穷远处。在该瞬时，图形的角速度 ω 为零，如同图形作平动，称为瞬时平动，如图 4－37 所示。

需要指出的是，瞬心在运动过程中不是固定不变的，瞬心在图形上的位置是随时变换的，在不同的瞬时有不同的瞬心。瞬心处只是速度为零，但加速度一般并不为零，因此瞬心不同于固定的转轴，仅在分析速度问题时把过瞬心而与平面图形垂直的一条线视为瞬时的转轴。

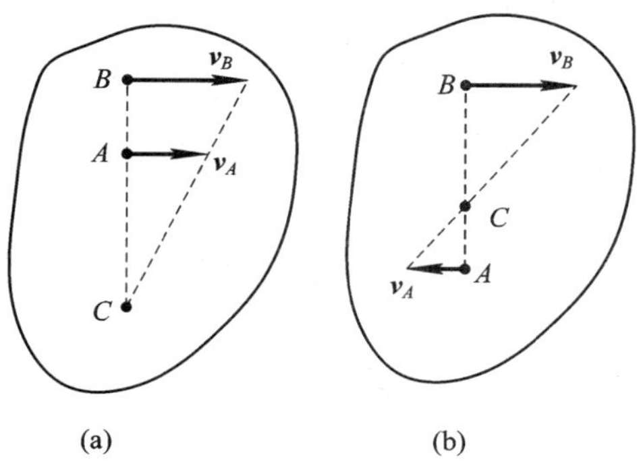

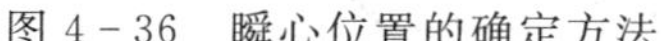
图 4－36　瞬心位置的确定方法

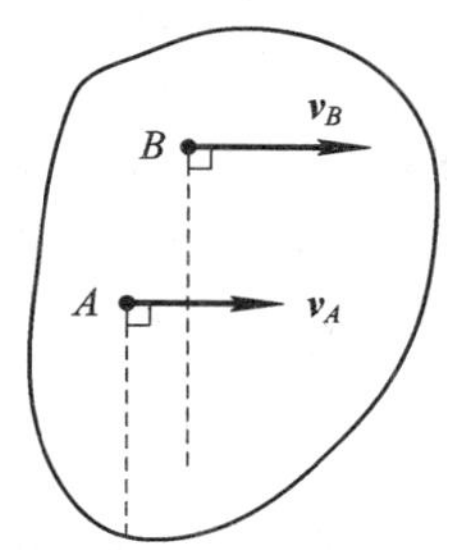

图 4－37　瞬心位置的确定方法

【例 4－10】　如图 4－38 所示，火车以 $v_O=15\ \mathrm{m/s}$ 的速度在直线轨道上匀速行驶，车轮半径 $r=0.4\ \mathrm{m}$，设车轮作纯滚动，求车轮上 A、B、C 和 D 四个点的速度。

解　由于车轮作纯滚动，则车轮在该瞬时与地面的接触点 C 即为瞬心，$v_C=0$。

根据瞬心法，车轮的角速度为

$$\omega=\frac{v_O}{r}=\frac{15}{0.4}=37.5\ \text{rad/s}$$

车轮上 A、B、D 三点的速度分别为

$$v_A=AC\cdot\omega=2r\omega=2\times0.4\times37.5=30\ \text{m/s}$$

$$v_B=BC\cdot\omega=\sqrt{2}r\omega=\sqrt{2}\times0.4\times37.5=21.2\ \text{m/s}$$

$$v_D=DC\cdot\omega=\sqrt{2}r\omega=\sqrt{2}\times0.4\times37.5=21.2\ \text{m/s}$$

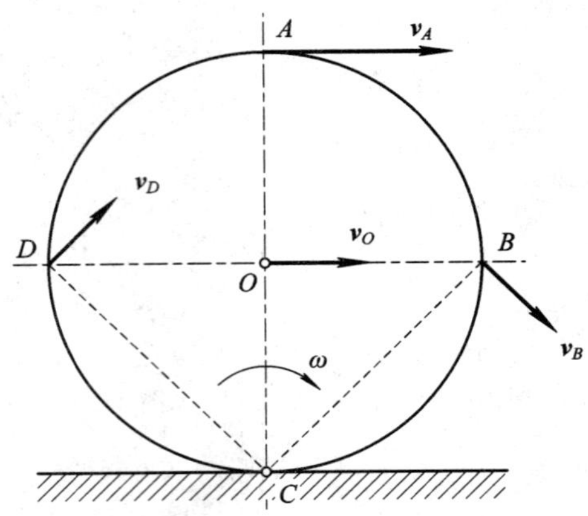

图 4-38 车轮上点的速度分析

思 考 题

4-1 切向加速度和法向加速度的物理意义是什么？在运动过程中，若动点的切向加速度和法向加速度为下列四种情况：

(1) $a_\tau=0$，$a_n=0$；

(2) $a_\tau\neq0$，$a_n=0$；

(3) $a_\tau=0$，$a_n\neq0$；

(4) $a_\tau\neq0$，$a_n\neq0$。

问动点作何种运动？

4-2 试指出题图 4-1 中所示的点作曲线运动时，哪些是加速运动？哪些是减速运动？又有哪些是不可能实现的运动？

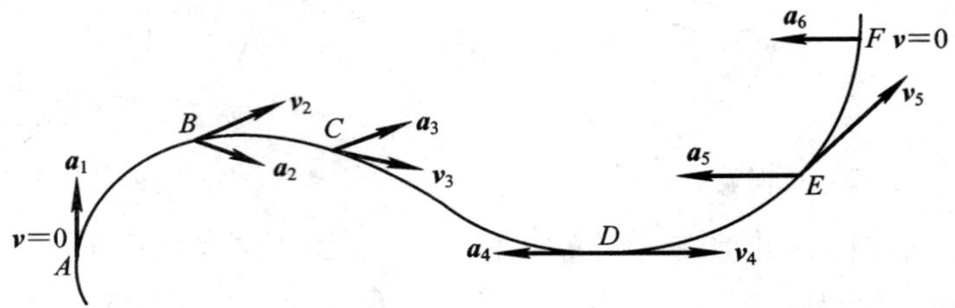

题图 4-1

4－3　点作直线运动，某瞬时其速度 $v=2$ m/s，此时它的加速度是否为 $a=(\mathrm{d}v)/(\mathrm{d}t)=0$？为什么？若其速度为 0，其加速度是否为零？

4－4　用绳吊一重物，使其上点 P 沿一圆周运动，试问重物的运动是平动还是转动？

4－5　刚体绕定轴转动时，转轴是否一定通过物体本身？汽车在十字路口的圆形环行路上行驶时，车厢的运动是平动还是转动？

4－6　为什么平面运动刚体的转动角速度与基点的选择无关？为什么它的平动速度与基点选择有关？

4－7　如题图 4－2 所示，悬挂重物的绳绕在鼓轮上，设轮上点 A 和绳上点 B 在切点接触。当重物上升时，点 A 和 B 的加速度是否一样？当重物下降时，点 A、B 的加速度又是否相同？

4－8　判断题图 4－3 所示各平面图形上各点速度的分布是否可能？

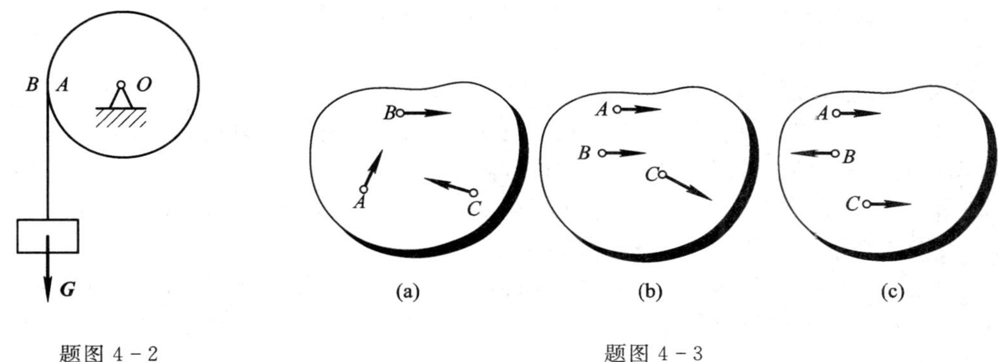

题图 4－2　　　　题图 4－3

4－9　如题图 4－4 所示为四连杆机构，在某瞬时 A、B 两点的速度大小相同，方向也相同。试问 AB 板的运动是否为平动？

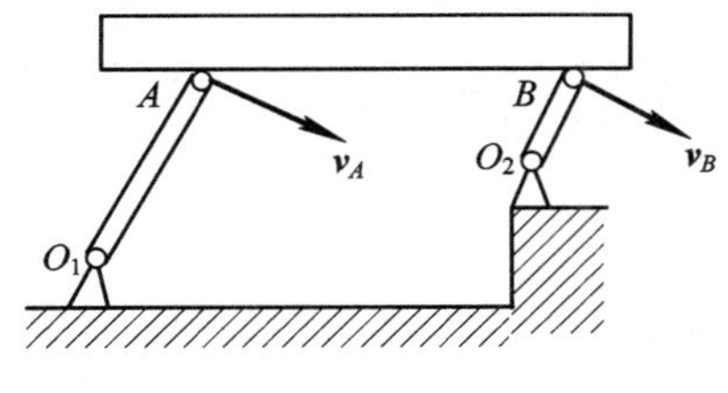

题图 4－4

习　　题

4－1　如习题 4－1 图所示，一人在岸上自 O 点出发以匀速 $\boldsymbol{v}_0$ 拉着在静水中的船向前行走。高 $OM_0=l$，人、绳子、船均在同一铅垂面内运动，且水平段绳子距水面高度为 h。试列出小船的运动方程，并求出小船的速度。

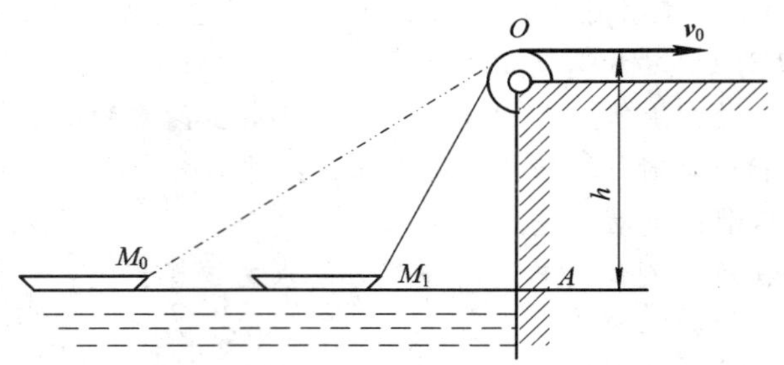

习题 4-1 图

4-2 点作直线运动，其运动方程为 $s=40+2t+0.5t^2$（s 以 m 计，t 以 s 计）。试求经过 10 s 时的速度与加速度的大小及所经过的路程。

4-3 列车作直线运动，制动后，列车的运动方程 $s=16t-0.2t^2$（s 以 m 计，t 以 s 计）。试求制动开始时的速度、加速度、制动时间及停车前运动的距离。

4-4 点的运动方程为 $x=10t^2$，$y=7.5t^2$（x、y 以 cm 计，t 以 s 计）。试求 $t=4$ s 时点的速度、加速度的大小和方向。

4-5 飞轮以 $n=210$ r/min 转动，截断电流后，飞轮作匀减速转动，经 264 s 停止。试求飞轮的角速度和停止之前所转过的转数。

4-6 刚体作定轴转动，其转动方程为 $\varphi=t^3$（φ 的单位为 rad，t 的单位为 s）。试求 $t=$ 2 s 时刚体转过的圈数、角速度和角加速度。

4-7 习题 4-7 图所示为固结在一起的两滑轮，其半径分别为 $r=5$ cm，$R=10$ cm，A、B 两物体与滑轮以绳相连，设物体 A 以运动方程 $s=80\ t^2$ 向下运动（s 以 m 计，t 以 s 计）。试求：

（1）滑轮的转动方程及第 2 s 末大滑轮轮缘上一点的速度、加速度。

（2）物体 B 的运动方程。

4-8 如习题 4-8 图所示，电动绞车由带轮Ⅰ、Ⅱ和鼓轮Ⅲ组成，鼓轮Ⅲ与带轮Ⅱ固定在同一轴上，各轮的半径分别为 $R_1=30$ cm，$R_2=75$ cm，$R_3=40$ cm，轮Ⅰ的转速 $n_1=$ 100 r/min。设带轮与胶带间无相对滑动，求重物 **G** 上升速度及胶带 A、B、G、D 各点的加速度。

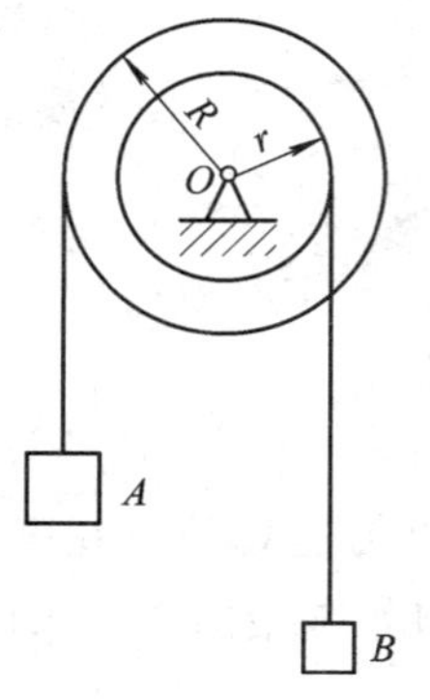

习题 4-7 图

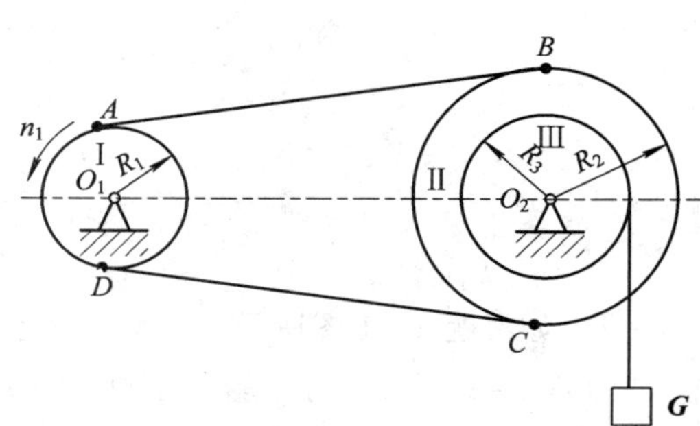

习题 4-8 图

4-9　如习题 4-9 图所示，河岸相互平行，一船以匀速 v_0 由 A 点向对岸垂直行驶，经 10 min 到达对岸。由于水流影响，这时船到达 A 点下游 120 m 处的 C 点。为使船从 A 点到达 B 点，船应逆流并与 AB 成某一角度的方向行驶，在此情况下，船经 12.5 min 到达对岸 B 点，求河宽 l、船对水的相对速度及水流的速度。

4-10　如习题 4-10 图所示，曲柄滑槽机构中，曲柄 $OA=10$ cm，绕轴 O 转动，$\angle AOB=30°$，角速度 $\omega=1$ rad/s，角加速度 $a=1$ rad/s^2，方向如图所示。求此时滑槽的加速度。

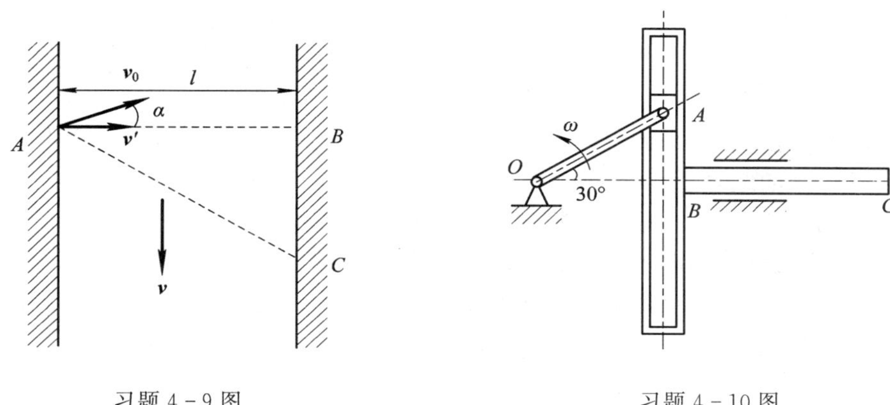

习题 4-9 图　　习题 4-10 图

4-11　习题 4-11 图所示的盘状凸轮机构中，凸轮的半径 $R=80$ mm，偏心距 $OO_1=e=25$ mm。若凸轮的角速度 $\omega=0.5$ rad/s，角加速度 $a=0$，试求在图示位置时推杆 AB 上升的速度。

4-12　如习题 4-12 所示，椭圆规尺 AB 由曲柄 OC 带动，曲柄以角速度 $\omega=2$ rad/s 绕 O 轴转动。已知 $OC=BC=AC=0.12$ m，求当 $\varphi=45°$时 A 点与 B 点的速度。

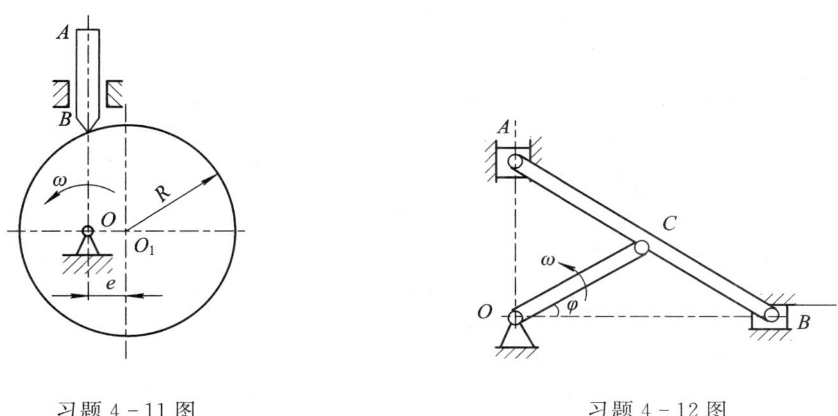

习题 4-11 图　　习题 4-12 图

4-13　偏置曲柄滑块机构如习题 4-13 图所示，曲柄以角速度 $\omega=1.5$ rad/s 绕 O 轴转动。若已知 $OA=0.4$ m，$AB=2$ m，$OC=0.2$ m，求当曲柄在两水平和铅直位置时滑块 B 的速度。

4-14　平面机构如习题 4-14 图所示，曲柄 $OA=25$ cm，以角速度 $\omega=8$ rad/s 转动。已知 $DE=100$ cm，$AC=BC$，求图示位置$\angle CDE=90°$，$\angle ACD=45°$时，DE 杆的角速度。

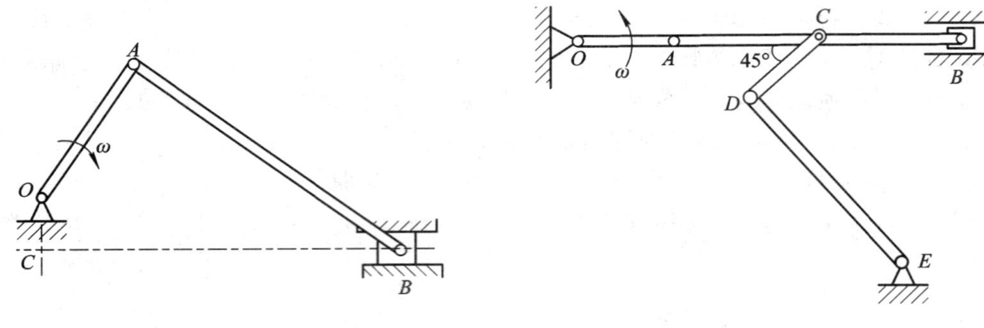

习题 4－13 图　　　习题 4－14 图

4－15　如习题 4－15 图所示，半径 r＝80 cm 的轮子在速度 v＝2 m/s 的水平传送带上反向滚动，站在地面上的人测得轮子中心 C 点的速度 v_C＝ 6 m/s，其方向向右。求 θ＝30°的轮缘上一点 P 的绝对速度。

4－16　如习题 4－16 图所示，圆轮 O 在地面上作纯滚动，通过杆 AB 带动套筒 A 在铅垂杆上滑动，几何尺寸如图所示。当轮心 O 与 B 的连线水平时，轮心速度 v_O＝120 cm/s，a＝0，y＝175 mm。求此时套筒 A 的速度。

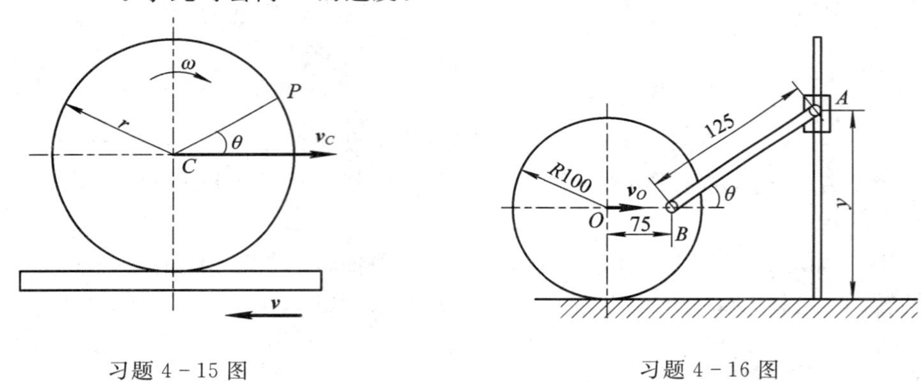

习题 4－15 图　　　习题 4－16 图

4－17　如图所示，自行车的驱动轮盘 A 的直径比飞轮 B 的直径大一倍。飞轮 B 与后轮共轴，与后轮具有相同的角速度，前后轮直径 d＝70 cm，轮前进时均作纯滚动。如自行车以 v＝4 m/s 的速度行驶，试求轮盘 A 的角速度 ω_A应为多少？转速 n_A又应为多少？

习题 4－17 图

第 5 章　动　力　学

动力学是研究物体机械运动状态变化与作用力关系的科学，它研究物体机械运动最一般、最普遍的规律。在动力学中通常将物体抽象为质点、质点系及刚体。本章主要研究质点、质点系及刚体的动力学问题。

5.1　质点动力学基础

质点是物体最简单、最基本的模型，是构成复杂物体的基础。质点动力学基本方程给出了质点受力与其运动变化之间的关系。

5.1.1　动力学基本定律

动力学基本定律是牛顿在总结前人，特别是在总结伽利略研究成果的基础上提出来的，是研究物体宏观机械运动规律和揭示物体受力与运动变化之间关系的理论依据。

1. 牛顿第一定律(惯性定律)

牛顿第一定律：质点如不受力或受平衡力作用，将保持静止或匀速直线运动状态。

此定律定性地表明了力与运动之间的关系，即力是改变质点运动状态的根本原因。不受力作用或受平衡力作用的质点，不是处于静止状态，就是保持其原有的匀速直线运动状态。质点的这种保持其原有运动状态不变的固有属性称为惯性。由于牛顿第一定律阐述了质点作惯性运动的条件，所以该定律又称为惯性定律，而匀速直线运动亦即惯性运动。

在生产和生活经常遇到物体惯性的表现。比如，汽车突然启动时，站在车中的人有向后倾的趋势，原因是要保持原有的静止状态；突然刹车时，人有向前倾的趋势，原因是要保持原有的运动状态。

2. 牛顿第二定律(力与加速度关系定律)

牛顿定二定律：质点受力作用将产生加速度，其方向与力的方向相同，大小与力的大小成正比，而与质点的质量成反比，即：

$$\boldsymbol{F} = m\boldsymbol{a} \quad 或 \quad \boldsymbol{a} = \frac{\boldsymbol{F}}{m} \tag{5-1}$$

式中，$\boldsymbol{F}$ 表示质点所受的力，m 表示质点的质量，$\boldsymbol{a}$ 表示质点在力 $\boldsymbol{F}$ 作用下产生的加速度。该表达式又称质点动力学基本方程。这一基本方程定性、定量地表明了质点受力与运动之间存在如下关系：

(1) 质点受力与其加速度的瞬时性。如果质点在某瞬时受外力 $\boldsymbol{F}$ 作月，那么在该瞬时质点必有确定的加速度 $\boldsymbol{a}$。若外力 $\boldsymbol{F}$ 为零，则加速度 $\boldsymbol{a}$ 必为零，质点作惯性运动。

(2) 作用于质点的外力的方向与加速度方向的一致性。也就是说，无论质点的运动方向如何，其加速度的方向始终与外力的方向相同。

(3) 质量是质点惯性大小的度量。在相同的外力作用下，质量大的质点产生的加速度小，质点保持原有运动状态的能力强，质点的惯性大；反之，质点的惯性小。

在地球表面，任何物体都受到重力的作用。在重力 $\boldsymbol{G}$ 作用下得到的加速度称为重力加速度，用 $\boldsymbol{g}$ 表示，其方向向下，与重力的方向相同。由牛顿第二定律有

$$\boldsymbol{G} = m\boldsymbol{g} \quad \text{或} \quad m = \frac{\boldsymbol{G}}{\boldsymbol{g}} \tag{5-2}$$

按国际计量委员会规定的标准，重力加速度 $\boldsymbol{g}$ 的数值为 $9.806\ 65\ \mathrm{m/s^2}$。实际上在地球表面的不同地区，$\boldsymbol{g}$ 的数值略有变化，故在计算中常取其平均值，即 $g = 9.8\ \mathrm{m/s^2}$。

在国际单位制(SI)中，长度、时间和质量是基本单位，分别是米(m)、秒(s)，千克(kg)，力的单位是牛或牛顿(N)，是导出单位，由 $F=ma$ 导出。其关系为

$$1\ \mathrm{N} = 1\ \mathrm{kg} \times 1\ \mathrm{m/s^2}$$

3. 牛顿第三定律(作用和反作用定律)

牛顿第三定律：两个物体相互作用的作用力和反作用力，总是大小相等，方向相反，沿着同一直线，并分别作用在这两个物体上。

这一定律也属静力学公理之一，它既适用于平衡物体，也适用于不平衡的物体。

注意：以上所述的牛顿三定律仅适用于惯性参考系。在一般工程实际问题中，常取与地球表面相固定的坐标系或相对于地面作匀速直线平动的坐标系为惯性参考系。

5.1.2 质点动力学基本方程及应用

1. 质点动力学基本方程

牛顿第二定律建立了质点的加速度与作用力的关系。当质量为 m 的质点 M 受到几个力 $\boldsymbol{F}_1$，$\boldsymbol{F}_2$，…，$\boldsymbol{F}_n$ 作用时，其合力 $\boldsymbol{F}_{\mathrm{R}} = \sum \boldsymbol{F}_i$，如图 5-1 所示。式(5-1)应写成

$$m\boldsymbol{a} = \boldsymbol{F}_{\mathrm{R}} = \sum \boldsymbol{F}_i \tag{5-3}$$

这就是矢量形式的质点运动微分方程。但在解决工程实际问题时，常用投影形式的运动微分方程。质点的投影式运动微分方程有以下两种。

1) *直角坐标形式的运动微分方程*

质量为 m 的质点 M 在力系 $\boldsymbol{F}_1$，$\boldsymbol{F}_2$，…，$\boldsymbol{F}_n$ 作用下作曲线运动，其加速度为 $\boldsymbol{a}$，建立直角坐标系 $Oxyz$(见图 5-1)，将式(5-3)向直角坐标轴上投影，即得直角坐标形式的质点运动微分方程：

$$\left\{\begin{aligned} \sum F_x &= ma_x = m\frac{\mathrm{d}^2 x}{\mathrm{d}t^2} \\ \sum F_y &= ma_y = m\frac{\mathrm{d}^2 y}{\mathrm{d}t^2} \\ \sum F_z &= ma_z = m\frac{\mathrm{d}^2 z}{\mathrm{d}t^2} \end{aligned}\right. \tag{5-4}$$

式中，$\sum F_x$、$\sum F_y$、$\sum F_z$ 是作用于质点上各力的合力 $\boldsymbol{F}_{\mathrm{R}}$ 在直角坐标系 $Oxyz$ 各轴上的投影；a_x、a_y、a_z 是质点加速度 $\boldsymbol{a}$ 在直角坐标 $Oxyz$ 各轴上的投影；x、y、z 是质点在直角坐标系 $Oxyz$ 中的相应坐标。

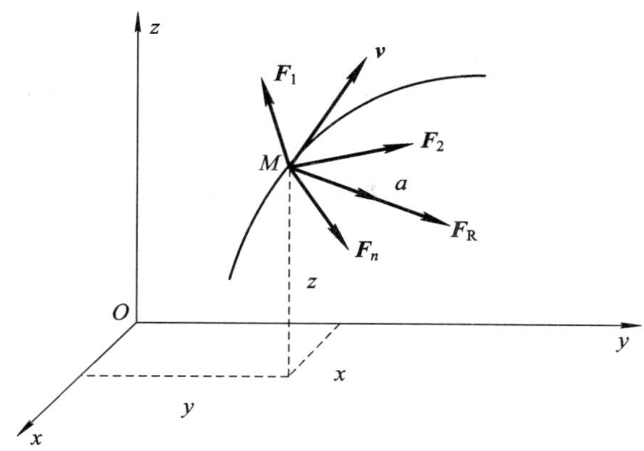

图 5-1 直角坐标中质点在力系作用下的运动

2）自然坐标形式的质点运动微分方程

如图 5-2 所示，设质量为 m 的质点 M 在力系 $\boldsymbol{F}_1$，$\boldsymbol{F}_2$，…，$\boldsymbol{F}_n$作用下以加速度为 $\boldsymbol{a}$ 作平面曲线运动，现过质点 M 建立自然坐标系 $Mn\tau$，将式(5-3)向自然坐标系各轴投影，即得自然坐标形式的质点运动微分方程：

$$\begin{cases} \sum F_\tau = ma_\tau = m\dfrac{\mathrm{d}^2 s}{\mathrm{d}t^2} \\ \sum F_n = ma_n = m\dfrac{v^2}{\rho} \end{cases} \tag{5-5}$$

式中，$\sum F_\tau$、$\sum F_n$ 是作用于质点上各力的合力 $\boldsymbol{F}_\mathrm{R}$在自然坐标轴 $M\tau$ 和 Mn 上的投影；a_τ、a_n分别是质点的切向与法向加速度在自然坐标轴 $M\tau$ 和 Mn 上的投影；S 是质点沿已知轨迹的弧坐标；ρ 是质点运动轨迹曲线在点 M 处的曲率半径。

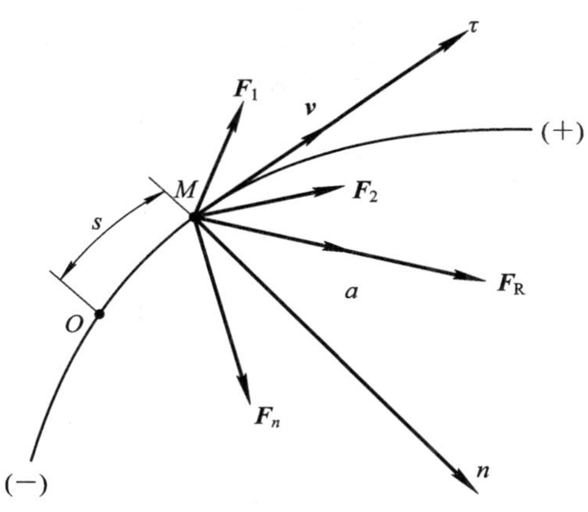

图 5-2 自然坐标中质点在力系作用下的运动

2. 质点动力学基本方程的应用

应用质点动力学基本方程可求解质点动力学的两类基本问题：

(1) 已知质点的运动，求作用于质点的力。

(2) 已知作用于质点的力，求质点的运动。

现举例说明两类基本问题的求解方法与步骤。

1）第一类问题：已知运动求力

【例 5-1】 升降台以匀加速 $\boldsymbol{a}$ 上升，台面上放置一重量为 $\boldsymbol{G}$ 的物体，如图 5-3(a)所示，求重物对台面的压力。

解 取重物为研究对象，把它视为质点，对其进行受力分析，其上作用有 $\boldsymbol{G}$ 和 $\boldsymbol{F}_N$，如图 5-3(b)所示。选坐标轴 x，列质点运动微分方程：

$$F_N - G = \frac{G}{g}a$$

故

$$F_N = G\left(1 + \frac{a}{g}\right)$$

由此可见，压力由两部分组成：一部分是重物的重量，是当升降台处于静止或匀速直线运动时台面所受的压力，称为静压力；另一部分等于 Ga/g，它只在重物作加速运动时才发生，称为附加压力。以上两项合称动压力。当动压力大于静压力时，这种现象称为超重。不难看出，当加速度向下时，动压力为

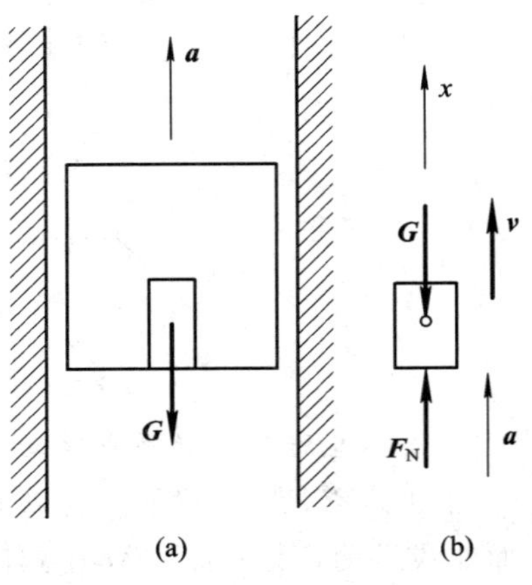

图 5-3　升降台提升重物

$$F_N = G\left(1 - \frac{a}{g}\right)$$

这时动压力小于静压力，这种现象称为失重。超重和失重都是宇宙航行中所需要解决的问题。

【例 5-2】 桥式起重机上的吊车吊着重量为 $\boldsymbol{G}$ 的物体 A，沿桥架以速度 $v_0 = 4$ m/s 作匀速运动，如图 5-4 所示。因故急刹车后，重物由于惯性绕悬挂点 O 向前摆动。已知绳长 $l=3$ m，不计绳的自重，求刹车后绳子的最大拉力。

解 取重物 A 为研究对象，其上作用有重力 $\boldsymbol{G}$ 和绳子的拉力 $\boldsymbol{F}_T$，如图 5-4 所示。吊车急刹车后，重物绕点 O 摆动，其质心轨迹为一段以 O 为圆心、l 为半径的圆弧。选取自然轴系 $An\tau$，由式(5-5)得

$$-G\sin\varphi = \frac{G}{g}\frac{\mathrm{d}v}{\mathrm{d}t} \tag{a}$$

$$F_T - G\cos\varphi = \frac{G}{g}\frac{v^2}{l} \tag{b}$$

由式(b)即得绳子的拉力为

$$F_T = G\left(\cos\varphi + \frac{v^2}{g \cdot l}\right)$$

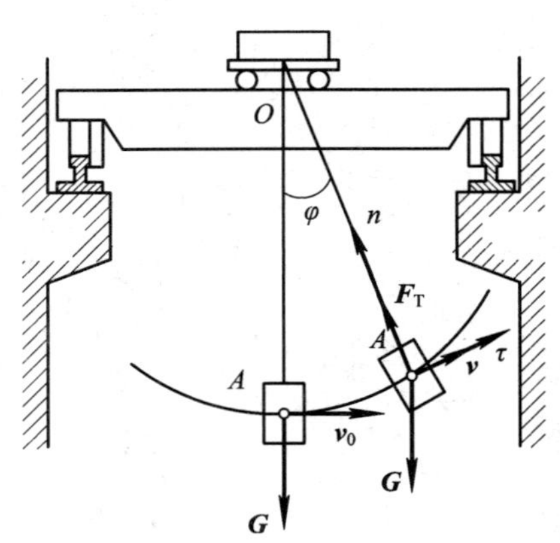

图 5-4　重物的惯性摆动

由式(a)知，重物作减速运动，即摆角 φ 越大，重物的速度愈小。因此当 $\varphi=0$，$v=v_0$时，也就是在刚刹车，重物在铅垂位置时，绳子的拉力最大，其值为

$$F_{T}=G\left(1+\frac{v_0^2}{g\cdot l}\right)=G\left(1+\frac{4^2}{9.8\times 3}\right)=1.54G$$

由上式可见，起重机刚开始刹车的瞬时，钢丝绳的拉力约是重物静平衡时绳的拉力的1.54 倍。因此起重机在运行时，应尽量平稳，且运行速度不能太高，尽量避免急刹车，以确保安全。

2）第二类问题：已知力求运动

【例 5－3】 试求使人造地球卫星绕地球作圆周运动的第一宇宙速度。已知地球半径$R=6370$ km。

解 取人造地球卫星为研究对象，其上只作用有重力 $\boldsymbol{G}$，如图 5－5 所示。由于轨迹已知，选取自然轴系 $Mn\tau$，列法线方向质点运动方程

$$G=m\frac{v^2}{R}$$

$$mg=m\frac{v^2}{R}$$

$$v=\sqrt{gR}=\sqrt{9.8\times 10^{-3}\times 6370}=7.9\ \text{km/s}$$

这就是第一宇宙速度。

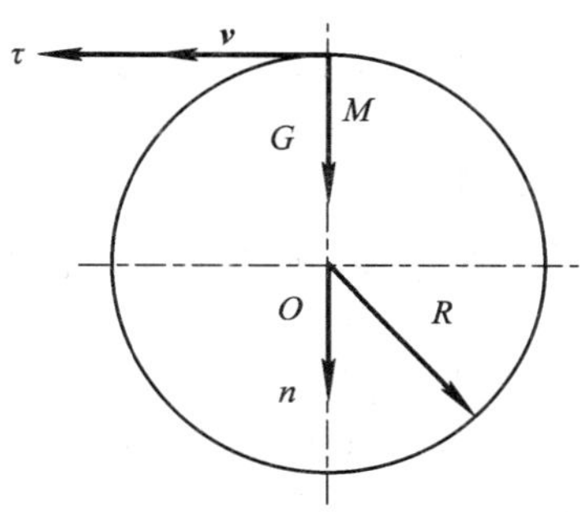

图 5－5 人造卫星的运动速度

【例 5－4】 如图 5－6 所示，液压减振器工作时，活塞在液压缸内作直线运动。若液体对活塞的阻力 $\boldsymbol{F}_R$ 正比于活塞的速度 $\boldsymbol{v}$，即 $F_R=\mu v$，其中 μ 为比例系数，设初始速度为 v_0，试求活塞相对于液压缸的运动规律，并确定液压缸的长度值。

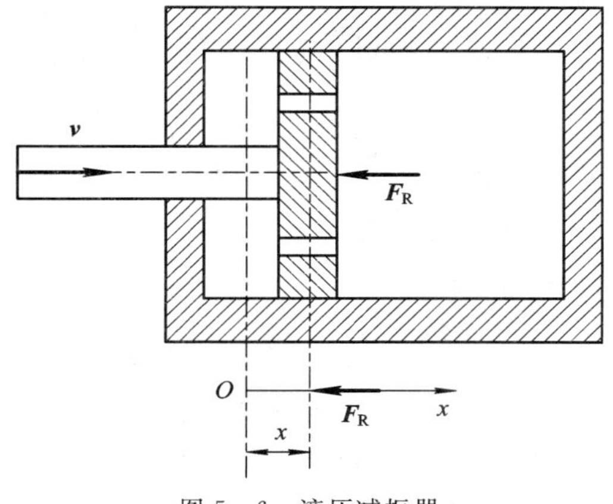

图 5－6 液压减振器

解 取活塞为研究对象，选水平轴 Ox，并取活塞初始位置为原点。活塞在任意位置受到液体阻力为 $F_R=-\mu\dfrac{dx}{dt}$，负号表示阻力方向与速度方向相反。建立质点微分方程：

$$m\frac{d^2x}{dt^2}=-\mu\frac{dx}{dt}$$

$$\frac{dv}{dt}=-\frac{\mu}{m}v$$

$$\frac{1}{v}dv=-\frac{\mu}{m}dt$$

令 $k=\dfrac{\mu}{m}$，对等式两边积分，且当 $t=0$ 时，$v=v_0$，因此

$$\int_{v_0}^{v}\frac{dv}{v}=\int_0^t -k\ dt$$

$$v=v_0e^{-kt}$$

因为

$$dx=v\ dt$$

再次积分，当 $t=0$ 时，$x=0$，则

$$\int_0^x dx=\int_0^t v_0e^{-kt}\ dt$$

$$x=\frac{1}{k}v_0(1-e^{-kt})$$

可见，经过一定时间后，e^{-kt} 趋近于零，活塞的速度也趋近于零。此时 x 趋于最大值：

$$x_{\max}=\frac{m}{\mu}v_0$$

由以上例题可见，对动力学两类基本问题的求解，无论是哪一类，都必须先对质点进行受力分析，分析运动，画受力图，选择适当的坐标系，然后建立相应形式的质点运动微分方程以求解未知量。第二类问题明显要比第一类问题复杂，因为求质点的速度、运动方程等，从数学角度来看，属于解微分方程的问题。在积分时，要根据题意，合理地运用初始条件确定积分常数，以使问题得到确切答案。

5.2 刚体动力学基础

刚体由无数个质点组成，在研究刚体动力学时，可在质点动力学的研究基础上，进行进一步的探讨，且二者有许多相似之处。

5.2.1 平动刚体的动力学方程

平面运动刚体的位置，可由基点的位置和刚体绕基点的转角确定。取质心 C 为基点，如图 5－7 所示，它的坐标为(x_C，y_C)。设 D 为刚体上任一点，CD 与 x 轴的夹角为 φ，则刚体的位置可由 x_C、y_C、φ 确定。刚体的运动分解为随质心的平移和绕质心的转动两部分。

图 5－7 中，$Cx'y'$ 为固连于质心 C 的平移参考系，平面运动刚体相对于此动系的运动

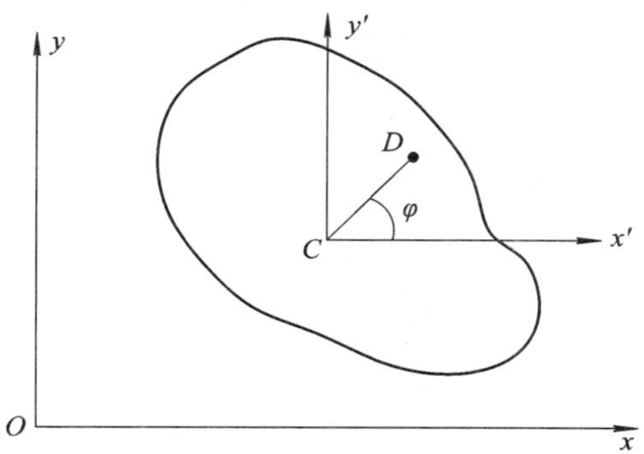

图 5-7　平动刚体

就是绕质心 C 的转动，则刚体对质心的动量矩大小为

$$L_C = J_C\omega \tag{5-6}$$

其中，J_C为刚体对通过质心 C 且与运动平面垂直的轴的转动惯量，ω 为其角速度。

设在刚体上作用的外力可向质心所在的运动平面简化，则应用质心运动定理和刚体相对于质心的动量矩定理，得

$$ma_C = \sum F_i^{(e)}, \quad J_C a = \sum m_C(F_i^{(e)}) \tag{5-7}$$

其中，m 为刚体的质量，a_C为质心的加速度，$a=\dfrac{\mathrm{d}\omega}{\mathrm{d}t}$为刚体的角加速度。

式(5-7)可写成

$$m\frac{\mathrm{d}^2 r_C}{\mathrm{d}t^2} = \sum F_i^{(e)}, \quad J_C\frac{\mathrm{d}^2\varphi}{\mathrm{d}t^2} = \sum m_C(F_i^{(e)}) \tag{5-8}$$

式(5-8)称为平动刚体的动力学方程。

【例 5-5】 半径为 r，质量为 m 的均质圆轮沿水平直线做纯滚动，如图 5-8 所示。设圆轮的惯性半径为 ρ_C，作用在圆轮上的力偶矩为 M。求轮心的加速度。如果圆轮对地面的静摩擦因数为 μ_s，问力偶矩 M 必须符合什么条件才能不致使圆轮滑动？

解　取圆轮为研究对象。作用在圆轮上的外力有重物的重量 mg、地面对圆轮的正压力 $\boldsymbol{F}_N$、滑动摩擦力 $\boldsymbol{F}$，以及作用在圆轮上的力偶矩 M，如图 5-8 所示。根据刚体平面运动微分方程可列出如下三个方程：

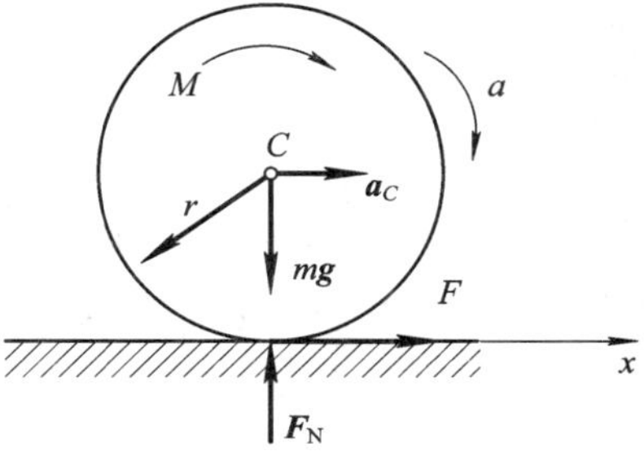

图 5-8　圆轮的平面运动

$$ma_{Cx} = F$$
$$ma_{Cy} = F_N = -mg$$
$$m\rho_C^2 a = M - Fr$$

因为 $a_{Cx}=a_C$，$a_{Cy}=0$，所以根据圆轮滚而不滑的条件，有 $a_C=ra$。联立求解得

$$F = ma_C, \quad F_N = -mg, \quad a_C = \frac{Mr}{m(\rho_C^2 + r^2)}, \quad M = \frac{F(\rho_C^2 + r^2)}{r}$$

欲使圆轮滚而不滑，必须有 $F \leqslant \mu_s F_N = \mu_s mg$，于是圆轮滚而不滑的条件为

$$M \leqslant \mu_s mg \frac{\rho_C^2 + r^2}{r}$$

5.2.2 刚体绕定轴转动的基本方程

刚体在外力 $\boldsymbol{F}_1$，$\boldsymbol{F}_2$，…，$\boldsymbol{F}_n$和轴承约束力 $\boldsymbol{F}_{N1}$、$\boldsymbol{F}_{N2}$作用下绕 z 轴作定轴转动，如图 5－9 所示。已知某瞬时刚体转动的角速度为 ω，角加速度为 a。因刚体由无数个质点组成，故在定轴转动时，除转轴外的各质点均作圆周运动。对于刚体中第 i 个质点，设其质量为 m_i，该质点到转轴的距离为 r_i，切向加速度为 $\boldsymbol{a}_{i\tau}$，法向加速度为 $\boldsymbol{a}_{in}$。若以 $\boldsymbol{F}_i$代表作用于该质点上外力的合力，以 $\boldsymbol{F}_i'$ 代表作用于该质点上内力的合力，则由式(5－5)可得出第 i 个质点的自然坐标形式的质点运动微分方程：

$$F_{i\tau} + F_{i\tau}' = m_i a_{i\tau} = m_i r_i a \qquad \text{(a)}$$

$$F_{in} + F_{in}' = m_i a_{in} = m_i r_i \omega^2 \qquad \text{(b)}$$

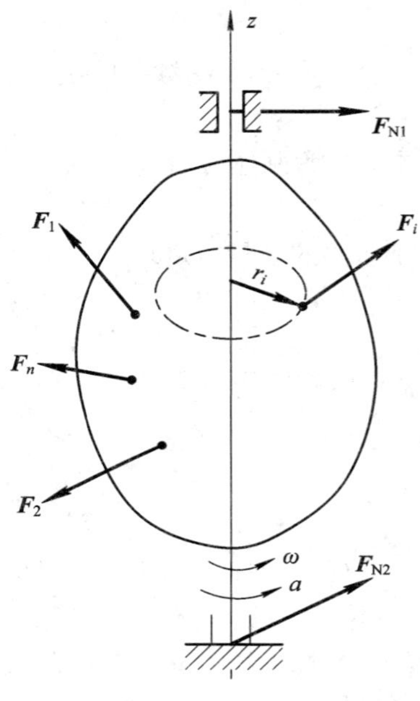

图 5－9　刚体绕定轴转动

因这里研究刚体的转动，故只考虑力矩的作用效应，而法向力总是指向转轴，对转轴的力矩恒为零，只有切向力产生力矩，所以上述式(b)与我们所研究的问题无关，不予考虑。为了分析力矩的作用效应，将式(a)两边均乘以r_i，得

$$F_{i\tau} r_i + F_{i\tau}' r_i = m_i r_i^2 a$$

或

$$M_z(\boldsymbol{F}_{i\tau}) + M(\boldsymbol{F}_{i\tau}') = m_i r_i^2 a$$

对于由 n 个质点组成的刚体，每一个质点均可列出上式，将式子左、右各项求和，得

$$\sum M_z(\boldsymbol{F}_{i\tau}) + \sum M_z(\boldsymbol{F}_{i\tau}') = \sum m_i r_i^2 a$$

因为刚体的内力，即刚体内各质点间的相互作用力总是成对出现的，故 $\sum M_z(\boldsymbol{F}_{i\tau}') = 0$，于是上式即可写为

$$\sum M_z(\boldsymbol{F}_{i\tau}) = \sum M_z(\boldsymbol{F}) = \sum m_i r_i^2 a = a \sum m_i r_i^2$$

令 $J_z = \sum m_i r_i^2$，称为刚体对轴 z 的转动惯量，于是有

$$\sum M_z(\boldsymbol{F}) = J_z a = J_z \frac{\mathrm{d}^2 \varphi}{\mathrm{d}t^2} \qquad (5-9)$$

式(5－9)称为刚体定轴转动微分方程。此式表明：作用于定轴转动刚体上各外力对转轴的矩的代数和，等于刚体对该轴的转动惯量与角加速度的乘积。转动惯量是度量刚体转动惯性大小的一个物理量。

将刚体定轴转动微分方程与质点运动微分方程相比较，可以看出它们的形式是相同的，而且两方程中的各物理量也非常相似。因此，应用它们来求解动力学问题的方法与步骤也有许多共同之处。

5.2.3　刚体的转动惯量

1. 转动惯量

由式(5-9)可以看出，在一定的外力作用下，刚体对转轴 z 的转动惯量越大，它所产生的角加速度越小，即刚体越不容易改变原有的运动状态。反之，刚体对转轴 z 的转动惯量越小，它所产生的角加速度越大，刚体就越容易改变原有的运动状态。这就是说，刚体转动惯量的大小可以反映刚体转动状态改变的难易程度。因此，转动惯量是度量刚体转动大小的一个物理量。

由前面所述可知，刚体对转轴 z 的转动惯量，等于刚体内各质点的质量与质点到转轴距离平方的乘积之和，即

$$J_z = \sum m_i r_i^2 \tag{5-10}$$

由式(5-10)可知，刚体的转动惯量是标量，它的大小取决于刚体的质量大小和质量分布情况，其单位是千克·米^2(kg·m^2)。

在工程实际中，常常根据工作需要来选定转动惯量的大小。例如，为了使一些受冲击的机器，如冲床、剪床、往复式活塞发动机等运行平稳，就在其转轴上安装一个飞轮，并使飞轮的质量大部分集中在轮缘上，如图 5-10 所示。这样飞轮的转动惯量相对要大一些，在机器受到冲击时，角加速度变化就很小，从而使机器的运转比较平稳。相反，在一些要求灵敏度高的仪器、仪表中，对某些零件(如带动指针转动的零件)就应使它的转动惯量尽可能地小。为此这时就可选择密度小的轻金属或塑料等材料来制作这些零件。可见，要解决工程上有关刚体转动的动力学问题，必须正确理解转动惯量的概念，并会计算或测定转动惯量。

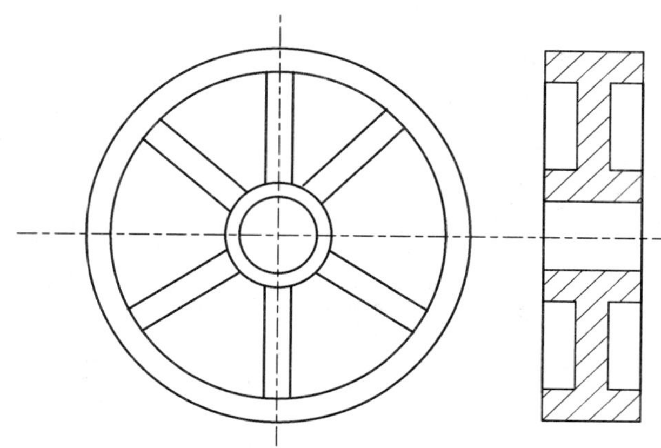

图 5-10　飞轮的质量分布

若定轴转动刚体的质量是连续分布的，则转动惯量的计算公式可写成定积分形式，即

$$J_z = \int_m r^2 \, \mathrm{d}m \tag{5-11}$$

式中，m 表示刚体的总质量，r 表示质量为 dm 的微元到转轴的距离。该式只适用于质量均匀分布且具有规则形状的刚体，否则采用近似方法或通过实验来测定其转动惯量。

2. 简单图形转动惯量的计算

转动惯量可以由式(5－11)计算。对于形状简单、质量分布均匀连续的物体，可用积分法求得。常见的均质物体的转动惯量可通过表 5－1 或手册中查得。

表 5－1　几种均质简单物体的转动惯量

刚体形状	简　　图	转动惯量 J_z	惯性半径 ρ
细直杆	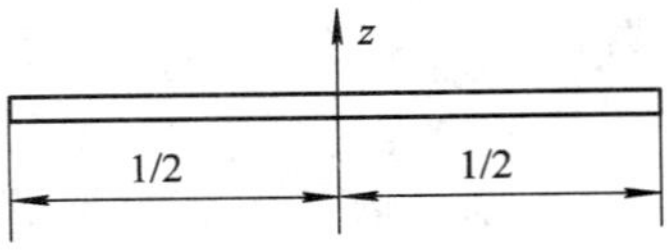	$J_z=\frac{1}{12}ML^2$	$\rho=\frac{L}{2\sqrt{3}}=0.289L$
圆柱或圆盘	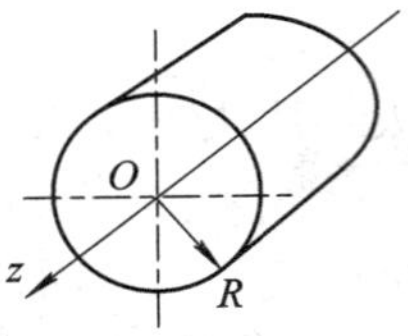	$J_z=\frac{1}{2}MR^2$	$\rho=\frac{R}{\sqrt{2}}=0.707R$
空心圆柱	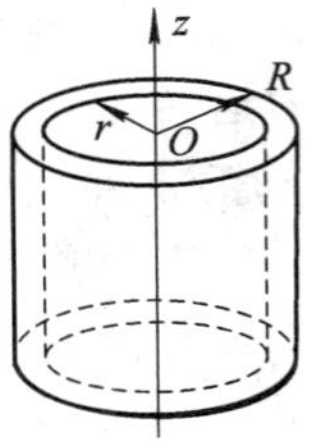	$J_z=\frac{1}{2}M(R^2+r^2)$	$\rho=0.707\sqrt{R^2+r^2}$
细圆环	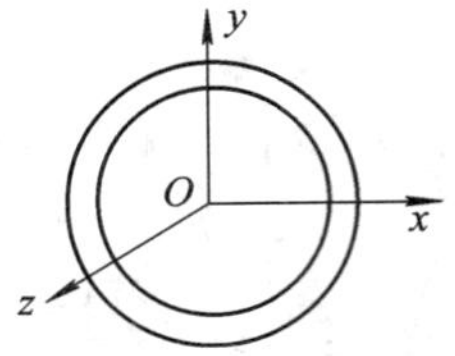	$J_z=MR^2$	$\rho=R$
实心球	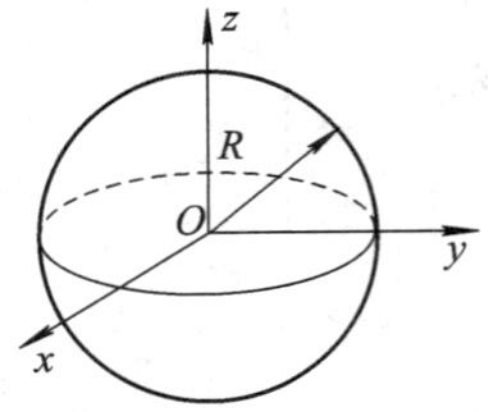	$J_z=\frac{2}{5}MR^2$	$\rho=0.632R$
矩形块	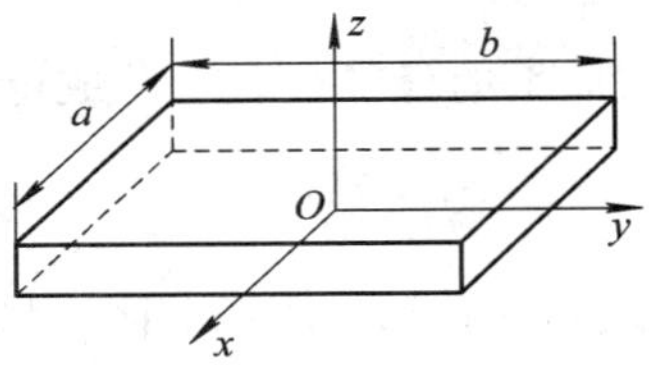	$J_z=\frac{1}{12}M(a^2+b^2)$	$\rho=0.289\sqrt{a^2+b^2}$

3. 惯性半径

工程中为表达和计算方便，常用到惯性半径这一概念。设想刚体的全部质量集中在与轴 z 相距为 ρ 的一质点上，则此质点对轴 z 的转动惯量等于原刚体对同一轴的转动惯量。ρ 称为刚体对该轴的回转(惯性)半径，于是有

$$J_z = m\rho^2 \tag{5-12}$$

应注意的是，回转半径是一个假想的长度，并不是质心到转轴的半径。

4. 平行轴定理

转动惯量在手册中给出的通常是刚体对通过质心轴的转动惯量，工程中有些刚体的转动惯量并不通过刚体的质心，如偏心凸轮的旋转。要计算刚体平行于质心轴的转动惯量，就需要用到平行轴定理。平行轴定理给出了刚体对通过质心轴的转动惯量和与它平行的轴的转动惯量之间的关系。如图 5-11 所示，设刚体质量为 m，对质心轴 z 的转动惯量为 J_z，则对另一与质心轴 z 平行且相距为 d 的轴 z' 的转动惯量为

$$J_{z'} = J_z + md^2 \tag{5-13}$$

平行轴定理：刚体对任意轴的转动惯量，等于刚体对与此轴平行的质心轴的转动惯量加上刚体质量与这两个平行轴间距离的平方之积。

由该定理知，在一组平行轴中，刚体对于通过其质心的轴的转动惯量最小。

例如，均质细直杆质量为 m，长为 l，如图 5-12 所示，$d=l/2$，查表 5-1，得到该杆对质心轴 z 的转动惯量 $J_z=\dfrac{1}{12}ml^2$，通过平行轴定理，可得到该杆对平行于质心轴 z 的轴的 z' 的转动惯量为

$$J_{z'} = J_z + md^2 = \frac{1}{12}ml^2 + m\left(\frac{l}{2}\right)^2 = \frac{1}{3}ml^2$$

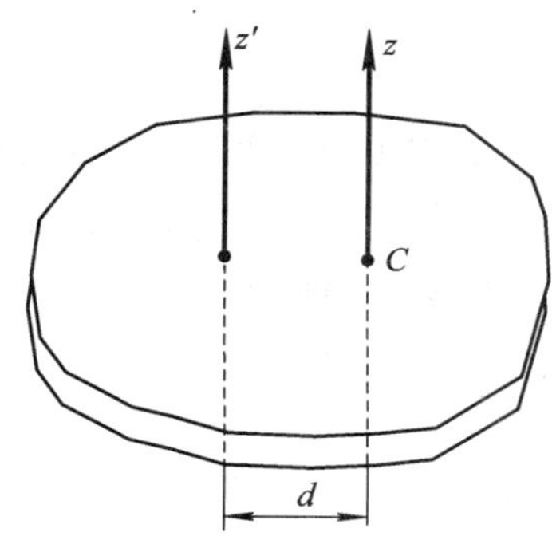

图 5-11　偏心凸轮

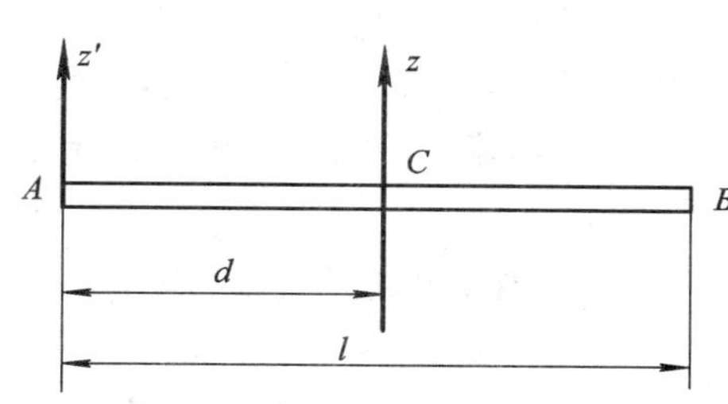

图 5-12　均质细直杆

【例 5-6】 已知飞轮(见图 5-13)的转动惯量 $J=18\times10^3\ \text{kg}\cdot\text{m}^2$，在恒力矩 m 的作用下，由静止开始转动，经过 20 s，飞轮的转速 n 达到 120 r/min。若不计摩擦的影响，试求启动力矩 M。

解　取飞轮为研究对象。由于飞轮在恒力矩 M 的作用下启动，所以角加速度 a 也是常量，即飞轮作匀速转动，经过 20 s，飞轮的角速度为

$$\omega = \frac{\pi n}{30} = \frac{\pi\times120}{30}\ \text{rad/s} = 4\pi\ \text{rad/s}$$

根据匀变速转动的运动规律，得角加速度为

$$\alpha = \frac{\omega - \omega_0}{t} = \frac{4\pi}{20}\ \text{rad/s}^2 = 0.2\pi\ \text{rad/s}^2$$

由式(5-10)，写出飞轮的定轴转动微分方程为

$$M = J\alpha$$

将 J、α 的数据代入上式，得出飞轮的启动力矩为

$$M = 18 \times 10^3 \times 0.2\pi\ \text{N·m} = 1.13 \times 10^4\ \text{N·m} = 11.3\ \text{kN·m}$$

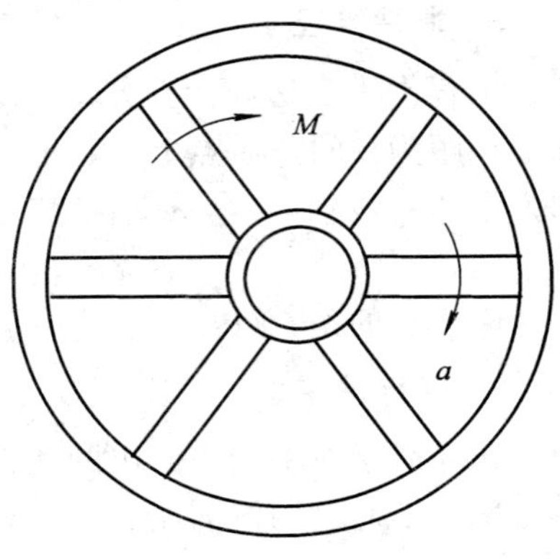

图 5-13 飞轮

【例 5-7】 图 5-14(a)所示为卷扬机的运动简图。被吊重物质量为 m_1，半径为 r 的鼓轮其质量为 m_2，且质量分布在轮缘上。不计吊绳的质量，当作用于鼓轮上的力矩为 M_0时，试求重物的加速度。

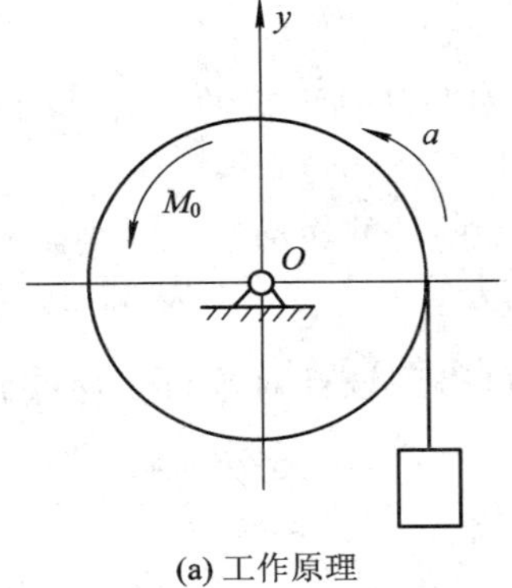

(a) 工作原理

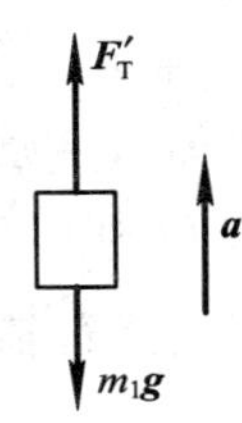

(b) 重物受力

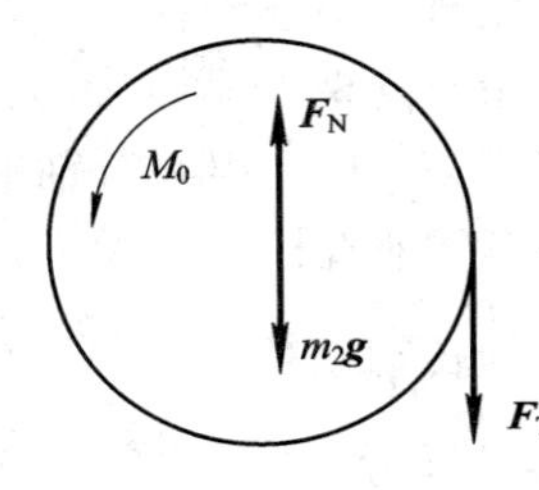

(c) 鼓轮受力

图 5-14 卷扬机

解 分别取重物和鼓轮为研究对象，受力图如图 5-14(b)、(c)所示。在重物和鼓轮组成的物体系统中，重物作直线平动，鼓轮作定轴转动，由运动学知识可知，鼓轮轮缘上任意一点的切向加速度的大小与重物直线运动的加速度大小相等，即

$$a = a_\tau = r\alpha \tag{a}$$

由式(5-10)，列出鼓轮的定轴转动微分方程为

$$M_O - F_T r = J_O\alpha = m_2 r^2 \alpha \tag{b}$$

再由式(5-4)，列出重物的运动微分方程为

$$F'_T - m_1 g = m_1 a \tag{c}$$

解方程(a)、(b)、(c)，即得重物的加速度为

$$a = \frac{M_O - m_1 g r}{(m_1 + m_2) r}$$

5.2.4 刚体绕定轴转动的动力学问题

刚体绕定轴转动的动力分析基本方程，可以解决刚体转动时动力分析的两类基本问题：一类为已知刚体的转动规律，求作用于刚体上的外力矩或外力；另一类为已知作用于

刚体上的外力矩，求转动规律。

1. 第一类问题：已知运动求力

【例 5－8】 如图 5－15 所示，已知飞轮的转动惯量 $J=2\times10^3\ \text{kg}\cdot\text{m}^2$，在一不变力矩 $\boldsymbol{M}$ 的作用下，由静止开始转动，经过 10 s 后，飞轮的转速达到 60 r/min。若不计摩擦的影响，求力矩 M 的大小。

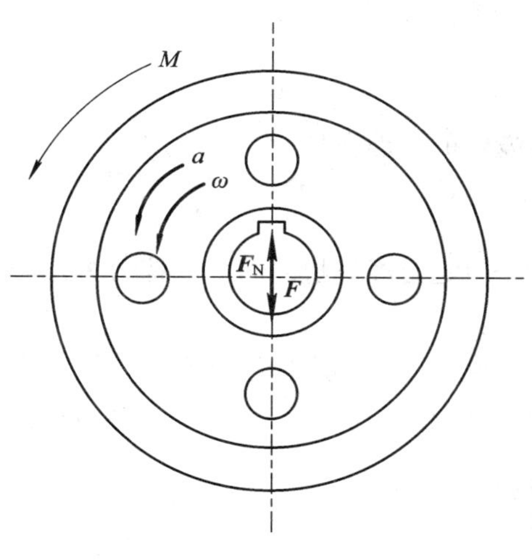

图 5－15　飞轮

解　取飞轮为研究对象，画受力图，如图 5－15 所示。由于力矩 M 为常量，因此飞轮的角加速度 a 也是常量，飞轮作匀变速运动。

根据公式 $M=Ja$，有

$$a=\frac{\omega-\omega_0}{t}=\frac{2\pi}{10}=0.2\pi$$

则

$$M=Ja=2\times10^3\times0.2\pi=1.256\times10^3\ \text{N}\cdot\text{m}$$

2. 第二类问题：已知力求运动

【例 5－9】 如图 5－16 所示，摩擦制动装置的鼓轮质量为 m，半径为 R，以等角速度 ω_0 旋转。在力 $\boldsymbol{F}$ 的作用下，摩擦块 K 对鼓轮施以制动作用。设摩擦块与鼓轮的滑动摩擦因数为 μ。试问需要多少时间才能使鼓轮停止转动(不计摩擦块的厚度)？

解　(1) 选取研究对象，画受力图。分别取制动杆 AB 和鼓轮为研究对象，受力如图 5－16(b)、(c)所示。

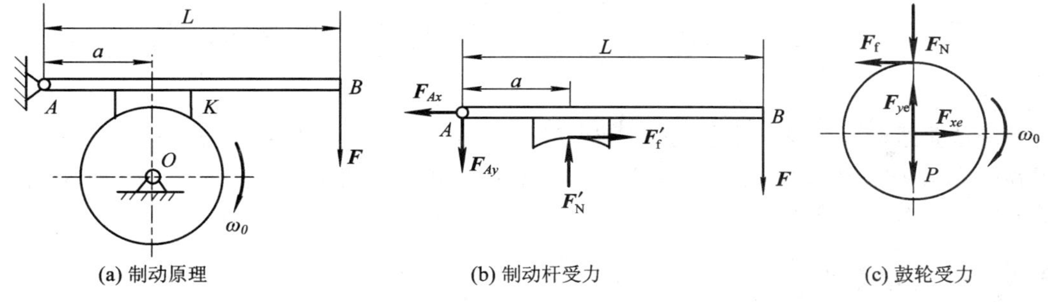

图 5－16　鼓轮的制动

(2) 运动分析。制动杆静止不动，鼓轮绕定轴转动。

(3) 列方程，求未知量。先讨论制动杆 AB。由于其处于平衡状态，因此有

$$\sum M_A=0$$

即

$$\sum M_A=F'_{\text{N}}a-FL=0$$

所以

$$F'_{\text{N}}=\frac{L}{a}F$$

再讨论鼓轮。由于鼓轮绕定轴转动，则有

$$J\frac{d\omega}{dt}=m$$

则鼓轮的转动惯量为

$$J=\frac{1}{2}mR^2$$

鼓轮与摩擦块之间的摩擦力为

$$F_f=\mu F_N$$

鼓轮因摩擦力而所受到的摩擦力矩为

$$M=-F_fR=-\frac{L}{a}\mu RF$$

所以

$$J\frac{d\omega}{dt}=-\frac{L}{a}\mu RF$$

将上式两边积分得

$$\int_{\omega_0}^{0}d\omega=\int_0^t-\frac{L}{Ja}\mu RF\ dt$$

即

$$-\omega_0=-\frac{L}{Ja}\mu RFt$$

则

$$t=\frac{aJ}{L\mu RF}\omega_0=\frac{1}{2}\frac{amR}{L\mu F}\omega_0$$

5.3 动静法——达朗贝尔原理

动静法是求解动力学问题较为简便而有效的一种方法，它的原理是应用静力学研究平衡问题的方法去求解动力学问题。动静法在分析物体运动与力之间的关系和构件的动荷应力等问题中得到了广泛的应用。

5.3.1 惯性力的概念

当物体受到其他物体的作用而引起运动状态发生改变时，由于物体具有保持其原有运动状态不变的惯性，因此对施力物体有反作用力，这种反作用力称为惯性力。

例如，在水平直线轨道上，人用水平推力 $\boldsymbol{F}$ 推动质量为 m 的小车，使小车获得加速度 $\boldsymbol{a}$，如图 5-17 所示，由动力学第二定律知，$\boldsymbol{F}=m\boldsymbol{a}$。同时小车给人手一反作用力 $\boldsymbol{F}_Q$，即为小车的惯性力。由作用力和反作用力定律，有

$$\boldsymbol{F}_Q=-\boldsymbol{F}=-m\boldsymbol{a}$$

又如，质量为 m 的小球，用绳子系住并在水平面内作匀速圆周运动，如图 5-18 所示。小球在绳的拉力 $\boldsymbol{F}_T$ 的作用下，产生向心加速度 $\boldsymbol{a}_n$，同时由于惯性小球给绳以反作用力 $\boldsymbol{F}_{TQ}$，即为小球的惯性力。$\boldsymbol{F}_T$ 称为向心力，$\boldsymbol{F}_{TQ}$ 称为离心力，有

$$F_{TQ}=-F_T=-ma_n$$

式中，负号表示惯性力 F_Q的方向与加速度 a 的方向相反。

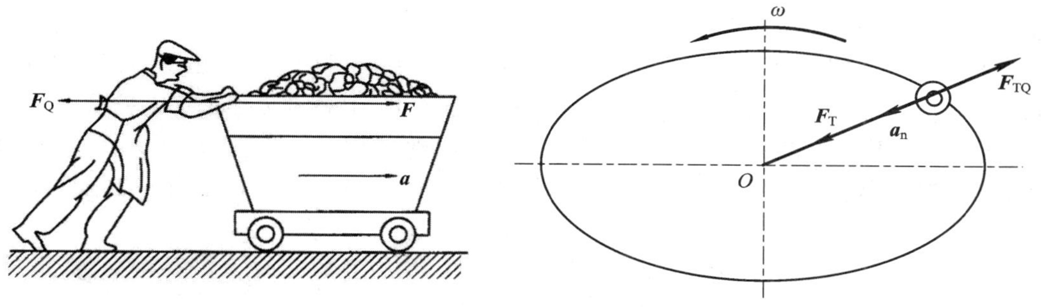

图 5－17 直线运动的惯性力　　　　图 5－18 圆周运动的惯性力

综上所述，当质点受力改变其运动状态时，由于质点的惯性，质点必将给施力体一反作用力，这个反作用力称为质点的惯性力。质点的惯性大小等于质点的质量与加速度的乘积，方向与质点加速度的方向相反，作用在使质点改变运动状态的施力物体上。

通常用 F_Q表示惯性力，则有

$$F_Q=-ma \tag{5-14}$$

5.3.2 质点的动静法

设有一质量为 m 的质点，在主动力 F 和约束力 F_N的作用下，沿轨迹 AB 运动，其加速度为 a，如图 5－19 所示。根据牛顿第二定律，有

$$F+F_N=ma$$

将上式等号右端项移到左端，则有

$$F+F_N+(-ma)=0$$

式中，$-ma$ 即为质点的惯性力，用 F_Q表示，于是

$$F+F_N+F_Q=0 \tag{5-15}$$

可见，若在质点上假想地加上惯性力 F_Q，式(5－15)在形式上就成为一个平衡方程。该平衡方程的含义是：质点运动的每一瞬时，作用于质点上的主动力、约束力以及虚加在质点上的惯性力在形式上组成一平衡力系。这就是质点的达朗贝尔原理。

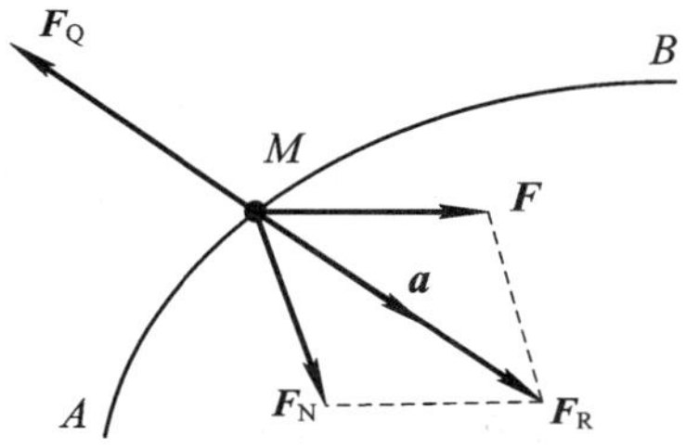

图 5－19 质点的曲线运动

应当强调指出，这里的惯性力 F_Q并不是作用于质点上的真实力，质点也并非受 F、F_N

与 $\boldsymbol{F}_Q$作用而处于平衡状态，式(5－15)表示的只不过是作用于不同的物体上三个力之间的矢量关系，因质点仍处于变速运动状态，故这里的平衡并没有实际的物理意义，它只是借用人们熟知的静力平衡方程来求解动力学问题，而使之便于掌握和应用。这种在变速运动质点上加惯性力，而把动力学问题转化为静力学问题来求解的方法称为动静法。

利用动静法解题时，首先要明确研究对象，分析它所受的力，画出受力图；其次分析它的运动，确定惯性力，并将惯性力虚加在质点上；最后利用静力学平衡方程求解。

【例 5－10】 小物块 A 放在车的斜面上，斜面倾角为 30°，如图 5－20 所示。物块 A 与斜面的摩擦因数 $\mu=0.2$。若车向左加速运动，试问物块不致沿斜面下滑的加速度 $\boldsymbol{a}$。

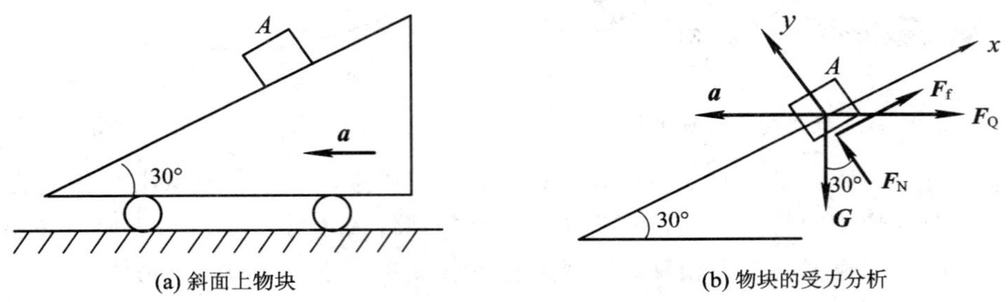

图 5－20　斜面物块的下滑

解　以小物块 A 为研究对象，视其为质点。物块 A 的受力图如图 5－20(b)所示，其上作用有重力 $\boldsymbol{G}$、法向反力 $\boldsymbol{F}_N$和摩擦力 $\boldsymbol{F}_f$。

物块随车以加速度 $\boldsymbol{a}$ 运动时，其惯性力大小 $\boldsymbol{F}_Q=\dfrac{\boldsymbol{G}}{\boldsymbol{g}}\boldsymbol{a}$。将此惯性力以与 $\boldsymbol{a}$ 相反的方向加到物块上。

取直角坐标系，建立平衡方程：

$$\sum F_x=0,\quad F_f+F_Q\cos30^\circ-G\sin30^\circ=0$$

即

$$\mu F_N+\frac{G}{g}a\ \cos30^\circ-G\sin30^\circ=0 \tag{1}$$

$$\sum F_y=0,\quad F_N-F_Q\sin30^\circ-G\cos30^\circ=0$$

即

$$F_N-\frac{G}{g}a\ \sin30^\circ-G\cos30^\circ=0 \tag{2}$$

由式(1)、(2)联立解得

$$a=\frac{\sin30^\circ-\mu\cos30^\circ}{\mu\sin30^\circ+\cos30^\circ}g=3.32\ \mathrm{m/s^2}$$

故欲使物块不沿斜面下滑，必须满足 $a\geqslant3.32\ \mathrm{m/s^2}$。

【例 5－11】 如图 5－21(a)所示，一架飞机以匀加速度 $\boldsymbol{a}$ 沿着与水平线成仰角 β 的方向作直线起飞，此时飞机内挂有一质量为 m 的小球，其悬线与铅垂线成偏角 α。试求此瞬时飞机的加速度 $\boldsymbol{a}$ 与悬线张力 $\boldsymbol{F}_T$。

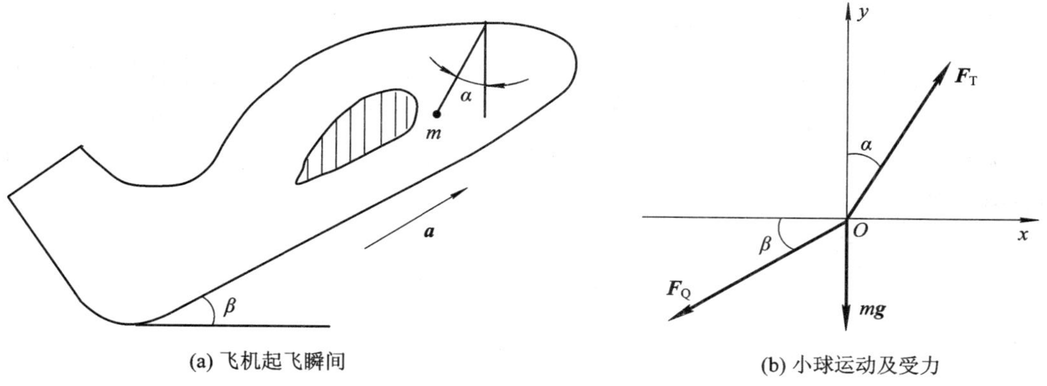

图 5-21　飞机起飞

解　取小球为研究对象，小球具有与飞机相同的加速度 $\boldsymbol{a}$，其惯性力大小为 $F_Q = ma$，方向与加速度 $\boldsymbol{a}$ 的方向相反。这时惯性力 $\boldsymbol{F}_Q$、重力 mg 和绳子的拉力 $\boldsymbol{F}_T$ 在形式上构成平衡力系，如图 5-21(b)所示。取直角坐标系 Oxy，列平衡方程

$$\sum F_x = 0,\quad F_T\sin\alpha - F_Q\cos\beta = 0$$

$$\sum F_y = 0,\quad F_T\cos\alpha - F_Q\sin\beta - mg = 0$$

联立解上述方程组，得飞机的加速度 $\boldsymbol{a}$ 与悬线张力 $\boldsymbol{F}_T$ 的大小为

$$a = \frac{\sin\alpha}{\cos(\alpha+\beta)}g,\quad F_T = \frac{\cos\beta}{\cos(\alpha+\beta)}mg$$

5.3.3　质点系的动静法

设质点系由 n 个质量分别为 m_1，m_2，…，m_n 的质点组成。在任意瞬时，质点系内第 i 个质点 M_i 上所受主动力和约束力的合力分别为 $\boldsymbol{F}_i$ 和 $\boldsymbol{F}_{Ni}$，质点的加速度为 $\boldsymbol{a}_i$，若对该质点虚加上该质点的惯性力 $\boldsymbol{F}_{Qi} = -m_i\boldsymbol{a}_i$，并将质点的达朗贝尔原理应用于质点系中每个质点，则有

$$\boldsymbol{F}_i + \boldsymbol{F}_{Ni} + \boldsymbol{F}_{Qi} = 0\qquad (i = 1, 2, \cdots, n)$$

上式表明：在任意瞬时，质点系中每个质点上真实作用的主动力、约束力和虚加上的惯性力在形式上组成一平衡力系。这就是质点系的达朗贝尔原理。

由此可见，把上述 n 个平衡力系合在一起而构成的任意力系也必然是平衡力系。对于这一假想的平衡力系，可通过任意力系的平衡条件列平衡方程求解。例如，对于平面问题，在直角坐标系中，其相应的平衡方程为

$$\begin{cases} \sum F_{ix} + \sum F_{Nix} + \sum F_{Qix} = 0 \\ \sum F_{iy} + \sum F_{Niy} + \sum F_{Qiy} = 0 \\ \sum M_O(\boldsymbol{F}_i) + \sum M_O(\boldsymbol{F}_{Ni}) + \sum M_O(\boldsymbol{F}_{Qi}) = 0 \end{cases} \tag{5-16}$$

需要说明的是，质点系中的每个质点或一部分质点，乃至整个质点系的主动力，约束力和惯性力都组成的是平衡力系。因质点的内力总是成对的，并且彼此等值反向，所以在以上这些平衡力系的平衡方程中，无论是主动力还是约束力所包含的内力都将自动消去。

5.3.4 刚体惯性力系的简化

用动静法求解刚体动力学问题时，需要对刚体内的每个质点加上它的惯性力，因组成刚体的质点数目有无限多个，故要在每个质点上加惯性力显然不方便。若采用静力学中简化力系的方法将刚体的惯性力系加以简化，则解题就方便多了。下面分别对刚体作平动和绕定轴转动时的惯性力系进行简化。

1. 刚体作平动

刚体作平动时，体内各质点的加速度相同并都等于质心的加速度，即 $a_i = a_C$，如图 5-22(a)所示。

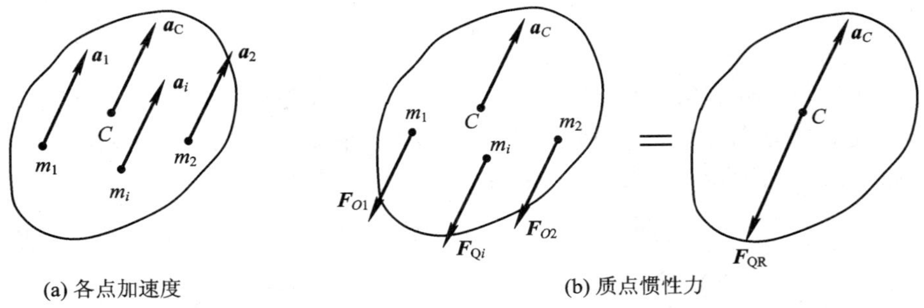

图 5-22 刚体的平动

现给平动刚体内的各质点都加上惯性力，而任意一质点的惯性力为 $F_{Qi} = -m_i a_i = -m_i a_C$，于是各质点的惯性力组成一同向的平行力系，这个同向的平行力系可简化为一个通过质心 C 的合力 F_{QR}，如图 5-22(b)所示，并且有

$$F_{QR} = \sum F_{Qi} = \sum(-m_i a_C) = -a_C \sum m_i = -m a_C \tag{5-17}$$

式中，$m = \sum m_i$ 为刚体的质量。由此得出结论，刚体作平动时，惯性力系简化为一个通过质心的合力，此合力的大小等于刚体的质量与加速度的乘积，其方向与质心加速度的方向相反。

2. 刚体绕定轴转动

在工程实际中，大多数转动物体都具有与转轴垂直的质量对称平面，例如圆轴、齿轮、圆盘等。在这种情况下，刚体上各质点的惯性力对于质量对称平面是完全对称的，相应地惯性力系就可简化为在质量对称平面内的平面力系。设一定轴转动刚体具有质量对称平面绕轴 z 以角速度 ω 和角加速度 a 绕定轴转动，如图 5-23(a)所示。此刚体的惯性力系可以简化为在质量对称平面力系，将此平面力系向质量对称平面与转轴 z 的交点 O 简化，可得一力和一力偶 5-23(b)。惯性力系向 O 简化所得到的力

$$F_{QR} = \sum F_{Qi} = -\sum m_i a_i = -m a_C \tag{5-18}$$

式中，m 为刚体的质量，a_C为刚体质心的加速度。惯性力系向点 O 简化所得到的力偶矩为

$$M_{QO} = \sum M_O(\boldsymbol{F}_{Qi}) = \sum M_O(\boldsymbol{F}_{Qi}^{\tau}) = \sum(-m_i r_i a \cdot r^2) = -a \sum m_i r_i^2 = -J_z a \tag{5-19}$$

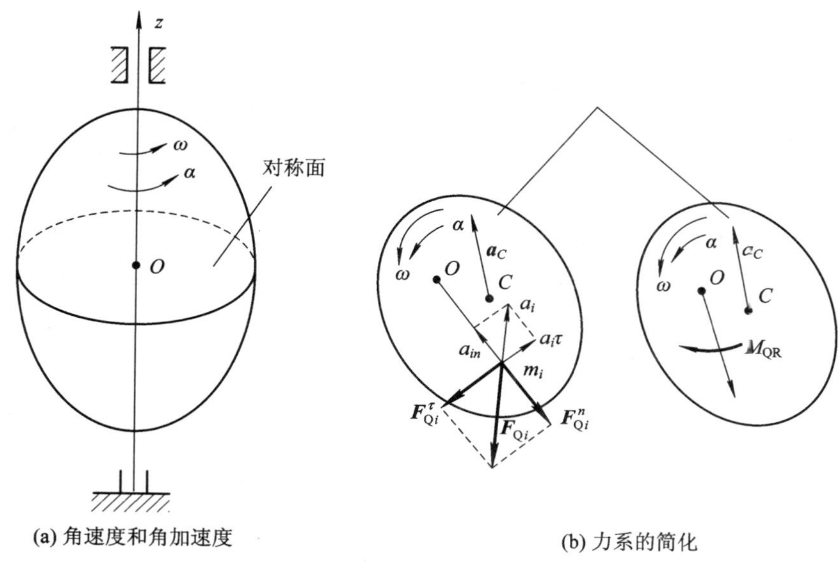

(a) 角速度和角加速度

(b) 力系的简化

图 5-23 刚体绕定轴转动

在求惯性力 $\boldsymbol{F}_{Qi}$ 对点 O 的矩 M_{QO} 时，其中的法向惯性力 $\boldsymbol{F}_{Qi}^{n}$ 对点 O 的矩为零，而只有切向惯性力 $\boldsymbol{F}_{Qi}^{\tau}$ 对点 O 的矩及其代数和。式(5-19)中，J_z 表示刚体对转轴 z 的转动惯量，负号表示惯性力偶的方向与角加速度 a 的方向相反。由此得出结论：刚体绕垂直于质量对称平面的轴转动时，其惯性力系可简化为在对称平面内的一个力和一个力偶，这个力的作用线通过转轴，其大小等于刚体质量与质心加速度的乘积，方向与质心加速度的方向相反；这个力偶的力偶矩等于刚体对转轴的转动惯量与角加速度的乘积，其方向与角加速度方向相反。

下面讨论几种特殊情况：

(1) 若刚体绕通过质心的轴作加速转动(见图 5-24(a))，则因质心的加速度 $a_C=0$，故惯性力系简化为一力偶，此力偶的力偶矩 $M_{QC}=-J_C a$。

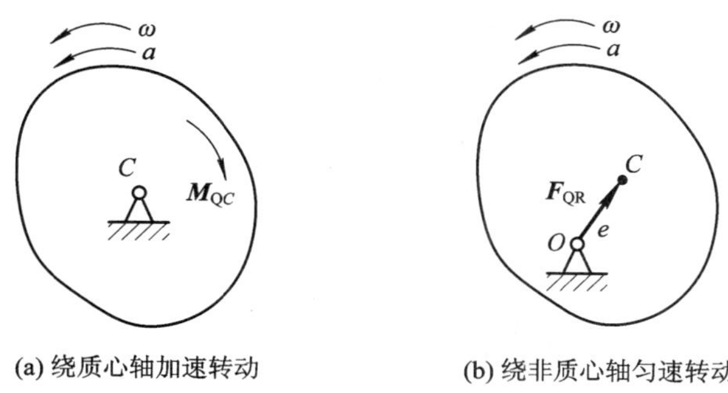

(a) 绕质心轴加速转动

(b) 绕非质心轴匀速转动

图 5-24 刚体绕定轴转动

(2) 若刚体绕不通过质心的转轴作匀速转动(见图 5-24(b))，则因角加速度 $a=0$，有 $M_{QO}=0$，故惯性力系简化为一通过点 O 的合力，此合力大小为 $F_{QR}=ma_C=me\omega^2$。

(3) 若刚体绕通过质心的轴作匀速转动，则角加速度 $a=0$，加速度 $a_C=0$，故惯性力系简化的力和力偶都为零，惯性力系是一平衡力系。

【例 5-12】 质量为 m 的汽车以加速度 $\boldsymbol{a}$ 作水平直线运动。汽车的重心离地面的高度为 h，汽车的前后轮到重心垂线的距离分别等于 b 和 c（见图 5-25），试求汽车前后轮的正压力以及欲保证前后轮正压力相等时汽车的加速度。

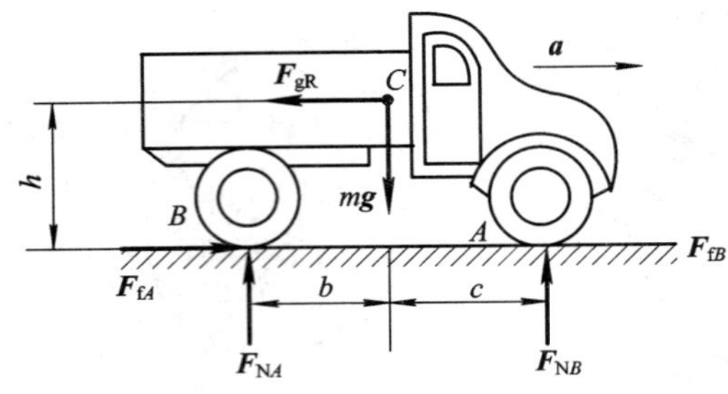

图 5-25　汽车的水平直线运动

解　取汽车为研究对象，汽车受力有重力 $m\boldsymbol{g}$，地面的正压力 $\boldsymbol{F}_{NA}$、$\boldsymbol{F}_{NB}$ 和摩擦力 $\boldsymbol{F}_{fA}$、$\boldsymbol{F}_{fB}$。因汽车作平动，所以惯性力系的合力 $\boldsymbol{F}_{QR}$ 通过质心 C，其大小 $F_{QR}=ma$，方向与加速度方向相反，如图 5-25 所示。由动静法可知以上这些力在形式上组成平衡力系，列平衡方程，即有

$$\sum M_A = 0,\qquad F_{QR}h - mgb + F_{NB}(b+c) = 0$$

$$\sum M_B = 0,\qquad F_{QR}h + mgc - F_{NA}(b+c) = 0$$

代入 $F_{QR}=ma$，得

$$F_{NA} = \frac{m(gc+ah)}{b+c},\qquad F_{NB} = \frac{m(gb-ah)}{b+c}$$

欲保证汽车前后轮的压力相等，即 $F_{NA}=F_{NB}$，由此求得汽车的加速度为

$$a = \frac{g(b-c)}{2h}$$

【例 5-13】 如图 5-26 所示，电动机定子的质量为 m_1，安装在水平的基础上，转轴 O 与水平面距离为 h，转子质量为 m_2，其质心为 C，偏心距 $OC=e$，运动开始时质心 C 在最低位置。设转子以匀角速度 ω 转动，试求基础对电动机的约束力。

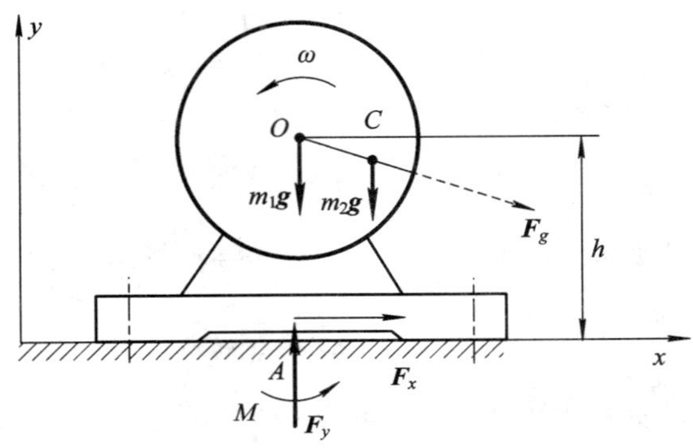

图 5-26　电动机

解　以电动机整体为研究对象，电动机受到主动力 $m_1\boldsymbol{g}$ 和 $m_2\boldsymbol{g}$ 作用，基础及地脚螺栓对电动机的约束可视为固定端约束，其约束力为 $\boldsymbol{F}_x$、$\boldsymbol{F}_y$ 和 M。当转子绕定轴 O 以角速度 ω 匀速转动时，惯性力系简化为一个通过转轴 O 的力 $\boldsymbol{F}_Q$，大小为 $F_Q = m_2 e\omega^2$，其方向与质心 C 的加速度方向相反，即沿 OC 连线离开轴 O 指向，由动静法列平衡方程。因此有

$$\begin{cases} \sum F_x = 0, & F_x + F_Q \sin\varphi = 0 \\ \sum F_x = 0, & F_y - m_1 g - m_2 g - F_Q \cos\varphi = 0 \\ \sum M_A(\boldsymbol{F}) = 0, & M - m_2 ge\ \sin\varphi - F_Q h\ \sin\varphi = 0 \end{cases}$$

因转子匀速转动，故有 $\varphi=\omega t$，将其代入以上方程解之，即得基础对电动机的约束力为

$$F_x = -m_2 e\omega^2\ \sin\omega t$$

$$F_y = (m_1 + m_2)g + m_2 e\omega^2\ \cos\omega t$$

$$M = m_2 e\ \sin\omega t(g + \omega^2 h)$$

5.4　动 能 定 理

能量转换和功的关系反映的是自然界中各种形式运动的普遍规律。通过功与能的转换关系来研究物体的机械运动，可使它与其他运动联系起来，具有广泛的意义，同时它提供了用标量来研究力学问题的方法。动能定理从能量的角度分析质点和质点系的动力学问题。本章将介绍力的功、功率，质点和刚体的动能，以及通过能量转换解决动力学问题的动能定理。

5.4.1　功和功率

1. 力的功

力的功是力对物体的作用在一段路程中积累效应的度量。

物体受力的作用引起运动形态的改变，不仅取决于力的大小和方向，而且与物体在力的作用下经过的路程有关。例如，从高处下落的物体速度越来越大，相应地物体能量也越来越大，这就是重力对物体的作用在一段路程中积累效应的表现。可见，力的功含有力和路程两个因素。

工程实际中，力的作用形式有常力、变力和力偶等，而力作用点的运动轨迹通常有直线或曲线。下面讨论几种不同作用形式的力其功的计算方法。

1）常力的功

设质点 M 在大小和方向都不变的常力 $\boldsymbol{F}$ 作用下作直线运动，由 M_1 点运动到 M_2 点，如图 5-27 所示。若以 α 表示力与位移方向之间的夹角，s 表示力作用点移动的路程，则常力 $\boldsymbol{F}$ 在运动方向的投影与该力作用点移动的路程 s 的乘积，就定义为此力在这一段路程上所做的功，用 W 表示，即

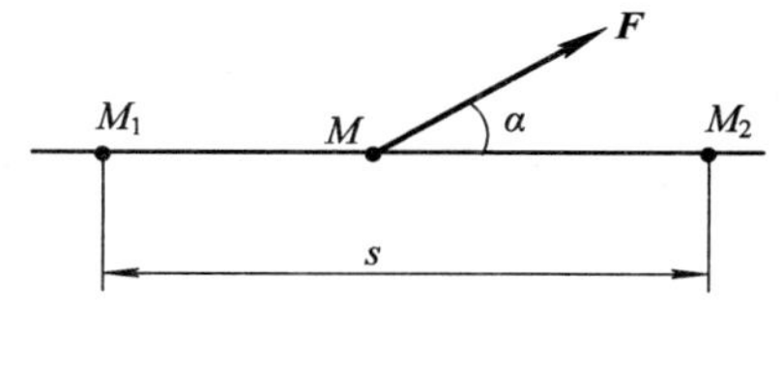

图 5-27　常力的功

$$W = F\cos\alpha \cdot s \tag{5-20}$$

由式(5－20)可以看出，力的功是代数量。当$\alpha<90°$时，力的功为正值，质点的运动效果增强；当$\alpha>90°$时，力的功为负值，质点的运动效果减弱；当$\alpha=90°$时，力与质点的位移方向垂直，力不做功。

力的功的单位在国际单位制中是J(焦耳)，即1 N(牛顿)的力使物体沿力的方向移动1 m(米)的路程所做的功，也就是：1 J(焦耳)＝1 N(牛顿)×1 m(米)。

2) 变力的功

所谓变力，就是作用于质点M的力的大小和方向均随作用点位置的移动而变化的力。设质点在变力$\boldsymbol{F}$的作用下沿曲线由M_1点运动到M_2点，如图5－28所示。在曲线上取一微小弧段ds，在微小弧段上的力$\boldsymbol{F}$可视为常力，同时微小弧段ds也可视为直线段，于是变力$\boldsymbol{F}$在ds上所做的功称为元功，用δW表示，则有

$$\delta W = F\cos\alpha \cdot \mathrm{d}s = F_\tau\,\mathrm{d}s$$

式中，α表示变力$\boldsymbol{F}$与点M处的切线之间的夹角。

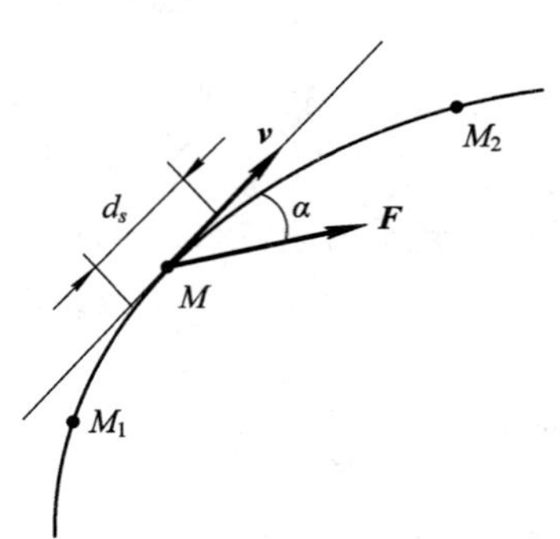

图 5－28　变力的功

变力$\boldsymbol{F}$沿曲线运动所做的功，就等于该力在各微段的元功之和，即

$$W = \int_{M_1}^{M_2} F_\tau\,\mathrm{d}s = \int_{M_1}^{M_2} F\cos\alpha \cdot \mathrm{d}s \tag{5-21}$$

当力$\boldsymbol{F}$的作用点沿直线坐标轴x移动时，该力在从x_1移到x_2的一段路程上所做的功可简化为

$$W = \int_{x_1}^{x_2} F_x\,\mathrm{d}x \tag{5-22}$$

式中，上、下限x_1、x_2分别为这一段路程的终点与起点在x轴上的坐标。

3) 几种常见力的功

(1) 重力的功。重力为$\boldsymbol{G}$的质点沿任意轨迹曲线由M_1点运动到M_2点(见图5－29)，重力$\boldsymbol{G}$在其路程上所做的功，由式(5－21)得

$$W = \int_{M_1}^{M_2} G\,\mathrm{d}z = \int_{z_1}^{z_2} -G\,\mathrm{d}z = \pm Gh \tag{5-23}$$

式中，h为质点在运动过程中重心位置的高度差，即$h=z_1-z_2$。式(5－23)表明，重力的功等于质点的重量与其重心在运动始末位置的高度差的乘积，且与质点运动的轨迹形状无关。质点在运动过程中，当其重心位置降低时，重力做正功；当其重心位置升高时，重力做负功。

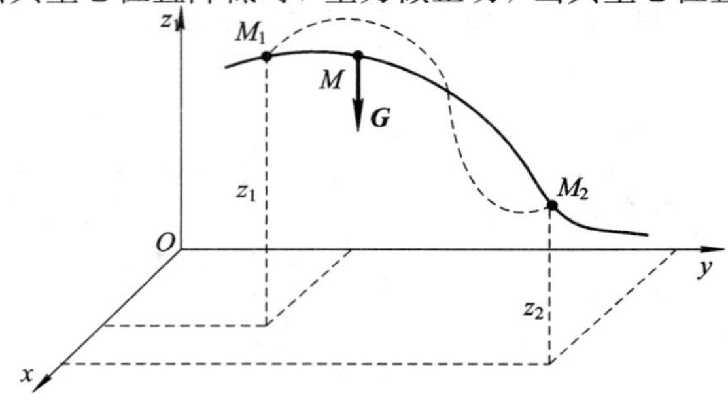

图 5－29　重力的功

(2) 弹性力的功。一端固定的弹簧与一质点 M 相连接，弹簧的原始长度为 l_0（见图 5－30），在弹簧的极限变形范围内，弹簧弹性力 $\boldsymbol{F}$ 的大小与其变形量 δ 成正比，即

$$F = k\delta$$

式中，k 为弹簧的刚度系数（单位是 N/m 或 N/mm），弹性力 $\boldsymbol{F}$ 的方向总指向自然位置，亦即弹簧未变形时端点 O 的位置。当质点 M 由 M_1 点运动到 M_2 点时，弹性力做功由式(5－21)得

$$W = \int_{M_1}^{M_2} F\ \mathrm{d}x = \int_{x_1}^{x_2} -kx\ \mathrm{d}x = \frac{k}{2}(\delta_1^2 - \delta_2^2)$$

上式表明，弹性力的功等于弹簧初变形的平方和末变形的平方之差与弹簧刚性系数乘积的一半，且与质点的运动轨迹无关。

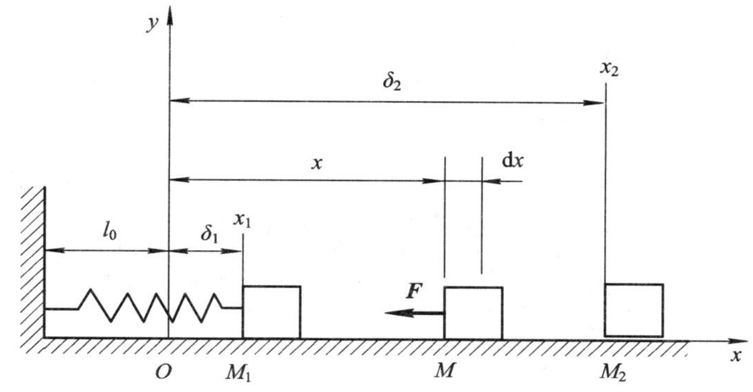

图 5－30　弹性力的功

(3) 定轴转动刚体上作用力的功。刚体在力 $\boldsymbol{F}$ 的作用下绕定轴 Oz 转动，现将力 $\boldsymbol{F}$ 分解为三个力 $\boldsymbol{F}_r$、$\boldsymbol{F}_t$ 和 $\boldsymbol{F}_z$（见图 5－31）。

可以看出，三个力中轴向力 $\boldsymbol{F}_z$ 和径向力 $\boldsymbol{F}_r$ 不做功，只有切向力 $\boldsymbol{F}_t$ 做功。设力 $\boldsymbol{F}$ 作用点到转轴的距离为 r，由式(5－21)可得力 $\boldsymbol{F}$ 在刚体由零转过角 φ 时所做的功为

$$W = \int_{M_1}^{M_2} F_t r\ \mathrm{d}\varphi = \int_{\varphi_1}^{\varphi_2} M_z\ \mathrm{d}\varphi = \pm M_z\varphi \qquad (5-24)$$

式中，$\varphi = \varphi_2 - \varphi_1$，$M_z$ 为力 $\boldsymbol{F}$ 对转轴 Oz 的力矩，且 M_z 为常量。

此式表明，刚体绕定轴转动时，若作用在刚体上的力对转轴的矩为常量，则其功等于该力对转轴的矩乘以刚体所转过的角度。

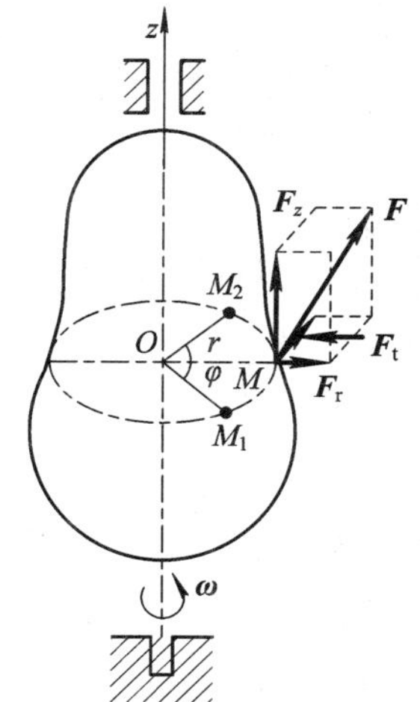

图 5－31　刚体绕定轴转动

当力矩与转角的转向一致时，其功为正，反之为负。若刚体上作用的是力偶，其力偶矩 M 为常量，且力偶作用面垂直于转轴，则力偶使刚体转过转角 φ 时所做的功仍可用式(5－24)计算，即

$$W = \pm M\varphi \qquad (5-25)$$

显然，当力偶与转角的转向一致时，其功为正，反之为负。

4）合力的功

质点 M 受 n 个力 F_1，F_2，…，F_n的作用，其合力为 $\boldsymbol{F}_R$，这些力使质点沿曲线从 M_1点运动到 M_2点。由合力投影定理，各力在自然坐标系的轴 $M\tau$ 上的投影有

$$F_R \cos\alpha = F_1 \cos\alpha_1 + F_2 \cos\alpha_2 + \cdots + F_n \cos\alpha_n$$

将上式两边同乘以路程微段 ds，即由下式计算出质点在整个路程上做的功为

$$\int_{M_1}^{M_2} F_R \cos\alpha \cdot \mathrm{d}s = \int_{M_1}^{M_2} F_1 \cos\alpha_1 \cdot \mathrm{d}s + \int_{M_1}^{M_2} F_2 \cos\alpha_2 \cdot \mathrm{d}s + \cdots + \int_{M_1}^{M_2} F_n \cos\alpha_n \cdot \mathrm{d}s$$

由式(5-21)，上式又可简写成

$$W = W_1 + W_2 + \cdots + W_n \tag{5-26}$$

式(5-26)表明，作用于质点上力系的合力在任意一路程中所做的功等于各分力在同一路程中所做的功的代数和。

【例 5-14】 一货箱质量 m = 300 kg，现有一力 $\boldsymbol{F}_T$将它沿斜板上拉到汽车车厢上，已知货箱与斜板的摩擦因数 μ=0.5，斜板的倾角 α = 20°，汽车车箱高 h = 1.5 m(见图 5-32)。问将货箱拉上车厢时，所消耗的功应为多少？

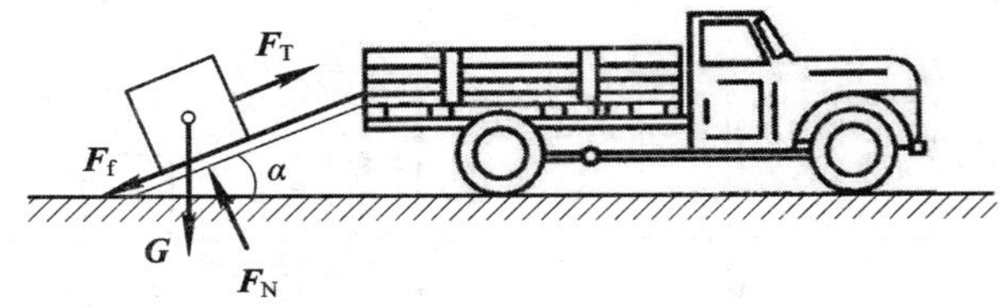

图 5-32 装货的功

解 取货箱为研究对象，它受有重力 $m\boldsymbol{g}$、斜板法向约束力 $\boldsymbol{F}_N$，摩擦力 $\boldsymbol{F}_f$及绳索的拉力 $\boldsymbol{F}_T$。货箱沿斜板拉上车厢时，拉力 $\boldsymbol{F}_T$做正功，摩擦力 $\boldsymbol{F}_f$与重力 $m\boldsymbol{g}$ 做负功，法向约束力 $\boldsymbol{F}_N$与位移方向垂直，不做功。当货厢升高 1.5 m 时，重力 $m\boldsymbol{g}$ 做的功为

$$W_1 = -mgh = -300 \times 9.8 \times 1.5 \text{ J} = -4410 \text{ J}$$

摩擦力 $\boldsymbol{F}_f$做的功为

$$W_2 = -\mu s = -\mu F_N \frac{h}{\sin\alpha} = -\mu mg \cos \frac{h}{\sin\alpha}$$

$$= \frac{-0.5 \times 300 \times 9.8\cos20° \times 1.5}{\sin20°} = -6057 \text{ J}$$

将货箱拉上车厢所消耗的功即为

$$W = W_1 + W_2 = (-4410 - 6057) = -10\,467 \text{ J}$$

【例 5-15】 带轮两侧的拉力分别为 F_{T1}=1.6 kN 和 F_{T2}=0.8 kN(见图 5-33)。已知带轮的直径 D=0.5 m，试求带轮两侧的拉力在轮子转过两圈时所做的功。

解 作用于带轮上的转矩为

$$M_O = (F_{T1} - F_{T2}) \frac{D}{2}$$

$$= (1.6 - 0.8) \times 10^3 \times \frac{0.5}{2} \text{ N} \cdot \text{m}$$

$$= 200 \text{ N} \cdot \text{m}$$

当轮子转过两圈时，其转角为

$$\varphi = 2 \times 2\pi \text{ rad} = 12.56 \text{ rad}$$

因此，带轮两侧的拉力在轮子转过两圈时所做的功为

$$W = M_O\varphi = 200 \times 12.56 \text{ J} = 2.512 \times 10^3 \text{ J}$$

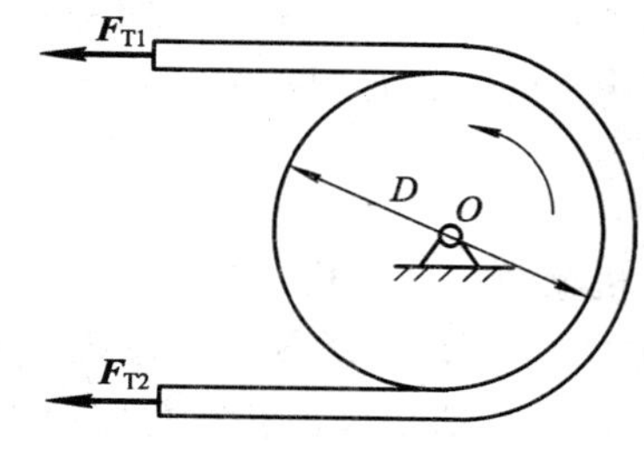

图 5-33　带拉力的功

2. 功率

在工程实际中，我们不仅要计算力做功的大小，而且还要知道力做功的快慢。力做功的快慢通常用功率表示。所谓功率，就是在单位时间内力所做的功，它是衡量机器工作能力的一个重要指标，功率越大，说明它在给定的时间内能做的功就越多。

设作用于质点上的力 $\boldsymbol{F}$ 在时间 Δt 内所做的元功为 δW，该力在这段时间内的平均功率可写成

$$P^* = \frac{\delta W}{\Delta t}$$

当时间 Δt 趋于零时，即得瞬时功率为

$$P = \lim_{\Delta t \to 0} \frac{\delta W}{\Delta t} = \frac{\mathrm{d}W}{\mathrm{d}t}$$

对于作用于质点上力的功率，可表示为

$$P = \frac{\delta W}{\mathrm{d}t} = \frac{F\cos\alpha \cdot \mathrm{d}s}{\mathrm{d}t} = F_\tau v \tag{5-27}$$

可见，作用于质点上力的功率等于力在速度方向上的投影与速度的乘积。对于作用于定轴转动刚体上力的功率，可表示为

$$P = \frac{\delta W}{\mathrm{d}t} = \frac{F_\tau r\ \mathrm{d}\varphi}{\mathrm{d}t} = \frac{M_z\ \mathrm{d}\varphi}{\mathrm{d}t} = M_z\omega \tag{5-28}$$

式(5-28)表明，作用于定轴转动刚体上力的功率等于该力对转轴的矩与角速度的乘积。若刚体上作用的是力偶，其力偶矩为 M，则由式(5-28)即得力偶的功率为

$$P = M\omega$$

在国际单位制中，当每秒钟力所做的功为 1 J 时，其功率为 1 J/s(焦耳/米)或 1 W(瓦)，1000 W = 1 kW。若以转速 n(r/min)代替速度 ω，力对转轴的矩用 M 表示，则式(5-28)可写成

$$P = \frac{M\omega}{1000} = \frac{M}{1000} \times \frac{n\pi}{30} = \frac{Mn}{9549}\ (\text{kW}) \tag{5-29}$$

式(5-29)表示了功率、转速和转矩三者之间的数量关系，这一关系在工程实际中经常用到。由式(5-29)也可以看出，在功率不变的情况下，转速低则转矩大，而转速高则转矩小。例如，在机械加工中用机床切削工件时，常把电动机的高转速通过减速器换成主轴的低转速来加工切削力。

3. 机械效率

任何一部机器工作时，都需要从外界输入一定的功率，称为输入功率 P_0。机器在工作中用于能量转化而消耗的一部分功率，称为有用功率 P_1。用于克服摩擦等有害阻力所消耗

的功率，称为无用功率 P_2。机器在稳定运转时，它们之间必然存在 $P_0=P_1+P_2$ 的关系。在工程中，机器的有用功率与输入功率的比值，称为机器的机械效率，用 η 来表示，即

$$\eta=\frac{P_1}{P_0} \tag{5-30}$$

机械效率 η 和机器的传动形式及工作条件有关。一般齿轮传动系统的机械效率 η 为 0.9 左右，而蜗轮蜗杆传动系统的机械效率 η 为 0.6 左右，这就是说蜗轮蜗杆传动系统中有 40%左右的功率消耗在克服摩擦等有害阻力上。由于摩擦是不可避免的，故机械效率 η 的值总小于 1。机械效率 η 愈接近 1，有用功率就愈接近输入功率，而克服摩擦等有害阻力所消耗的功率也就愈小，机器的工作性能也就愈好。所以，机械效率 η 表明机器对输入功率的有效利用程度，它的大小是衡量机器工作性能的重要指标之一。

【例 5-16】 单级齿轮减速器如图 5-34 所示。已知电动机的功率 $P=7.5$ kW，输入轴 Ⅰ 的转速 $n=1450$ r/min，齿轮的齿数 $z_1=20$，$z_2=50$，减速器的机械效率 $\eta=0.9$。试求输出轴 Ⅱ 所传递的转矩与功率。

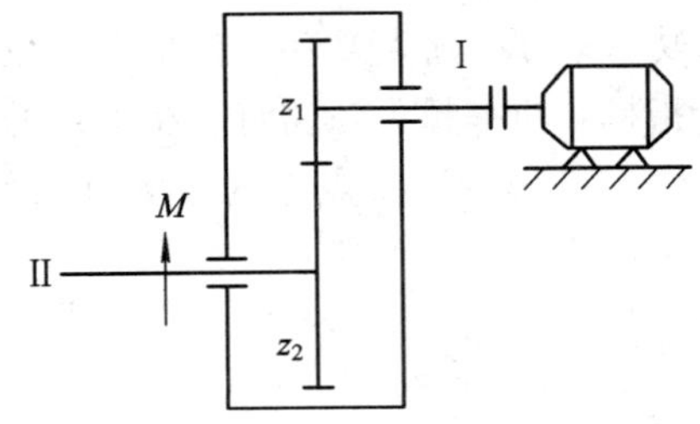

图 5-34　齿轮减速器

解　由题意可知，减速箱的传动比为

$$i_{12}=\frac{n_1}{n_2}=\frac{z_2}{z_1}=\frac{50}{20}=2.5$$

由此得出输出轴 Ⅱ 的转速为

$$n_2=\frac{n_1}{i_{12}}=\frac{1450}{2.5}=580\ \text{r/min}$$

由式(5-30)得减速器输出轴 Ⅱ 的有用功率，即轴 Ⅱ 所传递的功率为

$$P_1=P_0\eta=7.5\times0.9=6.75\ \text{kW}$$

由式(5-29)得减速器输出轴 Ⅱ 所传递的转矩为

$$M=9549\frac{P_1}{n}=9549\times\frac{6.75}{580}\ \text{N}\cdot\text{m}=111.1\ \text{N}\cdot\text{m}$$

5.4.2　质点、质点系和刚体的动能

任何运动的物体都具有能量，例如，飞行的子弹能穿透钢板，流水可以推动水轮机转动。物体由于机械运动所具有的能量称为动能。

1. 质点的动能

设质点的质量为 m，速度为 $\boldsymbol{v}$，则质点的动能表示为

$$E=\frac{1}{2}m\boldsymbol{v}^2 \tag{5-31}$$

即质点的动能等于它的质量与该瞬时速度大小的平方乘积的一半。动能是标量，恒为正值，且与质点运动的方向无关。在国际单位制中，其单位与功的单位相同，也为 J(焦耳)。

2. 质点系的动能

质点系的动能为质点系内各质点的动能的总和。设质点系中任意一质点的质量为 m_i，某瞬时速度为 $\boldsymbol{v}_i$，则质点系的动能为

$$E = \sum \frac{1}{2} m_i \boldsymbol{v}_i^2 \tag{5-32}$$

3. 刚体的动能

刚体在做不同运动时，因刚体上各质点速度分布不同，故其动能的计算式也不同。

1）刚体平动时的动能

刚体在平动时，同一瞬时各点的速度相同并等于质心速度 v_C，故刚体平动时的动能为

$$E = \sum \frac{1}{2} m_i v_i^2 = \frac{1}{2} \sum m_i v_i^2 = \frac{1}{2} m v_C^2 \tag{5-33}$$

式中，$m = \sum m_i$，是刚体的质量。式(5-33)表明，刚体平动的动能等于刚体的质量与其质心速度平方乘积的一半。

2）刚体绕定轴转动时的动能

设刚体绕固定轴 z 转动，某瞬时角速度为 ω，如图 5-35 所示。刚体内任一质点的质量为 m_i，离 z 轴的距离为 r_i，速度 $v_i = r_i \omega$，则刚体的动能为

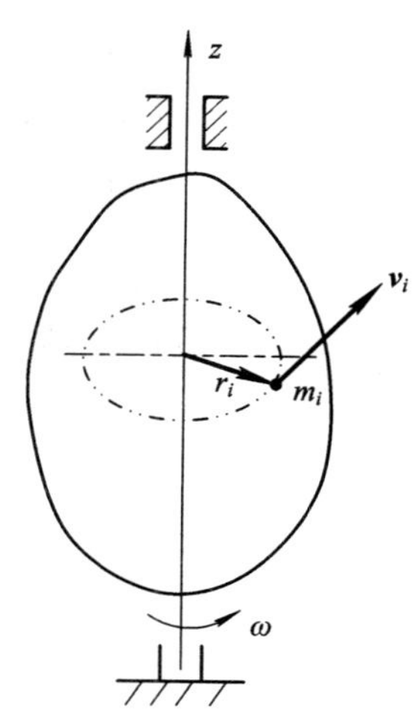

图 5-35　刚体绕定轴转动

$$E = \sum \frac{1}{2} m_i v_i^2 = \frac{1}{2} \sum m_i r_i^2 \omega^2 = \frac{1}{2} J_z \omega^2 \tag{5-34}$$

式中，$J_z = \sum m_i r_i^2$，是刚体对转轴 z 的转动惯量。式(5-34)表明，定轴转动刚体的动能等于刚体对转轴的转动惯量与角速度平方乘积的一半。

3）刚体平面运动时的动能

一平面运动刚体，取其质心 C 所在的截面图形如图 5-36 所示。设图形在某瞬时的速度瞬心为 P，角速度为 ω，于是作平面运动刚体的动能为

$$E = \frac{1}{2} J_P \omega^2$$

式中，J_P 是刚体对通过速度瞬心的轴的转动惯量。由于在不同的时刻，刚体以不同的点作为瞬心，因此用上式计算动能并不方便。若刚体的质心为 C，则由计算转动惯量的平行轴定理，有

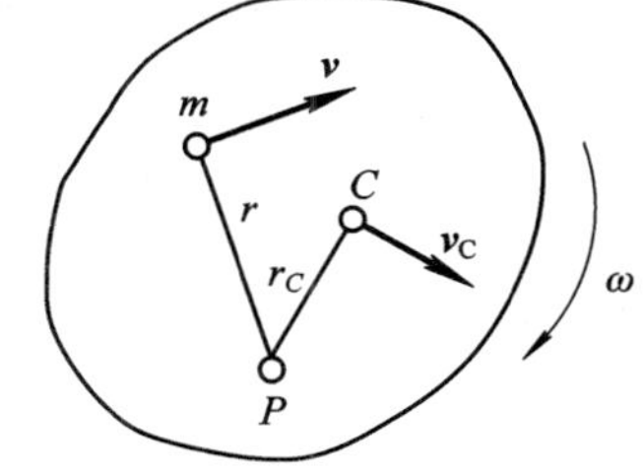

图 5-36　平动刚体

$$J_P = J_C + m r_C^2$$

式中，m 为刚体的质量，r_C 是刚体质心 C 到速度瞬心 P 的距离。将其代入以上计算动能的公式，得

$$E = \frac{1}{2}(J_C + m r_C^2)\omega^2 = \frac{1}{2} J_C \omega^2 + \frac{1}{2} m r_C^2 \omega^2 = \frac{1}{2} J_C \omega^2 + \frac{1}{2} m v_C^2 \tag{5-35}$$

式(5-35)表明，刚体平面运动时的动能等于随质心平动的动能与绕质心转动的动能之和。

5.4.3　动能定理及应用

前面所述的功是质点或质点系之间相互机械运动作用累积效应的一种度量；动能是质

点或质点系机械运动的另一种度量，它们之间有着密切的联系。动能定理就是研究二者之间的关系的。

1. 质点的动能定理

设一质量为 m 的质点 M，在力 $\boldsymbol{F}$ 的作用下沿曲线由点 M_1 运动到点 M_2，它的速度由 $\boldsymbol{v}_1$ 变为 $\boldsymbol{v}_2$（见图 5－37）。质点沿切线方向的微分方程为

$$F_\tau = m\frac{\mathrm{d}v}{\mathrm{d}t}$$

在上式两边分别乘以路程的微段 $\mathrm{d}s$，得

$$F_\tau\,\mathrm{d}s = m\frac{\mathrm{d}v}{\mathrm{d}t}\mathrm{d}s = m\frac{\mathrm{d}s}{\mathrm{d}t}\mathrm{d}v = mv\,\mathrm{d}v = \mathrm{d}\left(\frac{1}{2}mv^2\right)$$

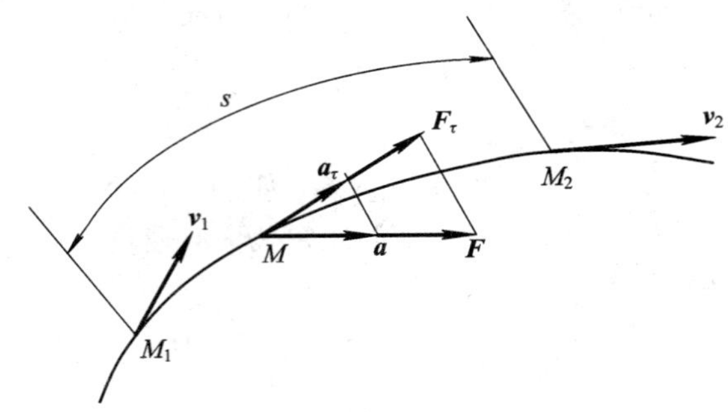

图 5－37　质点曲线运动

因 $F_\tau\,\mathrm{d}s$ 为力 F 在 $\mathrm{d}s$ 上的元功，所以上式可写成

$$\delta W = \mathrm{d}\left(\frac{1}{2}mv^2\right) \tag{5-36}$$

这就是质点动能的微分形式。它表明质点动能的微分等于作用在质点上力的元功。

将式(5－36)沿路径 M_1M_2 积分，即

$$\int_{v_1}^{v_2}\mathrm{d}\left(\frac{1}{2}mv^2\right) = \int_{M_1}^{M_2}F_\tau\,\mathrm{d}s$$

得

$$W = \frac{1}{2}mv_2^2 - \frac{1}{2}mv_1^2 = E_2 - E_1 \tag{5-37}$$

这就是质点动能的积分形式。它表明质点在某一段路程上动能的改变等于作用在质点上的力在同一路程上所做的功。

需要注意的是，动能和功的单位相同，但两者意义不同。动能是质点机械运动的度量，对应于瞬时状态；功是力对质点作用效果的度量，对应于某一过程。由式(5－37)可见，力做正功，质点的动能增加；力做负功，质点的动能减少。

2. 质点系的动能定理

质点动能定理可以推广到质点系，设质点系由 n 个质点组成，任取质点系中一个质点，其质量为 m_i，速度为 $\boldsymbol{v}_i$，应用质点动能定理，有

$$\frac{1}{2}m_iv_{i2}^2 - \frac{1}{2}m_iv_{i1}^2 = W_i^{(e)} + W_i^{(i)}$$

式中，$W_i^{(e)}$ 和 $W_i^{(i)}$ 分别表示作用在所取质点上所有外力和内力的功，因为对于质点来说，作用在每个质点上的力有外力和内力之分。对质点系中每个质点都写出上式并相加，得

$$\sum \frac{1}{2}m_i v_{i2}^2 - \sum \frac{1}{2}m_i v_{i1}^2 = \sum W_i^{(e)} + \sum W_i^{(i)}$$

由式(5-37)知，上式等号左边两项分别为质点系在某一段路程中末尾和起始位置的动能 E_2 和 E_1，于是上式又可写为

$$E_2 - E_1 = \sum W^{(e)} + \sum W^{(i)} \tag{5-38}$$

式(5-38)表明，质点系在某一段路程上动能的改变，等于作用于该质点系上所有的力在同一段路程上所做的功的总和，这就是质点系的动能定理。

必须注意，一般情况下，质点系内各质点之间的距离是可变的，故内力所做的功的总和不一定等于零。例如，内燃机中燃气膨胀对活塞的推力是内力，该内力做正功，使汽车的动能增加；机器中轴与轴承之间的相互摩擦力也是内力，但其所做的功是负功。

但是对于刚体来说，刚体内任意两质点间的距离始终保持不变，所以刚体内力所做的功总和等于零，因此

$$E_2 - E_1 = \sum W^{(e)} \tag{5-39}$$

另外，在工程上的许多约束，如光滑接触面、光滑圆柱铰链、链杆、不可伸长的绳索等，它们的约束力均不做功。约束力做功为零的约束称为理想约束。所以，在理想约束条件下应用动能定理时，只需计算作用在刚体上的主动力所做的功。

【例 5-17】 重量为 $\boldsymbol{G}$ 的物体悬挂在一根弹簧刚度系数为 k 的弹簧上(见图 5-38)。如在弹簧处于原长为 l_0 的位置时，把物体突然释放，试求重物下降的距离，并与弹簧在静载荷 $\boldsymbol{G}$ 作用下的伸长作一比较。

解　取物体为研究对象，物体在下降的过程中，作用于其上的力是重力 $\boldsymbol{G}$ 和弹性力 $\boldsymbol{F}$。因物体在被释放位置和下降到最低位置时的速度为零，故相应的动能也为零。若弹簧的最大伸长为 $\delta_{\max}$，则重力 $\boldsymbol{G}$ 与弹性力 $\boldsymbol{F}$ 的功分别为

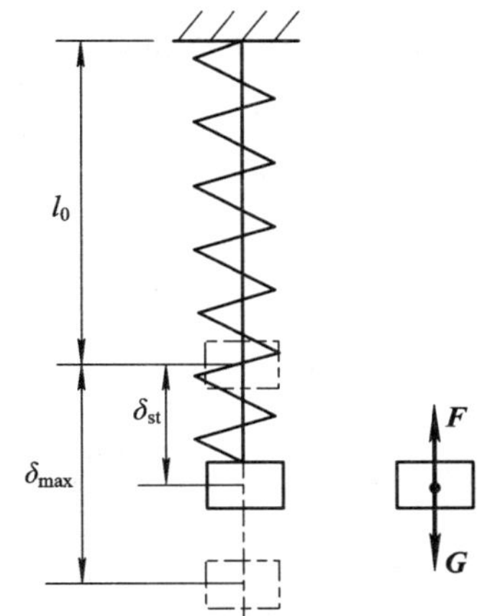

图 5-38　弹簧做的功

$$W_G = G\delta_{\max}, \quad W_F = \frac{k}{2}(\delta_1^2 - \delta_2^2) = -\frac{k}{2}\delta_{\max}^2$$

由式(5-37)，得

$$G\delta_{\max} + \left(-\frac{k}{2}\delta_{\max}^2\right) = 0$$

求解上式，即得

$$\delta_{\max} = \frac{2G}{k}$$

或以 δ_{st} 表示弹簧在静载荷 $\boldsymbol{G}$ 作用下的伸长，则有

$$\delta_{st} = \frac{G}{k}$$

以上求得的两个结果表明，在弹性体上受到突然增加载荷时的变形，将比静载荷的变形大得多(此题情况为大一倍)。因此，在进行机械设计时，必须考虑突然增加载荷对构件承载能力的影响。

【例 5-18】 如图 5-39 所示，绞车的鼓轮可视为均质圆柱体，已知其质量为 m_1，半径为 r_1，绕中心 O 轴转动。绳索的一端卷绕在鼓轮上，另一端系有一质量为 m_2 的重物。鼓轮在不变力偶矩 $\boldsymbol{M}$ 的作用下，通过绳索牵引重物沿倾角为 θ 的光滑斜面上升。设开始时物体系统静止，不计各处摩擦，试求当鼓轮转过转角 φ 后的角速度 ω 和角加速度 a。

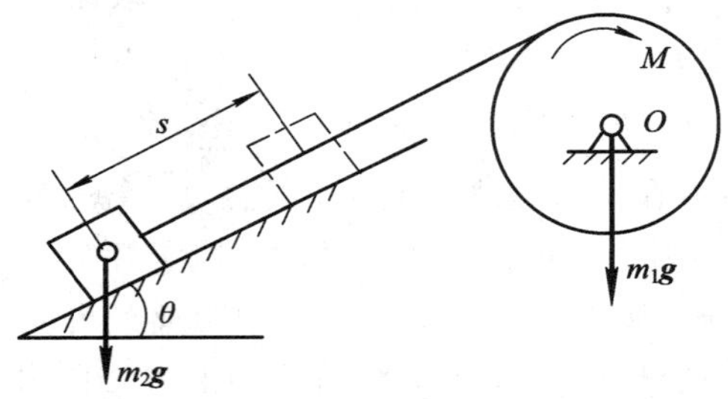

图 5-39　绞车鼓轮

解　当鼓轮从静止开始转过转角 φ 时，角速度为 ω；重物沿斜面移动距离 $s = r\varphi$，速度为 $v = r\omega$。该物体系统的初动能为

$$E_1 = 0$$

末动能为

$$E_2 = \frac{1}{2}m_2 v^2 + \frac{1}{2}J_O\omega^2 = \frac{1}{2}m_2 r^2\omega^2 + \frac{1}{2}\left(\frac{1}{2}m_1 r^2\right)\omega^2$$
$$= \frac{1}{4}r^2\omega^2(m_1 + 2m_2)$$

系统的约束均为理想约束，其约束力均不做功。系统主动力有主动力偶矩和重物的重力，它们所做的功总和为

$$W = M\varphi - m_2 gs\ \sin\theta = (M - m_2 gr\ \sin\theta)\varphi$$

由式(5-38)，有

$$\frac{1}{4}r^2\omega^2(m_1 + 2m_2) - 0 = (M - m_2 gr\sin\theta)\varphi \tag{a}$$

由式(a)解得

$$\omega = \frac{2}{r}\sqrt{\frac{(M - m_2 gr\ \sin\theta)\varphi}{m_1 + 2m_2}}$$

欲求解加速度 $\boldsymbol{a}$，将式(a)中的 ω 和 φ 视为时间 t 的函数，并两端对 t 求一阶导数，得

$$\frac{1}{2}r^2(m_1 + 2m_2)\omega a = (M - m_2 gr\ \sin\theta)\omega$$

于是，解得

$$a = \frac{2(M - m_2 gr\ \sin\theta)}{(m_1 + 2m_2)r^2}$$

思　考　题

5-1　质点受到的力大则其速度也大，质点受到的力小则其速度也小，对吗？为什么？

已知质点的质量及其上的作用力，问该质点的运动是否可以完全确定？

5－2　重物 A、B 由不计重量的刚体连接，置于光滑水平面上，如题图 5－1 所示。现用 300 N 的力推动物块 A，使之加速运动，此时刚杆所受的力的大小为多少？

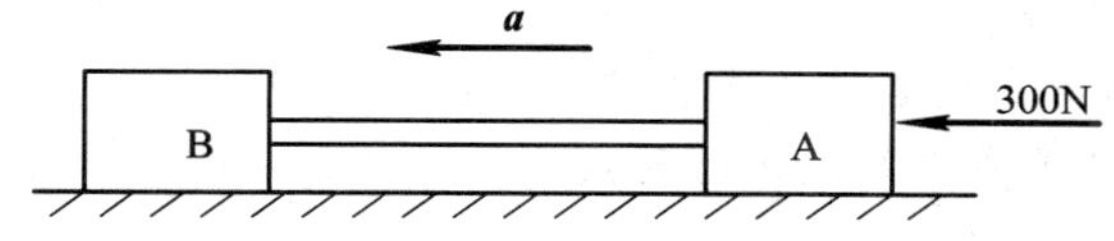

题图 5－1

5－3　在质量相同的条件下，为了增大物体的转动惯量，可以采取哪些办法？

5－4　平面运动刚体，如所受外力主矢为零，刚体只能是绕质心的转动吗？如所受外力对质心的主矩为零，刚体只能是平移吗？

5－5　有一个圆柱体和一个圆筒，设它们的质量和半径相同，且同时从粗糙的斜面上滚下，问哪个先滚到底？为什么？

5－6　一半径为 R 的均质圆轮在水平面上只滚不滑。试问在下列两种情况下，轮心的加速度是否相等？接触面的摩擦力是否相同？

(1) 在轮上作用一顺时针转向的力偶，力偶矩为 M；

(2) 在轮上作用一水平向右的力 $\boldsymbol{F}$，力的大小为 M/R。

5－7　判断以下论述的正误：

(1) 一细直杆 AB 绕其端点 A 转动时的转动惯量为 $J_A=ml^2/3$，按平行轴定理，当此细直杆绕其端点 B 转动时转动惯量应为 $J_B=J_A+ml^2=4ml^2/3$。

(2) 有一刚体绕定轴转动，若在某瞬时其角加速度为零，则该瞬时外刀的合力矩为零。

5－8　试分析题图 5－2 所示揉茶机中揉桶惯性力的大小、方向和作用点。

5－9　如题图 5－3 所示两种情况中的滑轮质量 m 和半径 r 均相同，一个是在恒力 $\boldsymbol{F}$ 作用下拉绳子，另一个是在绳子上挂一个重量 $G=F$ 的物体，试问在这两种情况下，滑轮的角加速度是否相同？

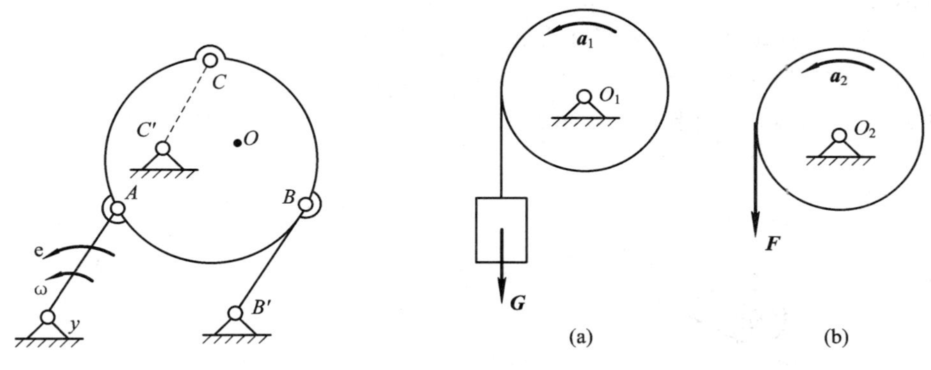

题图 5－2　　　　题图 5－3

5－10　判断以下论述的正误。

(1) 若两物体质量相同，加速度大小相同，则其惯性力必然相同。(　)

(2) 火车在直线轨道上加速行驶时，最后一节车厢挂钩受力最大，(　)；匀速行驶时

各挂钩受力相同，(　　)；火车转弯时，离心惯性力作用在车上。(　　)

(3) 在用质点动静法求解动力学问题时，凡运动着的质点都应加惯性力。(　　)

(4) 下雨天旋转雨伞时雨滴会沿伞边切向飞出，在雨滴脱离雨伞时，因只有重力作用，故惯性力的作用对象是地球。(　　)

5－11　将下列问题中正确答案的选项填入括号中。

(1) 在动静法理论基础中涉及的运动质点的惯性力是一个(　　)的力。

A. 实际存在　　B. 实际不存在

C. 与质点运动无关　D. 作用于运动质点

(2) 质量分别为 m_A、m_B 的两个物块，在力 $\boldsymbol{F}$ 的作用下沿光滑水平面以加速度 $\boldsymbol{a}$ 移动，如题图 5－4 所示。若物块 A、B 之间相互作用力的大小为 $\boldsymbol{F}_N$，则 $\boldsymbol{F}$ 与 $\boldsymbol{F}_N$ 的大小关系为(　　)。

A. $F>F_N$　　B. $F<F_N$　　C. $F=F_N$

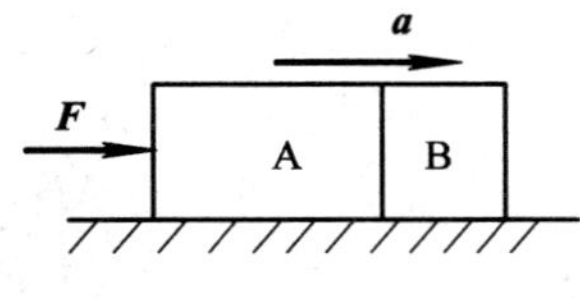

题图 5－4

5－12　填空

(1) 轮 A 与物块 B 用刚性杆 AB 铰接如题图 5－5 所示。轮 A 沿斜面滚而不滑，其间的滑动摩擦力为 $\boldsymbol{F}_1$，物块与斜面间的滑动摩擦力为 $\boldsymbol{F}_2$。当系统移动距离 s 后，$\boldsymbol{F}_1$ 所做的功为______，$\boldsymbol{F}_2$ 所做的功为______。

(2) 发射卫星时，火箭推力对卫星做______功，重力对卫星做______功；卫星在运行轨道上做匀速圆周运动时，地球引力对卫星______功。

(3) 一列质量为 20 t 的列车，从静止开始沿平直铁道驶出做匀加速直线运动，所受阻力为总重的 0.1 倍，驶出 400 m 时速度达 72 km/h。由此可知，列车启动的加速度为______ m/s^2，列车开出 10 s 时的动能为______ J，牵引力为______ N。

(4) 如题图 5－6 所示的平行四边形机构中，$O_1A = O_2B = l$，$AB = O_1O_2$。O_1A 以角速度 ω 绕轴 O_1 转动，而且这一物体系统中各杆的质量均为 m，整个系统的动能为______。

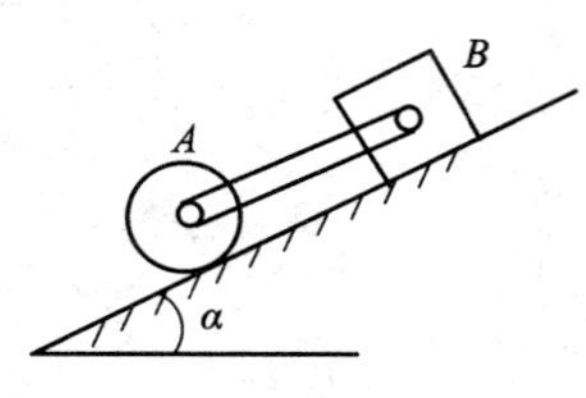

题图 5－5

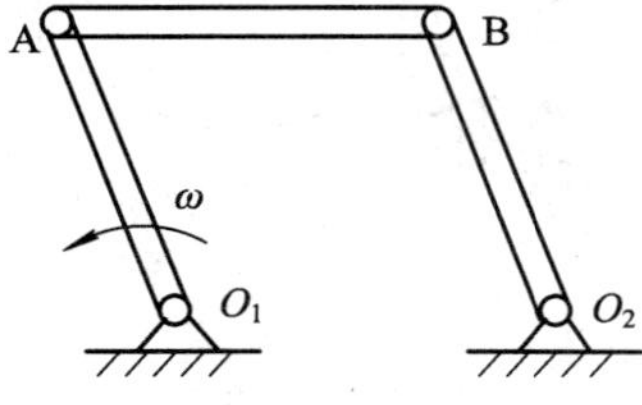

题图 5－6

5－13　“质量大的物体一定比质量小的物体的动能大”和“速度大的物体一定比速度小的物体的动能大”这两种说法是否正确？为什么？

5－14　如题图 5－7 所示两种滑轮装置都能把重量为 $\boldsymbol{G}$ 的物体匀速提升到高度 h，问两种情况下所需的拉力是否相等？拉力所做的功是否相等？

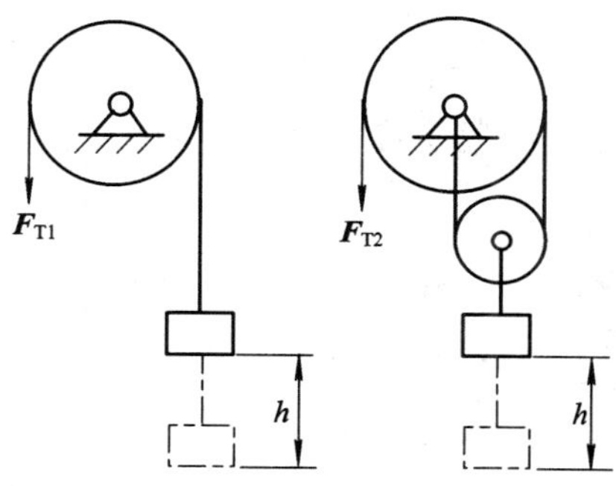

题图 5－7

5－15　机器运转时，凡摩擦力的功是否一定是无用功？研磨机工作时，作用在工件上的摩擦力的功是否为无用功？

5－16　弹簧由其自然位置拉长 10 mm 或压缩 10 mm，弹性力的功是否相等？将弹簧拉长 10 mm 和再拉长 10 mm，即这两个过程中的位移相等，则弹性力的功又是否相等？

5－17　汽车上坡时，为什么常挂低速挡？在减速器中，为什么高速轴的直径一般比低速轴的直径小？

5－18　应用动能定理求速度时，能否确定速度的方向？

习　　题

5－1　物块重力 $G=400$ N，静摩擦因数 $\mu_s=0.15$，作用于物体上的水平方向 $F=50$ N，如习题 5－1 图所示。求物块惯性力的大小和方向。

5－2　缆车质量为 700 kg，沿斜面以初速度 $v=1.6$ m/s 下滑，如习题 5－2 图所示。已知轨道倾角 $\alpha=15°$，摩擦因数 $\mu=0.015$。欲使缆车静止，设制动时间 $t=4$ s，在制动时缆车作匀减速运动，求此时缆绳的拉力。

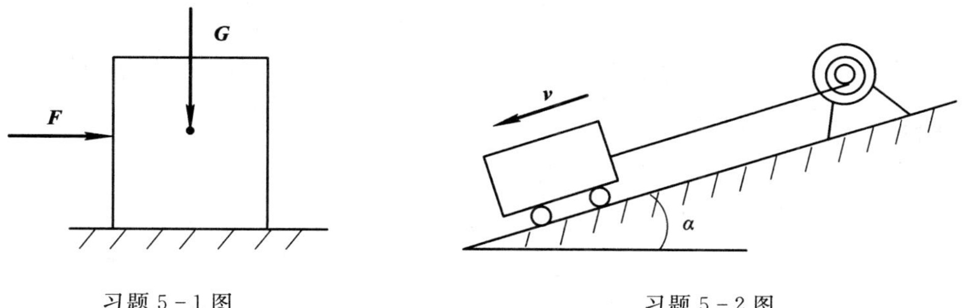

习题 5－1 图　　习题 5－2 图

5－3　质量为 m 的物块放在匀速转动的水平台上，其重心距转轴的距离为 r，物块与台面之间的摩擦因数为 μ_s，如习题 5－3 图所示。求使物体不因转台旋转而滑出的最大转速 n。

5－4　质量为 m 的小球 M 由两根各长为 l 的无重细杆支承，如习题 5－4 图所示。小球与细杆一起以匀角速度 ω 绕铅垂轴 AB 转动，设 $AB=l$，求两杆所受的拉力。

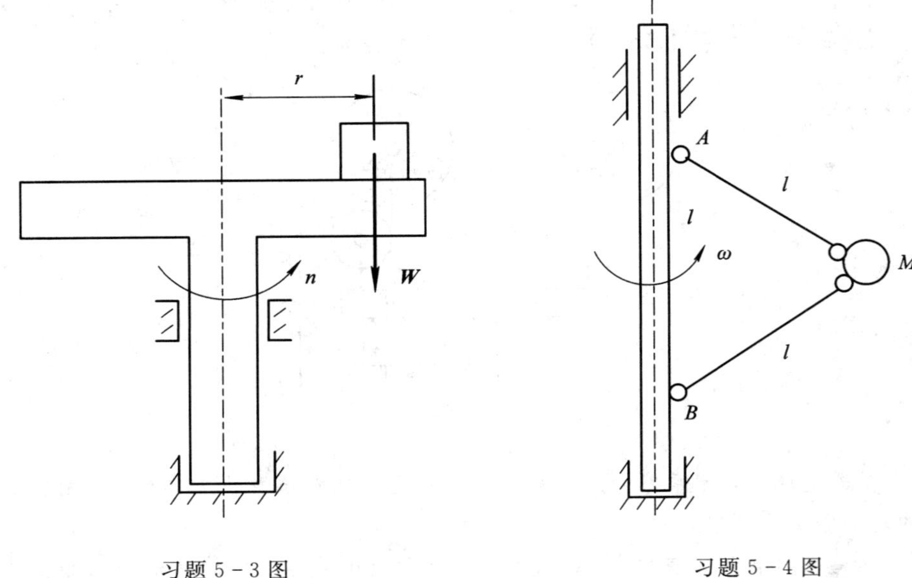

习题 5－3 图　　习题 5－4 图

5－5　重量 $G=98$ N 的圆柱放在框架内，框架以加速度 $a=2g$ 作水平直线平动，如习题 5－5 图所示。已知框架内斜面与水平夹角 $\alpha=15°$，不计摩擦，试求圆柱和框架铅垂侧面间的压力 F_{NA}。

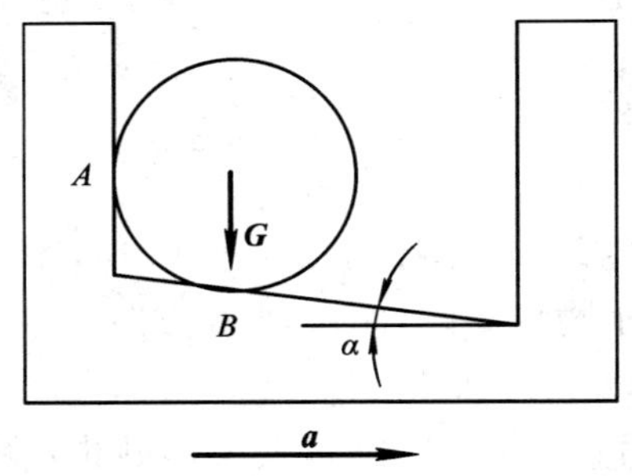

习题 5－5 图

5－6　曲柄连杆机构如习题 5－6 图所示。滑块 B 的质量为 m，忽略摩擦及连杆 AB 的质量，曲柄 OA 以匀角速度 ω 转动，$OA=r$，$AB=l$，当 $\lambda=r/l$ 比较小时，以 O 为坐标原点，滑块 B 的运动方程可近似写为 $x=l\left(1-\frac{\lambda^2}{4}\right)+r\left(\cos\omega t+\frac{\lambda}{4}\cos 2\omega t\right)$，试求当 $\varphi=\omega t=0$

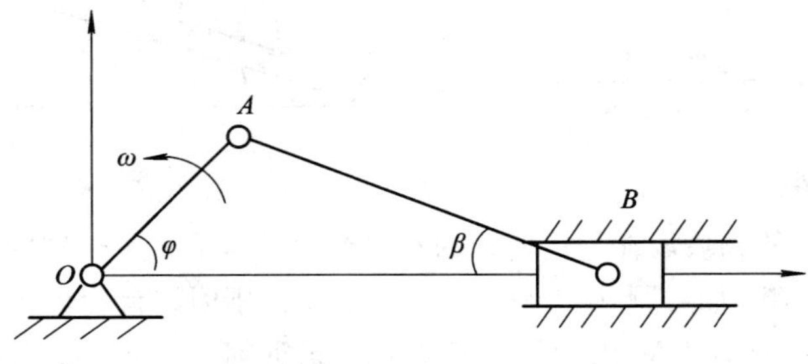

习题 5－6 图

和$\frac{\pi}{2}$时，连杆 AB 所受的力。

5-7　均质圆盘如习题 5-7 图所示，外径 $D = 60$ cm，厚 $h = 10$ cm，其上钻有四个圆孔，直径 $d_1 = 10$ cm，尺寸 $d = 30$ cm，钢的密度 $\rho = 7.9 \times 10^{-3}$ kg/cm^3。求此圆盘对过其中心 O 并与盘面垂直的轴的转动惯量。

5-8　冲击摆由摆杆 OA 及摆锤 B 组成，如习题 5-8 图所示。若将 OA 看成质量为 m、长为 L 的均质细直杆，将 B 看成质量为 m_2，半径为 R 的等厚均质圆盘，求整个摆对转轴 O 的转动惯量。

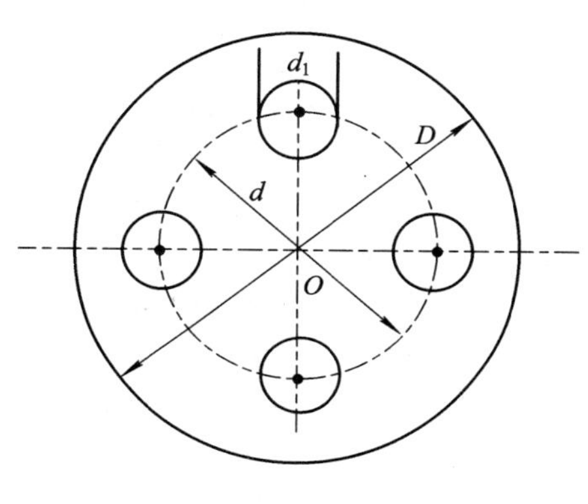

习题 5-7 图

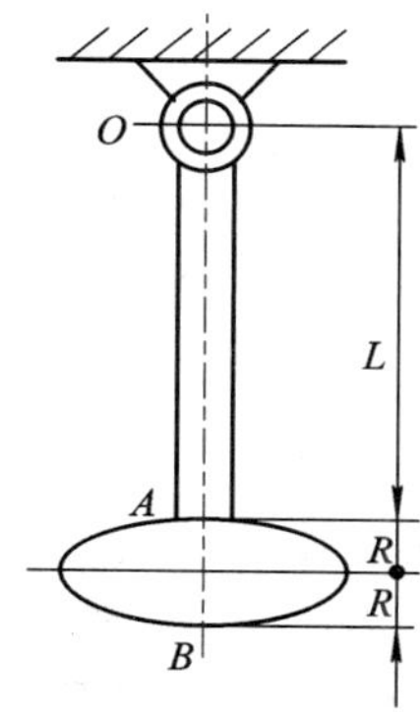

习题 5-8 图

5-9　平面磨床砂轮的质量 $m = 10$ kg，直径 $D = 0.6$ m，假设砂轮为均质圆盘。当砂轮转速 $n = 2400$ r/min 时，切断电源，砂轮作匀减速转动。当 $t = 80$ s 时，砂轮停转，试求砂轮轴上所受的阻力矩。

5-10　如习题 5-10 图所示，作用在圆盘上的不变圆周力 $F = 100$ N，现使圆盘由静止开始转动，其转动惯量 $J = 1.5$ kg·m^2，圆盘直径 $D = 0.3$ m。试求圆盘转动 2 s 后，圆盘圆周上一点的速度。

5-11　卷扬机的轮 B 和轮 C 的半径分别为 R 和 r，对水平轴的转动惯量分别为 J_B 和 J_C，物体 A 重 $\boldsymbol{G}$，在轮 C 上作用一不变力矩 M，如习题 5-11 图所示。试求物体 A 上升的加速度。

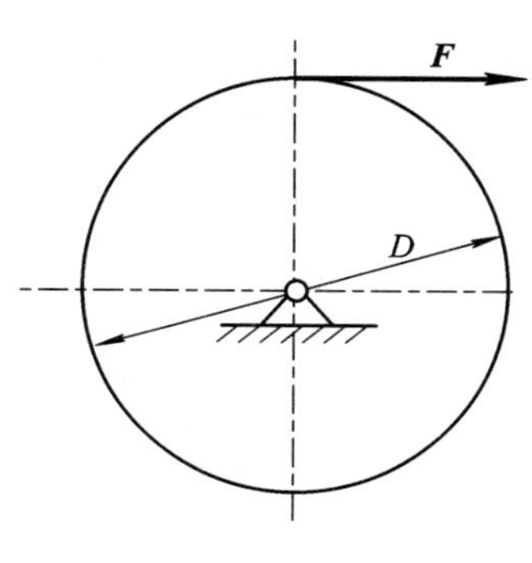

习题 5-10 图

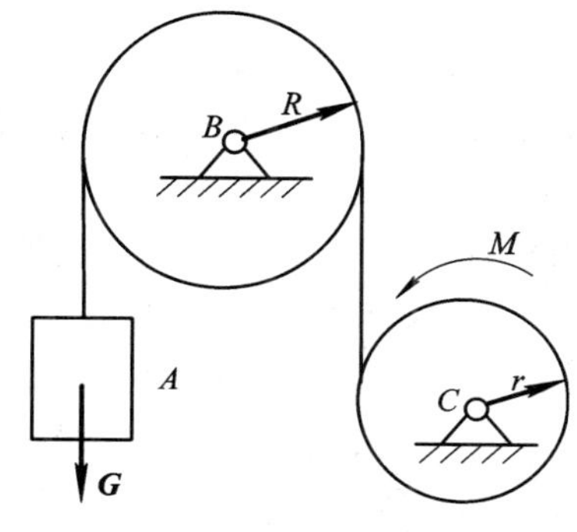

习题 5-11 图

5-12　如习题 5-12 图所示，轮子的质量 $m=100$ kg，半径 $r=1$ m，现视其为均质圆盘，以转速 $n=120$ r/min 绕定轴 C 转动。若在杆端 A 点沿垂直方向施加一常力 F，过 10 s 后轮子停止转动，轮与闸块间的动摩擦因数 $\mu=0.1$，轴承摩擦和闸块厚度忽略不计。试求 $\boldsymbol{F}$ 的大小。

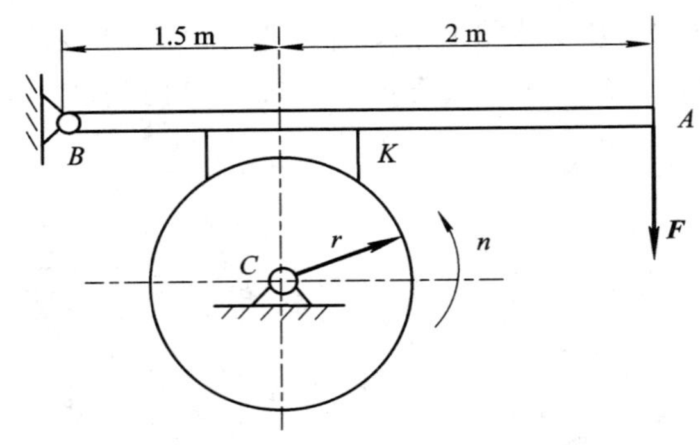

习题 5-12 图

5-13　重量为 $\boldsymbol{G}_1$ 的物块 A 沿光滑斜面 D 下滑，同时借一绕过滑轮 C 的绳子而使重量为 $\boldsymbol{G}_2$ 的重物 B 运动，如习题 5-13 图所示。已知斜面与水平面的倾角为 α，若忽略绳子和滑轮的重量，且不计绳子的伸长，试求斜面凸出部分 E 的水平压力。

5-14　如习题 5-14 图所示，长为 l 的悬臂梁 AB 的 B 端用铰链连接一半径为 R 的滑轮，其上绕以不可伸长并不计自重的绳，绳端悬挂有重量为 $\boldsymbol{G}_1$ 的物体 C。当物体 C 下落时，带动重量为 $\boldsymbol{G}_2$ 的滑轮转动。已知滑轮为均质圆盘，不计轴上的摩擦及梁和绳的自重，试求固定端 A 的约束力。

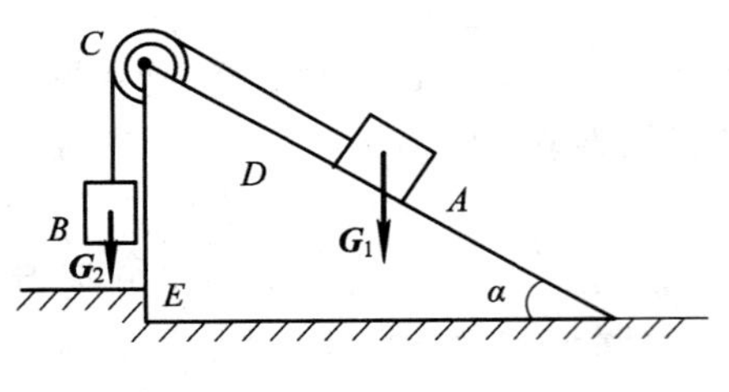

习题 5-13 图

习题 5-14 图

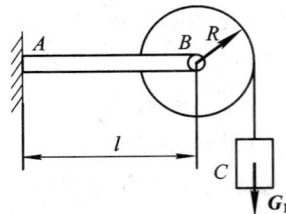

5-15　质量为 600 kg 的举重叉车，搬运质量为 300 kg 的箱子，箱子与举重叉车之间的摩擦因数 $\mu_s=0.5$。举重叉车的高度以及车和箱子的重心位置如习题 5-15 图所示。设叉车向左运动在制动时，其减速度 $a=3\ \text{m/s}^2$。

(1) 箱子能否从举重叉车上滑出或翻倒？

(2) 求举重叉车的 A 轮与 B 轮的铅垂约束力。

5-16　运送货物的平板车载着质量为 m 的货物，如习题 5-16 图所示。货箱可视为均质长方形体，货箱与平板之间的摩擦因数 $\mu_s=0.35$，试求平板车在安全运行(货物不滑动，也不翻倒)时所容许的平板车的最大加速度。

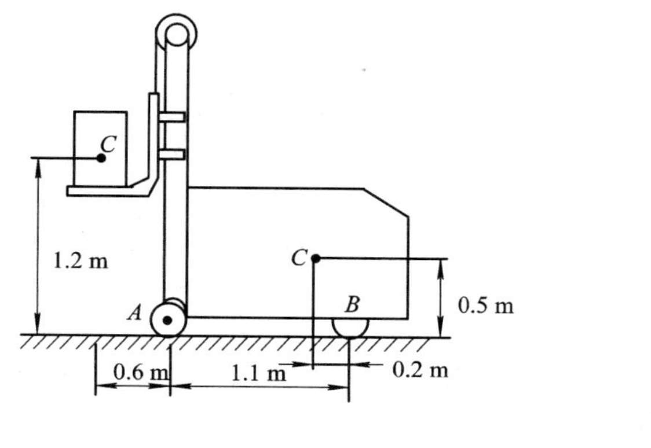

习题 5 - 15 图

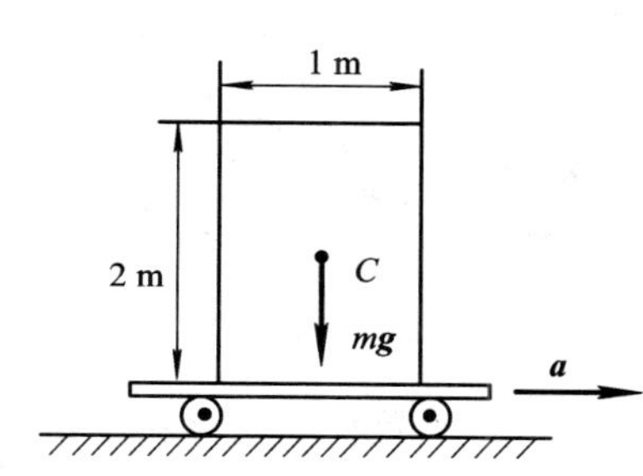

习题 5 - 16 图

5 - 17　一幢居民楼的层高为 3 m，某人提着重为 200 N 的箱子从一楼匀速走上二楼，楼梯与水平方向间的夹角为 45°，则上楼的过程中，人提箱子的力对箱子做多少功？重力对箱子做多少功？

5 - 18　如习题 5 - 18 图所示，一对称的矩形木箱的质量为 2000 kg，宽度为 1.5 m，高度为 2 m，欲使木箱绕点 C 翻倒，则人最少要对它做多少功？

5 - 19　手摇起重装置的手柄长度为 360 mm，工人在手柄端施加作用力 $F=15$ kN，则使起重机作匀速转动，如习题 5 - 19 图所示，其转速 $n = 4$ r/min，试求工人在 10 min 内所做的功。

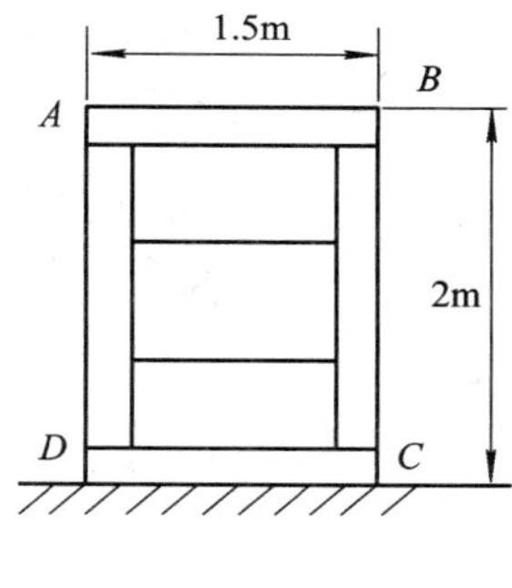

习题 5 - 18 图

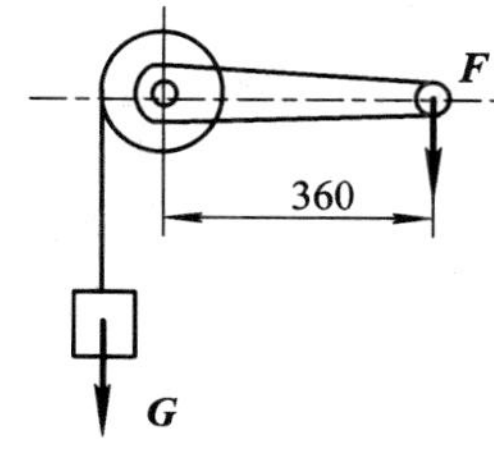

习题 5 - 19 图

5 - 20　如习题 5 - 20 图所示，B 为定滑轮，它距物体的高度差 $h=2$ m。物体 A 质量为 10 kg，置于光滑水平面上。一绳跨过定滑轮，一端与 A 相连，另一端 C 受到一个大小为 2.5 N 的竖直向下的拉力 $\boldsymbol{F}$，开始与物体 A 相连的绳与水平方向成 30°角，当 $\boldsymbol{F}$ 作用一段时间后，绳与水平方向成 60°角，那么拉力 $\boldsymbol{F}$ 对物体做功是多少？

5 - 21　质量为 2 kg 的物体作直线运动，其速度如习题 5 - 21 图所示。

(1) 20 s 内合力做功是多少？

(2) 在物体的不同运动阶段动力做的功各是多少？

(已知物体与地面之间的动摩擦因数 $\mu=0.2$。)

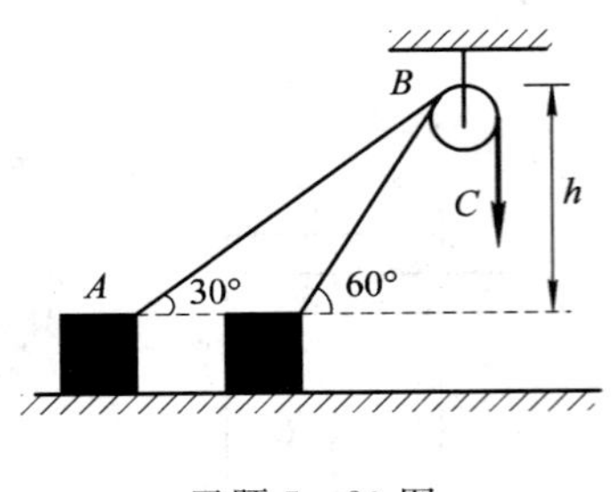

习题 5－20 图

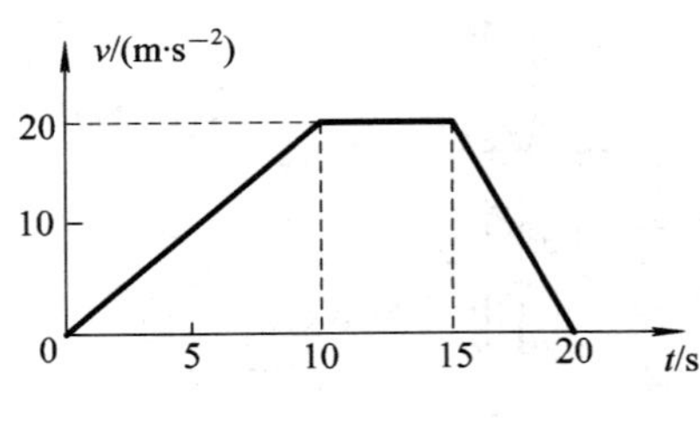

习题 5－21 图

5－22　一台起重机的输出功率是 5.0×10^4 W，若用它将 2.0 t 的水泥预制件匀速吊起 10 m，需要多少时间？

5－23　在矿井提升设备中，两个鼓轮固连在一起，总质量为 m，对转轴 O 的惯性半径为 ρ。在半径为 r_1 的鼓轮上用钢绳悬挂质量为 m_1 的平衡锤 A，而在半径为 r_2 的鼓轮上用钢绳牵引小车 B 沿斜面运动，小车的质量为 m_2，斜面与水平面的倾角为 α，如习题 5－23 图所示。已知在鼓轮上作用有不变转矩 M，试求小车向上运动的加速度和两根钢绳的拉力。钢绳的质量和所有的摩擦均忽略不计。

5－24　如习题 5－24 图所示，半径为 R、重量为 $\boldsymbol{G}_1$ 的齿轮 Ⅰ 自由地安装在固定的水平轴 O_1 上，在另一与其平等的轴 O_2 上安装着固连在一起的齿轮 Ⅱ 和鼓轮 Ⅲ，齿轮 Ⅱ 与齿轮 Ⅰ 具有相同的半径和重量，鼓轮 Ⅲ 的半径为 r，重量为 $\boldsymbol{G}_2$，绳子绕在鼓轮上，它的另一端连接重量为 $\boldsymbol{G}$ 的重物。视齿轮为均质圆盘，视鼓轮为均质圆柱，不计摩擦。试求重物由初始点下落距离 h 时的速度和加速度。

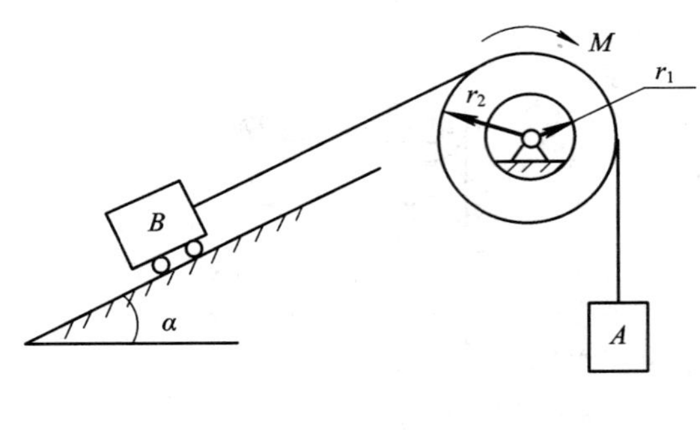

习题 5－23 图

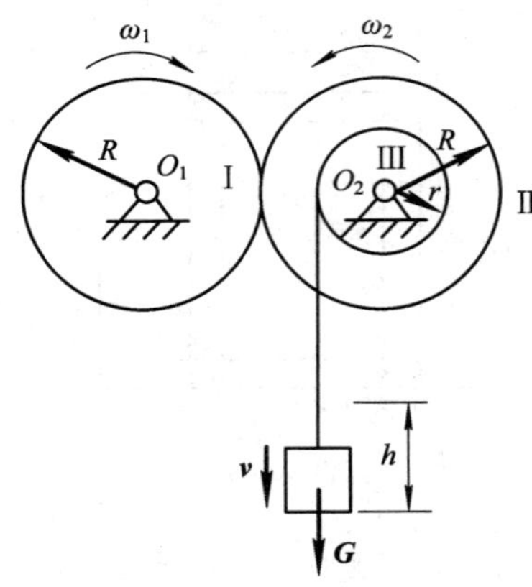

习题 5－24 图

第二篇　材料力学

工程结构或机械的组成部分，如建筑物的梁和柱、机床的轴等，统称为构件。构件在工作时，将受到力的作用，例如，车床主轴受齿轮啮合力和切削力的作用，建筑物的梁受自身重力和其他物体重力的作用。构件一般由固体制成。在外力作用下，固体具有抵抗外力的能力，但载荷过大时，构件就会断裂。在外力作用下，固体的尺寸和形状会发生变化，称为变形。变形分为弹性变形和塑性变形。弹性变形指载荷去除后变形随之消失；载荷消除后不能消失的变形称为塑性变形，也称为永久变形、残余变形。

为保证构件正常工作，构件应具有足够的能力来负担所承受的载荷。因此，构件应当满足以下要求：

(1) 强度要求：即构件在外力作用下应具有足够的抵抗破坏的能力。在规定的载荷作用下，构件不应被破坏，包括断裂和发生较大的塑性变形。例如，冲床曲轴不可折断；建筑物的梁和板不应发生较大塑性变形。强度要求就是指构件在规定的使用条件下不发生意外断裂或塑性变形。

(2) 刚度要求：即构件在外力作用下应具有足够的抵抗变形的能力。在载荷作用下，构件即使有足够的强度，但若变形过大，则仍不能正常工作。例如，机床主轴的变形过大，将影响加工精度；齿轮轴变形过大，将造成齿轮和轴承的不均匀磨损，引起噪音。刚度要求就是指构件在规定的使用条件下不发生较大的变形。

(3) 稳定性要求：即构件在外力作用下能保持原有直线平衡状态的能力。承受压力作用的细长杆，如千斤顶的螺杆、内燃机的挺杆等应始终维持原有的直线平衡状态，保证不被压弯。稳定性要求就是指构件在规定的使用条件下不产生丧失稳定性的破坏。

如果构件的横截面尺寸不足或形状不合理，或材料选用不当，不能满足上述要求，将不能保证工程结构或机械的安全工作。相反，如果不恰当地加大构件横截面尺寸或选用高强材料，虽满足了上述要求，却使用了更多的材料，从而增加了成本，造成浪费。

综上所述，我们可以得出以下结论：材料力学是研究各类构件(主要是杆件)的强度、刚度和稳定性的学科，它提供了有关的基本理论、计算方法和实验技术，使我们能合理地确定构件的材料和形状尺寸，以达到安全与经济的设计要求。

在工程实际问题中，一般来说，构件都应具有足够的承载能力，即足够的强度、刚度和稳定性，但对具体的构件又有所侧重。例如，储气罐主要保证强度，车床主轴主要要求具有足够的刚度，受压的细长杆应该保持其稳定性。对某些特殊的构件还可能有相反的要求。例如，为防止超载，当载荷超过某一极限时，安全销应立即破坏；又如，为发挥缓冲作用，车辆的缓冲弹簧应有较大的变形。

研究构件的承载能力时，必须了解材料在外力作用下表现出的变形和破坏等方面的性能及材料的力学性能。材料的力学性能由实验来测定，经过抽象、综合、归纳而建立的理论是否可信，也要由实验来验证。此外，对于一些尚无理论结果的问题，需要借助实验方法来解决。所以，实验分析和理论研究同是材料力学解决问题的方法。

第 6 章　材料力学的基本概念

本章主要介绍变形固体、外力、内力、应力等材料力学的基本概念，四种基本变形，变形固体均匀连续假设和各向同性假设的思路及用截面法求内力的方法。

6.1　变形固体的基本假设

固体在外力作用下会产生一定的变形，所以称之为变形固体或可变形固体。研究变形固体的强度、刚度和稳定性时，为使问题得以简化并由此得出一般性的理论结果，常需要略去变形固体的次要属性，并根据其主要属性作出某些假设，使之成为一种理想的力学模型，作为材料力学理论分析的基础。为此，在材料力学中对变形固体作下列假设。

1. 均匀连续假设

均匀连续假设认为，整个固体内物质是连续分布的，且各处的力学性质是完全相同的。常用的金属材料是由极微小的晶粒(例如，每立方毫米的钢料中一般含有数百个晶粒)组成的，晶粒的排列通常是随机的，晶粒之间可能存在着空位，而且各晶粒的性质也不尽相同。但由于材料力学中所研究的构件或构件的一部分的尺寸远大于晶粒，因此可把金属构件看成是连续体；同时，金属材料的力学性质是它所含晶粒性质的统计平均值，所以，晶粒之间的空位及其性质的非均匀性对构件性质和分析计算的影响都不算严重。总之，根据这一假设，构件中的一些物理量(例如各点的位移)可用坐标的连续函数来描述；同时，通过试件所测得的材料的力学性能，可用于构件内部的任何部位。

2. 各向同性假设

各向同性假设认为，材料沿各个方向的力学性能均相同。工程中常用的金属材料，就单个晶粒来说，其力学性能是有方向性的，但由于晶粒的尺寸远小于构件尺寸，且排列是随机的，因此，在宏观研究中认为它们的性能接近相同，如铸钢、铸铜、玻璃等均是各向同性材料。

若材料沿各方向性能不同，则称为各向异性材料，如木材、竹和纤维增强叠层复合材料等。

6.2　外力及其分类

研究构件时，用来代替周围其他物体对构件的作用的力称为外力。

外力有多种分类方法，按其作用方式不同，外力可分为表面力和体积力。表面力是作用于物体表面的力。例如，风力或液体压力等，它们是连续作用于物体表面的力，故称为分布力；火车轮对钢轨的压力，滚珠轴承对轴的反作用力等，其作用面积相对较小，可看做是作用于一点，故称为集中力。体积力是连续分布于物体内部各点的力，例如物体本身的重力和惯性力等。

按随时间变化的情况，载荷又可分为静载荷和动载荷。若载荷由零缓慢增加到一定之后保持不变，或变动很不明显，即为静载荷。若载荷明显地随时间而改变，则为动载荷。按其随时间变化的方式，动载荷又可分为交变载荷和冲击载荷。

静载荷问题比较简单，所建立的理论和分析方法也适用于动载荷问题，所以下面首先研究静载荷问题。

6.3　内力、截面法和应力的概念

物体均是由无数微小的颗粒组成的，不受外力作用时，物体内各颗粒间存在着相互作用的力。受到外力作用而产生变形后，各颗粒间相对位置会发生改变，从而引起相互作用也发生改变。这种物体内部各部分之间因外力而引起的相互作用的改变量，即称为内力。内力随外力的增加而加大，到达某一限度时就会引起构件破坏，因而它与构件的强度是密切相关的，是材料力学中研究的主要问题之一。

在材料力学中已知外力求内力的基本方法称为截面法（见图 6－1）。此法可分为三个步骤：

(1) 若求某一截面上的内力，可假想地沿该截面处把整个构件分成两部分，取其中任意一部分为研究对象，并弃去另一部分。

(2) 用作用于截面上的内力来代替弃去部分对保留部分的作用。

(3) 对所选研究对象建立平衡方程，确定未知的内力。

设杆件在外力的作用下处于平衡状态，求 $m-m$ 截面上的内力，即求 $m-m$ 截面左右两部分的相互作用力。首先假想地用一截面从 $m-m$ 截面处把杆件截成两部分（见图 6－1(a)），然后取其任一部分作为研究对象，另一部分对它的作用力即为 $m-m$ 截面上的内力 $\boldsymbol{F}_N$（见图 6－1(b)）。因为整个杆件是平衡的，所以每一部分也都平衡，这样由静力学平衡条件即可确定内力。例如，以 $m-m$ 截面左侧部分的杆件为研究对象得：

$$\sum F_x = 0$$

$$F_N - F = 0$$

即

$$F_N = F$$

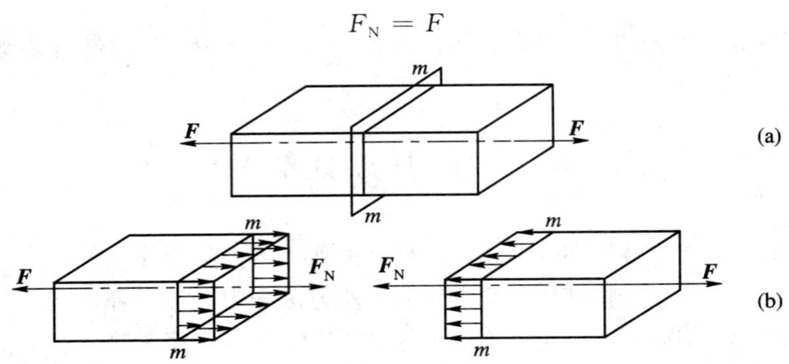

图 6－1

按照材料连续性假设，$m-m$ 截面上各处都有内力作用，所以 $\boldsymbol{F}_N$ 应是一个分布内力系的合力。

用截面法确定的内力，不能说明分布内力系在截面内某一点处的强弱程度，为此，我们引入内力集度的概念。设在图 6-2 中所示受力构件的 $m-m$ 截面上 C 点附近取微小面积 ΔA，ΔA 上分布内力的合力为 $\Delta \boldsymbol{F}_R$。$\Delta \boldsymbol{F}_R$ 的大小与 C 点的位置和 ΔA 的大小有关。把 $\Delta \boldsymbol{F}_R$ 和 ΔA 的比值称为平均应力，用来表征 ΔA 上内力的平均集度，即

$$\boldsymbol{p}_m = \frac{\Delta \boldsymbol{F}_R}{\Delta A}$$

当 ΔA 趋于零时，$\boldsymbol{p}_m$ 的大小和方向都将趋于一定极限，由此得到

$$\boldsymbol{p} = \lim_{\Delta A \to 0} \boldsymbol{p}_m = \frac{d\boldsymbol{F}_R}{dA}$$

$\boldsymbol{p}$ 称为 C 点的应力，它是分布内力系在 C 点的集度，反映内力系在 C 点的强弱程度。当截面上各点的应力都相同(即截面上应力均匀分布)时，应力 $\boldsymbol{p}$ 就等于截面单位面积上的内力。

$\boldsymbol{p}$ 是一个矢量，一般来说，它既不与截面垂直，也不与截面相切。通常把应力 $\boldsymbol{p}$ 分解成垂直于截面的分量 $\boldsymbol{\sigma}$ 和与截面相切的分量 $\boldsymbol{\tau}$(见图 6-2(b))，$\boldsymbol{\sigma}$ 称为正应力，$\boldsymbol{\tau}$ 称为剪应力。

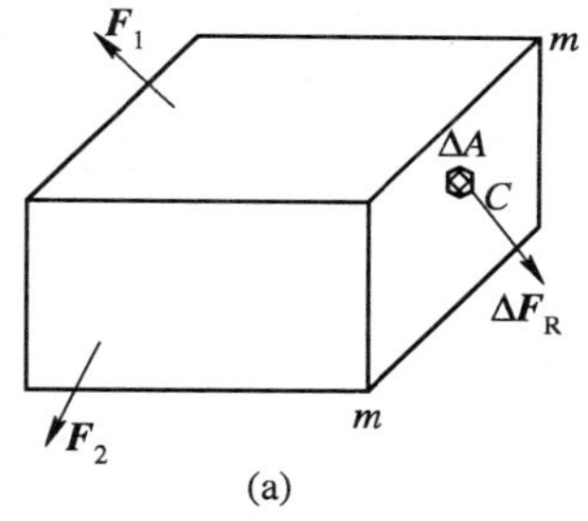

(a)

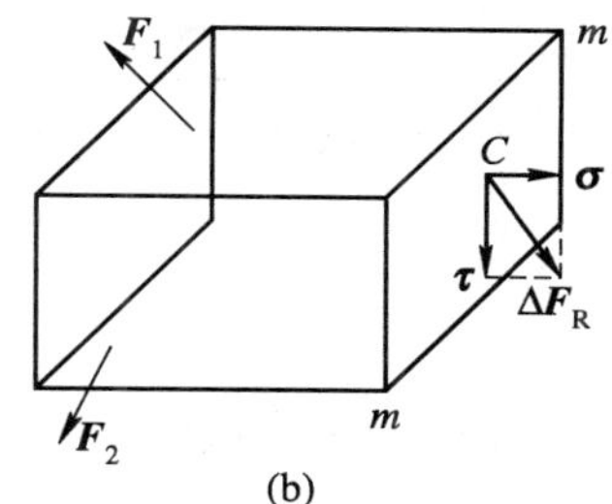

(b)

图 6-2

在国际制单位中，应力的单位是牛/米^2(N/m^2)，称为帕斯卡，简称为帕(Pa)，即 1 帕=1 牛/米^2。也可采用帕斯卡的倍数单位：千帕斯卡、兆帕斯卡或吉帕斯卡，其代号分别为千帕(kPa)、兆帕(MPa)、吉帕(GPa)。其中，1 kPa$=10^3$ Pa，1 MPa$=10^6$ Pa，1 GPa$=10^9$ Pa。

6.4　杆件变形的基本形式

杆件所受的外力是各种各样的，因此，杆的变形也是各种各样的。但归纳起来，这些基本变形不外乎以下四种。

1. 轴向拉伸或轴向压缩

若直杆受到沿轴线方向作用的一对大小相等、方向相反的外力作用，则直杆的主要变形是轴向拉伸(见图 6-3(a))或轴向压缩(见图 6-3(b))。简单桁架在载荷的作用下，桁架中的杆件就会发生轴向拉伸或轴向压缩。

2. 剪切

若直杆受到一对大小相等、方向相反且相距很近的横向外力作用，则直杆的主要变形是两外力之间的横截面产生相对错动(见图 6-3(c))。

3. 扭转

若直杆受到垂直轴线方向的一对大小相等、转向相反的力偶作用，则直杆的相邻横截面将绕轴线发生相对转动，杆件表面纵向线将成螺旋线，而轴线仍为直线(见图 6-3(d))。

4. 弯曲

若直杆受到垂直于杆件轴线的横向力或力偶作用，则直杆的轴线由直线弯成曲线(见图 6-3(e))。梁在自重的作用下就会发生弯曲变形。

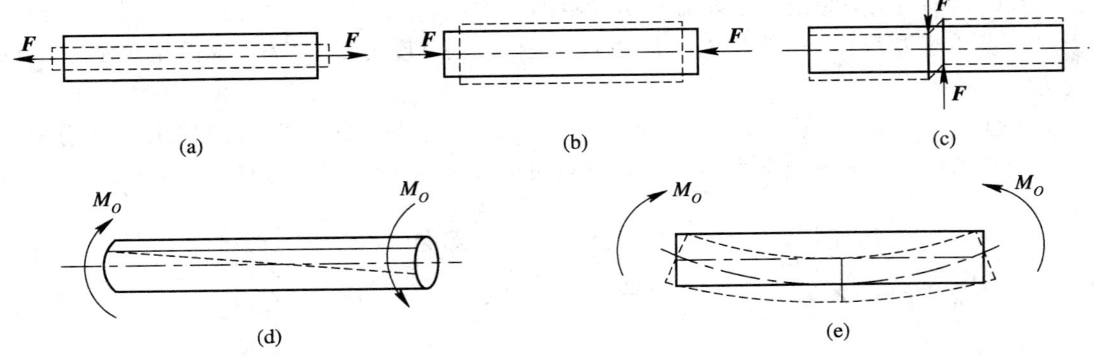

图 6-3

在工程实际中，杆件在载荷作用下的变形为一种基本变形的情况较为少见，大多为上述几种基本变形的组合。若以某种基本变形为主，其他变形为次要变形，则可按该基本变形形式计算。若几种变形形式无主次之分，则属组合变形问题。本书将先讨论几种基本变形，然后再分析组合变形问题。

第 7 章　轴向拉伸和压缩

杆件工作时受到拉伸和压缩是其受力与变形的一种最简单形式，掌握其基本原理和分析方法，对材料力学的实际应用具有普遍意义。本章介绍了轴向拉伸和压缩、轴力、应力、变形、应变及应力集中等基本概念和材料在拉伸或压缩时的力学性质；在研究轴力、应力及变形计算的基础上，讨论了杆件在拉伸或压缩时的强度和刚度计算方法。学习本章知识后，可以对构件进行校核，并进行简单的设计。

7.1　轴向拉伸和压缩的概念

在工程实际中有很多构件可以简化为直杆，作用于杆上的外力(或外力的合力)的作用线与杆轴线重合，此时，杆的变形是纵向伸长或缩短。这类构件称为拉(压)杆，如建筑物中的立柱(见图 7－1)、钢木组合桁架中的钢拉杆(见图 7－2)等。

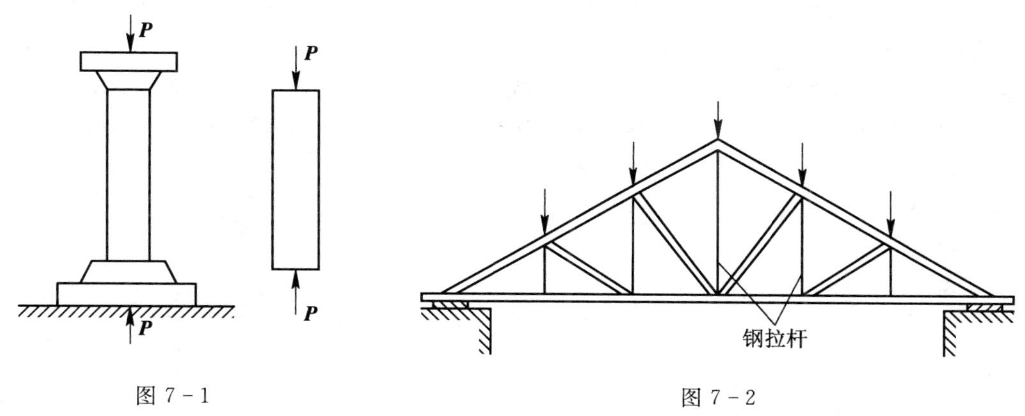

图 7－1　　图 7－2

实际拉(压)杆的端部连接较为复杂，若不考虑端部的具体连接方式，可将其简化为图 7－3(a)、(b)所示的计算简图形式。

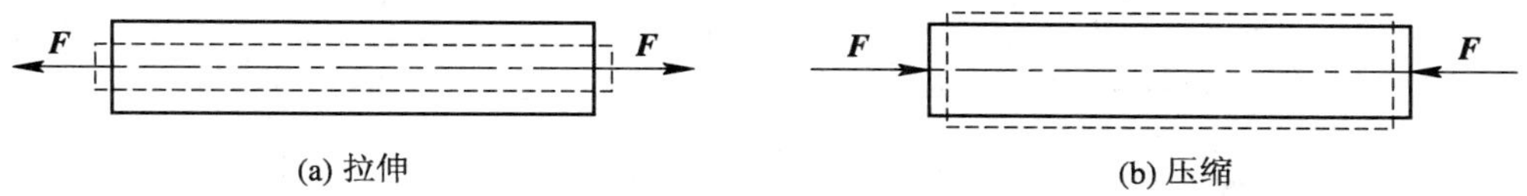

(a) 拉伸　　(b) 压缩

图 7－3

计算简图从几何上讲是等直杆，其受力情况是杆在两端各受一集中力 $\boldsymbol{F}$，两个力大小相等，指向相反，且作用线与杆轴线重合，杆的变形是杆沿轴线方向伸长或缩短。这种变形形式就称为轴向拉伸或轴向压缩。

7.2 拉、压杆横截面上的内力

垂直于杆件轴线的截面称为横截面。以下研究一等直杆在两端轴向拉力 $\boldsymbol{F}$ 的作用下处于平衡时杆件横截面 $m-m$ 上的内力(见图 7-4(a))。假想用一平面沿横截面 $m-m$ 将杆件截分为Ⅰ、Ⅱ两部分，任取一部分(如部分Ⅰ)，弃去另一部分(如部分Ⅱ)，并将弃去部分对留下部分的作用以截开面上的内力来代替。

由于杆件处于平衡状态，故截开后的每一部分也都应保持平衡。如图 7-4(b)所示，若取部分Ⅰ为研究对象，则列出静力学平衡方程为

$$\sum F_x = 0, \quad F_{\mathrm{N}} - F = 0$$

得到

$$F_{\mathrm{N}} = F$$

因外力 $\boldsymbol{F}$ 的作用线与杆的轴线重合，所以内力 $\boldsymbol{F}_{\mathrm{N}}$ 的作用线也必然与杆的轴线重合，即垂直于横截面并通过其形心。这种内力就称为轴力。

若取部分Ⅱ为研究对象，由静力学平衡条件同样可以求得 $m-m$ 截面上的轴力，且由作用与反作用原理可知，此时求出的轴力与部分Ⅰ上的轴力数值相等而指向相反(见图 7-4(c))。

对于压杆，通过上述方法也可求得任一横截面 $m-m$ 上的轴力 F_{N}，如图 7-5 所示。为了使无论以Ⅰ部分还是Ⅱ部分为研究对象，求出的同一截面 $m-m$ 上的轴力不仅数值相等而且指向相同(轴力有相同的正负号)，规定：拉伸时的轴力为正，称为拉力，由图 7-4(b)、(c)知，拉力是背离横截面(截面的外法线方向)的；压缩时的轴力为负，称为压力，由图 7-5(b)、(c)知，压力是指向横截面的。

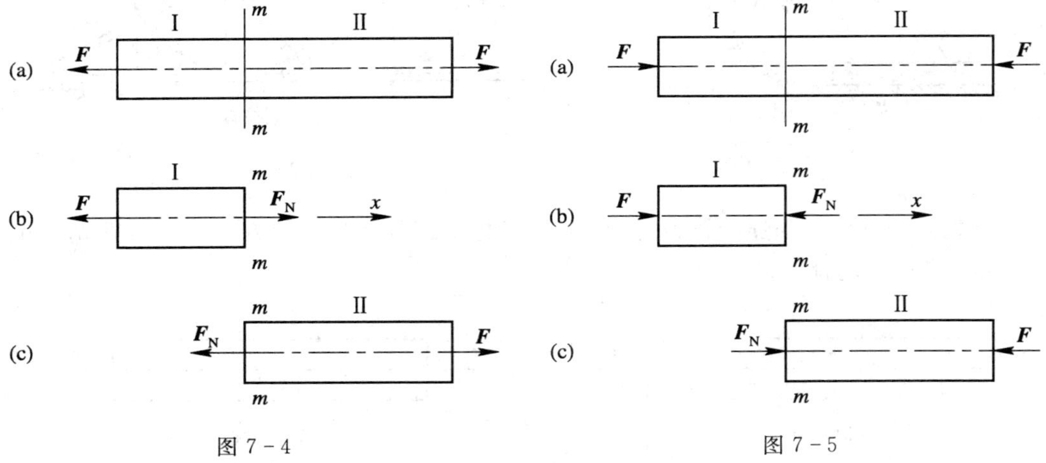

图 7-4　　图 7-5

必须指出，静力学中的力(或力偶)的可移性原理以及将杆上的荷载用一个静力等效的相当力系来代替的方法，在用截面法求内力的过程中是不可用的。

当杆件受到两个或两个以上的轴向外力作用而处于平衡时，杆的不同区段上的轴力一般是不同的。为了表示各横截面上轴力沿轴线的变化情况，可以用图形来表示轴力与横截面位置的关系。用平行于杆轴线的坐标表示横截面的位置，用垂直于杆轴线的坐标表示横

截面上轴力的数值，绘出的表示轴力与横截面位置关系的图形称为轴力图。习惯上按选定的比例尺和轴力的正负把轴力绘在轴的上下或左右两侧。从轴力图上可确定出最大轴力及其所在的横截面位置。

【例 7－1】 图 7－6(a)表示一等直杆受力情况，试作其轴力图。

解　用截面法求各段截面上的轴力。

(1) 沿 1－1 截面截开，取左侧部分为研究对象，如图 7－6(b)所示，设截开面上轴力为正(拉力)，建立平衡方程：

$$\sum F_x = 0,\quad F_{N1} - P_1 = 0$$

解得

$$F_{N1} = P_1 = 50\ \text{kN} \qquad ①$$

结果为正，说明所设轴力方向与 1－1 截面上的实际轴力方向相同。

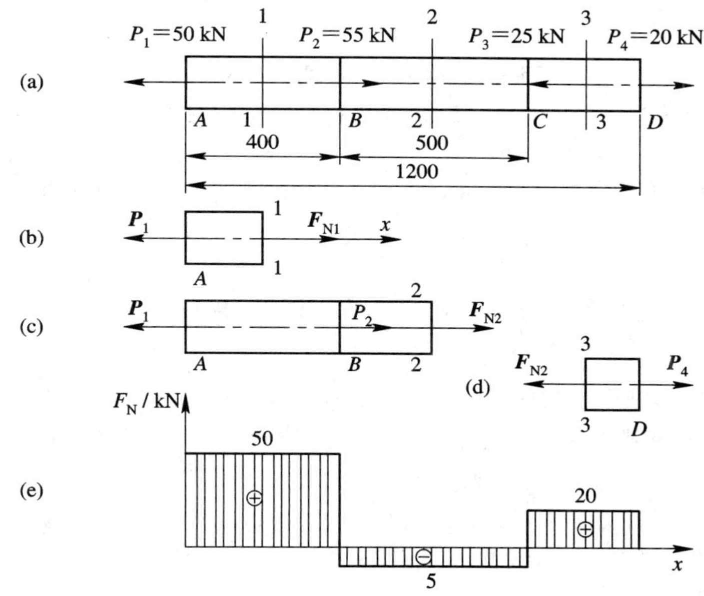

图 7－6

(2) 沿 2－2 截面截开，取左侧部分为研究对象，如图 7－6(c)所示，仍设截开面上轴力为拉力，建立平衡方程：

$$\sum F_x = 0,\quad F_{N2} - P_1 + P_2 = 0$$

得到

$$F_{N2} = P_1 - P_2 = 50 - 55 = -5\ \text{kN} \qquad ②$$

F_{N2} 为负值，说明所设轴力方向与 2－2 截面上的实际轴力方向相反，应是指向截面的压力。

(3) 沿 3－3 截面截开，取右侧部分为研究对象，如图 7－6(d)所示，同理可求得 CD 段的轴力：

$$\sum F_x = 0,\quad -F_{N3} + P_4 = 0$$

得

$$F_{N3} = P_4 = 20 \text{ kN} \qquad ③$$

由计算结果可知，杆件在 BC 段受压，其他两段都受拉，其轴力图如图 7-6(e)所示。最大轴力在 AB 段，即 $F_{Nmax}=50$ kN。

从例 7-1 的式①、②、③中，可归纳出用截面法求轴力的规律如下：

(1) 轴上任一截面上的轴力等于截面一侧(左或右)所有外力的代数和。外力与截面外法线相反者取正号，相同者取负号。

(2) 轴力得正值时，表明其沿截面外法线方向(背离截面)，杆件受拉；轴力得负值时，表明其与截面外法线方向相反(指向截面)，杆件受压。

应用上述规律求某截面上的轴力非常简便。以上题为例，各段轴力求解如下：

AB 段：

$F_{N1}=P_1=50$ kN(取左侧为研究对象)

$F_{N1}=P_2+P_4-P_3=55+20-25=50$ kN (取右侧为研究对象)

BC 段：

$F_{N2}=P_1-P_2=50-55=-5$ kN (取左侧为研究对象)

$F_{N2}=P_4-P_3=20-25=-5$ kN (取右侧为研究对象)

CD 段：

$F_{N3}=P_1-P_2+P_3=50-55+25=20$ kN (取左侧为研究对象)

$F_{N3}=P_4=20$ kN (取右侧为研究对象)

7.3 拉、压杆横截面上的应力

要求拉(压)杆横截面上的应力，首先要了解内力在横截面上的分布情况。为此，应考察杆件在受力后表面上的变形情况，并由表及里地作出杆件内部变化情况的几何假设，得到内力在截面上的分布情况，建立内力与应力之间的关系。

取一等直杆，在其侧面作相邻的两条横向线 ab 和 cd，然后在杆件两端施加一对拉力使杆发生变形。此时，可观察到 ab 和 cd 移到 $a'b'$ 和 $c'd'$(见图 7-7)。根据这一现象，设想横向线代表杆的横截面，于是可作出平面假设：原为平面的横截面在杆变形后仍为平面。

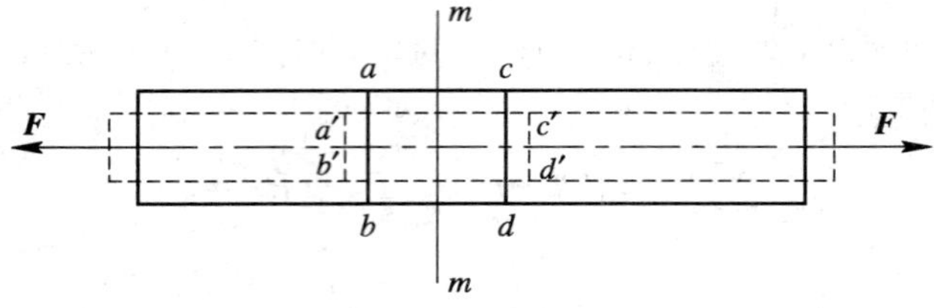

图 7-7

根据平面假设，拉杆变形后两横截面将沿杆轴线作相对平移，也就是说，拉杆在其任意两个横截面之间的纵向变形是均匀的。由此，可推断出横截面上各点的正应力 σ 都相等(见图 7-8(a)、(b))。因此，轴向拉伸或压缩时横截面上的正应力为

$$\sigma = \frac{F_N}{A} \tag{7-1}$$

式中：σ 为横截面上的正应力；F_N 为横截面上的轴力；A 为杆的横截面面积。

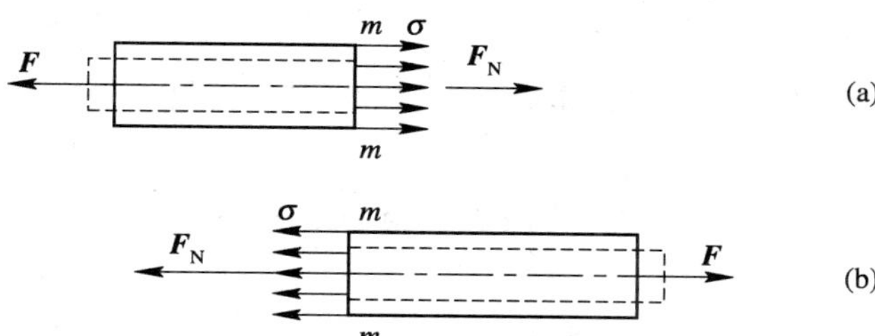

图 7－8

当等直杆受两个以上的轴向外力作用时，由轴力图可求得其最大轴力 F_{Nmax}，代入式(7－1)即得杆内的最大正应力为

$$\sigma_{max} = \frac{F_{Nmax}}{A} \tag{7-2}$$

最大应力所在的横截面称为危险截面，危险截面上的正应力称为最大工作应力。

【例 7－2】 一横截面为正方形的砖柱分上、下两段，其受力情况、各段长度及横截面尺寸如图 7－9(a)所示。已知 $F=50$ kN，试求荷载引起的最大工作应力。

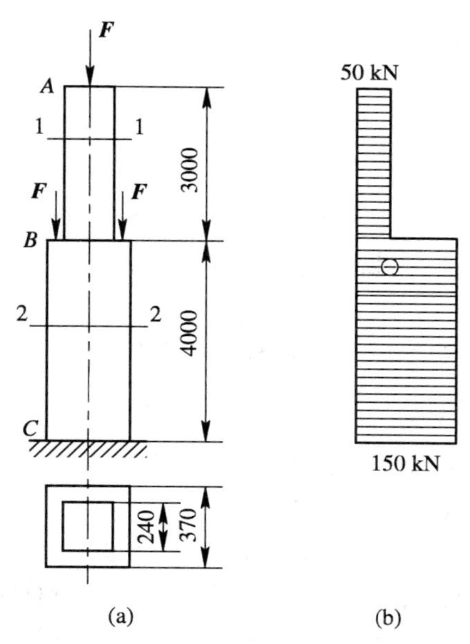

图 7－9

解　(1) 作砖柱的轴力图如图 7－9(b)所示。

(2) 由于砖柱为变截面杆，故须利用式(7－2)求出每段柱的横截面上的正应力，从而确定砖柱的最大工作应力。

砖柱上 1－1、2－2 两横截面上的正应力分别由轴力图及横截面尺寸算得为

$$\sigma_1 = \frac{F_{N1}}{A_1} = \frac{-50 \times 10^3}{0.24 \times 0.24} = -0.87 \times 10^6 \text{ Pa} = -0.87 \text{ MPa（压应力）}$$

和

$$\sigma_2 = \frac{F_{N2}}{A_2} = \frac{-150 \times 10^3}{0.37 \times 0.37} = -1.1 \times 10^6 \text{ Pa} = -1.1 \text{ MPa（压应力）}$$

由上述结果可见，砖柱的最大工作应力在柱的下段，其值为 1.1 MPa，是压应力。

7.4 拉(压)杆的变形与胡克定律

杆件在轴向拉伸或压缩时，将引起轴向及横向尺寸的变化。现在以拉杆为例来研究这种变形。

设杆件的原长为 l，横向尺寸为 b(见图 7－10)。在一对轴向拉力 $\boldsymbol{F}$ 的作用下，变形后的长度增为 l_1，变形后的直径缩为 b_1。

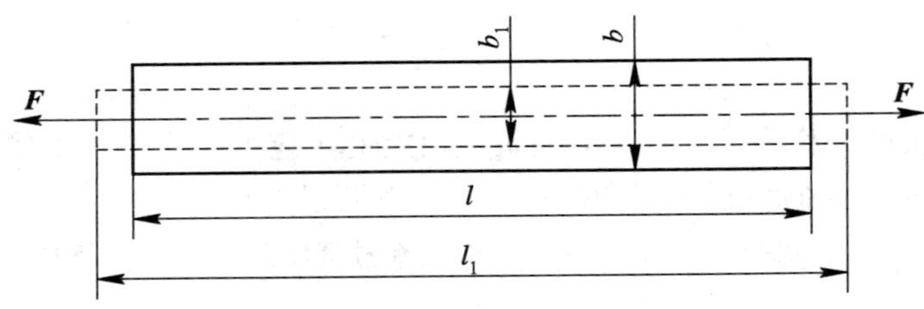

图 7－10

7.4.1 绝对变形

1. 纵向绝对变形

杆件的纵向尺寸的改变(伸长或缩短)称为纵向绝对变形，若以 Δl 表示，则

$$\Delta l = l_1 - l \tag{a}$$

由式(a)可知，拉杆的纵向伸长 Δl 为正，压杆的纵向缩短 Δl 为负。

2. 横向绝对变形

杆件的横向尺寸的改变(缩小或增大)称为横向绝对变形，若以 Δb 表示，则

$$\Delta b = b_1 - b \tag{b}$$

由式(b)可知，杆件受拉时 Δb 为负，杆件受压时 Δb 为正。

绝对变形只反映杆的总变形量，而无法说明沿杆长度方向上各段的变形程度。由于拉杆各段的伸长是均匀的，因此，其变形程度可以用每单位长度的变形来表示，称为相对变形或线应变。

7.4.2 相对变形

1. 纵向相对变形

沿轴线方向单位长度的变形称为纵向相对变形或纵向线应变，若以 ε 表示，则

$$\varepsilon = \frac{\Delta l}{l} \tag{7-3}$$

由式(a)可知，杆件拉伸时 ε 为正，杆件压缩时 ε 为负。

2. 横向相对变形

横向单位长度的变形称为横向相对变形或横向线应变，若以 ε' 表示，则

$$\varepsilon' = \frac{\Delta b}{b} \tag{7-4}$$

由式(b)可知，杆件拉伸时 ε' 为负，杆件压缩时 ε' 为正。

7.4.3　泊松(S. D. Poisson)比

实验结果指出，当杆件内的应力不超过材料的比例极限时，横向线应变 ε' 与纵向线应变 ε 的绝对值之比为一常数，此比值称为横向变形因数或泊松比，通常用 ν 表示，即

$$\nu = \left|\frac{\varepsilon'}{\varepsilon}\right| \tag{c}$$

泊松比 ν 是一个无量纲的量，其值随材料的不同而不同。

因横向线应变与纵向线应变的正负号相反，故有

$$\varepsilon' = -\nu\varepsilon$$

7.4.4　胡克定律

拉(压)杆的变形量和其受力之间的关系与材料的性能有关，只能通过实验来获得。对低碳钢、合金钢等常用材料制成的拉杆，由实验证明：当杆件上的应力不超过材料的比例极限(见 7.5 节)时，杆的轴向变形 Δl 与其所受轴向载荷 $\boldsymbol{F}$ 及杆的原长 l 成正比，与杆的横截面面积 A 成反比，即

$$\Delta l \propto \frac{Fl}{A}$$

引入比例常数 E，则有

$$\Delta l = \frac{Fl}{EA} \tag{7-5(a)}$$

由于 $F=F_N$，故式(7-5(a))可改写为

$$\Delta l = \frac{F_N l}{EA} \tag{7-5(b)}$$

这一关系就称为胡克定律。式中的比例常数 E 称为弹性模量，单位为 Pa。不同材料的弹性模量不同，都是通过实验方法测定的。由式 7-5(b)可知，对长度及横截面面积相同，受力相等的直杆，弹性模量越大，则变形越小。所以，E 表征材料抵抗弹性变形的能力，E 值越大，抵抗变形的能力越强；反之，E 值越小，抵抗变形的能力越弱。

式(7-5(a))或(7-5(b))同样适用于压杆。轴力 $\boldsymbol{F}_N$ 和变形 Δl 的正负号是对应的，即杆件受拉，轴力 $\boldsymbol{F}_N$ 为正时，所求的变形 Δl 为正，表示杆件伸长，反之亦然。还可看出，对长度相同、受力相等的杆件，EA 愈大，则杆件的变形愈小。所以，EA 称为抗拉(压)刚度，它表示杆件抵抗变形的能力。

将上述公式改写成

$$\frac{\Delta l}{l}=\frac{1}{E}\cdot\frac{F_{\rm N}}{A} \tag{d}$$

由于，$\frac{\Delta l}{l}=\varepsilon$，$\frac{F_{\rm N}}{A}=\frac{N}{A}=\sigma$，于是得胡克定律的另一表达形式

$$\varepsilon=\frac{\sigma}{E}\quad 或\quad \sigma=E\varepsilon \tag{7-6}$$

即当应力不超过材料的比例极限时，应力和应变成正比。显然，式中纵向线应变 ε 和横截面上的正应力 σ 的正负号也是相对应的，当为拉应力时，引起纵向伸长线应变。

弹性模量 E 和泊松比 ν 都是材料的弹性常数。表 7-1 给出了一些常用材料的 E 和 ν 的约值。

表 7-1　弹性模量 E 及泊松比 ν 的约值

材料名称	牌　号	E/GPa	ν
低碳钢	Q235	200～210	0.24～0.28
低合金钢	16Mn	200	0.25～0.30
合金钢	40CrNiMoA	210	0.24～0.33
灰口铸铁		60～162	0.23～0.27
铝合金	LY12	71	0.33
轧制纯铜		108	0.31～0.34
混凝土		15.2～36	0.16～0.18
木材(纹)		9～12	

【例 7-3】　一阶梯形钢杆如图 7-11 所示，AB 段的横截面面积 $A_1=400\ \text{mm}^2$，BC 段的横截面面积 $A_2=250\ \text{mm}^2$，钢的弹性模量 $E=210$ GPa。试求：AB、BC 段的伸长量和杆的总伸长量；C 截面相对 B 截面的位移和 C 截面的绝对位移。

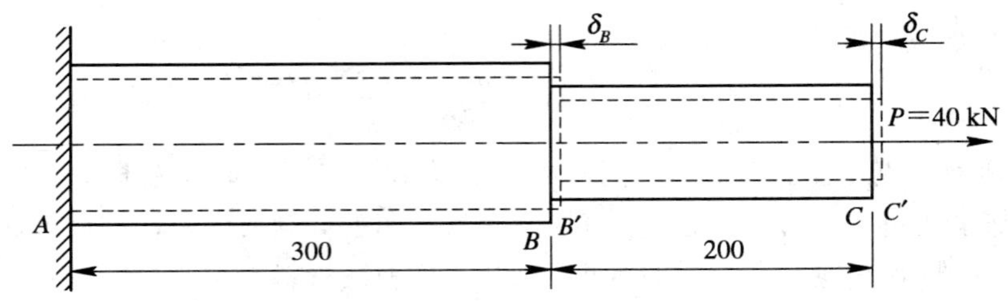

图 7-11

解　(1) 求各段杆横截面上的轴力。

AB、BC 段的轴力相等，均为

$$F_{\rm N}=P$$

(2) 求 AB、BC 段的伸长量和杆的总伸长量。

AB 段：

$$\Delta l_1 = \frac{F_N l_1}{EA_1} = \frac{40 \times 10^3 \times 300}{210 \times 10^9 \times 400} = 0.143\ \text{mm}$$

BC 段：

$$\Delta l_2 = \frac{F_N l_2}{EA_2} = \frac{40 \times 10^3 \times 200}{210 \times 10^9 \times 250} = 0.152\ \text{mm}$$

AC 杆的总伸长量为

$$\Delta l = \Delta l_1 + \Delta l_2 = 0.143 + 0.152 = 0.295\ \text{mm}$$

（3）求 C 截面相对 B 截面的位移和 C 截面的绝对位移。

位移是指物体上的一些点、线或面在空间位置上的改变。由于 P 力的作用，杆件发生伸长变形，使 B、C 截面分别移到了 B' 和 C' 的位置，它们的位移（有时称为绝对位移）分别是 δ_B 和 δ_C。

显然，两个截面的相对位移，在数值上等于两个截面之间那段杆的伸长（或缩短）。因此，C 截面与 B 截面间的相对位移是

$$\delta_{BC} = \Delta l_2 = 0.152\ \text{mm}$$

结果为正，表明两截面相对位移的方向是相对离开。

A 截面不动时，C 截面的位移是由于 AC 杆的伸长而引起的，数值上就等于 AC 杆的伸长量，即

$$\delta_C = \Delta l = 0.295\ \text{mm}$$

位移和变形是两个不同的概念，但是它们在数值上有密切的联系。位移在数值上取决于杆件的变形量和杆件受到的外部约束或杆件之间的相互约束。

7.5　拉、压时材料的力学性能

在前面讨论的拉（压）杆的应力、变形计算中，曾涉及材料在轴向拉伸（压缩）时的力学性能，在后面分析拉（压）杆的强度时，还将涉及另外一些力学性能。

材料的力学性能也称为机械性质，是指材料在外力作用下表现出的变形、破坏等方面的特性。材料的力学性能取决于材料组成的化学成分、组织结构（例如晶体或非晶体）以及构件的受力状态、环境温度、周围介质和加载方式（静载荷、动载荷、交变载荷、冲击载荷）等。材料不同，环境不同，材料的力学性能就不同。材料的力学性能必须用实验的方法测定。

测定材料力学性能的基本试验是常温静载试验，即在室温（20℃）下，以缓慢平稳的方式进行加载，以得到材料的力学性能。

为了便于比较不同材料的试验结果，试件必须按国家标准制成标准试件（见图 7－12）。两端加粗是为了便于装夹和避免在装夹部分发生破坏。在试件的等直径部分划出长为 l 的一段作为测量变形的工作段，l 称为标距。对圆截面试件，标距 l 与直径 d 有两种比例，即 $l=10d$ 或 $l=5d$。对矩形截面试件，标距 l 与横截面面积 A 也有两种比例，即 $l=11.3\sqrt{A}$ 或 $l=5.65\sqrt{A}$。

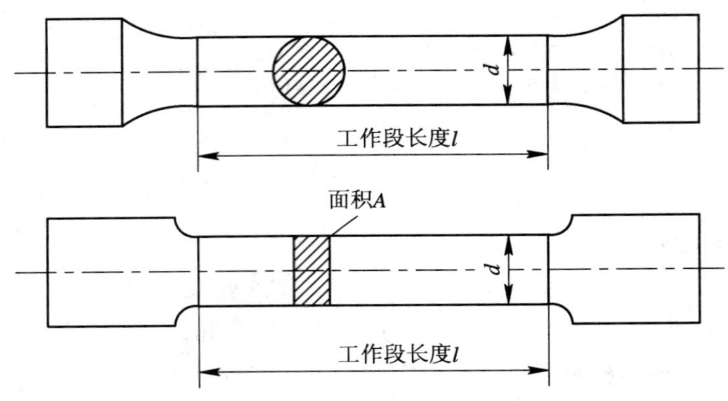

图 7 - 12

工程上常用的材料品种很多，下面以低碳钢和铸铁为例，介绍材料拉伸时的力学性能。

7.5.1　低碳钢拉伸时的力学性能

低碳钢是指含碳量不大于 0.25%的碳素钢。这类钢材在工程上使用比较广泛，在拉伸试验中表现出的力学性能也最为典型。

将试件装在试验机上，缓慢加载，由测力装置测出试件承受的一系列拉力 $\boldsymbol{P}$，测量变形的装置记录下每一 $\boldsymbol{P}$ 的值相对应的标距 l 的伸长量 Δl。然后，以纵坐标表示拉力 $\boldsymbol{P}$ 的值，横坐标表示伸长量 Δl，根据测试的数据，绘出低碳钢拉伸试件的 $P-\Delta L$ 关系曲线，通常称为试件的拉伸图(见图 7 - 13)。

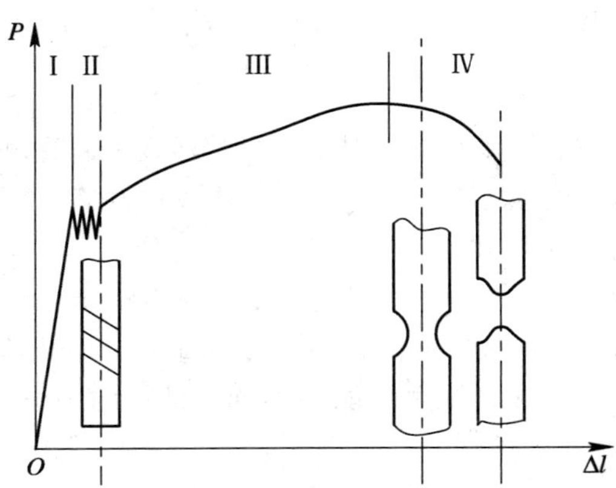

图 7 - 13

拉伸图中的拉力 P 与伸长量 Δl 都与试件的尺寸有关，为了消除试件尺寸的影响，反映材料本身的力学性能，将拉力 $\boldsymbol{P}$ 除以试件的原始横截面面积 A，得到工作段横截面上的正应力 σ；将伸长量 Δl 除以原始标距 l，得到工作段的纵向线应变 ε。根据 σ 和 ε 的数据，以 σ 为纵坐标，以 ε 为横坐标，绘出 $\sigma-\varepsilon$ 关系图(见图 7 - 14(a))，称为材料的应力-应变图，它反映了材料的力学性能。显然，它与试件的拉伸图相似。

根据低碳钢应力-应变图不同阶段的变形特征，下面将整个拉伸过程分成四个阶段加以讨论。

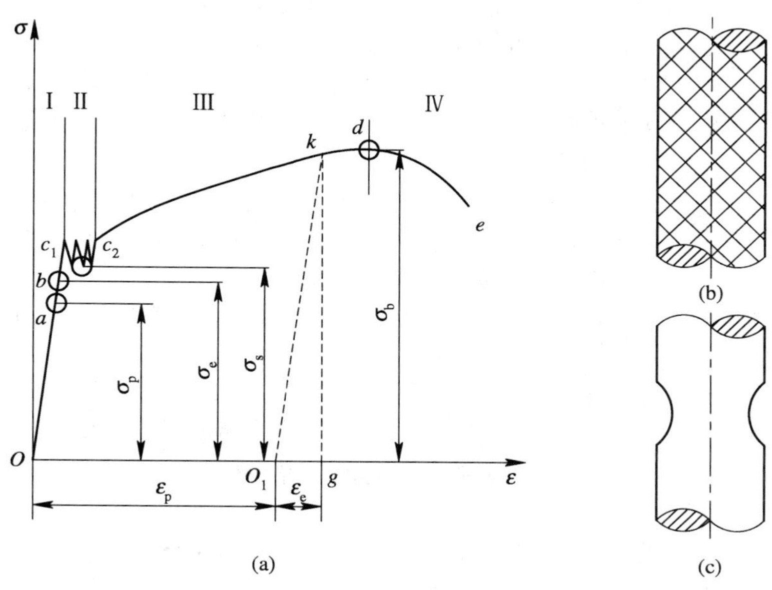

图 7-14

1. 弹性阶段

从图 7-14(a)中可以看出，Oa 段为一直线，说明应力与应变成正比关系，即满足胡克定律 $\sigma=E\varepsilon$，弹性模量 E 表示该直线的斜率。a 点对应的应力称为材料的比例极限，以 σ_p 表示。在 Ob 阶段内，材料的变形是弹性的。当试件的正应力不超过 b 点所对应的应力时，在加载的任一时刻将载荷卸去，使应力逐渐减小到零，则相应的应变也随之完全消失，即变形全部消失，试件恢复其原来长度。所以，Ob 阶段称为弹性阶段。对应于 b 点的应力称为材料的弹性极限，以 σ_e 表示。弹性极限 σ_e 和比例极限 σ_p 的意义虽然不同，但它们的数值非常接近，工程上通常不作区分，统称为弹性极限。

2. 屈服阶段

当应力超过弹性极限后，应力-应变图上出现一段接近水平线的锯齿形线段，此时，应力不再增加，而应变却在急剧地增长，材料暂时失去了抵抗变形的能力。这种应力几乎不变，应变显著增加的现象称为材料的屈服或流动，故该阶段称为屈服阶段。在屈服阶段内，材料发生的是不可恢复的塑性变形。若试件经过磨削后抛光，材料屈服时，在试件表面上可看到许多与试件轴线成 45°的条纹(见图 7-14(b))。这些条纹称为滑移线，是材料沿最大剪应力面发生滑移而产生的。

在屈服阶段应力有微小的波动，其第一次下降前的最大应力称为上屈服点，即对应于 c_1 点的应力；在屈服阶段的最小应力称为下屈服点，即对应于 c_2 点的应力。因下屈服点较为稳定，一般规定下屈服点的应力值作为材料的屈服极限(流动极限)，以 σ_s 表示。

低碳钢材料在屈服时将产生显著的塑性变形，致使构件不能正常工作，因此就把屈服

极限 σ_s 作为衡量材料强度的重要指标。Q235 钢的屈服极限 $\sigma_s = 235 \sim 215$ MPa。

3. 强化阶段

经过屈服阶段以后，在应力-应变图上显示出：如要增加应变，必须增加应力，即材料又恢复了抵抗变形的能力，这种现象称为材料的强化。曲线上从 c_2 点到最高点 d 这一阶段称为强化阶段。强化阶段的变形绝大部分是塑性变形。d 点对应的应力是材料所能承受的最大应力，称为材料的强度极限，用 σ_b 表示。它是衡量材料强度的又一个重要指标。Q235 钢的强度指标 $\sigma_b = 372 \sim 460$ MPa。

如果在强化阶段内任一点停止加载，并缓慢卸载，此时应力-应变关系近似为一条直线，如图 O_1k 所示。这条直线与 Oa 近似平行。卸载时载荷与伸长量之间遵循直线关系的规律称为材料的卸载规律。应力卸为零后，从图中可看出应变未全部消失，其中 OO_1 表示遗留下来的塑性变形，称为残余变形。O_1g 为消失了的变形，是弹性变形。由此可见，强化阶段中任一点的变形包括塑性变形 ε_p 和弹性变形 ε_e 两部分。

卸载后，若立即再次加载，应力-应变曲线将沿 O_1k 上升至 k 点，再沿 kde 曲线变化直至断裂。比较 $Oabc_1c_2kde$ 和 O_1kde 两条曲线，不难看出，在第二次加载时材料的比例极限得到了提高，而塑性变形却减少了。低碳钢在常温下经塑性变形后强度提高、塑性降低的现象，称为冷作硬化。冷作硬化现象经退火后又可以消除。工程上有时利用冷作硬化来提高材料的强度，例如对钢缆绳、钢丝进行预张拉，以提高其在弹性范围内的承载能力。但另一方面，零件粗加工后，由于冷作硬化使材料变脆变硬，给下一步加工造成困难，且容易产生裂纹，往往就要通过退火来消除冷作硬化的影响。

4. 颈缩阶段

在强度极限前试件的变形是均匀的，在强度极限后，试件的某一局部区域纵向变形显著增加，横截面显著缩小，形成“颈缩”现象(见图 7-13 和图 7-14(c))。由于颈缩部分横截面面积急剧缩小，试件的承载能力下降，因此试件迅速会被拉断。从出现颈缩到试件被拉断这一阶段，称为颈缩阶段。

试件断裂后的残余变形标志着材料的塑性。工程中常用延伸率 δ 表示材料的塑性，其计算公式为

$$\delta = \frac{l_1 - l}{l} \times 100\%$$

式中：l_1 是试件拉断后的标距，l 是试件原长。低碳钢的延伸率很高，其平均值约为 20%～30%，说明低碳钢的塑性很好。

工程上通常把 $\delta > 5\%$ 的材料称为塑性材料，如碳钢、黄铜、铝合金等；把 $\delta < 5\%$ 的材料称为脆性材料，如灰铸铁、玻璃、陶瓷等。

衡量材料塑性的另一指标是断面收缩率 ψ，其计算公式为

$$\psi = \frac{A - A_1}{A} \times 100\%$$

式中：A 是试件受拉前横截面的面积，A_1 是试件拉断后断口处的最小横截面面积。例如：

Q235：

$$\delta_5 = 26\%, \quad \delta_{10} = 22\%, \quad \psi = 60\%$$

16Mn 钢：

$$\delta_5 = 28\%, \quad \delta_{10} = 24\%, \quad \psi = 50\%$$

其中，δ_5 和 δ_{10} 分别表示 $l/d=5$ 和 $l/d=10$ 的标准试件的延伸率。

7.5.2 铸铁拉伸时的力学性能

灰口铸铁是典型的脆性材料，它的应力-应变图(见图 7-15)中没有明显的直线部分，也没有屈服阶段，而是一段微弯的曲线。铸铁拉伸时无“颈缩”现象，在较小的拉力下就会被拉断。断裂是突然出现的，试件沿横截面被拉断，断口平齐，塑性变形很小。

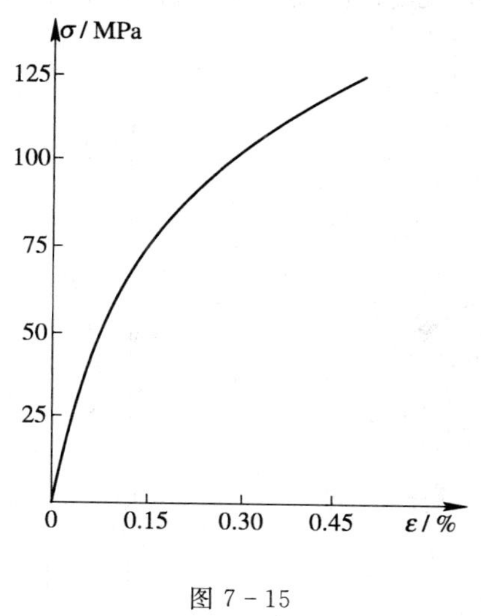

图 7-15

由于应力-应变图中没有明显的直线部分，因此弹性模量 E 是变化的。通常取应力-应变图的割线代替曲线的开始部分，并以割线的斜率作为弹性模量，称为割线弹性模量。

由于没有屈服阶段，因此强度极限是衡量强度的唯一指标。从图 7-15 中看出，铸铁承受拉力的能力很低，一般不宜作为抗拉零件的材料。

铸铁经球化处理成为球墨铸铁后，不但有较高的强度，还有较好的塑性性能，可以用来代替钢材制造曲轴、齿轮等零件。

7.5.3 材料在压缩时的力学性能

金属材料的压缩试件通常制成圆柱体(见图 7-16)，其高度与直径的关系为 $h=(1.5\sim3)d$。试验时将试件放在试验机的两个压座间，施加轴向压力，根据试验中记录的数据可绘出试件的压缩图及应力-应变图。

图 7-17 为低碳钢压缩时的应力-应变图。从图 7-17 中看出，低碳钢压缩时的比例极限、屈服极限和弹性模量与拉伸时是相同的。屈服过后，图线不断上升，因此没有强度极限。因为屈服阶段以后试件越压越扁，横截面面积不断增大，试件的抗压能力也继续增高，因而得不到强度极限。

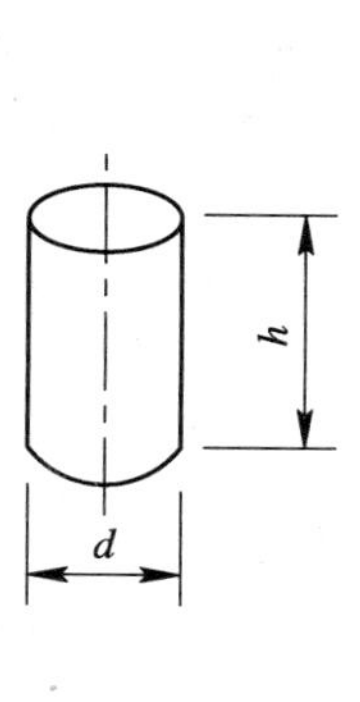

图 7-16

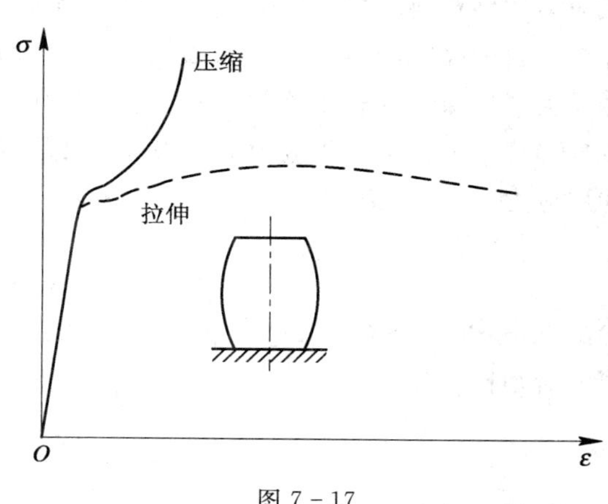

图 7-17

图 7－18 表示铸铁压缩时的应力-应变图。由图 7－18 可知，压缩时的强度极限比拉伸时的强度极限高 4～5 倍；试件破坏断面的法线与轴线大致成 45°～55°的倾角。

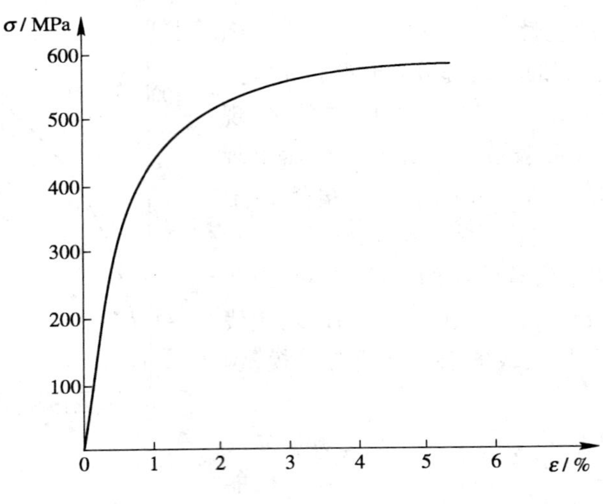

图 7－18

综上所述，衡量材料力学性能的指标主要有：比例极限 σ_p、屈服极限 σ_s、强度极限 σ_b、弹性模量 E、延伸率 δ 和断面收缩率 ψ 等。塑性材料的抗拉和抗压能力都比较强，而脆性材料的抗压能力远高于抗拉能力。

7.6　轴向拉伸或压缩时的强度计算

由式(7－1)求得拉(压)杆的最大工作应力后，并不能判断出杆件是否会发生破坏。只有把杆件的最大工作应力与材料的强度极限联系起来，才有可能做出判断。

由材料的力学性能知，塑性材料制成的拉(压)杆的工作正应力达到材料的屈服极限 σ_s 时，杆件将会因为出现显著的塑性变形而失去工作能力；脆性材料制成的拉(压)杆的工作正应力达到材料的强度极限 σ_b 时，杆件将发生断裂破坏。因此，把屈服极限和强度极限统称为材料的极限应力，用 σ_u 来表示，并作为材料的强度指标。

为了确保杆件有足够的强度能正常工作并具有必要的安全储备，不能用极限应力作为拉(压)杆的最大工作正应力的极限值，而是将极限应力除以大于 1 的系数 n，称为材料的许用应力，以$[\sigma]$表示，即

$$[\sigma]=\frac{\sigma_u}{n}$$

式中，n 称为安全系数，是一个大于 1 的数。

对塑性材料：

$$[\sigma]=\frac{\sigma_s}{n_s}$$

对脆性材料：

$$[\sigma]=\frac{\sigma_b}{n_b}$$

式中，n_s 和 n_b 分别为塑性材料和脆性材料的安全系数。

以许用应力作为最大工作正应力的极限，其原因主要在于：

(1) 理论计算的最大工作正应力与实际工作正应力存在差异。

(2) 因材料的极限应力是用概率统计的方法给出的，所以实际使用的材料的极限应力有可能低于给定值。

(3) 工作时可能会遇到超载或不利的工作环境，故构件应有必要的强度储备。

因上述各原因，确定安全系数是一个比较复杂的问题。如果安全系数取得过大，许用应力就过小，则会造成材料的浪费；如果安全系数取得过小，则又可能发生事故。因此，各种材料在不同的工作条件下的安全系数或许用应力，均可以从有关的规范中查到。

为确保拉(压)杆不致因强度不足而破坏的强度条件为

$$\sigma_{max}\leqslant[\sigma] \tag{7-7(a)}$$

对于等直杆，可改写为

$$\frac{F_{Nmax}}{A}\leqslant[\sigma] \tag{7-7(b)}$$

强度条件可以用于下面三类强度问题：

(1) 强度校核。在已知拉(压)杆的材料、尺寸及所受载荷的情况下，检验构件能否满足上述强度条件，称为强度校核。

(2) 设计杆件的截面尺寸。在已知拉(压)杆所受载荷及所用材料的情况下，可按强度条件选择杆件的横截面面积或尺寸。为此，式(7-7(b))可改写为

$$A\geqslant\frac{F_{N\,max}}{[\sigma]} \tag{7-8}$$

(3) 确定许可载荷。在已知拉(压)杆的材料和尺寸的情况下，可根据强度条件计算出杆件所能承受的最大轴力，也称为许用轴力。为此，式(7-7(b))可改写为

$$[F_{N\,max}]\leqslant[\sigma]A \tag{7-9}$$

然后根据静力学平衡条件，确定结构所允许承受的载荷。

表 7-2 列出了常用材料的许用应力的约值。

表 7-2　常用材料的许用应力约值

(适用于常温、静载和一般工作条件的拉杆和压杆)

材料名称	牌号	许用应力/MPa	
		轴向拉伸	轴向压缩
低碳钢	Q235	170	170
低合金钢	16Mn	230	230
灰口铸铁		34～54	160～200
混凝土	C20	0.44	7
红松		6.4	10

【例 7-4】 图 7-19(a)所示为一井架，高 28 m，杆 AB 长 5 m，倾角 $\alpha=60°$，AB 杆是由两根 20a 工字钢组成的。井架受到风力作用，可简化为均布载荷，载荷集度 $q=3000$ N/m。如材料的许用应力$[\sigma]=160$ MPa，试校核 AB 杆的强度(井架宽度可略去不计)。

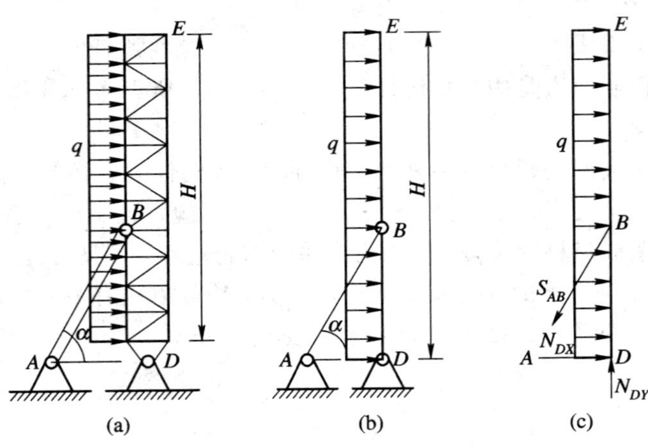

图 7-19

解 井架力学简图如图 7-19(b)所示，因 AB 杆为二力杆，故以塔架 DE 为研究对象，其受力如图 7-19(c)所示。

(1) 计算 AB 杆的轴力 F_{NAB}。由

$$\sum M_D(F)=0,\quad S_{AB}\cdot\cos\alpha\cdot BD-qH\cdot\frac{H}{2}=0$$

得

$$S_{AB}=\frac{qH^2}{2BD\cdot\cos\alpha}=\frac{qH^2}{2AB\cdot\sin\alpha\cdot\cos\alpha}$$

$$=\frac{3000\times28^2}{2\times5\times\frac{\sqrt{3}}{2}\times\frac{1}{2}}=543\times10^3\ \text{N}$$

轴力 $F_{NAB}=S_{AB}$。

(2) 校核 AB 杆的强度。

由型钢表查得 20a 工字钢的横截面面积 $A=35.5\ \text{cm}^2$，则

$$\sigma=\frac{F_{NAB}}{2A}=\frac{543\times10^3}{2\times3550}=76.5\ \text{MPa}<[\sigma]$$

故 AB 杆的强度足够。

【例 7-5】 气动夹具如图 7-20(a)所示。已知汽缸内径 $D=140$ mm，缸内气压 $p=0.6$ MPa。活塞杆材料为 20 钢，$[\sigma]=80$ MPa。试计算活塞杆的直径。

解 活塞杆左端承受活塞上的气体压力，右端承受工件的反作用力，故为轴向拉伸(见图 7-20(b))。拉力 P 可由气体压强乘以活塞面积求得。因活塞杆的截面面积较小，故可略去不计，就有

$$P=p\cdot\frac{\pi}{4}D^2=0.6\times10^6\times\frac{\pi}{4}\times140^2\times10^{-6}=9231.6\ \text{N}=9.23\ \text{kN}$$

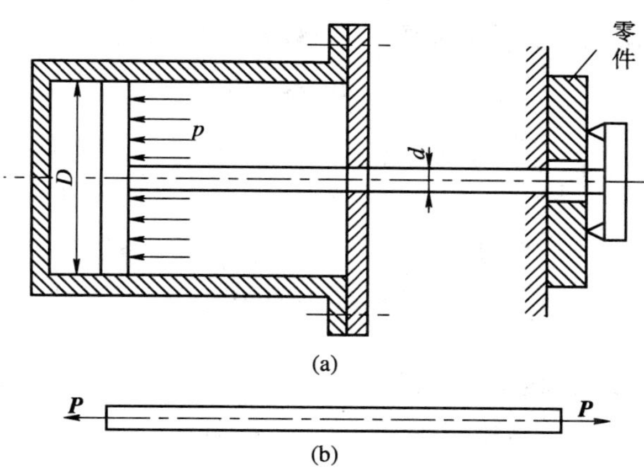

图 7－20

活塞杆的轴力

$$N = P = 9.23\ \text{kN}$$

根据拉(压)杆的强度条件，可得活塞杆的截面面积为

$$A = \frac{\pi d^2}{4} \geqslant \frac{N}{[\sigma]} = \frac{9.23 \times 10^3}{80 \times 10^6} = 1.15 \times 10^{-4}\ \text{m}^2$$

由此得出

$$d \geqslant 0.0121\ \text{m}$$

最后考虑安全裕量，可取活塞杆的直径

$$d = 0.014\ \text{m} = 14\ \text{mm}$$

【例 7－6】 图(7－21(a))所示为一简易起重设备，杆 AC 由两根 80 mm×80 mm×7 mm 的等边角钢组成，杆 AB 由两根 10 号工字钢组成，材料为 Q235 钢，许用应力 $[\sigma]=$ 179 MPa。试求许可荷载 F。

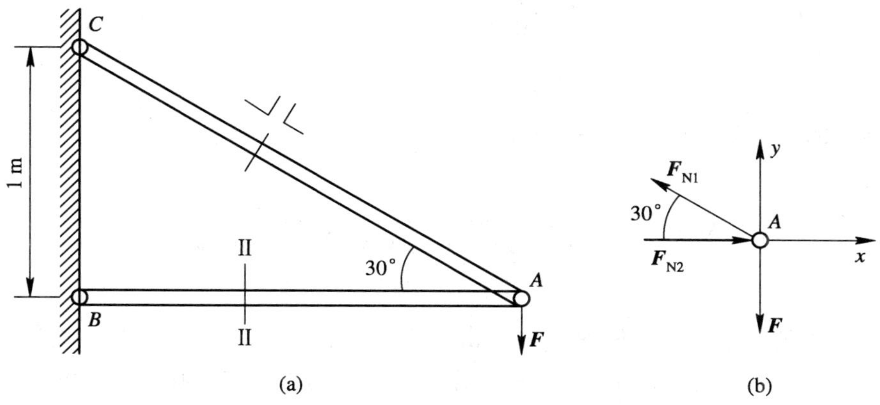

图 7－21

解 (1) 求杆 AC 和杆 AB 的轴力 F_{N1} 和 F_{N2} 与荷载 F 的关系。

取节点 A 为研究对象，其受力如图 7-21(b)所示，得到

$$\sum F_y = 0,\quad F_{N1}\sin 30° - F = 0$$

$$\sum F_x = 0,\quad F_{N2} - F_{N1}\cos 30° = 0$$

解得

$$F_{N1} = 2F$$

$$F_{N2} = 1.732F$$

(2) 计算许可载荷。

由型钢表查得杆 AC 的横截面面积

$$A_1 = (1086\times 10^{-6})\times 2 = 2172\times 10^{-6}\ \text{m}^2$$

杆 AB 的横截面面积

$$A_2 = (1430\times 10^{-6})\times 2 = 2860\times 10^{-6}\ \text{m}^2$$

根据强度条件

$$\sigma = \frac{F_N}{A}\leqslant [\sigma]$$

将 F_{N1} 和 A_1 代入式①，得到

$$\frac{2F}{A_1}\leqslant [\sigma]$$

$$F\leqslant \frac{A_1[\sigma]}{2} = \frac{2172\times 10^{-6}\times 170\times 10^6}{2} = 184.6\times 10^3\ \text{N} = 184.6\ \text{kN}$$

即

$$[F_1] = 184.6\ \text{kN}$$

将 F_{N2} 和 A_2 代入式①，得到

$$\frac{1.732F}{A_2}\leqslant [\sigma]$$

$$F\leqslant \frac{A_2[\sigma]}{1.732} = \frac{2860\times 10^{-6}\times 170\times 10^6}{1.732} = 280.7\times 10^3\ \text{N} = 280.7\ \text{kN}$$

即

$$[F_2] = 280.7\ \text{kN}$$

所以，该结构的许可载荷应取$[F]=184.6$ kN。

*7.7 拉、压超静定问题简介

在以前讨论的问题中，杆件的轴力可由静力学平衡方程求出，这类问题称为静定问题。但图 7-22(a)所示的杆系结构中，有三个未知的轴力 $\boldsymbol{F}_{N1}$、$\boldsymbol{F}_{N2}$ 和 $\boldsymbol{F}_{N3}$，仅仅根据节点 A 建立的两个独立的平衡方程式是得不出解答的。这类仅凭静力学平衡方程不能求出全部约束反力和内力的问题，称为超静定问题或静不定问题。相应的结构称为超静定结构或静不定结构。

为了求出静不定问题的全部未知力，除了利用平衡方程以外，还必须寻找补充方程。下面以图 7-22(a)所示的超静定杆系为例来说明超静定问题的解法。

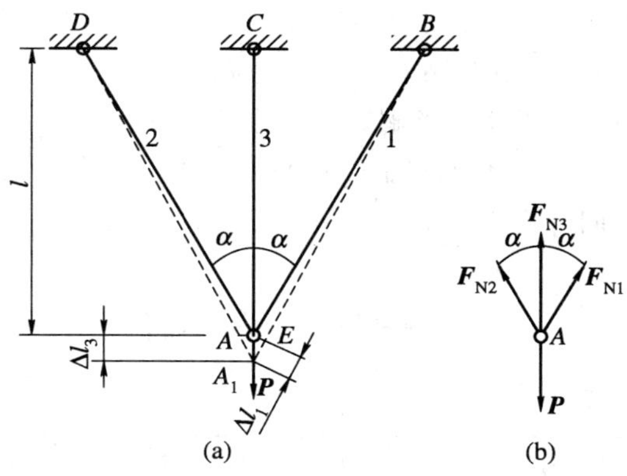

图 7-22

由图 7-22(b)得节点 A 的静力学平衡方程为

$$\sum F_x = 0,\quad F_{N1}\sin\alpha - F_{N2}\sin\alpha = 0$$

$$F_{N1} = F_{N2}$$

$$\sum F_y = 0,\quad F_{N3} + 2F_{N1}\cos\alpha - P = 0$$

设 1、2 两杆的抗拉刚度相同，桁架变形是对称的，节点 A 垂直地移动到 A_1，位移 AA_1 也就是杆 3 的伸长量为 Δl_3。以 B 点为圆心，杆 l 的原长 $l/\cos\alpha$ 为半径作圆弧，圆弧以外的线段即为杆 1 的伸长量 Δl_1。由于变形很小，因此可用垂直于 A_1B 的直线 AE 代替上述弧线，且仍可认为$\angle AA_1B=\alpha$。因此

$$\Delta l_1 = \Delta l_3 \cos\alpha$$

这是 1、2、3 三根杆件的变形必须满足的关系，称为变形几何方程。

若 1、2 两杆的抗拉刚度为 E_1A_1，杆 3 的抗拉刚度为 E_3A_3，由胡克定律

$$\Delta l_1 = \frac{F_{N1}l}{E_1A_1\cos\alpha}$$

$$\Delta l_3 = \frac{F_{N3}l}{E_3A_3}$$

这两个表示变形与轴力关系的式子可称为物理方程，将其代入变形几何方程，得

$$\frac{F_{N1}l}{E_1A_1\cos\alpha} = \frac{F_{N3}l}{E_3A_3}\cos\alpha$$

这是在静力平衡方程之外得到的补充方程。由此式及静力平衡方程解出

$$F_{N1} = F_{N2} = \frac{P\cos^2\alpha}{2\cos^3\alpha + \dfrac{E_3A_3}{E_1A_1}}$$

$$F_{N3} = \frac{P}{1 + 2\dfrac{E_1A_1}{E_3A_3}\cos^3\alpha}$$

以上例子表明，静不定问题是综合了静力方程、变形协调方程(几何方程)、物理方程等三方面的关系求解的。归纳起来，求解静不定杆系的步骤如下：

(1) 根据分离体的平衡条件，建立独立的平衡方程；

(2) 根据变形协调条件，建立变形几何方程；

(3) 利用胡克定律，将变形几何方程改写成补充方程；

(4) 将补充方程与平衡方程联立求解。

【例 7－7】 已知一等直杆 AB 两端固定(见图 7－23(a))，横截面面积为 A，弹性模量为 E。在 C 截面处受一轴向外力 $\boldsymbol{P}$ 的作用。试求杆件两端的约束反力。

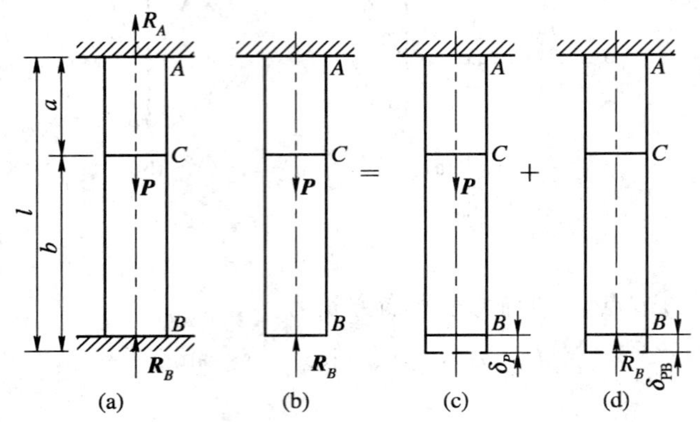

图 7－23

解 设两端的约束反力为 $\boldsymbol{R}_A$ 和 $\boldsymbol{R}_B$(见图 7－23(a))，根据平衡条件，可列出一个平衡方程

$$R_A + R_B - P = 0 \qquad ①$$

而未知的约束反力有两个，故为静不定问题。

由于变形与位移在数值上密切相关，故可利用已知的位移条件来建立补充方程。设想将 B 端的约束解除，代之以反力 $\boldsymbol{R}_B$(见图 7－23(b))，原结构就变成了 A 端固定，B 端自由，受 $\boldsymbol{P}$ 和 $\boldsymbol{R}_B$ 共同作用的静定结构，B 端就可产生轴向位移。但已知 B 端的位移应等于零，因此得到补充方程。

现用叠加法来求 B 端的位移。设 $\boldsymbol{P}$ 单独作用时，B 点的位移为 δ_P(见图 7－23(c))；在 $\boldsymbol{R}_B$ 单独作用时，B 点的位移为 δ_{R_B}(见图 7－23(d))；在 $\boldsymbol{P}$ 和 $\boldsymbol{R}_B$ 共同作用下，B 点的位移应等于零，因此位移协调方程为

$$\delta_P - \delta_{R_B} = 0 \qquad ②$$

物理方程为

$$\begin{cases} \delta_P = \dfrac{Pa}{EA} \\ \delta_{R_B} = \dfrac{R_B l}{EA} \end{cases} \qquad ③$$

将式③代入式②，解得

$$R_B = \frac{Pa}{l} \qquad ④$$

将式④代入式①，得到

$$R_A = \frac{Pb}{l}$$

结果均为正，说明假设的约束反力的指向是正确的。

7.8　应力集中的概念

7.3 节中应力的计算公式(7－1)只适用于等截面直杆，这种杆件横截面上的应力是均匀分布的。但是在工程实际中，由于实际需要的很多拉(压)杆上有切口、切槽、螺纹、油孔等，以致这些部位的横截面尺寸和形状发生突然的改变。在杆件的截面突然变化时，将出现局部应力骤增的现象。例如图 7－24 所示具有小圆孔的板条受拉时，在圆孔附近的局部区域内，应力急剧增加，而距孔较远处的应力就迅速下降并趋于均匀。这种由于杆件截面尺寸和形状的突然变化而引起局部应力急剧增加的现象，称为应力集中。

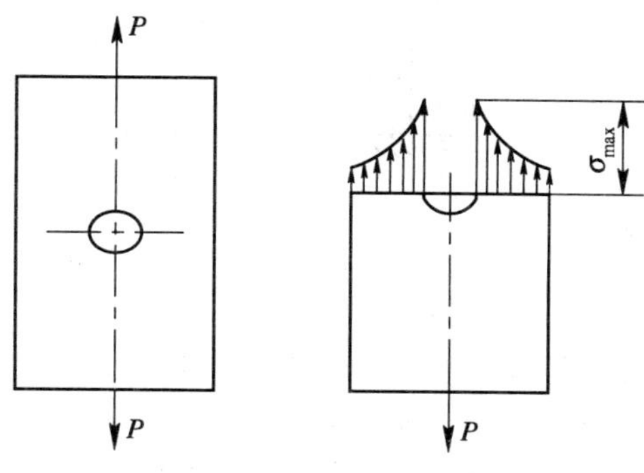

图 7－24

设在杆件截面骤变处的最大局部应力为 $\sigma_{\max}$，同一截面上的平均应力为 σ，则比值

$$\kappa = \frac{\sigma_{\max}}{\sigma} \tag{7-10}$$

称为理论应力集中因数。它反映了应力集中的程度，是一个大于 1 的数。一般地说，杆件外形骤变的越剧烈(如角越尖、孔越小)，则应力集中的程度就越严重。因此，杆件上应尽量避免截面尺寸的急剧改变，以减缓应力集中的影响。

各种材料对应力集中的敏感程度并不相同。静载荷时，塑性材料有屈服阶段，当孔边的最大局部应力达到材料的屈服极限 σ_s 时，该处材料应力不再增加，应变则继续增大，而继续增加的载荷由尚未屈服的材料来承担。当整个截面上各点的应力都达到屈服极限时，杆件才因屈服而丧失正常的工作能力。因此，在静载荷作用下，由塑性材料制成的杆件可以不考虑应力集中的影响。由脆性材料或塑性差的材料(如高强度钢)制成的杆件，在静载荷作用下，应力集中处的最大应力首先达到材料的强度极限 σ_b，该处将首先产生裂纹，因而应按局部的最大应力来进行强度计算。但是，脆性材料灰铸铁由于其内部组织的不均匀和缺陷(如气孔、杂质)往往是产生应力集中的主要原因，而因杆件外形骤变引起的应力集中的影响反而不明显，就可以不考虑应力集中的影响。

当受到动载荷或交变载荷作用时，则无论是塑性材料还是脆性材料制成的杆件，都要考虑应力集中的影响。

思　考　题

7－1　满足什么条件时，直杆才发生轴向拉伸或压缩？题图 7－1 所示构件中哪个发生轴向拉伸？哪个发生轴向压缩？

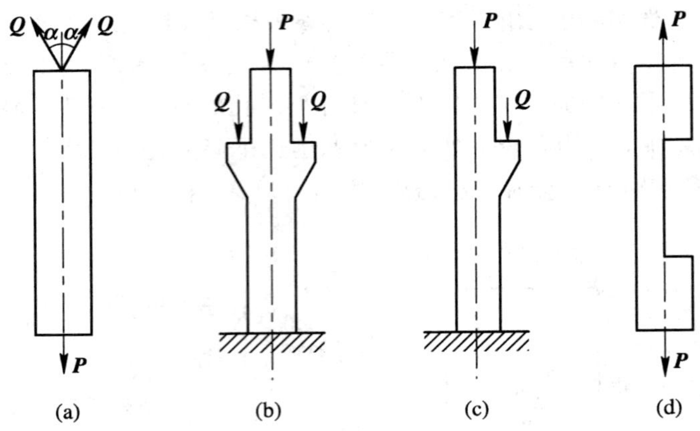

题图 7－1

7－2　什么是平面假设？提出这个假设有什么意义？

7－3　区别下面几组概念：

① 外力与内力；② 内力与应力；③ 弹性变形与塑性变形；④ 正应力与剪应力；⑤ 应变与变形；⑥ 工作应力、极限应力与许用应力；⑦ 伸长率与线应变。

7－4　静力学中力的可传性原理在材料力学中是否适用？为什么？

7－5　两根等直杆的长度、横截面面积以及所受的轴力都相同，但材料不同，两杆横截面上的应力是否相等？两杆的变形是否相同？它们的许用应力是否相等？

7－6　三根试件 1、2、3 的尺寸相同，材料不同，它们的 $\sigma-\tau$ 图如题图 7－2 所示。试问哪种材料的强度最高？哪种材料的塑性最好？哪种材料的弹性模量最大？

7－7　有低碳钢和铸铁两种材料，题图 7－3 所示结构中的杆 1、2 用何种材料来制造

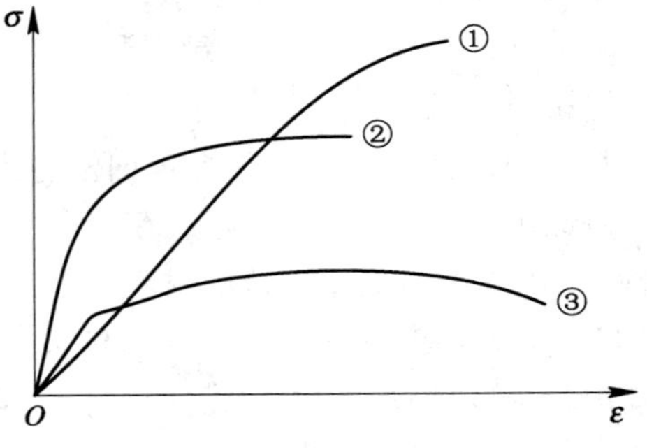

题图 7－2

才合理？

7－8　已知 Q235 钢的比例极限 $\sigma_p=200$ MPa，弹性模量 $E=200$ GPa。现有一 Q235 钢试件，拉伸到 $\varepsilon=0.002$，能否确定其应力为 $\sigma=E\varepsilon=200\times10^9\times0.002=400$ MPa?

7－9　在低碳钢试件的拉伸图上，试件被拉断时的应力为什么反而比强度极限低？

7－10　什么是应力集中现象？如何避免？

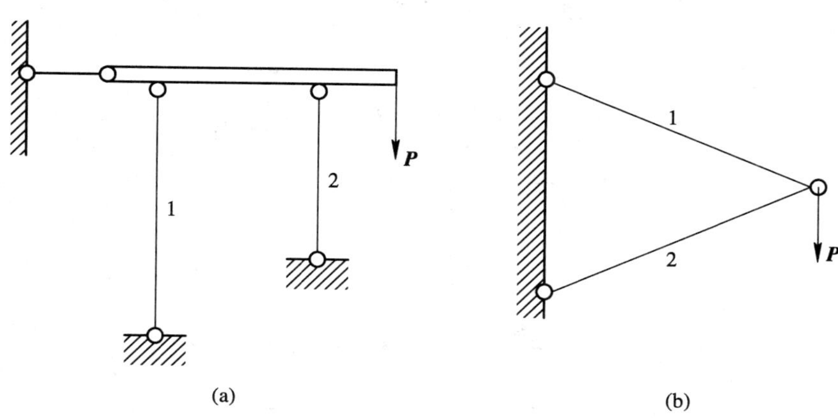

题图 7－3

习　　题

7－1　用截面法求习题 7－1 图所示杆中指定截面上的内力。

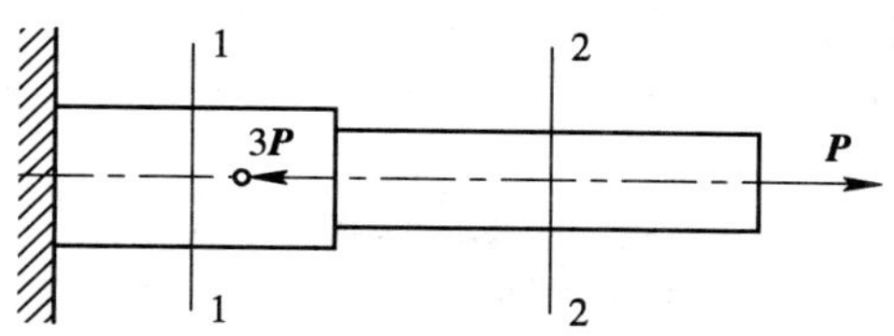

习题 7－1 图

7－2　用截面法求习题 7－2 图所示杆中指定截面上的内力。

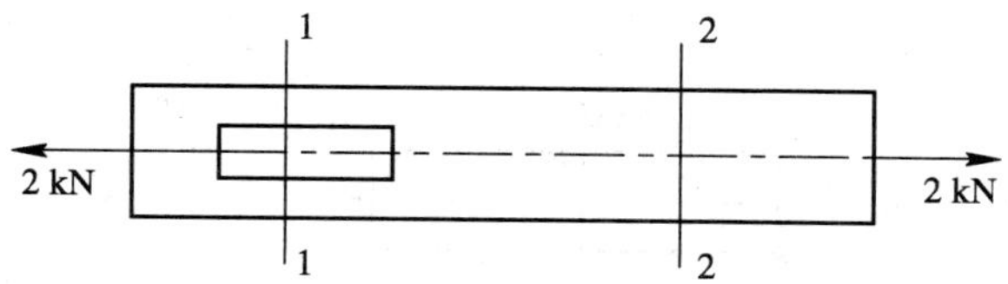

习题 7－2 图

7－3　试求习题 7－3 图所示各杆 1－1 和 2－2 横截面上的轴力，并作轴力图。

7－4　一等直杆受力如习题 7－4 图(a)所示，根据理论力学中力的可传递性原理，将力 $\boldsymbol{P}$ 移到 C 点(见图(b))和 A 点(见图(c))，然后按照图(a)、(b)、(c)分别求 $m-m$ 横截面上的轴力。由计算结果，你认为在应用力的可传递性原理时应注意些什么？

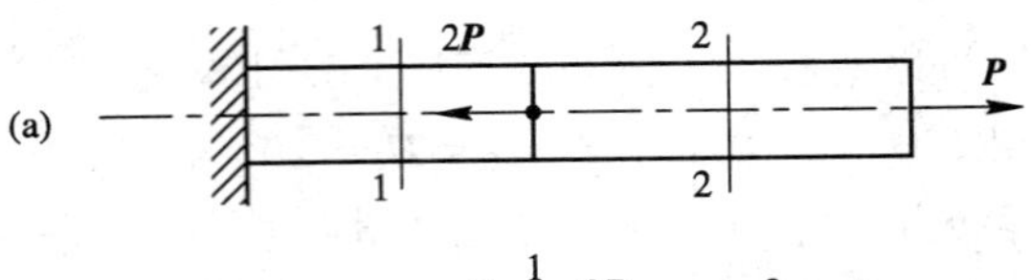

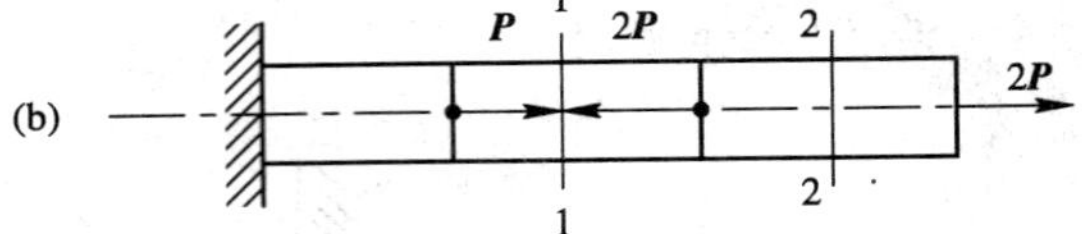

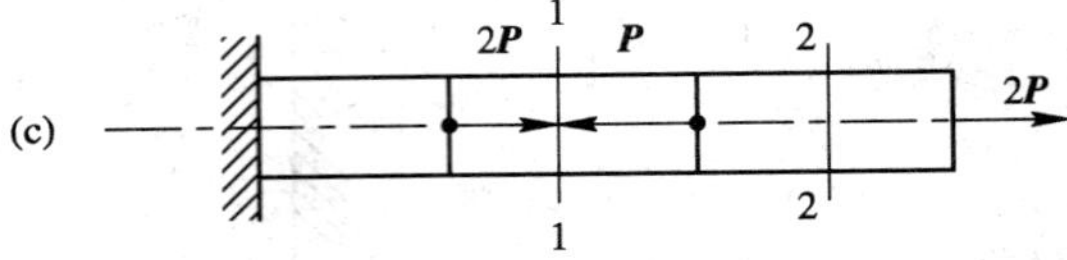

习题 7-3 图

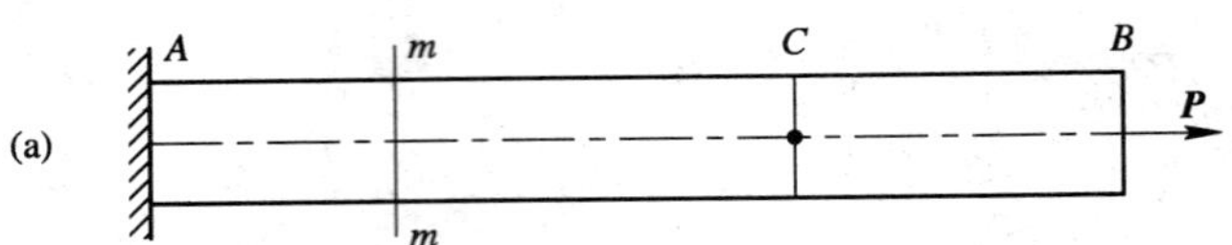

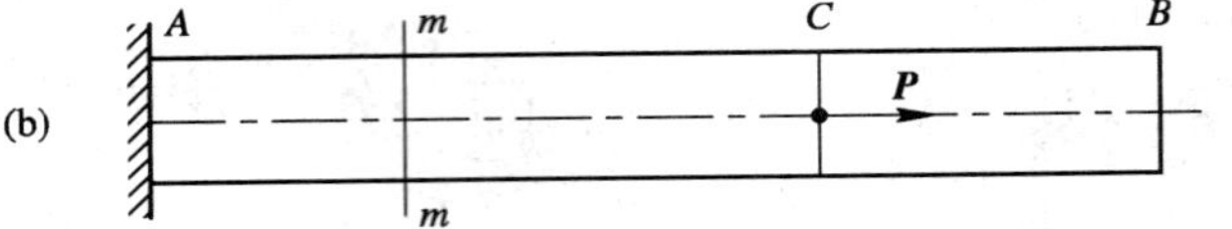

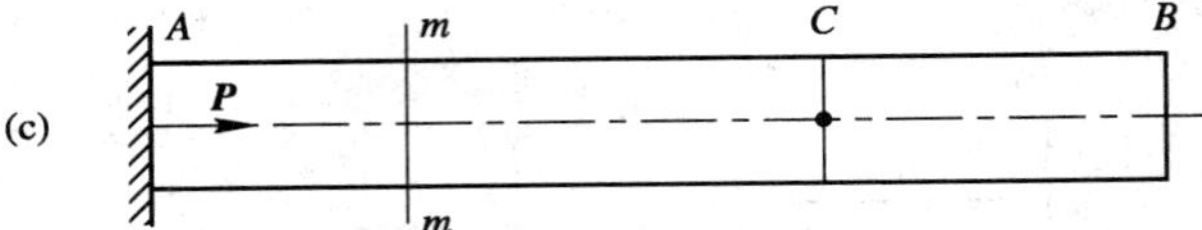

习题 7-4 图

7-5　试作习题 7-5 图所示各杆的轴力图。

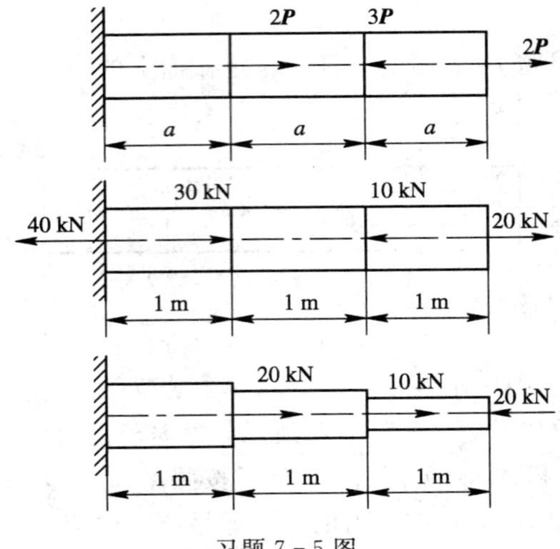

习题 7-5 图

7－6　已知石桥墩的墩高 l＝10 m，横截面尺寸如习题 7－6 图所示。如荷载 P＝1000 kN，材料的容重 γ＝23 kN/m^3。作墩身的轴力图并求最大的压应力。

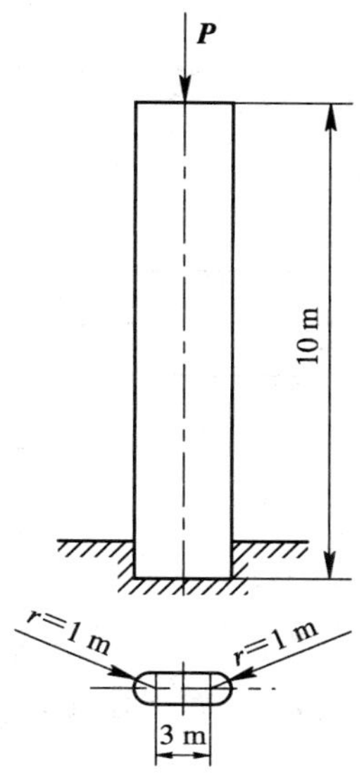

习题 7－6 图

7－7　圆钢杆上有一槽，如习题 7－7 图所示。已知钢杆受拉力 P＝15 kN 作用，钢杆直径 d＝20 mm。试求 1－1 和 2－2 截面上的应力(槽的面积可近似看成矩形，不考虑应力集中)。

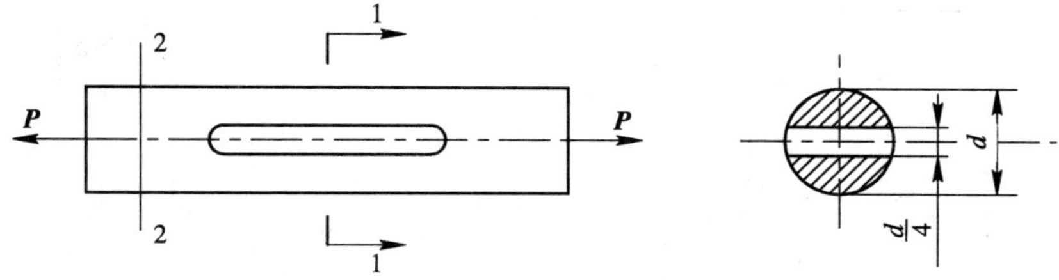

习题 7－7 图

7－8　一等直杆受力如习题 7－8 图所示。已知杆的横截面面积 A 和材料的弹性模量 E。试作轴力图，并求杆端点 D 的位移。

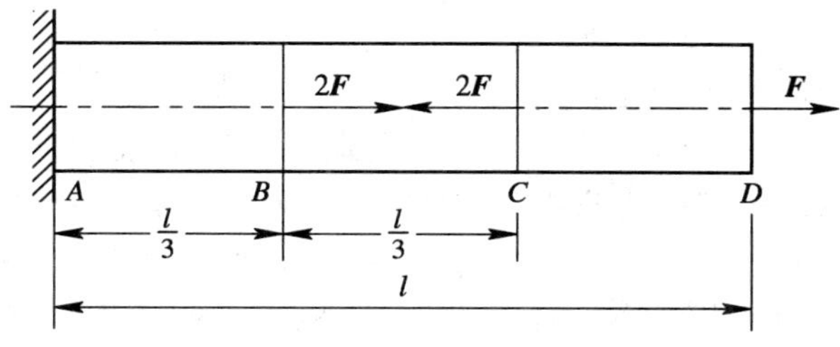

习题 7－8 图

7-9　习题 7-9 图所示为阶梯形杆，各截面面积分别为 $A_1=A_3=300\ \text{mm}^2$，$A_2=200\ \text{mm}^2$，材料的弹性模量 $E=200$ GPa。

（1）试求出各段的轴力。

（2）计算杆的总变形。

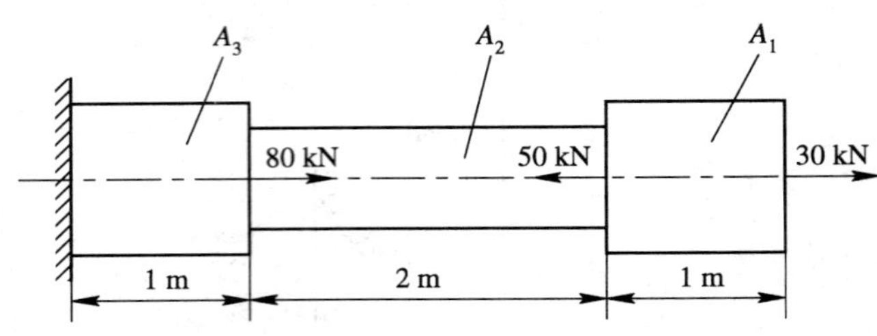

习题 7-9 图

7-10　一木桩受力如习题 7-10 图所示。柱的横截面为正方形，边长为 200 mm，材料符合胡克定律，其弹性模量 $E=10$ GPa。如不计柱的自重，试求：

（1）轴力图。

（2）各段柱横截面上的应力，各段柱的纵向线应变，柱的纵向总变形。

7-11　一圆截面阶梯杆受力如习题 7-11 图所示。已知材料的弹性模量 $E=200$ GPa，试求各段的应力及应变。

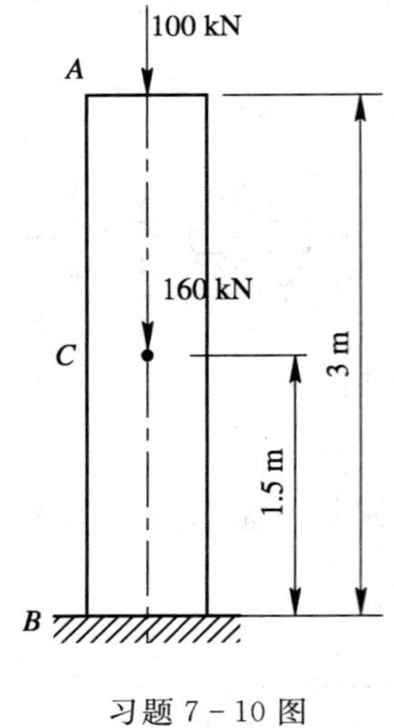

习题 7-10 图

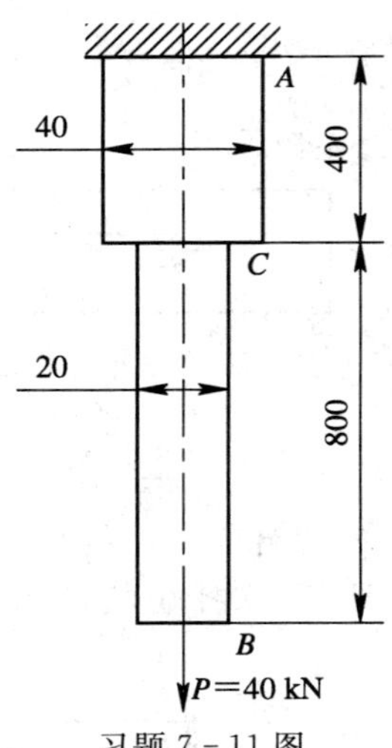

习题 7-11 图

7-12　一根直径 $d=16$ mm、长 $l=3$ m 的圆截面杆，承受轴向拉力 $F=30$ kN，其伸长量 $\Delta l=2.2$ mm。试求杆横截面上的应力与材料的弹性模量 E。

7-13　一根直径 $d=10$ mm 的圆截面杆，在轴向拉力 $\boldsymbol{F}$ 的作用下直径减小了 0.0025 mm。如材料的弹性模量 $E=210$ GPa，泊松比 $\nu=0.3$，试求轴向拉力 F。

7-14　空心圆截面钢杆的外直径 $D=120$ mm，内直径 $d=60$ mm，材料的泊松比 $\nu=0.3$。当其受轴向拉力时，已知纵向线应变 $\varepsilon=0.001$。试求其变形后的壁厚 δ。

7-15　习题 7-15 图所示的实心圆钢杆 AB 和 AC 在 A 点以铰链相连接，在 A 点作用有铅垂向下的力 $F=35$ kN。已知杆 AB 和 AC 的直径分别为 $d_1=12$ mm 和 $d_2=15$ mm，钢的弹性模量 $E=210$ GPa。试求 A 点在铅垂方向的位移。

7-16　习题 7-16 图所示为一钢筋混凝土平面闸门，其最大启门力 $F=140$ kN。如提升闸门的钢质丝杠内径 $d=40$ mm，钢的许用应力 $[\sigma]=170$ MPa，试校核丝杠的强度。

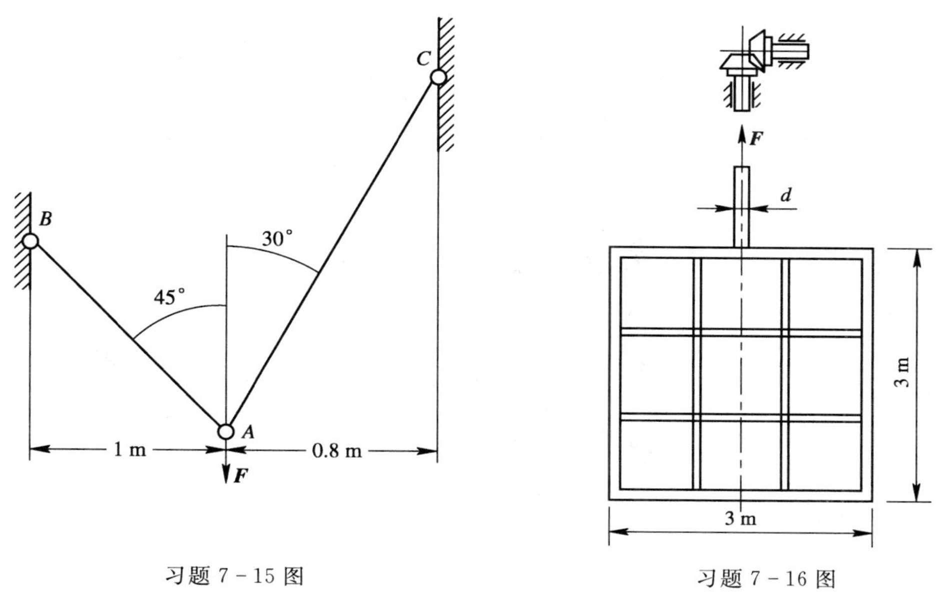

习题 7-15 图　　习题 7-16 图

7-17　简易起重设备的计算简图如习题 7-17 图所示。已知斜杆 AB 由两根 63 mm×40 mm×4 mm 的不等边角钢组成，钢的许用应力 $[\sigma]=170$ MPa。在提起重量为 $P=15$ kN 的重物时，斜杆 AB 是否满足强度条件？

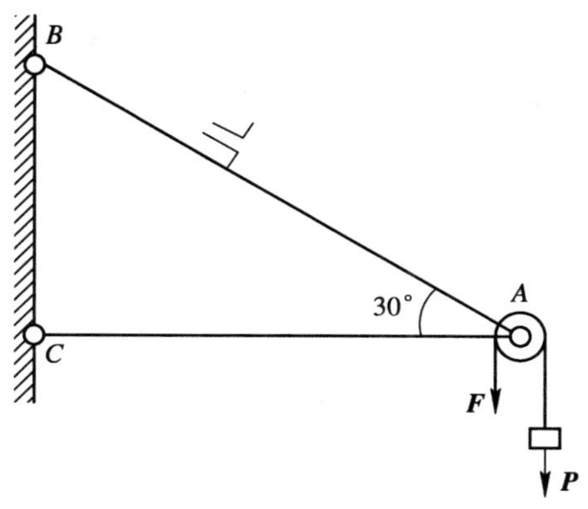

习题 7-17 图

7-18　如习题 7-18 图所示，一块厚 10 mm、宽 200 mm 的钢板，其截面被直径 $d=20$ mm 的圆孔所削弱，圆孔的排列对称于杆的轴线，已知轴向拉力 $P=200$ kN，材料的许用应力 $[\sigma]=170$ MPa，试校核钢板的强度。(不考虑应力集中)

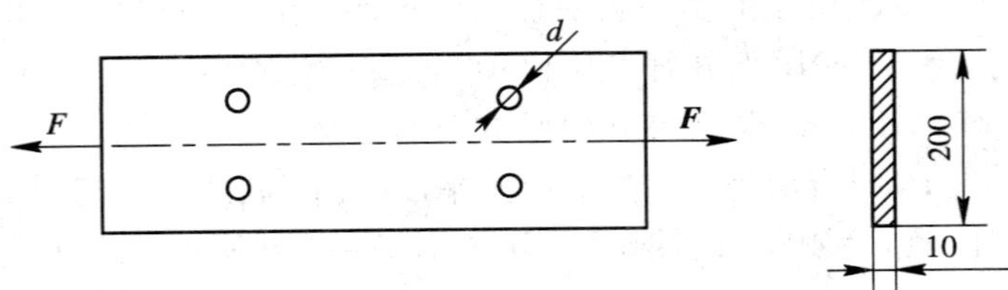

习题 7－18 图

7－19　如习题 7－19 图所示，重 Q＝50 kN 的物体挂在支架 ABC 的 B 点。若 AB 和 BC 杆都是铸铁件，其许用拉应力$[\sigma_l]$＝30 MPa，许用压应力$[\sigma_y]$＝90 MPa，试求 AB 和 BC 杆的横截面面积。

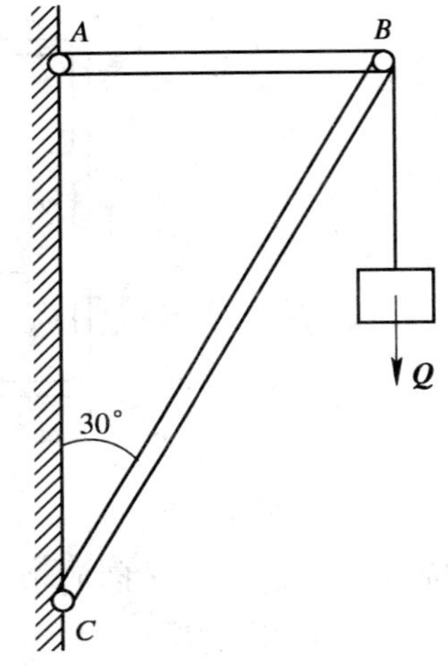

习题 7－19 图

7－20　一结构受力如习题 7－20 图所示，杆件 AB、AD 均由两根等边角钢组成。已知材料的许用应力$[\sigma]$＝170 MPa，试选择 AB、AD 杆的截面型号。

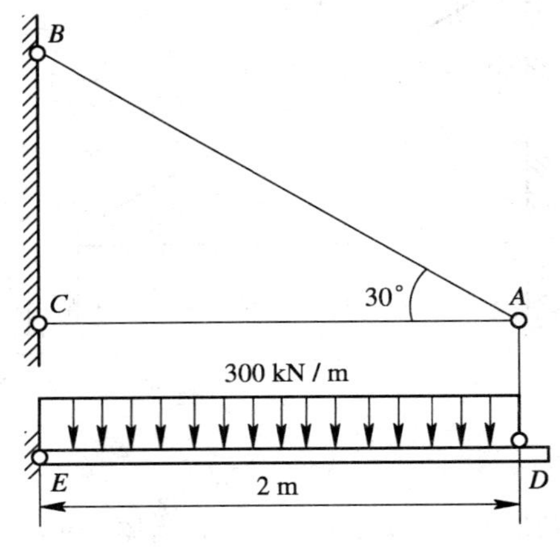

习题 7－20 图

7－21　如习题 7－21 图所示，梁 AB 和 CD 用拉杆 BC 和 HL 拉住。若载荷

$P=20$ kN，拉杆 BC 和 HL 的许用应力都是$[\sigma]=120$ MPa，试求拉杆 BC 和 HL 应有的横截面面积。

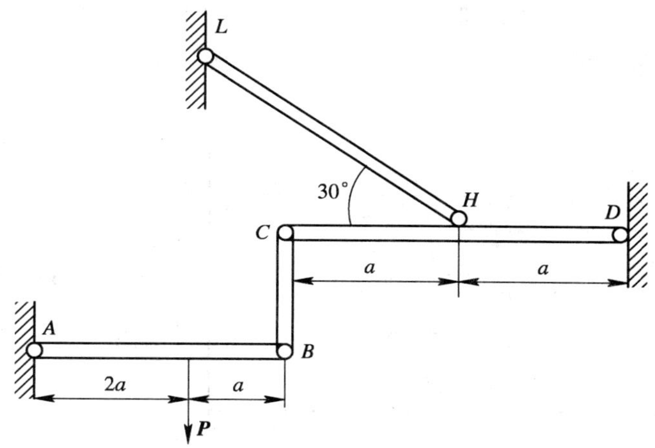

习题 7 - 21 图

7 - 22　如习题 7 - 22 图所示，钢拉杆受力 $P=40$ kN，若拉杆材料的许用应力$[\sigma]=100$ MPa，横截面为矩形，且$b=2a$，试确定 a、b 的大小。

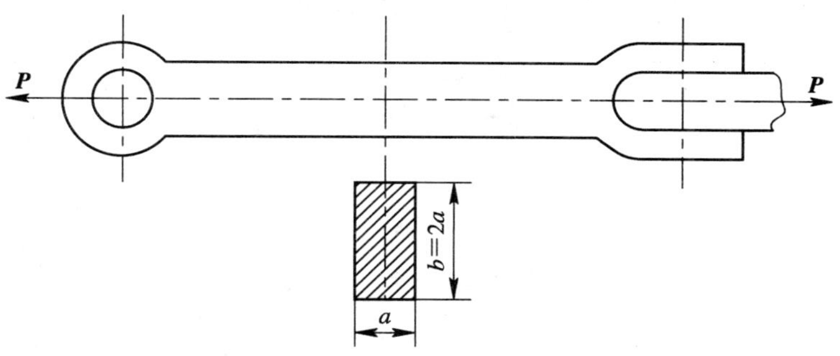

习题 7 - 22 图

7 - 23　在习题 7 - 23 图所示的简易吊车中，BC 为钢杆，AB 为木杆。木杆 AB 的横截面面积 $A_1=100\ \text{cm}^2$，许用应力$[\sigma_1]=7$ MPa；钢杆 BC 的横截面面积 $A_2=6\ \text{cm}^2$，许用应

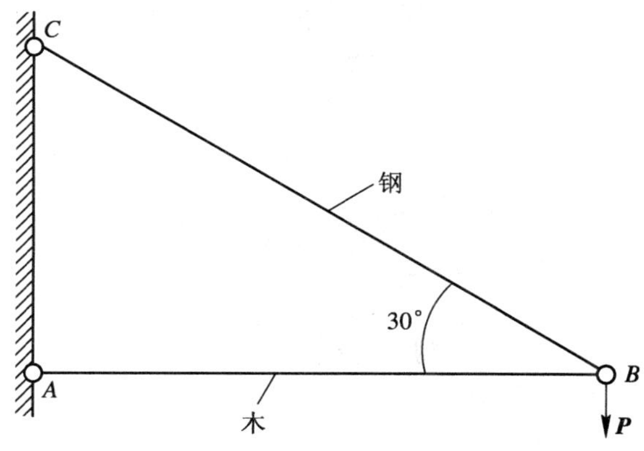

习题 7 - 23 图

力$[\sigma_2]$=160 MPa。试求许可吊重 $\boldsymbol{P}$。

7-24　如习题 7-24 图所示，卧式拉床的油缸内径 D=186 mm，活塞杆直径 d_1=65 mm，材料为 20Cr 并经过热处理，$[\sigma]_{杆}$=130 MPa。缸盖由六个 M20 的螺栓与缸体连接，M20 螺栓的内径 d=17.3 mm，材料为 35 钢，经热处理后$[\sigma]_{螺}$=110 MPa。试按活塞杆和螺栓的强度确定最大油压 p_1。

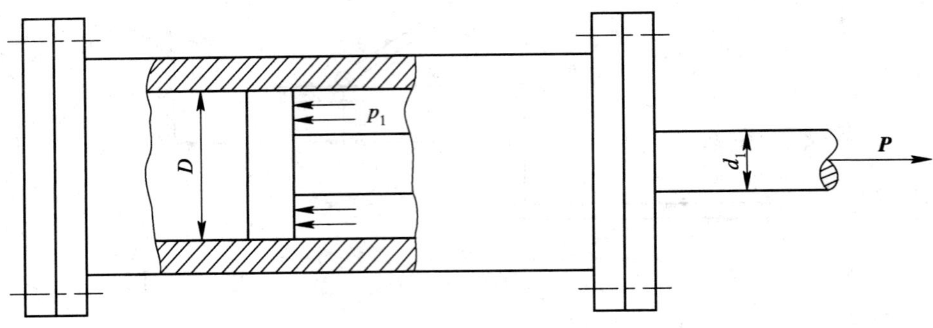

习题 7-24 图

第 8 章　剪切和挤压

工程中许多构件之间的连接通常采用如图 8－1 所示的螺栓(见图(a))、铆钉(见图(b))、销钉(见图(c))和键(见图(d))等连接件。这些连接件主要承受剪切和挤压作用，可能发生剪切和挤压破坏，所以有必要进行剪切和挤压的强度分析。由于发生剪切和挤压时应力和变形的规律比较复杂，理论分析十分困难，因而工程上对于这些构件的强度分析通常采用"实用计算"(或称"假定计算")的方法。所谓"实用计算"，一般包含两层含义：

(1) 假定剪切面和挤压面上的应力分布规律。

(2) 利用试件或实际构件进行确定危险应力的试验时，尽量使试件或实际构件的受力状况与实际受力状况相同或相似。

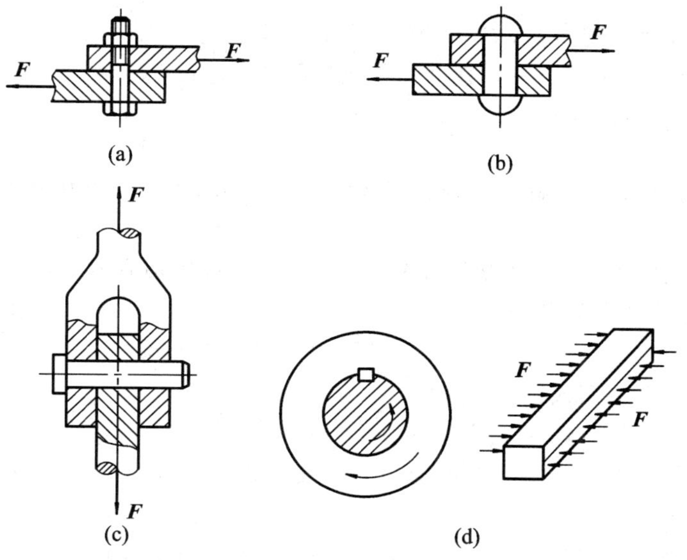

图 8－1　剪切和挤压实例

8.1　剪切实用计算

1. 剪切的概念

剪切的受力特点是：当杆件的某一横截面两侧受到一对大小相等、方向相反、作用线相距很近的横向力作用时，杆件将主要产生剪切变形(见图 8－2(a))。这个横截面称之为剪切面(见图 8－2(b)中的 $m-m$ 面)。

剪切的变形特点是：杆件剪切面的两侧部分沿剪切面发生相对错动。

2. 剪切的实用计算

讨论剪切的内力和应力时，以剪切面 $m-m$ 将杆件分成两部分，并以下半部分为研究对象，如图 8-2(c)所示。$m-m$ 截面上的内力 $\boldsymbol{F}_s$ 与截面相切，称为剪力。剪切面中单位面积上的剪力称为切应力 $\boldsymbol{\tau}$。由平衡方程 $\sum F_x=0$ 可以求出 $F_s=F$。

在实用计算中，假设剪切面上的切应力是均匀分布的，如图 8-2(d)所示。剪切面面积用 A_s 表示，所以切应力的实用计算公式为

$$\tau=\frac{F_s}{A_s} \tag{8-1}$$

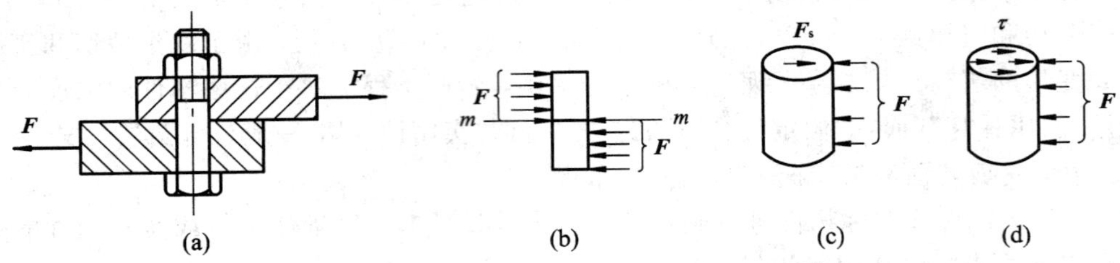

图 8-2　剪切受力特点

在一些连接件的剪切面上，应力的实际情况比较复杂，切应力并非均匀分布，且还有正应力存在。所以，由公式(8-1)建立强度条件：

$$\tau=\frac{F_s}{A_s}\leqslant[\tau] \tag{8-2}$$

根据上面的强度条件，就可以进行连接件的剪切强度校核、截面选择和许可载荷确定等强度计算问题。

一般工程规范中规定，对于塑性性能较好的钢材，许用切应力$[\tau]$可以由其拉伸许用应力$[\sigma]$根据下面的关系式确定：

$$[\tau]=(0.6\sim0.8)[\sigma]$$

对于脆性材料有关系式：

$$[\tau]=(0.8\sim1.0)[\sigma]$$

注意：剪切强度计算的关键是正确判断出构件的危险剪切面及计算出此剪切面上的剪力。

【例 8-1】　车辆的挂钩由插销连接，如图 8-3(a)所示。插销材料的$[\tau]=30$ MPa，直径 $d=20$ mm；挂钩及被连接的板件厚度分别为 $\delta=8$ mm 和 $1.5\delta=12$ mm；牵引力 $F=15$ kN。试校核插销的剪切强度。

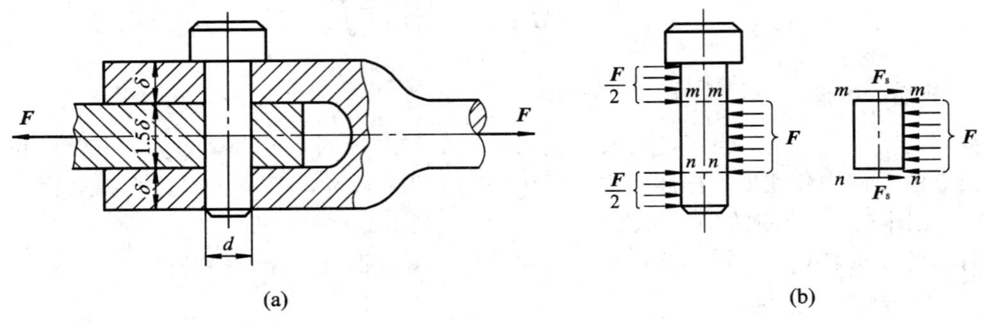

图 8-3　车辆挂钩

解　插销受力如图 8-3(b)所示。可以看出，插销有 $m-m$ 和 $n-n$ 两个剪切面，称为双剪切。根据平衡条件可以求出：

$$F_s = \frac{F}{2} = 7.5\ \text{kN}$$

插销两个剪切面上的切应力相等，其数值为

$$\tau = \frac{F_s}{A_s} = \frac{7.5 \times 10^3}{\frac{\pi}{4} \times (20 \times 10^{-3})^2} = 23.9\ \text{MPa} < [\tau] = 30\ \text{MPa}$$

所以插销满足剪切强度。

8.2　挤压实用计算

1. 挤压的概念

在外力作用下，连接件和被连接件的构件之间在接触面上相互压紧的现象，称为挤压。接触面称为挤压面，接触面上的总压紧力称为挤压力，相应的应力称为挤压应力。当挤压力超过一定限度时，连接件或被连接件在接触面上将产生明显的塑性变形或被压溃，称为挤压破坏，例如圆形的板孔被挤压成椭圆形。所以，应该对连接件进行挤压强度计算。

2. 挤压的实用计算

在挤压面上，挤压应力的分布一般也比较复杂，工程上同样采用简化计算，即实用计算。以 F_{jy} 表示挤压力，A_{jy} 表示有效挤压面积，在实用计算中假设挤压力在挤压面上均匀分布，则挤压应力为

$$\sigma_{jy} = \frac{F_{jy}}{A_{jy}} \tag{8-3}$$

相应的挤压强度条件为

$$\sigma_{jy} = \frac{F_{jy}}{A_{jy}} \leqslant [\sigma_{jy}] \tag{8-4}$$

式中，$[\sigma_{jy}]$为材料的许用挤压应力。关于有效挤压面积(或称为计算挤压面积)A_{jy} 的计算，要根据挤压面的实际情况而定。当挤压面为平面(如图 8-4(a)所示)时，A_{jy} 就是挤压面的实际面积。当挤压面为圆柱面时，挤压应力的分布情况如图 8-4(b)和图 8-4(c)所示，最大应力在圆柱面的中点。实用计算中，A_{jy} 取圆柱的直径平面的面积 δd，这样求出的挤压应力 σ_{jy} 的数值基本接近实际最大挤压应力的数值。

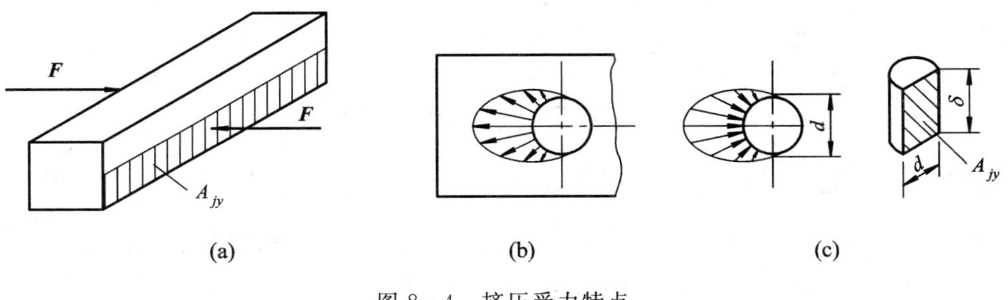

图 8-4　挤压受力特点

确定$[\sigma_{jy}]$的方法和确定$[\tau]$的方法相似，仍以假定计算为基础。不同材料、不同连接件的$[\sigma_{jy}]$值可从有关规范中查得。一般对于钢材等塑性材料，许用挤压应力可以由其拉伸许用应力$[\sigma]$根据下面的关系式确定：

$$[\sigma_{jy}] = (1.7 \sim 2.0)[\sigma]$$

可以看出，许用挤压应力远高于拉伸许用应力。

根据强度条件关系式(8-4)，就可以进行连接件的挤压强度校核、截面选择和许可载荷确定等强度计算问题。如果连接件和被连接件的两个接触面的材料不同，则应该以抵抗挤压能力较弱的构件为准进行挤压强度计算。

注意：挤压强度计算的关键是正确判断出构件的危险挤压面及计算出此挤压面上的挤压力和挤压面面积。

【例 8-2】 结构如图 8-5 所示，已知杆件材料的$[\sigma]=120$ MPa，$[\tau]=90$ MPa，$[\sigma_{jy}]=230$ MPa。试计算杆件的许可拉力$[F]$。

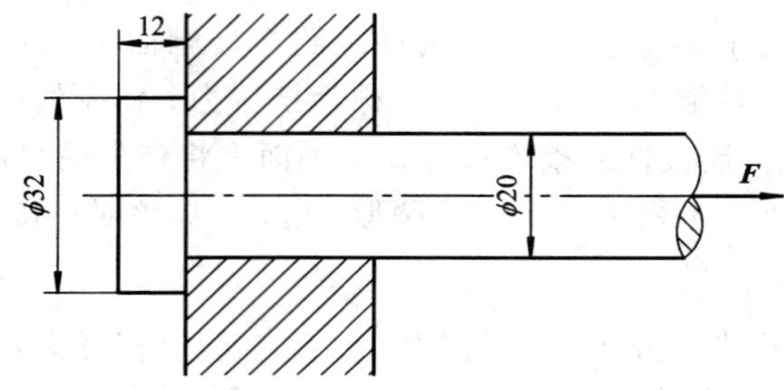

图 8-5 受拉挂件

解 本结构中的拉杆既发生轴向伸长变形，同时又发生剪切变形和挤压变形，为了保证结构安全，必须使拉杆同时满足拉伸强度、剪切强度和挤压强度。

(1) 拉伸强度分析：

$$\sigma = \frac{F}{A} \leqslant [\sigma]$$

$$F \leqslant [\sigma]A = 120 \times 10^6 \times \frac{\pi}{4} \times (20 \times 10^{-3})^2 = 38 \text{ kN}$$

(2) 剪切强度分析：

$$\tau = \frac{F_s}{A_s} = \frac{F}{A_s} \leqslant [\tau]$$

$$F \leqslant [\tau]A_s = 90 \times 10^6 \times \pi \times (20 \times 10^{-3}) \times 12 \times 10^{-3} = 68 \text{ kN}$$

(3) 挤压强度分析：

$$\sigma = \frac{F_{jy}}{A_{jy}} = \frac{F}{A_{jy}} \leqslant [\sigma_{jy}]$$

$$F \leqslant [\sigma_{jy}]A_{jy} = 230 \times 10^6 \times \frac{\pi}{4} \times [(32 \times 10^{-3})^2 - (20 \times 10^{-3})^2] = 113 \text{ kN}$$

综合(1)、(2)、(3)可知，拉杆要同时满足拉伸强度、剪切强度和挤压强度，则杆件的许可拉力为

$$[F] = 38 \text{ kN}$$

思 考 题

8-1　简述剪切的受力特点和变形特点。

8-2　挤压和压缩有什么区别?

8-3　剪切的受力特点和变形特点与拉伸时相比有何不同?剪切面面积和挤压面面积如何计算

8-4　如题图 8-1 所示,分析图示零件的剪切面与挤压面。

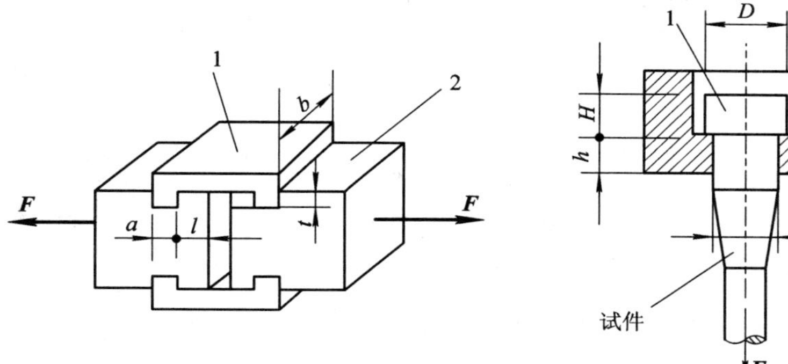

题图 8-1

习　题

8-1　试校核习题 8-1 图所示连接销钉的剪切强度。已知 $F=100$ kN,销钉直径 $d=30$ mm,材料的许用切应力$[\tau]=60$ MPa。如果强度不够,应改用多大直径的销钉?

8-2　测定材料剪切强度的剪切器的示意图如习题 8-2 图所示。设圆试样的直径 $d=15$ mm,当压力 $F=31.5$ kN 时,试样被剪断。求材料的名义极限切应力。如果取安全系数为 2,求剪切许用应力$[\tau]$。

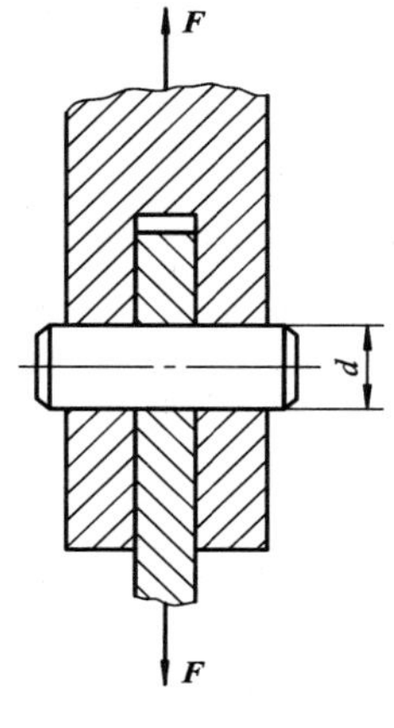

习题 8-1 图

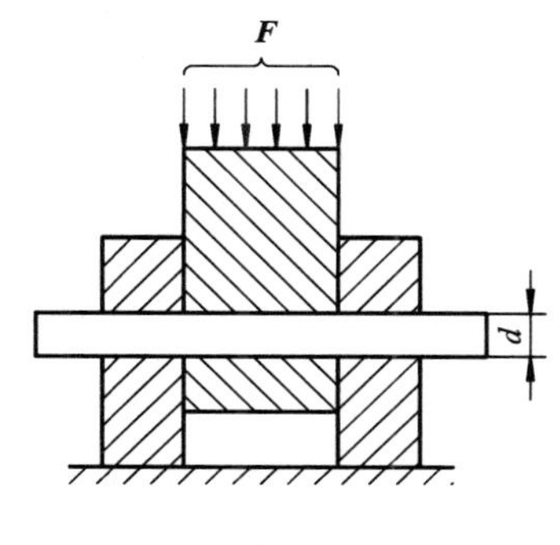

习题 8-2 图

8－3　一传动轴如习题 8－3 图所示，两段圆轴由凸缘和螺栓加以连接，其中有八个螺栓均匀分布在直径为 D=200 mm 的圆周上。已知圆轴所传递的力偶矩 m=5 kN · m，凸缘厚度 h=10 mm，螺栓的许用切应力$[\tau]$=60 MPa，许用挤压应力$[\sigma_{jy}]$=200 MPa。试根据强度要求设计螺栓的直径。

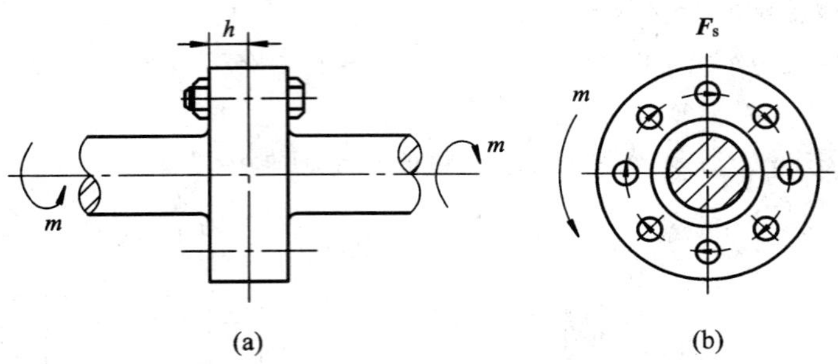

习题 8－3 图

8－4　木榫接头如习题 8－4 图所示，$a=b=12$ cm，$c=4.5$ cm，$h=35$ cm，F=40 kN。求接头的剪切和挤压应力。

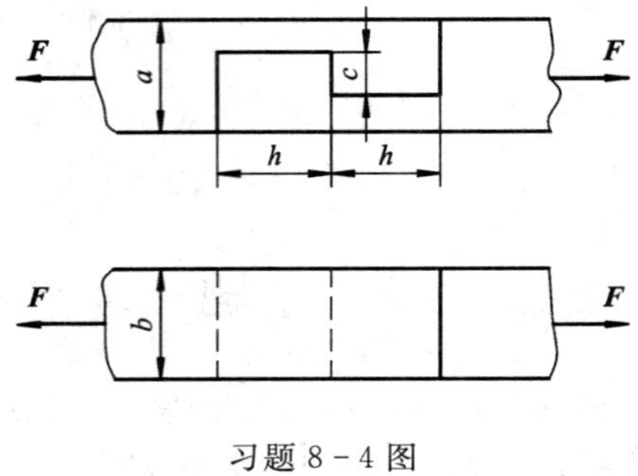

习题 8－4 图

第 9 章　圆轴扭转

在工程中常遇到扭转变形的构件，例如机器中的传动轴(见图 9-1(a))、搅拌机轴(见图9-1(b))和方向盘的操纵杆(见图 9-1(c))等，都属于这类构件。

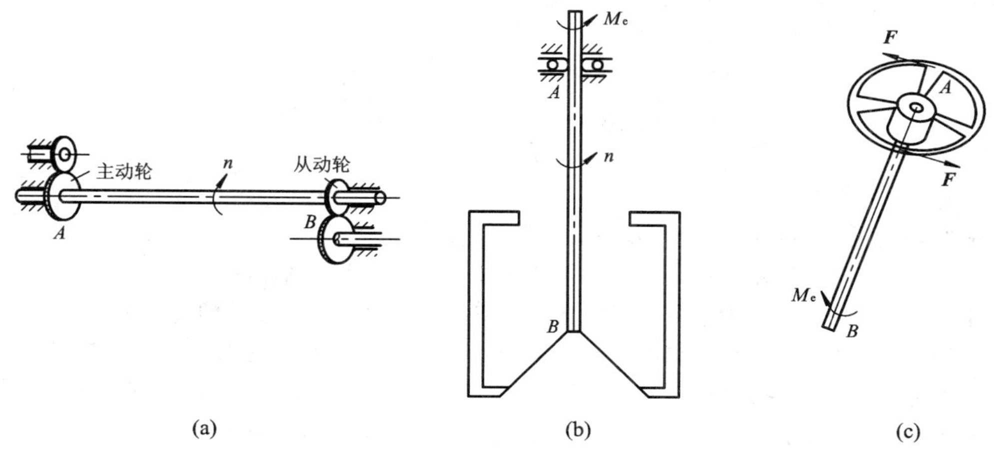

图 9-1　扭转实例

这类构件的共同特点是：在垂直于杆轴线的平面内有外力偶作用，杆件的各横截面发生绕轴线的相对转动，这就是扭转变形。扭转变形的力学模型如图 9-2 所示。其中，实线 ab 为变形前的母线，虚线 ab' 为其变形后的位置(假设 A 截面不动)。端截面 B 相对于端截面 A 转过的角度为 φ_{AB}，称为 B 截面相对于 A 截面的扭转角。工程中一般把主要发生扭转变形的杆件称为轴。实际中受扭杆件的截面形状多为圆形或圆环形，此类扭杆称为圆轴。

本章讨论圆轴扭转时的强度和刚度问题。

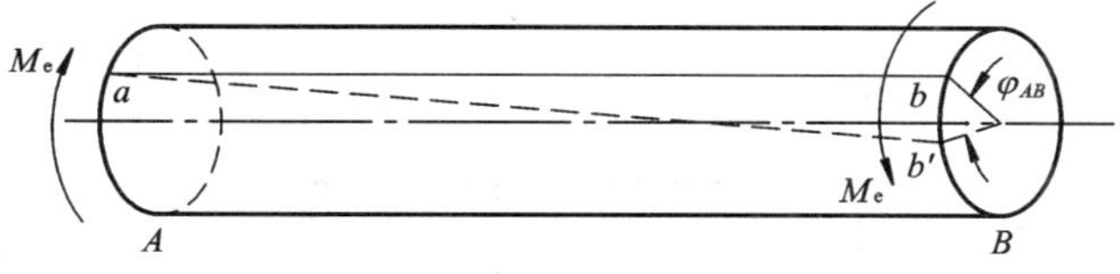

图 9-2　扭转变形

9.1　外力偶矩、扭矩与扭矩图

1. 外力偶矩的计算

为了计算杆在扭转时的内力，首先需要知道杆上作用的外力偶矩。作用在轴上的外力偶矩一般可由杆件整体的平衡条件确定。但是，对于传动轴等转动构件，通常只知道它们的转速和所传递的功率，这就有必要将这些已知量换算为外力偶矩。

力偶在单位时间内所作的功，即为功率 P，它等于外力偶矩 M_e 与转动角速度 ω 的乘积，其表达式为

$$P = M_e\omega \tag{9-1(a)}$$

则

$$M_e = \frac{P}{\omega} \tag{9-1(b)}$$

在工程实际中，功率的常用单位为 kW(千瓦)和 PS(马力)，转速的常用单位为 r/min(转/分)。与这些常用单位相对应，外力偶矩有如下计算公式：

$$M_e(\text{kN}\cdot\text{m}) = 9.55\,\frac{P(\text{kW})}{n(\text{r/min})} \tag{9-2(a)}$$

$$M_e(\text{kN}\cdot\text{m}) = 7.02\,\frac{P(\text{PS})}{n(\text{r/min})} \tag{9-2(b)}$$

2. 扭矩与扭矩图

前面确定了作用在轴上的外力偶矩，下面研究轴的内力。

考虑图 9-3(a)所示的圆轴，在其两端垂直于杆件轴线的平面内，作用一对方向相反、力偶矩均为 M_e 的力偶。为了分析轴的内力，仍然采用截面法，在轴的任一截面 $n-n$ 处将其假想地切成两段(见图 9-3(b)、(c))。由任一段的平衡条件均可看出，在横截面 $n-n$ 上的分布内力系必合成一力偶，且其矢量的方向垂直于截面 $n-n$。矢量方向垂直于横截面的内力偶矩称为扭矩，用 T 表示。轴受扭时，横截面上的内力为扭矩。

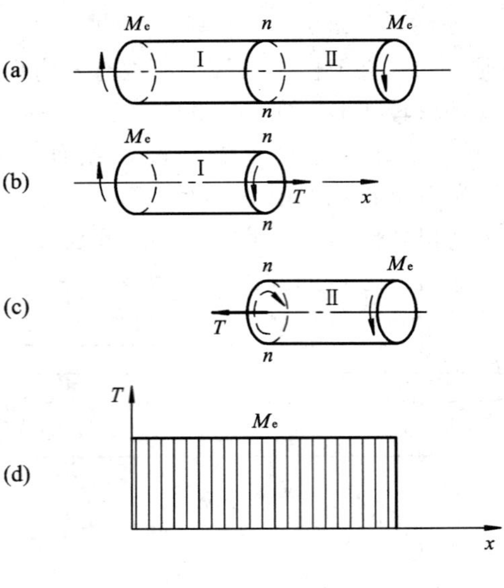

图 9-3　扭矩图

根据左段的平衡条件，由

$$\sum m_i = 0,\qquad T - M_e = 0$$

得截面 $n-n$ 上的扭矩为

$$T = M_e$$

同样，如果以右段(见图 9-3(c))为研究对象，也可以求出截面 $n-n$ 上的扭矩 T，其

数值仍等于 M_e，但其转向与图 9-3(b)中所示相反。

为了使上述两种算法所得同一横截面处的扭矩的正负号相同，对扭矩的正负号作如下规定：按右手螺旋法则将扭矩用矢量表示，若矢量的指向离开截面，则该扭矩为正，反之为负。按此规定，图 9-3 中所示扭矩为正。

在一般情况下，各横截面的扭矩不尽相同。为了形象地表示扭矩沿轴线的变化情况，可仿照作轴力图的方法绘制扭矩图。作图时，沿轴线方向取坐标表示横截面的位置，以垂直于轴线的另一坐标表示扭矩。例如，上述圆轴的扭矩图如图 9-3(d)所示。

【例 9-1】 图 9-4(a)所示为传动轴，转速 $n=500$ r/min，B 轮为主动轮，输入功率 $P_B=10$ kW，A、C 轮为从动轮，输出功率分别为 $P_A=4$ kW，$P_C=6$ kW。试计算轴的扭矩，并作扭矩图。

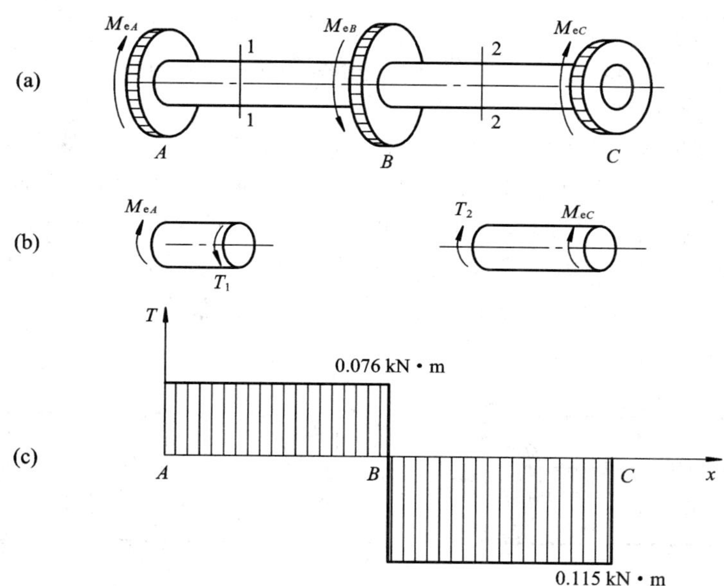

图 9-4　传动轴扭矩图

解　(1) 外力偶矩计算。

由公式(9-2(a))可知，作用在 A、B、C 轮上的外力偶矩分别为

$$M_{eA}=9.55\times\frac{P_A}{n}=9.55\times\frac{4}{500}=0.076\ \text{kN}\cdot\text{m}$$

$$M_{eB}=9.55\times\frac{P_B}{n}=9.55\times\frac{10}{500}=0.191\ \text{kN}\cdot\text{m}$$

$$M_{eC}=9.55\times\frac{P_C}{n}=9.55\times\frac{6}{500}=0.115\ \text{kN}\cdot\text{m}$$

(2) 扭矩计算。

将轴分为 AB 和 BC 两段，逐段计算扭矩。设 AB 和 BC 段的扭矩均为正，并分别用 T_1 和 T_2 表示，则由图 9-4(b)可知：

$$T_1=M_{eA}=0.076\ \text{kN}\cdot\text{m}$$

$$T_2=-M_{eC}=-0.115\ \text{kN}\cdot\text{m}$$

(3) 作扭矩图。

根据上述分析，作扭矩图如图 9-4(c)所示。因此

$$|T|_{max}=0.115\ \text{kN}\cdot\text{m}$$

请读者思考：如果将主动轮 B 与从动轮 C 位置对调，最大扭矩将变为多少？哪一种轴的布置合理？

9.2 横截面上的切应力分析与强度计算

本节研究圆轴扭转时横截面上的应力，并讨论圆轴扭转时的强度计算问题。

1. 纯剪切

扭转应力的分析是一个比较复杂的问题。为简单起见，在此先研究薄壁圆筒扭转时的应力，并结合其受力和变形分析，介绍有关基本概念和基本定律。

1) 薄壁圆筒扭转时的应力

取一等厚度薄壁圆筒，平均半径为 r，壁厚为 t。在其表面画上一系列圆周线和纵向线，它们交织成一个个微小的矩形网格(见图 9-5(a))。然后，在圆筒两端施加扭转力偶矩，使之发生扭转变形(见图 9-5(b))。通过试验可见，各圆周线的形状、大小和间距均未改变，只是绕轴线作相对转动；各纵向线偏转过同一角度 γ，且变形很小时仍近似为直线，矩形变成了平行四边形。矩形网格的两个对边发生相对错动，使直角改变了一角度 γ，这种直角的改变称为切应变。

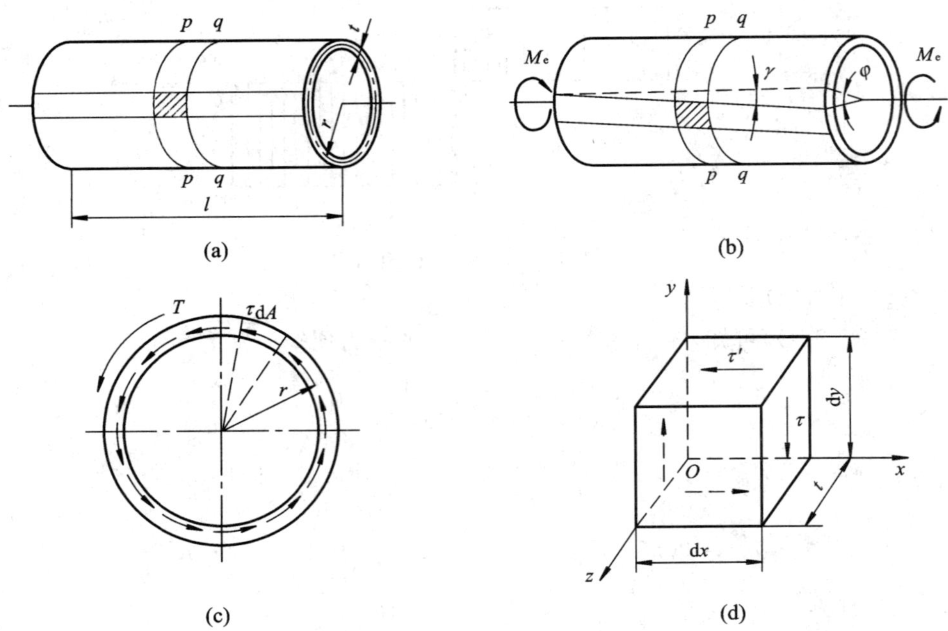

图 9-5 扭转变形分析

以上结果表明，圆筒横截面和含轴线的纵向截面上均没有正应力，横截面上只有切于截面的切应力 τ。

由圆筒变形情况可知，沿圆周上各点处的切应变相等，且发生在垂直于半径的平面内。又因筒壁很薄，故可近似认为沿壁厚的各点处切应变也相等。据此可推知，圆筒横截面上各点处的切应力相等，其方向垂直于半径（见图 9－5(c)）。

横截面上的分布内力系将合成为截面上的扭矩 T，由此可得：

$$T = \int_0^{2\pi} tr^2 \tau \cdot \mathrm{d}\theta = 2\pi r^2 \tau \cdot t$$

即

$$\tau = \frac{T}{2\pi r^2 t} \tag{9-3}$$

2）切应力互等定理

用相邻的两个横截面和两个纵截面，从圆筒中取出边长为 $\mathrm{d}x$、$\mathrm{d}y$ 和 t 的微小六面体，称为单元体（见图 9－5(d)）（一般情况下，单元体的三个边长均为无穷小量）。单元体的左、右两侧面为圆筒横截面的一部分，其上有切应力。根据单元体的平衡要求，不仅左、右面上有大小相等、方向相反的切应力 τ，在上、下面上也必然有切应力 τ'，而且由力矩平衡条件有

$$(\tau \cdot t \cdot \mathrm{d}y) \cdot \mathrm{d}x = (\tau' \cdot t \cdot \mathrm{d}x)\mathrm{d}y$$

由此得到

$$\tau = \tau' \tag{9-4}$$

这表明，在相互垂直的两个微面上，切应力总是成对出现的，它们的数值相等，而方向均垂直于两微面的交线，或同指向或同背离这一交线。这就是切应力互等定理。

单元体各对面上只作用有切应力的情形，称为纯剪切状态。

3）剪切胡克定律

利用薄壁圆筒的扭转试验，可以得出材料在纯剪切下应力与应变的关系。实验结果表明，对于大多数工程材料，当纯剪切状态处于弹性范围内，即切应力 τ 不超过材料的剪切比例极限 τ_p 时，切应力和切应变存在下列线性关系（见图 9－6）：

$$\tau = G \cdot \gamma \tag{9-5}$$

上述关系称为剪切胡克定律。其中，G 称为材料的切变模量，其量纲与 τ 相同。对于钢材，G=80～84 GPa。

研究表明，材料的三个弹性常数——弹性模量 E、切变模量 G 以及泊松比 μ 中，只有两个是独立的。它们之间满足如下关系：

$$G = \frac{E}{2(1+\mu)} \tag{9-6}$$

式(9－6)只适用于各向同性材料。

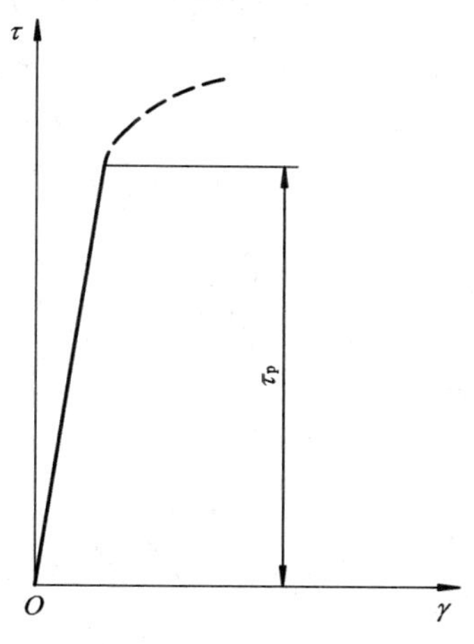

图 9－6　切应力和切应变关系

2. 圆轴扭转时的应力

工程中最常见的轴是圆截面轴，它们或为实心的，或为空心的。本节研究圆轴扭转时横截面上的应力。

与薄壁圆筒扭转时的情况类似，等直圆轴扭转时，横截面上将有扭矩，且只有切应力，而无正应力。但对于实心圆轴，不能再像对薄壁圆筒那样，认为沿半径上各点处的切应力相等，而应综合考察几何、物理和静力学三方面的关系来分析其应力。

1）几何关系

取一等直圆轴，在其表面画上一系列圆周线和纵向线，在扭转力偶矩作用下，将得到与薄壁圆筒扭转时相似的现象(见图 9-7)，即各圆周线的形状、大小和间距保持不变，只是绕轴线作相对转动。小变形情况下，各纵向线仍近似为直线，只是偏转了同一微小的角度。变形前轴表面上的矩形网格，变形后错动成平行四边形。

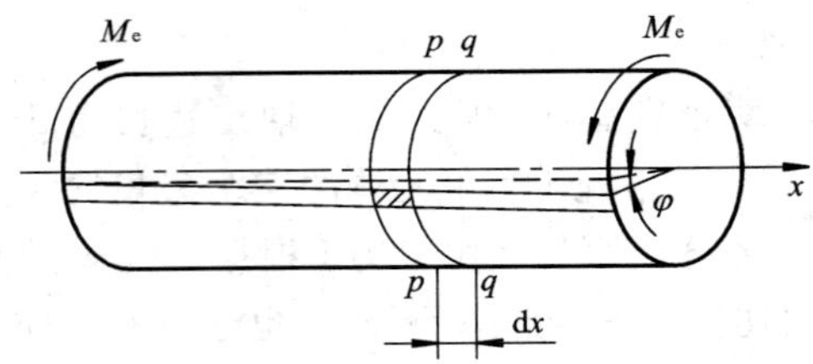

图 9-7　几何关系

根据圆轴表面的变形特点，可以作出如下假设：圆轴扭转变形后，横截面仍保持为平面，且形状、大小及两相邻横截面间的距离保持不变；半径仍保持为直线。这就是圆轴扭转时的平面假设。由该假设可以推知圆轴内部的变形情况。按照这一假设，圆轴扭转变形时，其横截面像刚性平面一样绕轴线作相对转动。

在圆轴上用 $p-p$ 和 $q-q$ 两相邻横截面截取相距为 $\mathrm{d}x$ 的微段，如图 9-8 所示。设截面 $q-q$ 对 $p-p$ 的相对扭转角为 $\mathrm{d}\varphi$，半径为 R(表面)和半径为 ρ(任意同轴圆柱面)处的切应变分别为 γ 和 γ_ρ。在小变形的条件下，图 9-8 中的 da'、cb'、fe' 曲线均可近似地视为直线，于是有

$$\gamma\,\mathrm{d}x = R\,\mathrm{d}\varphi$$

$$\gamma = R\frac{\mathrm{d}\varphi}{\mathrm{d}x} \tag{9-7(a)}$$

$$\gamma_\rho\,\mathrm{d}x = \rho\,\mathrm{d}\varphi$$

即

$$\gamma_\rho = \rho\frac{\mathrm{d}\varphi}{\mathrm{d}x} \tag{9-7(b)}$$

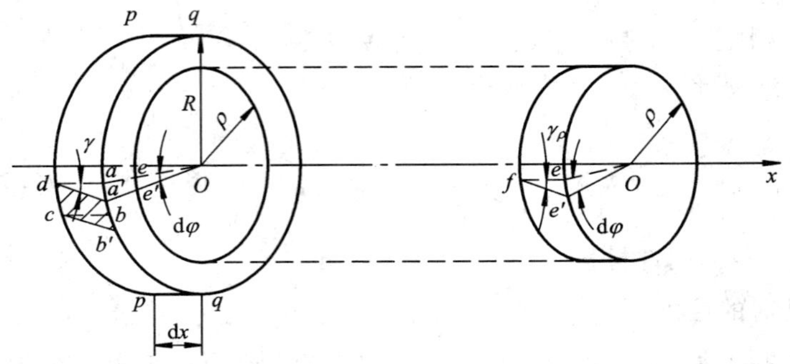

图 9-8　微观变形

其中，$\frac{d\varphi}{dx}$为扭转角沿轴线的变化率，称为单位长度扭转角。对于某一确定的截面，$\frac{d\varphi}{dx}$为常数。式(9－7(b))表明，任意同轴圆柱面上的单元体的切应变与该圆柱面到轴线的距离ρ成正比，最大切应变发生在圆轴表面处，中心处的切应变为零。

2) 物理关系

设圆轴各点的应力均处于弹性范围内，以τ_ρ表示横截面上距圆心为ρ处的切应力，则根据剪切胡克定律，有

$$\tau_\rho = G\gamma_\rho$$

将式(9－7(b))代入上式，得

$$\tau_\rho = G\rho\frac{d\varphi}{dx} \tag{9-8}$$

式(9－8)表明，横截面上任意点的切应力与该点到圆心的距离ρ成正比，即切应力沿半径呈线性分布。因为γ_ρ发生在垂直于半径的平面内，所以τ_ρ也与半径垂直，并与扭矩转向一致。再考虑到切应力互等定理，则横截面和纵截面上沿半径切应力的分布如图9－9所示。

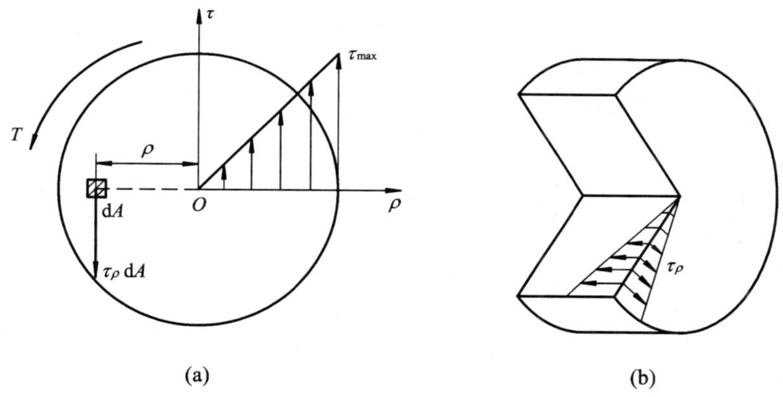

图9－9　物理关系

然而，公式(9－8)尚未确定横截面上任一点的切应力值，因为式中的$d\varphi/dx$未知，所以就要利用切应力与扭矩之间的静力学关系来解决。

3) 静力关系

如图9－9(a)所示，在横截面上距圆心ρ处取微面积dA，则作用在该微面积上的力$\tau_\rho dA$对圆心O之矩为$\tau_\rho dA \cdot \rho$，而截面上的分布内力系合成为该截面上的扭矩T，于是有

$$\int_A (\tau_\rho dA)\rho = T$$

将式(9－8)代入上式，并注意到$G(d\varphi/dx)$为常量，最后得到：

$$\frac{d\varphi}{dx} = \frac{T}{GI_p} \tag{9-9}$$

式中：

$$I_p = \int_A \rho^2 \, dA \tag{9-10}$$

称为横截面对圆心 O 的极惯性矩，它只与截面的形状和尺寸有关。式(9－9)为圆轴扭转变形的基本公式。

最后将式(9－9)代回到式(9－8)中，得

$$\tau_\rho = \frac{T\rho}{I_p} \tag{9-11}$$

此即圆轴扭转时横截面上任意点的切应力计算公式。

在横截面上外沿各点，ρ 为最大值 R，此处有最大的切应力，为

$$\tau_{\max} = \frac{T}{W_n} \tag{9-12}$$

式中：

$$W_n = \frac{I_p}{R} \tag{9-13}$$

称为抗扭截面系数，它取决于截面的形状和尺寸。

根据式(9－10)和式(9－13)的定义，可以求得圆形和圆环形截面的 I_p 和 W_n 的值。如图 9－10 所示，取圆环形微面积作为积分微元 dA，即

$$dA = 2\pi\rho d\rho$$

于是，对于直径为 D 的圆截面有：

$$I_p = \frac{\pi D^4}{32} \tag{9-14}$$

$$W_n = \frac{\pi D^3}{16} \tag{9-15}$$

对于外径为 D、内径为 d 的圆环形截面，则有：

$$I_p = \frac{\pi(D^4 - d^4)}{32} = \frac{\pi D^4(1-\alpha^4)}{32} \tag{9-16}$$

$$W_n = \frac{\pi D^3(1-\alpha^4)}{16} \tag{9-17}$$

其中：

$$\alpha = \frac{d}{D}$$

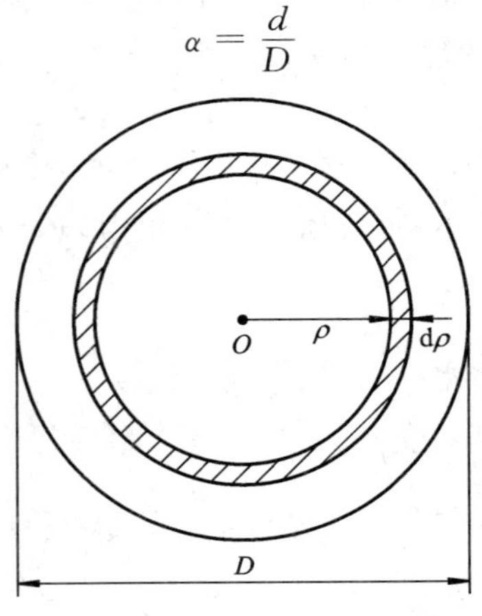

图 9－10　极惯性矩

需要指出的是，式(9－9)、式(9－11)和式(9－12)是在平面假设的基础上导出的，因此只有当平面假设成立时，上述结果才是正确的。实验研究表明，只有对于等截面直圆轴，平面假设才成立。所以，这些公式只适用于等截面直圆轴。对于圆截面沿轴线缓慢变化的小锥度锥形杆，平面假设则近似成立，故可近似地用这些公式计算。此外，在推导上述公式的过程中，应用了剪切胡克定律，所以，公式(9－9)、式(9－11)和式(9－12)只适用于最大切应力 τ_{max} 不超过材料的剪切比例极限 τ_p 的情况。

3. 强度计算

为了保证圆轴扭转时具有足够的强度，必须限制轴内横截面上的最大切应力不超过轴的许用切应力，即满足下列强度条件：

$$\tau_{max}=\left(\frac{T}{W_n}\right)_{max}\leqslant[\tau] \tag{9-18}$$

等截面直圆轴的强度条件为

$$\tau_{max}=\frac{T_{max}}{W_n}\leqslant[\tau] \tag{9-19}$$

式中，$[\tau]$为轴的许用切应力。在静载作用下，许用切应力$[\tau]$与许用拉应力$[\sigma]$之间存在下列关系：对于塑性材料，$[\tau]=(0.5\sim0.6)[\sigma]$；对于脆性材料，$[\tau]=(0.8\sim1.0)[\sigma]$。

利用强度条件式(9－18)、式(9－19)，可解决强度校核、截面设计和确定许可载荷等三类扭转强度问题。

在进行强度计算时，应当首先根据扭矩图、截面尺寸以及材料性能判断出可能的危险截面，再确定危险点。若能保证危险截面上的危险点满足强度条件，则整个杆件便是安全的。

【例 9－2】 汽车发动机将动力通过主传动轴 AB 传给后桥，驱动车轮行驶，如图9－11所示。设主传动轴所承受的最大外力偶矩为 1.5 kN·m，轴由 45 号钢无缝钢管制成，外径 D＝90 mm，壁厚 t＝2.5 mm，$[\tau]$＝60 MPa。试校核其强度。若改用实心轴，在 τ_{max} 具有同样数值的条件下，试确定实心圆轴的直径 D，并确定空心轴与实心轴的重量比。

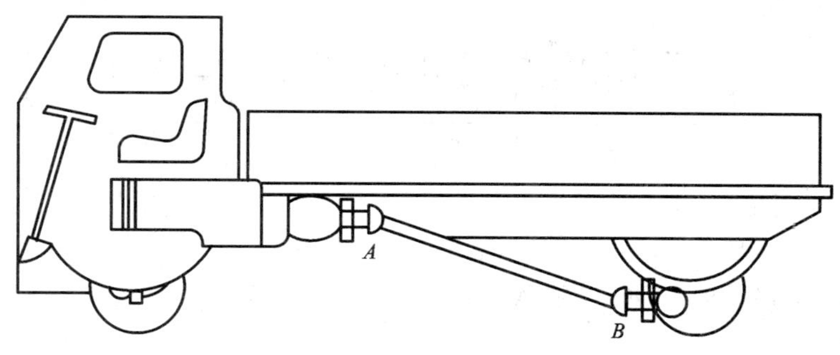

图 9－11

解　(1) 校核空心轴强度。

根据所给数据可知，传动轴横截面上的扭矩 $T=1.5\times10^3$ N·m，轴的内、外径之比

$$\alpha=\frac{d}{D}=\frac{85}{90}=0.944$$

由于该轴各横截面的危险程度相同，因而最大切应力为

$$\tau_{\max}=\frac{T}{W_{\mathrm{n}}}=\frac{1.5\times10^{6}\times16}{\pi\times90^{3}(1-0.944^{4})}=50.9\ \mathrm{N/mm^{2}}=50.9\ \mathrm{MPa}\leqslant[\tau]$$

所以空心轴强度安全。

(2) 计算实心轴直径。

根据空心轴与实心轴最大切应力相等的要求，有

$$\tau_{\max实心}=\frac{T}{W_{\mathrm{n}}}=\frac{16T}{\pi D^{3}}=\tau_{\max空心}$$

据此，可得实心轴的直径为

$$D=\sqrt[3]{\frac{16T}{\pi\tau_{\max空心}}}=\sqrt[3]{\frac{16\times1.5\times10^{6}}{\pi\times50.9}}=53.1\ \mathrm{mm}$$

(3) 确定空心轴与实心轴的重量比。

由于二者长度相等，材料相同，因此重量比即为横截面的面积比：

$$\frac{A_{空心}}{A_{实心}}=\frac{90^{2}-85^{2}}{53.1^{2}}=0.31$$

这一结果表明，空心轴的重量远比实心轴轻，即采用空心轴比采用实心轴合理。这是由于圆轴扭转时横截面上的切应力沿半径呈线性分布，截面中心附近区域的切应力比截面边缘诸点的切应力小得多。当 $\tau_{\max}$ 达到许用应力值时，中心附近的切应力远小于该值。将受扭杆件做成空心圆轴，可使得截面上的所有材料基本都得到充分利用。当然，在工艺上，制造空心轴要比制造实心轴困难一些。

【例 9－3】 一钢制阶梯状圆轴如图 9－12(a)所示。若材料的许用切应力 $[\tau]=60\ \mathrm{MPa}$，试校核轴的强度。

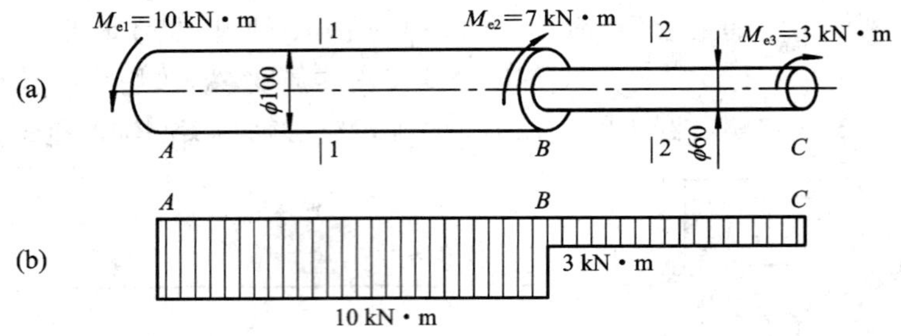

图 9－12

解 (1) 作扭矩图。

由截面法可求得 AB 和 BC 段轴横截面上的扭矩分别为

$$T_{AB}=-10\ \mathrm{kN\cdot m}$$

$$T_{BC}=-3\ \mathrm{kN\cdot m}$$

由此可作出轴的扭矩图(见图 9－12(b))。

(2) 求最大切应力。

该轴为阶梯状，且 AB 和 BC 段横截面上的扭矩不相等，故先分别求出两段轴横截面上的最大切应力，进而确定整个轴横截面上的最大切应力。

对 AB 段：直径 $D_{AB}=100\ \mathrm{mm}$，则

$$W_{nAB}=\frac{\pi D_{AB}^3}{16}=\frac{\pi\times100^3}{16}=1.963\times10^5\ \mathrm{mm}^3$$

于是得 AB 段横截面上的最大切应力为

$$\tau_{AB\max}=\frac{T_{AB}}{W_{nAB}}=\frac{10\times10^6}{1.963\times10^5}=50.9\ \mathrm{MPa}$$

对 BC 段：直径 $D_{BC}=60$ mm，则

$$W_{tBC}=\frac{\pi D_{BC}^3}{16}=\frac{\pi\times60^3}{16}=4.24\times10^4\ \mathrm{mm}^3$$

于是得 BC 段横截面上的最大切应力为

$$\tau_{BC\max}=\frac{T_{BC}}{W_{nBC}}=\frac{3\times10^6}{4.24\times10^4}=70.7\ \mathrm{MPa}$$

由此可知，整个轴的最大切应力发生在 BC 段的横截面上，其值为 $\tau_{\max}=70.7$ MPa。因此，BC 段横截面为危险截面，BC 段横截面上外沿各点为危险点。

(3) 强度校核。

由于 $\tau_{\max}=70.7\ \mathrm{MPa}>[\tau]$，故轴 AC 不能满足强度条件。

9.3　变形与刚度条件

轴在扭转力偶作用下，即使具有足够的强度，如果其变形过大，则也可能影响轴的正常工作。例如，车床丝杠的扭转变形过大会降低加工精度，磨床传动轴的扭转变形过大会引起扭转振动，等等。因此，对轴的扭转变形有时需要加以限制，使它满足刚度要求。为了解决这个问题，就需要研究轴在扭转时的变形。此外，在求解扭转超静定问题时，也必须考虑变形方面的问题。

由单位长度扭转角公式(9-9)

$$\frac{\mathrm{d}\varphi}{\mathrm{d}x}=\frac{T}{GI_p}$$

可以求出相距为 L 的两横截面间的相对扭转角为

$$\varphi=\int_L \mathrm{d}\varphi=\int_L \frac{T}{GI_p}\,\mathrm{d}x \tag{9-20}$$

对于扭矩沿杆长不变的等直圆轴，由式(9-20)可得：

$$\varphi=\frac{TL}{GI_p} \tag{9-21}$$

此即等直圆轴扭转角的计算公式。其中，GI_p 称为圆轴的抗扭刚度，它反映轴抵抗扭转变形的能力；φ 的单位为弧度，用 rad 表示。

在工程中设计圆轴时，往往是通过单位长度扭转角来分析其刚度的。若用 θ 表示此扭转角，则可将式(9-9)改写成常用的形式：

$$\theta=\frac{T}{GI_p} \tag{9-22}$$

这里 θ 的单位是弧度每米或弧度每毫米，用 rad/m 或 rad/mm 表示。

需要指出的是，以上三个公式只有当轴内最大切应力不超过材料的剪切比例极限时才适用，因为它们所依据的公式(9-9)是在此条件下导出的。

前面指出，为了保证轴在扭转时能正常工作，除了应使其满足强度要求外，有时还必须使它满足刚度要求。这就要求对轴的扭转变形加以限制。通常限制轴的最大单位长度扭转角 θ_{max}，使其不超过规定的许用单位长度扭转角$[\theta]$，即

$$\theta_{max}=\left(\frac{T}{GI_p}\right)_{max}\leqslant[\theta](\text{rad/m}) \tag{9-23}$$

此即圆轴扭转时的刚度条件。

对于等直圆轴，其最大单位长度扭转角发生在最大扭矩处，可由公式(9-22)来计算。但由于工程中$[\theta]$的常用单位是度每米((°)/m)，故必须考虑单位的统一，于是由公式(9-23)可建立等直圆轴的扭转刚度条件为

$$\theta_{max}=\frac{T_{max}}{GI_p}\times\frac{180}{\pi}\leqslant[\theta]((°)/\text{m}) \tag{9-24}$$

式中，T_{max}、G 和 I_p 的单位可分别用 N·m、N/m² 和 m⁴ 表示。常用的$[\theta]$值一般可从有关的设计规范中查到。在要求精密、传动稳定的情况下，$[\theta]$常规定在 0.25～0.5(°)/m 范围内；对于一般的传动轴，则可放宽到 2(°)/m 左右。

刚度条件可用于轴的刚度校核、截面设计及许可载荷的确定。对于要求精密的轴，其$[\theta]$值较小，故其截面尺寸常由刚度条件决定。

【例 9-4】 一等直钢制传动轴如图 9-13(a)所示，材料的切变模量 $G=80$ GPa。试计算扭转角 φ_{BC}、φ_{BA} 和 φ_{AC}，并将其相对转向用图表示。

解 在计算 φ_{BC} 和 φ_{BA} 时，可直接应用公式(9-21)，因为在 BC 段和 BA 段分别有常量的扭矩。但计算 φ_{AC} 时，就必须利用 φ_{BC} 和 φ_{BA} 来求得。为了应用公式计算扭转角，必须先求出轴各横截面上的扭矩。

(1) 作扭矩图。

由已知的外力偶矩，用截面法并按扭矩正、负号的规定，可算得 AB 段和 BC 段任一横截面上的扭矩分别为

$$T_{AB}=+1000\ \text{N}\cdot\text{m}$$
$$T_{BC}=-500\ \text{N}\cdot\text{m}$$

由此可作轴的扭矩图如图 9-13(b)所示。

(2) 计算 C 轮相对于 B 轮的扭转角 φ_{BC}。

由公式(9-21)及下列各量：

$$T_{BC}=-500\ \text{N}\cdot\text{m},\quad L_{BC}=800\times10^{-3}\ \text{m},\quad G=80\ \text{GPa}=8\times10^{10}\ \text{Pa}$$

$$I_p=\frac{\pi d^4}{32}=\frac{\pi\times35^4\times10^{-12}}{32}=1.47\times10^{-7}\ \text{m}^4$$

可得

$$\varphi_{BC}=\frac{T_{BC}L_{BC}}{GI_p}=\frac{-500\times800\times10^{-3}}{8\times10^{10}\times1.47\times10^{-7}}=-3.4\times10^{-2}\ \text{rad} \tag{a}$$

其相对转向如图 9-13(c)所示。

(3) 计算 A 轮相对于 B 轮的扭转角 φ_{BA}。

由公式(9-21)和有关数据可得

$$\varphi_{BA}=\frac{T_{AB}L_{AB}}{GI_p}=\frac{1000\times500\times10^{-3}}{8\times10^{10}\times1.47\times10^{-7}}=4.25\times10^{-2}\ \text{rad} \tag{b}$$

其相对转向如图 9-13(d)所示。

(4) 计算 C 轮相对于 A 轮的扭转角 φ_{AC}。

AB 与 BC 段的扭矩不等，B 轮相对于 A 轮转过角度 φ_{AB}($\varphi_{AB}=\varphi_{BA}$)，$C$ 轮相对于 B 轮转过角度 φ_{BC}，二者之代数和即为 φ_{AC}，于是由(a)、(b)两式的结果可得：

$$\varphi_{AC}=\varphi_{AB}+\varphi_{BC}=4.25\times10^{-2}-3.4\times10^{-2}=8.5\times10^{-3}\ \text{rad}$$

其相对转向如图 9-13(e)所示。

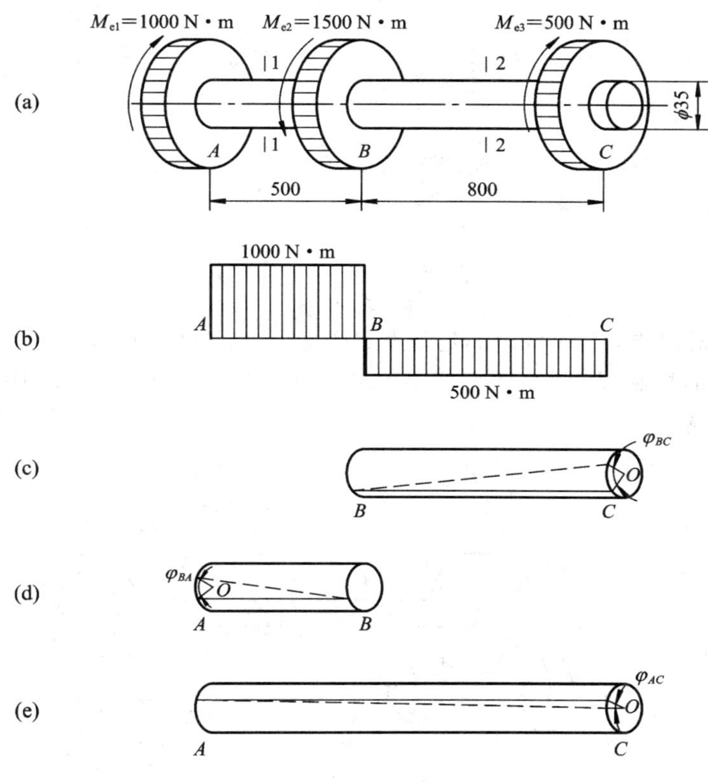

图 9-13

【例 9-5】 图 9-14(a)所示为某组合机床主轴箱内第 4 轴的示意图。轴上有Ⅱ、Ⅲ、Ⅳ三个齿轮，动力由 5 轴经齿轮Ⅲ输送到 4 轴，再由齿轮Ⅱ和Ⅳ带动 1、2 和 3 轴。1 和 2 轴同时钻孔，共消耗功率 0.756 kW；3 轴扩孔，消耗功率 2.98 kW。若 4 轴转速为 183.5 r/min，材料为 45 钢，G=80 GPa。取$[\tau]$=40 MPa，$[\theta]$=1.5(°)/m。试设计轴的直径。

解　为了分析 4 轴的受力情况，先计算作用于齿轮Ⅱ和Ⅳ上的外力偶矩：

$$M_{\text{II}}=\left(9.55\times\frac{0.756}{183.5}\right)\ \text{kN}\cdot\text{m}=39.3\ \text{N}\cdot\text{m}$$

$$M_{\text{IV}}=\left(9.55\times\frac{2.98}{183.5}\right)\ \text{kN}\cdot\text{m}=155\ \text{N}\cdot\text{m}$$

M_{II} 和 M_{IV} 同为阻抗力偶矩，故转向相同。若 5 轴经齿轮Ⅲ传给 4 轴的主动力偶矩为 M_{III}，则 M_{III} 的转向应该与阻抗力偶矩的转向相反(见图 9-14(b))，于是由平衡方程得

$$M_{\text{III}}-M_{\text{II}}-M_{\text{IV}}=0$$

$$M_{\text{III}}=M_{\text{II}}+M_{\text{IV}}=(39.3+155)\text{N}\cdot\text{m}=194.3\ \text{N}\cdot\text{m}$$

根据作用于 4 轴上的 M_{II} 、M_{IV} 和 M_{III} 的数值，作扭矩图如图 9 - 14(c)所示。从扭矩图可以看出，在齿轮Ⅲ和Ⅳ之间，轴的任一横截面上的扭矩皆为最大值，且

$$T_{\max}=155\ \text{N}\cdot\text{m}$$

由强度条件得

$$\tau_{\max}=\frac{T_{\max}}{\frac{\pi}{16}D^3}\leqslant[\tau]$$

$$D\geqslant\sqrt[3]{\frac{16T_{\max}}{\pi[\tau]}}=0.0272\ \text{m}$$

由刚度条件得

$$\theta_{\max}=\frac{T_{\max}}{GI_{\text{p}}}\times\frac{180}{\pi}=\frac{T_{\max}}{G\times\frac{\pi}{32}D^4}\times\frac{180}{\pi}\leqslant[\theta]$$

$$D\geqslant\sqrt[4]{\frac{32T_{\max}\times 180}{G\pi^2[\theta]}}=0.0295\ \text{m}$$

根据以上计算结果，为了同时满足强度和刚度要求，选定轴的直径 $D=30$ mm。可见，刚度条件是 4 轴的控制因素。由于刚度是大多数机床的主要矛盾，因此用刚度作为控制因素的轴是相当普遍的。

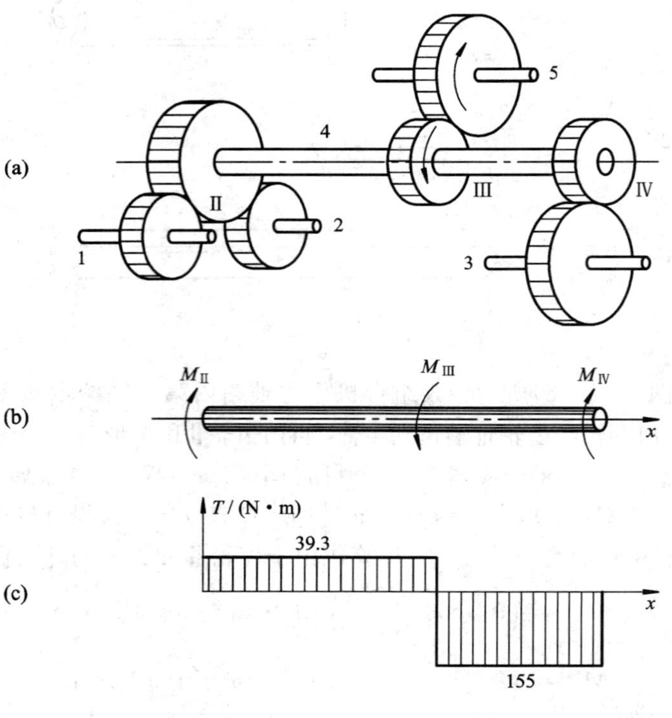

图 9 - 14

思　考　题

9－1　何谓扭转？扭矩的正负号是如何规定的？如何计算扭矩与绘制扭矩图？

9－2　减速箱中高速轴直径大还是低速轴直径大？为什么？

9－3　若两轴上的外力偶矩及各段轴长相等，而截面尺寸不同，其扭矩图相同吗？

9－4　圆轴扭转时，同一横截面上各点的切应力大小都不相同，对吗？

9－5　直径和长度均相同而材料不同的两根轴，在相同扭矩作用下，它们的最大切应力和扭转角是否相同？

9－6　为什么说空心圆轴比实心圆轴较合理？

9－7　当所设计的轴其扭转强度不够时，可以采取哪些措施？

9－8　当传递功率不变时，改变轴的转速对轴的强度和刚度有什么影响？

习　　题

9－1　指出下列如习题 9－1 图所示的应力分布图中哪些是正确的？

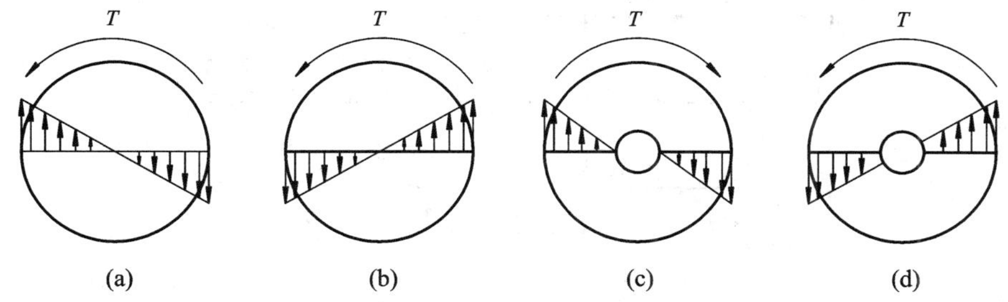

习题 9－1 图

9－2　绘制习题 9－2 图所示各杆的扭矩图。

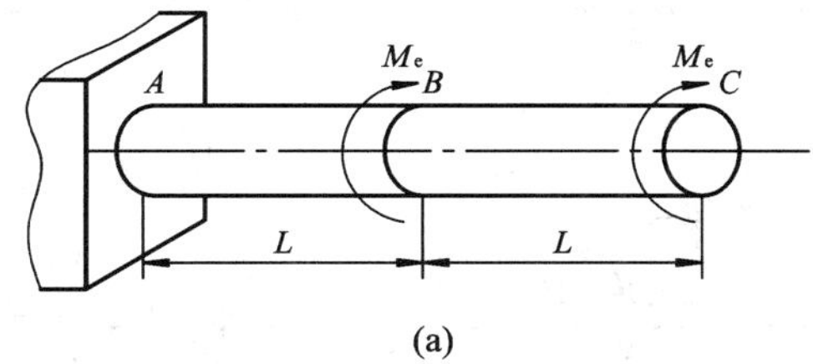

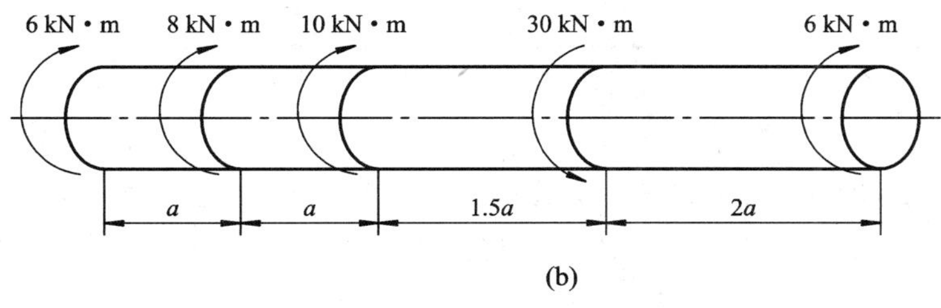

习题 9－2 图

9-3　习题 9-3 图所示圆轴的直径 d=50 mm，外力偶矩 M_e=1 kN·m，材料的 G=82 GPa。试求：

(1) 横截面上 A 点($\rho_A = d/4$)处的切应力和相应的切应变；

(2) 最大切应力和单位长度扭转角。

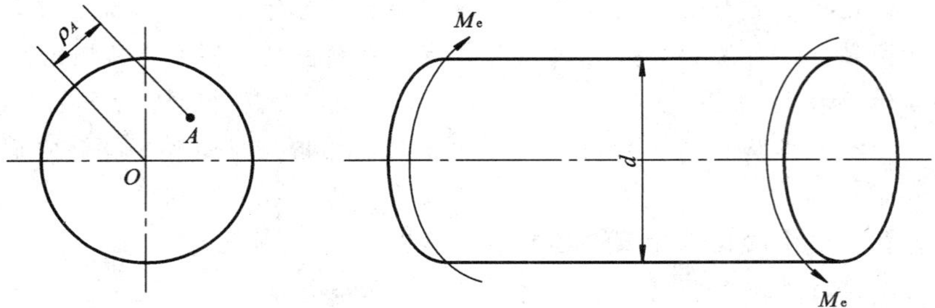

习题 9-3 图

9-4　如习题 9-4 图所示，已知作用在变截面钢轴上的外力偶矩 M_{e1}=1.8 kN·m，M_{e2}=1.2 kN·m。试求最大切应力和最大相对扭转角。材料的 G=80 GPa。

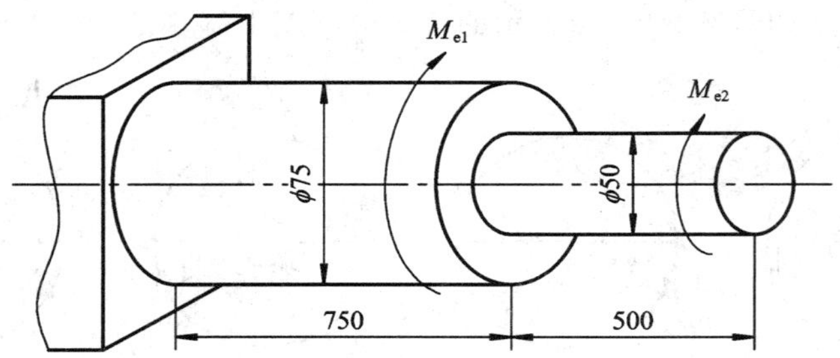

习题 9-4 图

9-5　钢制圆轴如习题 9-5 图所示。材料的切变模量 G=80 GPa，轴的转速 n=300 r/min。作轴的扭矩图，计算全轴最大切应力和最大单位长度扭转角，并说明它们发生在轴的哪一段内。

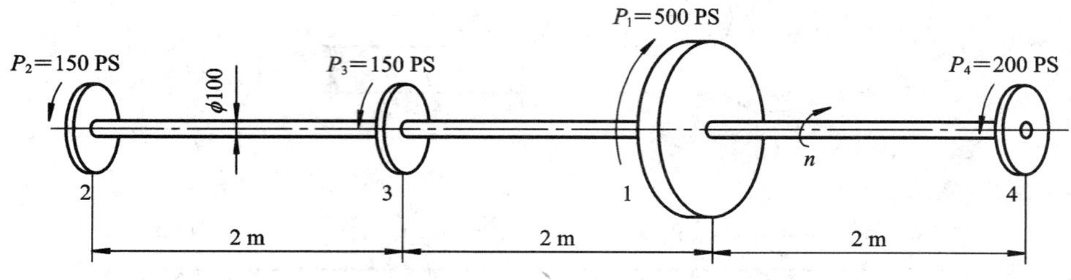

习题 9-5 图

9-6　实心轴和空心轴通过牙嵌离合器连在一起。已知轴的转速 n=100 r/min，传递功率 P=10 PS(马力)，[τ]=20 MPa。试选择实心轴的直径 d 和内外径比值为 1/2 的空心轴的外径 d_2。

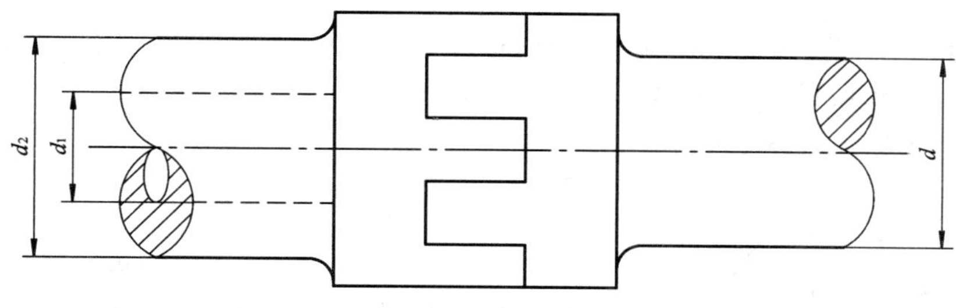

习题 9-6 图

9-7 钢制实心轴和铝制空心轴(内外径比值 $\alpha=0.6$)的横截面面积相等，$[\tau]_{钢}=80$ MPa，$[\tau]_{铝}=50$ MPa。若仅从强度条件考虑，哪一根轴能承受较大的扭矩?

9-8 习题 9-8 图(a)所示为化工搅拌器简图，带有框式搅拌桨叶的主轴的受力简图如图(b)所示。搅拌轴由电动机经减速箱及锥齿轮带动。已知电动机的功率为 2.8 kW，机械传动的效率为 85%，搅拌轴的转速为 5 r/min，轴的直径 $D=75$ mm，轴的材料为 45 号钢，$[\tau]=60$ MPa。试校核轴的扭转强度。

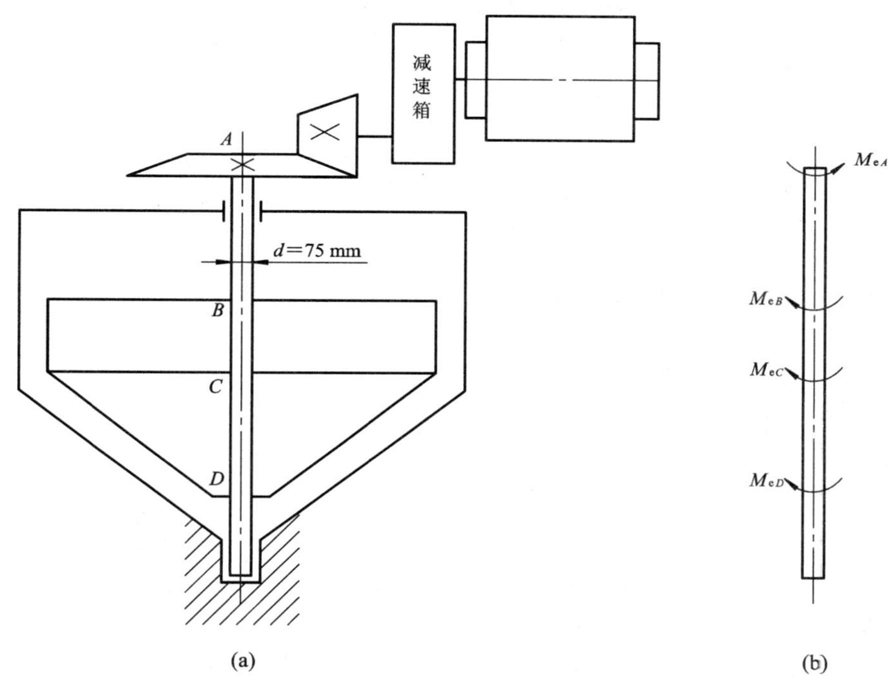

习题 9-8 图

9-9 一铝制实心圆轴的直径 $d=30$ mm，材料的切变模量 $G=26$ GPa，轴的许用单位长度扭转角$[\theta]=0.3(°)/\text{m}$。若轴横截面上的扭矩 $T=10$ N·m，试校核此轴的刚度。

9-10 已知圆轴的转速 $n=300$ r/min，传递功率为 450 马力，材料的$[\tau]=60$ MPa，$G=82$ GPa。要求在 2 m 长度内的相对扭转角不超过 1°，试求该轴的直径。

9-11 如习题 9-11 图所示，传动轴的转速 $n=500$ r/min，主动轮 1 输入功率 $P_1=368$ kW，从动轮 2 和 3 分别输出功率 $P_2=147$ kW，$P_3=221$ kW。已知$[\tau]=70$ MPa，

$[\theta]=1(°)/\mathrm{m}$，$G=80$ GPa。

(1) 试确定 AB 段的直径 d_1 和 BC 段的直径 d_2。

(2) 若 AB 和 BC 两段选用同一直径，试确定直径 d。

(3) 主动轮和从动轮应如何安排才比较合理？

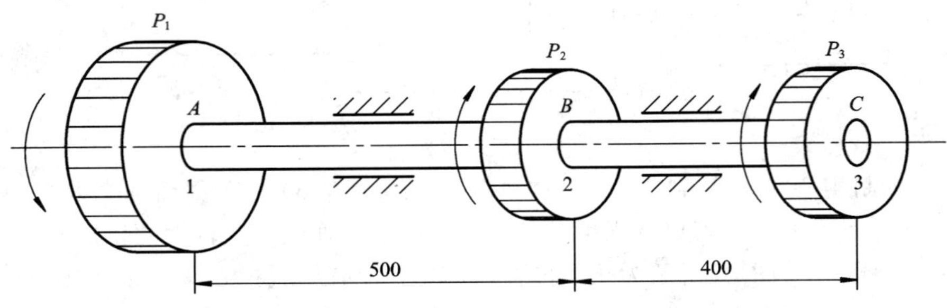

习题 9-11 图

第 10 章　梁 的 弯 曲

10.1　平面弯曲简介

工程实际中，存在大量的受弯曲杆件，如火车轮轴、桥式起重机大梁(见图 10－1)。所谓弯曲变形，是指杆的轴线由直线变成曲线。以弯曲变形为主的杆件称为梁。梁的受力特点是在轴线平面内受到力偶矩或垂直于轴线方向的外力的作用。

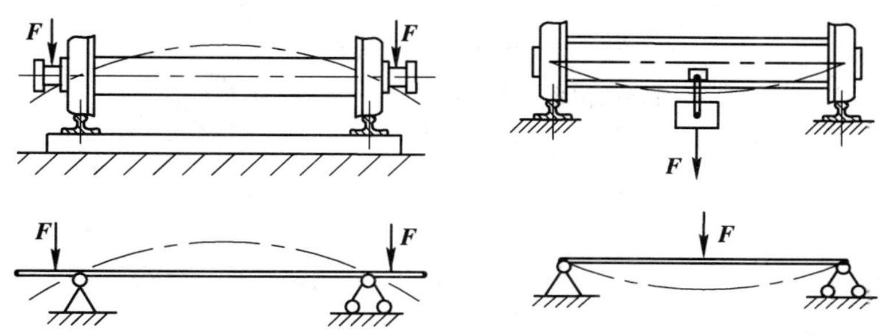

图 10－1

10.1.1　平面弯曲的概念

弯曲变形是构件的基本变形之一，在工程实际中广泛存在。工程结构和机械中的梁，其横截面一般具有纵向对称轴，如图 10－2(a)所示。纵向对称轴与梁轴线所确定的平面称为梁的纵向对称平面，如图 10－2(b)所示。如果梁上所有的外力都作用于梁的纵向对称平面内，则变形后的轴线将在纵向对称平面内变成一条平面曲线。这种弯曲称为平面弯曲。平面弯曲是最常见、最简单的弯曲变形。梁上的荷载和支承情况一般比较复杂，为便于分析和计算，在保证足够精度的前提下，需要对梁进行力学简化。通常用梁的轴线来代替实际的梁，如图 10－1 所示。

10.1.2　梁的载荷分类

作用在梁上的载荷通常可以简化为以下三种类型：

1. 集中荷载

当载荷的作用范围和梁的长度相比较很小时，可以简化为作用于一点的力，称为集中载荷或集中力。例如，图 10－1 中吊车梁承受吊索传递的起吊载荷便可视为集中力，其单位为牛(N)或千牛(kN)。

2. 集中力偶

当梁的某一小段内(其长度远远小于梁的长度)受到力偶的作用时，可简化为作用在某

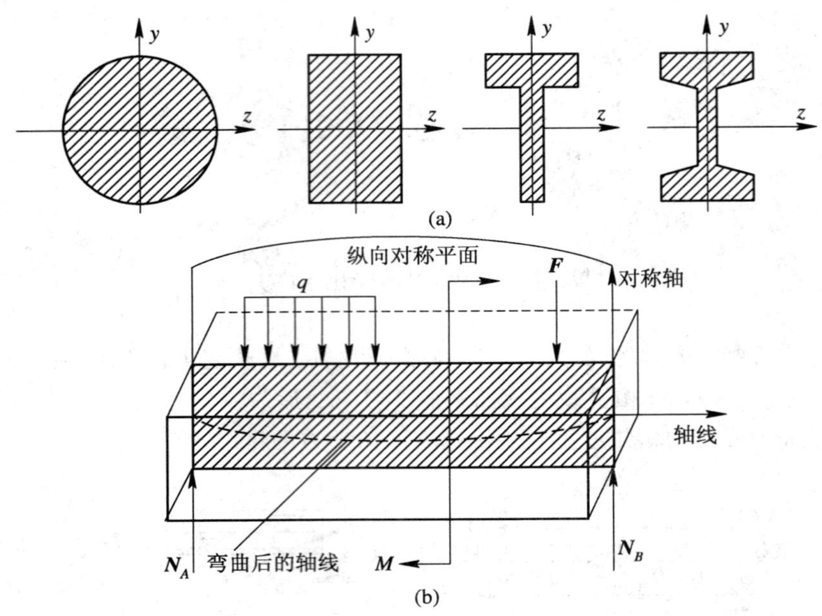

图 10-2

一截面上的力偶，称为集中力偶。如图 10-2(b)所示，梁在纵向对称平面内受到矩为 M 的集中力偶的作用，它的单位为牛·米(N·m)或千牛·米(kN·m)。

3. 分布载荷

梁的全长或部分长度上连续分布的载荷，如梁的自重，水坝受水的侧向压力等，均可视为分布载荷。分布载荷的大小用载荷集度 q 表示，其单位为牛/米(N/m)或千牛/米(kN/m)。沿梁的长度均匀分布的载荷，称为均布载荷，其均布集度 q 为常数。

如图 10-3 所示，薄板轧制机工作时的受力，可以认为是轧辊与板材的相互作用力在接触长度 l_0 范围内均匀分布，可以简化为均布载荷。设轧制板材时的作用力为 G，则载荷均布集度 $q=G/l_0$。如果将轧制作用力简化为集中力，将带来较大的误差。

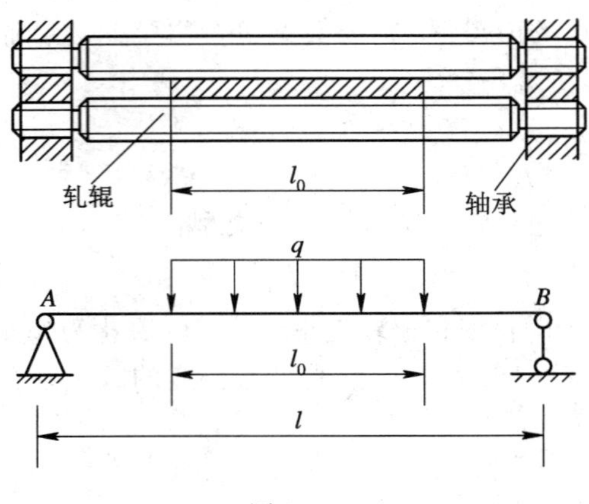

图 10-3

10.1.3　梁的支座类型

按照支座对梁的约束情况，通常将支座简化为三种形式：固定铰链支座、活动铰链支座和固定端支座。图 10－4 所示为三种支座的简化图形。

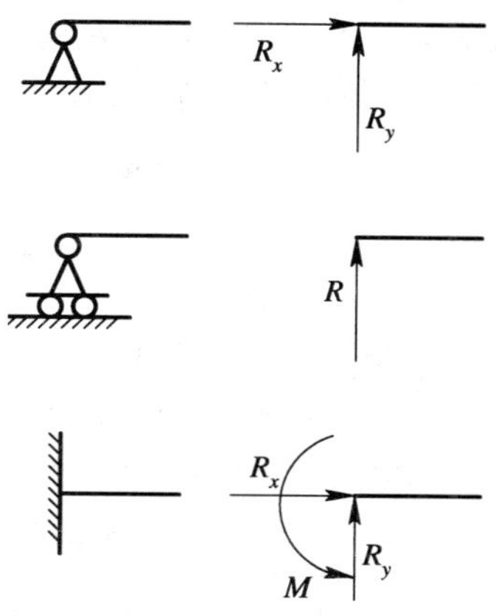

图 10－4

这三种支座的约束情况和约束反力已在静力学中讨论过，这里不再重复。

10.1.4　梁的类型

根据梁的支承情况，一般可把梁简化为以下三种基本形式，如图 10－5 所示。

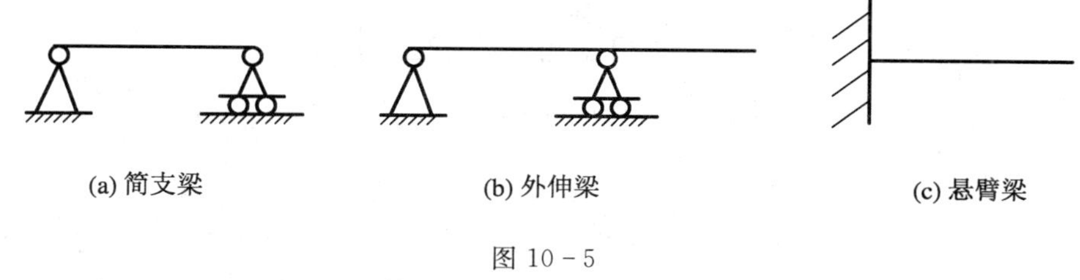

(a) 简支梁　(b) 外伸梁　(c) 悬臂梁

图 10－5

1. 简支梁

一端为固定铰链支座，另一端为活动铰链支座的梁称为简支梁。

2. 外伸梁

外伸梁的支座与简支梁完全一样，所不同的是梁的一端或两端伸出支座以外，所以称为外伸梁。

3. 悬臂梁

一端固定，另一端自由的梁称为悬臂梁。

以上三种梁的未知约束反力最多只有三个，应用静力平衡条件就可以确定这三种形式梁的内力。

10.2　梁弯曲时横截面上的内力

10.2.1　剪力和弯矩

为了对梁进行强度和刚度计算，首先必须确定梁在荷载作用下任一横截面上的内力。

如图 10-6 所示的简支梁，其上作用的荷载和约束力均为已知量，求指定$m-m$ 截面的内力。

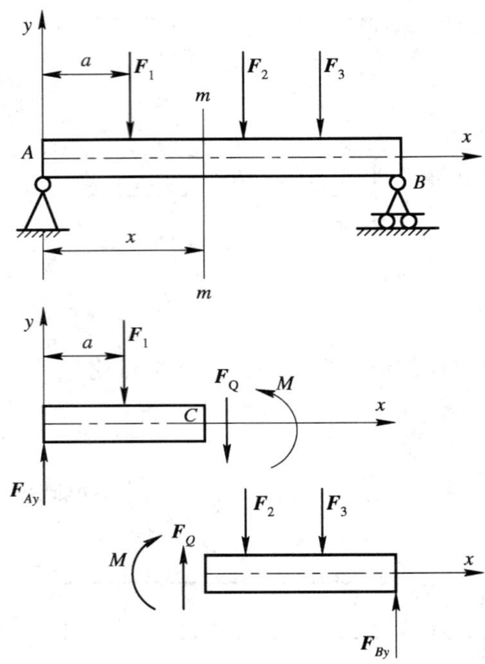

图 10-6

现采用截面法，以横截面 $m-m$ 将梁切为左右两段。由平衡条件可知，在 $m-m$ 截面上存在一个集中力 F_Q 和一个集中力偶 M。集中力使梁产生剪切变形，故称为剪力；集中力偶使梁产生弯曲变形，故称为弯矩。

对于梁的左段，列平衡方程

$$\sum F_y = 0,\quad F_{Ay} - F_1 - F_Q = 0$$

得

$$F_Q = F_{Ay} - F_1$$

可见，剪力 F_Q 等于截面以左梁上所有外力在 y 轴上投影的代数和。取代数和时，以与剪力同向的外力投影为负，反之为正。显然，按此法计算剪力较简便。

再以左段横截面形心 C 为矩心，列平衡方程

$$\sum M_C(\boldsymbol{F}) = 0,\quad M + F_1(x-a) - F_{Ay}x = 0$$

得

$$M = F_{Ay}x - F_1(x-a)$$

可见，弯矩 M 等于横截面以左梁上所有外力对横截面形心 C 的矩的代数和。取代数和时，以与弯矩同向的外力的矩为负，反之为正。

对于横截面 $m-m$ 上的剪力 F_Q 和弯矩 M，也可以用同样的方法由梁的右段的平衡方程求得，但方向与由左段求得的相反。为了使由左段或右段求得的同一截面上的剪力和弯矩不但在数值上相等，而且在符号上也相同，故将剪力和弯矩的正负符号规定如下：

对于所切梁的横截面 $m-m$ 的微段变形，若使之发生左侧截面向上、右侧截面向下的相对错动，则剪力为正(见图 10－7)，反之为负；若使横截面 $m-m$ 处的弯曲变形呈上凹下凸，则弯矩为正(见图 10－7)，反之为负。

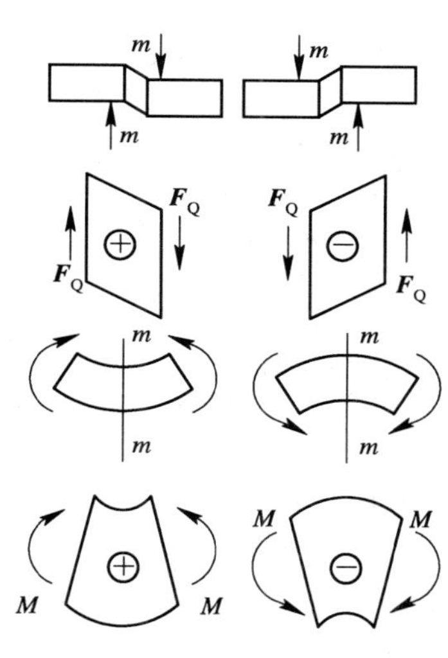

图 10－7

按此规定，对于一个横截面上的剪力和弯矩，无论是以截面左段上还是右段上的外力来计算，其结果非但数值相等，其符号也是一样的。从图 10－6 中的梁左段或梁右段都可以看出，梁的横截面 $m-m$ 的剪力和弯矩均为正。

关于弯矩的正负符号规定，也可以借组成梁的无数纵向纤维的变形来说明。如图 10－7 所示，弯矩为正时，梁的下部受拉；弯矩为负时，梁的上部受拉。

综上所述，将弯曲梁的内力的求法归纳起来，即：

(1) 在欲求梁内力的横截面处将梁切开，任取一段作为研究对象；

(2) 画出所取梁段的受力图，将横截面上的剪力 F_Q 和弯矩 M 均设为正；

(3) 由平衡方程分别计算剪力 F_Q 和弯矩 M。在力矩方程中，矩心为该横截面的形心 C。

10.2.2　剪力图和弯矩图

一般情形下，梁横截面上的剪力和弯矩随横截面位置的变化而变化。将横截面沿梁轴线的位置用坐标 x 表示，则各个横截面上的剪力和弯矩可以表示为坐标 x 的函数，即

$$F_Q = F_Q(x)$$
$$M = M(x)$$

以上两式分别称为剪力方程和弯矩方程。

为了直观表达剪力和弯矩沿梁轴线的变化情况，进而确定梁上最大剪力和最大弯矩的数值及其作用位置，最好的方法是绘出剪力图和弯矩图。通常以梁的左端为原点，以梁的轴线作为横坐标，表示梁横截面的位置，纵坐标为相应截面上的剪力或弯矩的数值。一般将正的剪力或弯矩画在 x 轴上方，负的剪力或弯矩画在 x 轴下方，这样得出的内力图分别称为剪力图和弯矩图。

下面举例说明剪力图和弯矩图的画法。

【例 10－1】　如图 10－8(a)所示的简支梁，受均布载荷 q 作用。试写出该梁的剪力方

程和弯矩方程，并画出剪力图和弯矩图。

解　(1) 求约束力。

由于梁的结构及受力的对称性，支座 A 与支座 B 的约束力相同(见图 10-8(b))。由平衡条件求得

$$F_{RA}=F_{RB}=\frac{1}{2}ql$$

(2) 建立剪力方程和弯矩方程。

作用在梁上的外力没有突然变化，故梁全长上的剪力或弯矩都可以用一个方程表示。

以 A 点为原点建立坐标轴。在任意长度 x 截面处将梁截开，取左段为研究对象。在截开的截面上标出 $\boldsymbol{F}_Q$、M，如图 10-8(c)所示。由梁左段的平衡条件得剪力方程为

$$F_Q(x)=F_{RA}-qx=\frac{1}{2}ql-qx$$

对所截截面的形心 C 点取矩，得弯矩方程为

$$M(x)=F_{RA}x-qx\cdot\frac{1}{2}x$$

$$=\frac{1}{2}qlx-\frac{1}{2}qx^2$$

(3) 画剪力图和弯矩图。

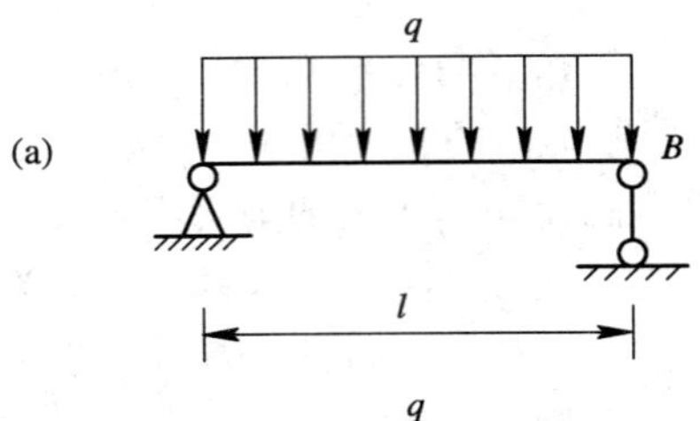

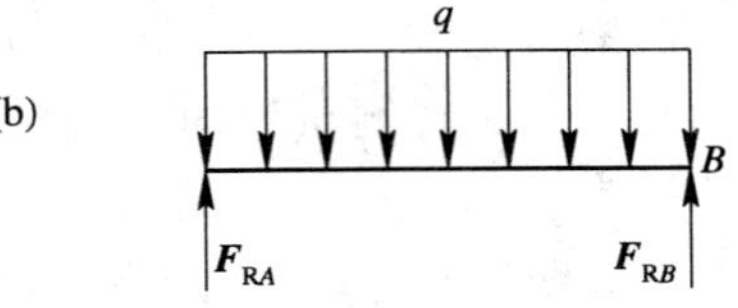

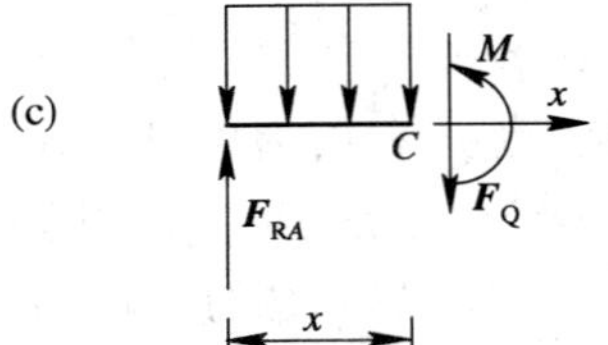

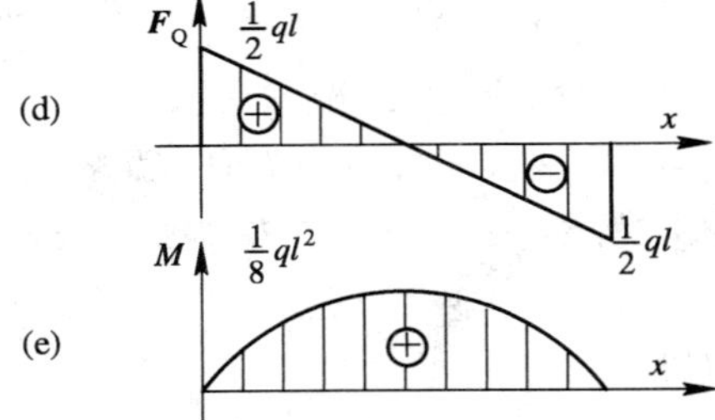

图 10-8

由剪力方程可知，剪力 $F_Q(x)$是坐标 x 的一次函数，其图形为一斜直线，只需确定直线上两点即可画出剪力图。由剪力方程可求出截面 $A(x=0)$和截面 $B(x=l)$处的剪力。建立 F_Q-x 坐标系，并在其中标出 A、B 两点的剪力值，用直线将两点连接即得到剪力图，如图 10-8(d)所示。由图可知，最大剪力发生在梁的两个支座截面上。

弯矩 $M(x)$为 x 的二次函数，因此弯矩图为抛物线。可将弯矩方程整理为

$$M(x)=\frac{1}{8}ql^2-\frac{1}{2}q\left(\frac{1}{2}l-x\right)^2$$

显然，弯矩图是一条二次抛物线，开口向下，梁的中点$\left(x=\frac{1}{2}l\right)$为最高点。实际上，因为梁的结构与受力都是对称的，所以抛物线的顶点一定在梁的中点，在梁的两个支座截面上弯矩取得 0 值。建立 $M(x)-x$ 坐标系，标出 A、B 及梁的中点弯矩值，用光滑曲线将其连接可得弯矩图，如图 10-8(e)所示。标注时必须标注最高点数值。

由剪力图和弯矩图可见，在均布载荷作用区段内，剪力图为一条斜线，斜线倾斜的方向和均布力的方向一致；弯矩图为抛物线，抛物线的开口方向和均布力的方向一致。

【例 10－2】 如图 10－9(a)所示，简支梁 AB 受一集中力 $F=12$ kN，写出此梁的剪力方程和弯矩方程，并画剪力图和弯矩图。

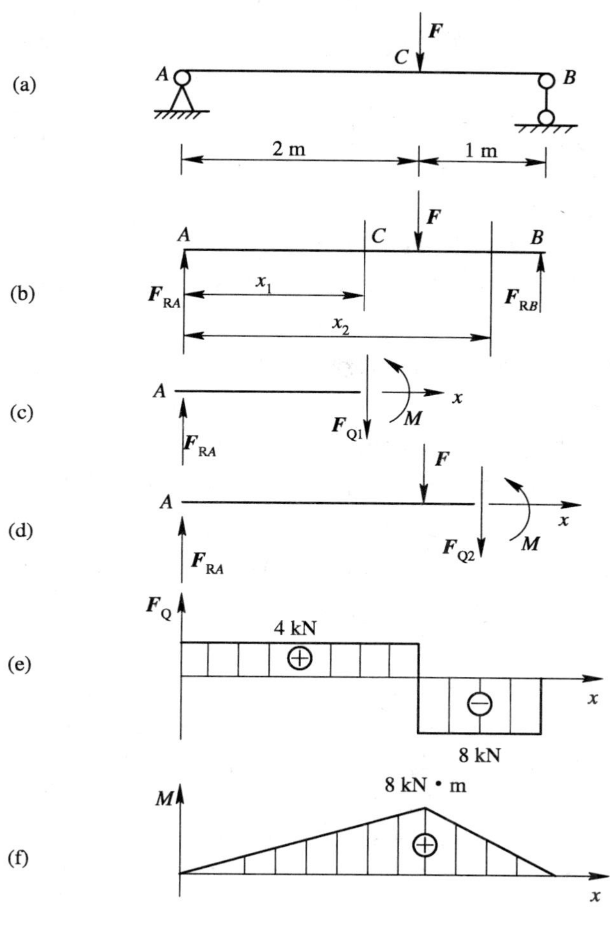

图 10－9

解 (1) 求 A、B 截面的约束力，受力图如图 10－9(b)所示。

对 B 点取矩，列平衡方程：

$$\sum M_B = -F_{RA} \times 3 + F \times 1 = 0$$

$$F_{RA} = \frac{1}{3}F = 4 \text{ kN}$$

$$F_{RB} = F - F_{RA} = 8 \text{ kN}$$

(2) 建立剪力方程和弯矩方程。

在 C 截面上作用有集中力 F，故应在 C 截面分段，分为 AC 和 BC 两段，分别建立剪力和弯矩方程。

AC 段：从坐标为 x_1 的截面处将梁截开，取左段为研究对象，标出剪力和弯矩，如图 10－9(c)所示。

由平衡条件得：

$$F_{Q1}(x) = F_{RA} \qquad (0 < x_1 < 2)$$

$$M_1(x) = F_{RA}x_1 \qquad (0 < x_1 < 2)$$

CB 段：从坐标为 x_2 的截面处将梁截开，取左段为研究对象，如图 10－9(d)所示。由平衡条件得：

$$F_{Q2} = F_{RA} - F \qquad (2 < x_2 < 3)$$

$$M_2(x) = F_{RA}x_2 - F \cdot (x_2 - 2) \qquad (2 < x_2 < 3)$$

(3) 画剪力图和弯矩图。

由剪力方程可知，AC 段和 CB 段剪力均为常量，即剪力图为平行于 x 轴的直线。AC 段和 CB 段的剪力值分别为 4 kN 和 8 kN，由此可在 F_Q-x 坐标系中画出剪力图，如图 10－9(e) 所示。

弯矩方程为一次方程，即弯矩图为斜线。分别确定两条斜线的起点和终点，绘制弯矩图，如图 10－9(f)所示。

观察剪力图和弯矩图可见，在集中力作用的截面 C 处，剪力值有突变，其突变值等于集中力的数值，突变的方向和集中力的方向一致；弯矩图斜率发生突变，即弯矩图发生转折，转折的方向和集中力的方向一致。

【例 10－3】 如图 10－10(a)所示，简支梁 AB 上作用一个集中力偶。写出此梁的剪力方程和弯矩方程，画出剪力图和弯矩图。

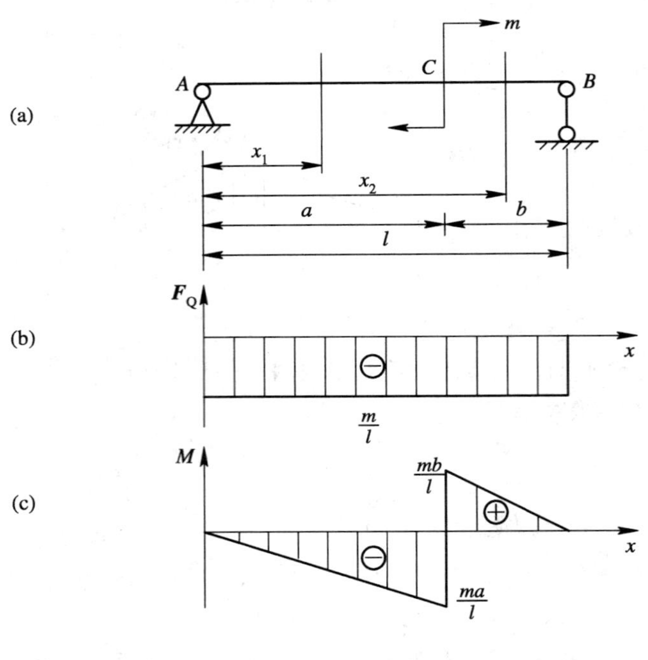

图 10－10

解 (1) 求支座反力。

$$F_{RA} = -\frac{m}{l}, \quad F_{RB} = \frac{m}{l}$$

（2）建立剪力方程和弯矩方程。

梁的中点作用有集中力偶，故截面 C 为分段点，应分两段建立剪力和弯矩方程。

AC 段：由截面法可求得剪力方程和弯矩方程分别为

$$F_{Q1}=F_{RA}=-\frac{m}{l}$$

$$M(x_1)=F_{RA}x_1=-\frac{m}{l}x_1$$

CB 段：剪力方程和弯矩方程分别为

$$F_{Q1}=-F_{RB}=-\frac{m}{l}$$

$$M(x_2)=F_{RB}(l-x_2)=\frac{m}{l}(l-x_2)$$

（3）画剪力图和弯矩图。

由 AC 和 CB 的剪力方程可知，剪力相等且为常量，故其图形为一水平直线，如图 10－10(b)所示。

由弯矩方程可知，弯矩是 x 的一次函数，其图形为斜直线。求出各分段点的弯矩分别为

AC 段：　$M(0)=0,\ M_{C左}=\dfrac{ma}{l}$

CB 段：　$M_{C右}=\dfrac{mb}{l},\ M(l)=0$

则弯矩图如图 10－10(c)所示。

由剪力图和弯矩图可以看出，集中力偶作用的截面 C 处，剪力值不发生变化而弯矩值有突变，其突变值等于外力偶矩的数值。

10.2.3　剪力、弯矩和载荷分布集度之间的微分关系

由前述内容可见，载荷不同，梁上各截面的剪力和弯矩不同，故剪力图和弯矩图的形式也不同。实际上，载荷、剪力和弯矩三者之间是存在一定关系的，掌握这种关系，对绘制梁的剪力图和弯矩图将带来很大的方便。

如图 10－11(a)所示，简支梁受向上的任意分布载荷 q 的作用，其载荷集度 q 是 x 的连续函数。x 以向右为正，分布荷载以向上为正。在分布荷载作用的范围内取距左端为 x 的微段 $\mathrm{d}x$ 进行分析。

作用在微段 $\mathrm{d}x$ 上的分布载荷可视为均匀分布。设在这一微段梁左侧截面上的内力为 $F_Q(x)$和 $M(x)$，在右侧截面上的内力应为 $F_Q(x)+\mathrm{d}F_Q(x)$和 $M(x)+\mathrm{d}M(x)$。

根据分离体(见图 10－11(b))列平衡方程：

$$\sum F_Y=0$$

$$F_Q(x)-[F_Q(x)+\mathrm{d}F_Q(x)]+q(x)\ \mathrm{d}x=0$$

即

$$\frac{\mathrm{d}F_Q(x)}{\mathrm{d}x}=q(x) \tag{10-1}$$

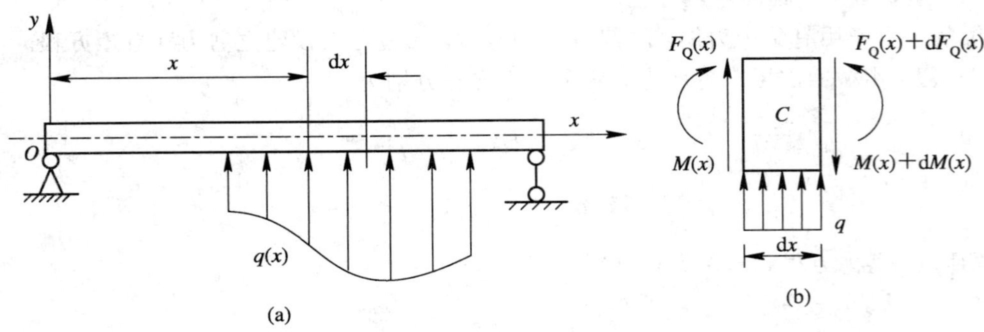

图 10－11

取右侧截面的形心 C 为矩心，则由

$$\sum M_C = 0$$

$$M(x) + \mathrm{d}M(x) - M(x) - F_Q(x)\ \mathrm{d}x - q(x)\ \mathrm{d}x\,\frac{\mathrm{d}x}{2} = 0$$

略去公式中的高阶微量，得

$$\frac{\mathrm{d}M(x)}{\mathrm{d}x} = F_Q(x) \tag{10-2}$$

式(10－1)和(10－2)表示了剪力、弯矩和载荷集度之间的微分关系。这些关系式有利于检查和快速绘制剪力图和弯矩图。

式$\frac{\mathrm{d}F_Q(x)}{\mathrm{d}x}=q(x)$的几何意义是：剪力图上任一点切线的斜率，等于梁上相应点处的载荷集度。

式$\frac{\mathrm{d}M(x)}{\mathrm{d}x}=F_Q(x)$的几何意义是：弯矩图上任一点切线的斜率，等于梁上相应点处横截面上的剪力 F_Q。

由此可得出梁上载荷、剪力图和弯矩图之间的关系如下：

(1) 如果某段梁上无均布载荷作用，即 $q=0$，则剪力 F_Q 为常量，说明这段梁上的剪力图是一水平直线，而弯矩 M 为坐标 x 的一次函数，说明这段梁上的弯矩图是一倾斜直线。若对应的 $F_Q>0$ 时，则弯矩图从左到右向上倾斜(斜率为正)；当 $F_Q<0$ 时，则弯矩图从左到右向下倾斜(斜率为负)。

(2) 如果某段梁上有均布载荷作用，即 q 为常数，则剪力 F_Q 为坐标 x 的一次函数，说明剪力图在这段梁上为一倾斜直线，而弯矩 M 为坐标 x 的二次函数，说明弯矩图在这段梁上为一抛物线。当 $q>0$(与所建立的 y 坐标正向一致时)时，剪力图从左到右向上倾斜(斜率为正)，弯矩图为开口向上的二次抛物线；反之，$q<0$(向下)时，剪力图从左到右向下倾斜(斜率为负)，弯矩图为开口向下的二次抛物线。

(3) 在集中力作用截面处，剪力图发生突变，突变的大小等于集中力的大小；弯矩图会发生转折，转折的方向和集中力的方向一致。

(4) 在集中力偶作用处，剪力图无变化。弯矩图将发生突变，突变的大小等于集中力偶矩的大小；突变的方向从左向右来看，如果外力偶矩为逆时针，则弯矩由上向下突变。

(5) 若在梁的某一截面上 $F_Q=0$，即弯矩图在该点的斜率为零，则在该截面处弯矩存在极值。绝对值最大的弯矩总是出现在下述截面上：$F_Q=0$ 的截面上，集中力作用处，集中力偶作用处。

利用这些关系，可以不必列出剪力方程和弯矩方程，便能直接画出剪力图和弯矩图。其方法是：根据梁上载荷将梁分成几段(凡有载荷变化处，都是分段的界点)，再由各段内的载荷作用情况，初步判断剪力图和弯矩图的形状，然后求出控制截面上的内力值，从而画出整个梁的内力图。

【例 10-4】 利用弯矩、剪力和荷载分布集度之间的微分关系，绘制如图 10-12(a)所示的梁的剪力图和弯矩图。

解 (1) 求支座反力。

$$F_{RA}=4\ \text{kN},\quad F_{RB}=-3\ \text{kN}$$

(2) 利用微分关系绘制内力图。

① 分段：根据梁上作用的载荷，将梁分为 AC、CD、DB 三段。

② 绘制剪力图。

AC：

梁上有均布载荷作用，剪力图为向下倾斜的斜线。计算斜线的起点和终点的剪力值：

$$F_{QA}=4\ \text{kN}$$
$$F_{QC左}=-2\ \text{kN}$$

按比例绘制两点，连起来即为 AC 段的剪力图。

CD：

梁上没有其他载荷作用，所以剪力图为直线。C 截面没有集中力，故剪力图在 C 截面上是连续的。因此 CD 段的剪力值等于 2 kN。

D 截面上作用有集中力 $F=1$ kN，故剪力图向下突变 1 kN，即 D 截面右侧的剪力值为 3 kN。

DB 段：

梁上没有外载荷作用，故剪力图为直线，即剪力值等于 3 kN。

B 截面上作用有集中力 $F_{RB}=3$ kN，故剪力向上突变 3 kN 归零。

绘得剪力图如图 10-12(b)所示。

(3) 绘制弯矩图。

AC 段内作用有均布载荷，故弯矩图为抛物线，开口向下。由于 AE 段剪力图为正值，因此弯矩图向上延伸；EC 段剪力为负值，弯矩图向下延伸；E 截面为该段弯矩图的最高点。按比例确定 E 截面位置并取分离体，求得弯矩值为 2.67 kN·m。

A 截面为铰链支座，故弯矩值为零；将 C 截面左侧截开，求得弯矩值为 2 kN·m。

C 截面上作用有集中力偶，所以弯矩图发生突变，突变大小为外力偶矩的大小 3 kN·m，故 C 截面右侧弯矩值为 5 kN·m。

CD 段剪力图为直线且剪力小于零，所以该段弯矩为一条下行斜线，起点为 5 kN·m，终点利用分离体求得弯矩值为 3 kN·m。

DB 段没有外载荷作用，所以弯矩图为斜线，滑动铰链支座处弯矩值为零。

因此可得弯矩图形状如图 10-12(c)所示。

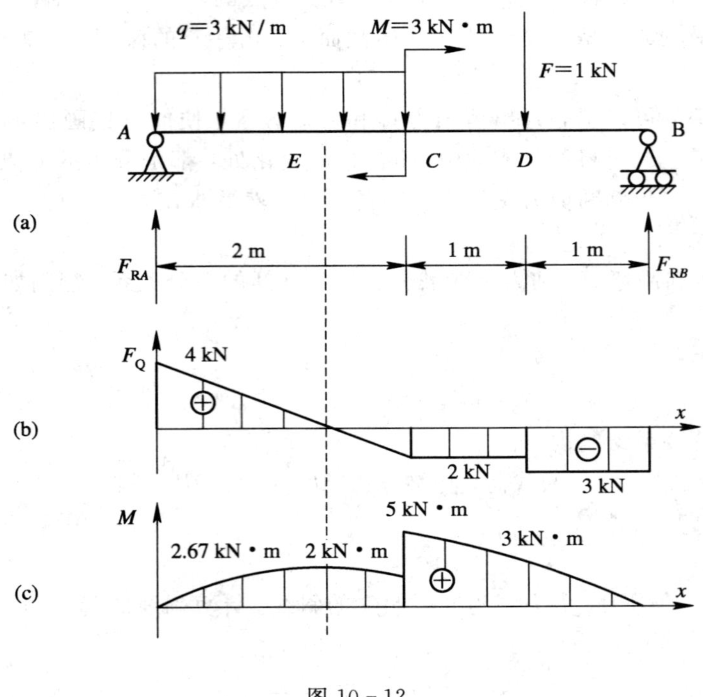

图 10-12

【例 10-5】 如图 10-13 所示的悬臂梁，$P=\frac{qa}{2}$，绘制剪力图和弯矩图。

解 （1）求支座反力。

由平衡方程：

$$\sum P_y = 0$$

得

$$F_{RA} - 2qa + \frac{1}{2}qa = 0$$

$$F_{RA} = \frac{3}{2}qa$$

由平衡方程：

$$\sum M_A = 0$$

得

$$M_A + P \cdot 3a - 2qa \cdot a = 0$$

$$M_A = \frac{1}{2}qa^2$$

（2）绘制剪力图和弯矩图。

AB 段：

梁上有均布载荷，故剪力图为下行斜线，起点为 $F_{RA}=\frac{3}{2}qa$，终点为 B 截面左侧剪力值。弯矩图为开口向下的抛物线，起点为 $M_A=\frac{1}{2}qa^2$，最高点对应剪力值的零点；终点为 B

截面左侧弯矩值。

BC 段：

梁上无外荷载作用，剪力图为直线，在 C 截面向下突变归零。弯矩图为斜线且在 C 截面归零。

综上分析，需要求 D、B 左两个控制截面的剪力值和弯矩值，可取分离体求解，并绘制内力图如图 10－13 所示。

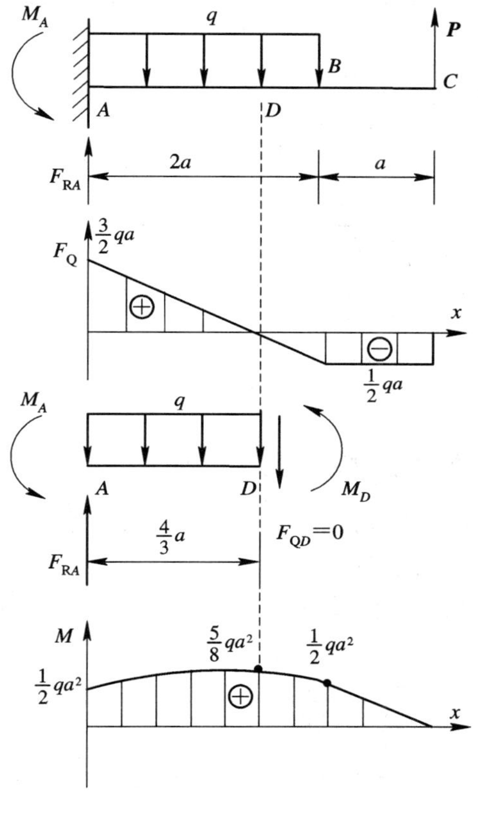

图 10－13

10.3　梁的弯曲应力与强度计算

梁弯曲时的内力为剪力和弯矩。本节将研究梁弯曲时内力在横截面上的分布情况，建立应力的计算公式，并导出梁的强度计算方法。

10.3.1　梁的纯弯曲

平面弯曲是工程实际中最常见的一类弯曲变形。通常在横截面上既存在剪力，又存在弯矩，这种弯曲称为横力弯曲。在有些情况下，梁上只存在弯矩而剪力为零，这种弯曲称为纯弯曲。

在图 10－14 中，梁 CD 段上的剪力为零，只存在弯矩，所以 CD 段发生纯弯曲变形。

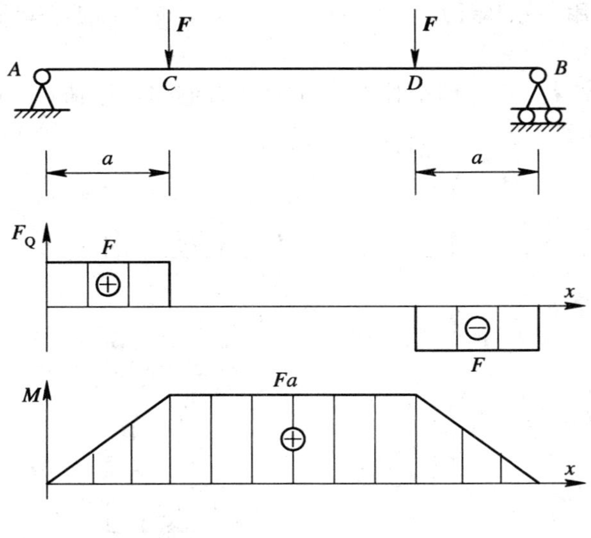

图 10－14

10.3.2　纯弯曲时梁横截面上的正应力

为了研究梁横截面上的正应力分布规律，取一矩形截面等直梁，在表面标示一些平行于梁轴线的纵线和垂直于梁轴线的横线，如图 10－15 所示。在梁的两端施加一对位于梁纵向对称面内的力偶，梁任意横截面上的内力只有弯矩而无剪力，此梁为纯弯曲梁。

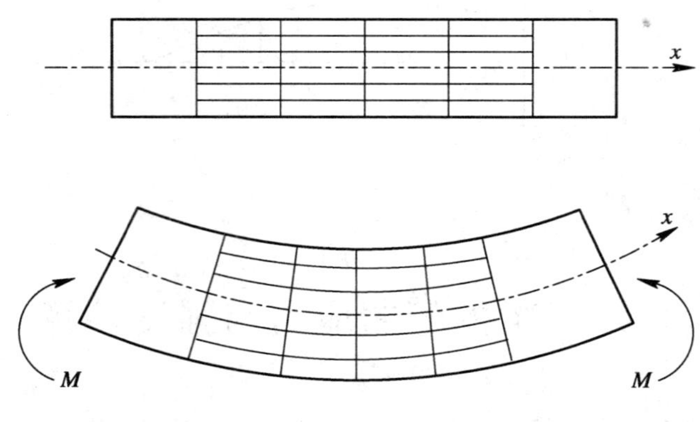

图 10－15

通常从变形的几何关系、物理关系和静力平衡条件三个方面来推导出纯弯曲梁横截面上的正应力公式。

1. 实验观察

为了观察梁的变形，先在未加载梁的侧面画上与梁轴线垂直的横线 mn 和 m_1n_1，如图

10－16(a)所示，表示梁的横截面，并画上与梁轴线平行的纵向线 aa_1 和 bb_1，表示梁的纵向纤维。

梁发生弯曲变形后(如图 10－16(b)所示)，我们可以观察到以下现象：

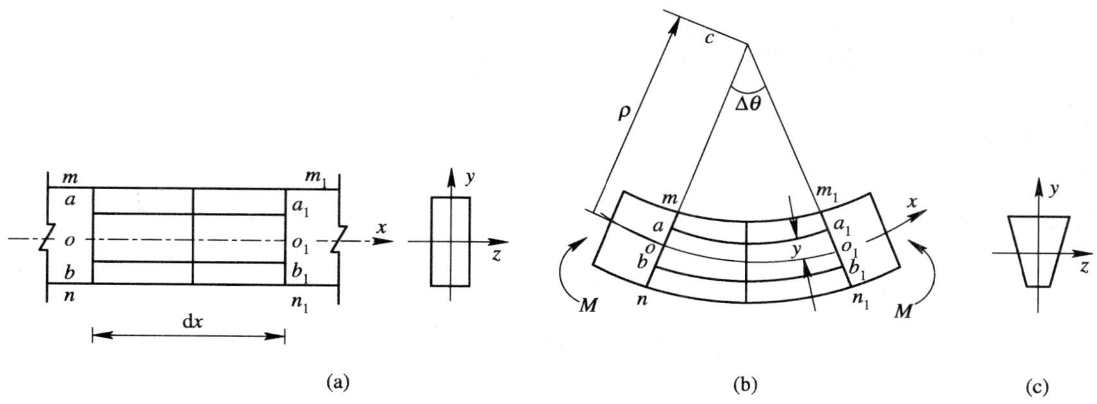

图 10－16

(1) 两条横向线 mn 和 m_1n_1 仍是直线且仍与梁的轴线正交，只是相互倾斜了一个角度。

(2) 纵向线 aa_1 和 bb_1(包括轴线)都变成了弧线。

(3) 梁横截面的宽度发生了微小变形，在压缩区变宽了些，在拉伸区则变窄了些，如图 10－16(c)所示。

根据上述现象，可对梁的变形提出如下假设：

(1) 平面假设：梁弯曲变形时，其横截面仍保持平面，且绕某轴转过了一个微小的角度。

(2) 单向受力假设：设梁由无数纵向纤维组成，则这些纤维处于单向受拉或单向受压状态。

从图 10－17 中可以看出，梁下部的纵向纤维受拉伸长，上部的纵向纤维受压缩短，其间必有一层纤维既不伸长也不缩短，这层纤维称为中性层。中性层和横截面的交线称为中性轴，即图中的 Z 轴。可以看出，梁的横截面绕 Z 轴转动一个微小角度。

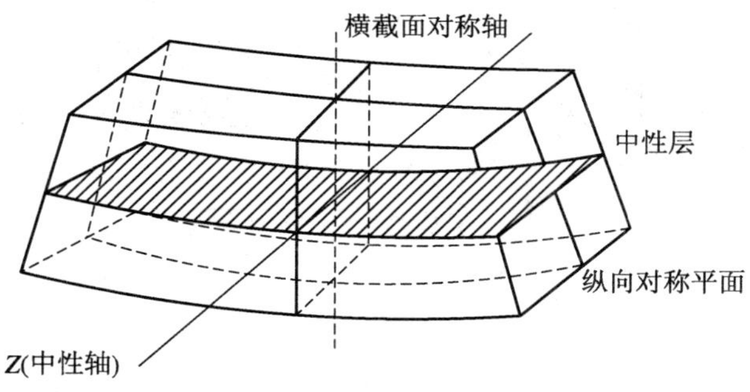

图 10－17

2. 变形的几何关系

将图 10－16 中的 mn 和 m_1n_1 延长并相交于 C 点，C 点即为梁轴线的曲率中心。用 ρ 表示中性层 oo_1 的曲率半径，$\Delta\theta$ 表示两个横截面之间的夹角，则有

$$\overline{oo_1} \approx \widehat{oo_1} = \rho \cdot \Delta\theta$$

距中性层为 y 的某一纵向纤维 aa_1，变形前的长度为

$$\overline{aa_1} = \rho \cdot \Delta\theta = \overline{oo_1}$$

变形后，

$$\widehat{aa_1} = (\rho - y) \cdot \Delta\theta$$

其线应变为

$$\varepsilon = \frac{\widehat{aa_1} - \widehat{oo_1}}{\widehat{aa_1}} = \frac{(\rho - y) \cdot \Delta\theta - \rho \cdot \Delta\theta}{\rho \cdot \Delta\theta} = -\frac{y}{\rho} \tag{10-3}$$

即梁内任一纵向纤维的线应变 ε 与它到中性层的距离 y 成正比。

3. 变形的物理关系

由单向受力假设，当正应力不超过材料的比例极限时，将胡克定律代入上式，得

$$\sigma = E\varepsilon = -E\frac{y}{\rho} \tag{10-4}$$

可见矩形截面梁在纯弯曲时的正应力的分布有如下特点：

(1) 中性轴上的线应变为零，所以其正应力亦为零。

(2) 距中性轴距离相等的各点，其线应变相等。根据胡克定律，它们的正应力也相等。

(3) 在图示的受力情况下，中性轴上部各点正应力为负值，中性轴下部各点正应力为正值。

(4) 正应力沿 y 轴线性分布，如 10－18 所示。最大正应力(绝对值)在离中性轴最远的上、下边缘处。

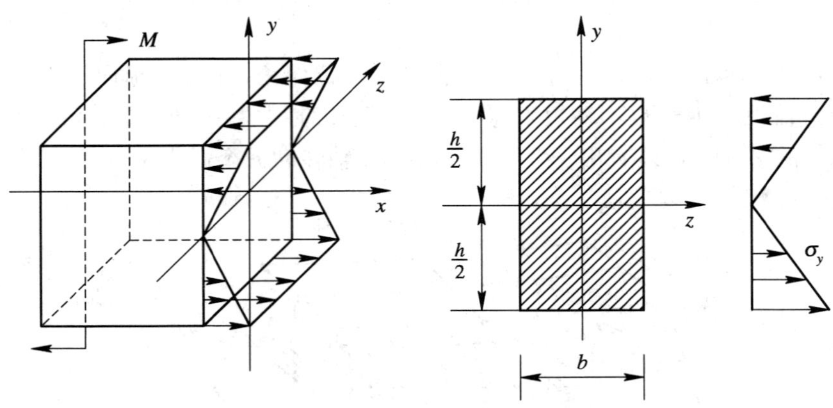

图 10－18

4. 静力学关系

在上式中，由于中性轴的位置和曲率半径 ρ 都还未定，故弯曲正应力还无法计算，这要用静力学关系来解决。

在梁的横截面上任取一微面积 dA，如图 10－19 所示，作用在该微面积上的微内力为σ dA，在整个横截面上有许多这样的微内力。因为横截面上轴向内力的和为零，所以作用在各微面积 dA 上的微内力 σ dA 在 x 轴上投影的代数和应等于零，即

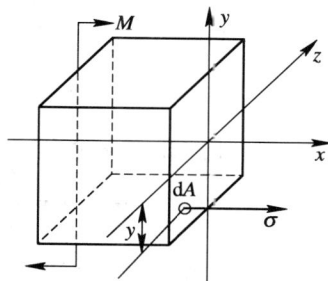

图 10－19

$$\sum P_x = 0$$

$$\int_A \sigma \, \mathrm{d}A = \int_A E \frac{-y}{\rho} \, \mathrm{d}A = 0$$

即
$$-\frac{E}{\rho}\int_A y \, \mathrm{d}A = 0$$

式中，$-\frac{E}{\rho}\neq 0$，只有

$$\int_A y \, \mathrm{d}A = y_C A = 0$$

以上积分式表示整个横截面面积对中性轴 Z 的静矩，y_C 表示该截面的形心坐标。因 $A\neq 0$，说明 $y_C=0$，即中性轴一定过横截面的形心。这就确定了中性轴的位置。

另外，微面积上的微内力 σ dA 对 z 轴之矩的总和，组成了截面上的弯矩，所以

$$-\int_A y\sigma \, \mathrm{d}A = M$$

可改写为

$$\int_A E \frac{y}{\rho} y \, \mathrm{d}A = M = \frac{E}{\rho}\int_A y^2 \, \mathrm{d}A$$

令
$$I_Z = \int_A y^2 \, \mathrm{d}A$$

得

$$\frac{E}{\rho} I_Z = M \quad 或 \quad \frac{1}{\rho} = \frac{M}{EI_Z} \tag{10-5}$$

上式是梁弯曲变形的一个基本公式。它说明梁轴线的曲率与弯矩成正比，与 EI_Z 成反比。也就是说，EI_Z 愈大，则曲率愈小，梁愈不易变形。因此，EI_Z 表示梁抵抗弯曲变形的能力，故 EI_Z 称为梁的抗弯刚度。

10.3.3 惯性矩

$I_Z = \int_A y^2 \, \mathrm{d}A$ 描述了截面图形的几何性质，称为横截面对中性轴的惯性矩，常用单位为 cm^4 或 mm^4。

1. 常用截面的惯性矩

简单截面图形的惯性矩可以通过积分方法求得。例如，设矩形截面高为 h，宽为 b，如图 10－20 所示。取微面积 $\mathrm{d}A=b\,\mathrm{d}y$，则

$$I_Z = \int_A y^2 \, \mathrm{d}A = \int_{-h/2}^{h/2} y^2 b \, \mathrm{d}y = \frac{1}{12} b h^3 \tag{10-6}$$

圆形截面(见图 10－21(a))的惯性矩计算公式为

$$I_Z = \frac{\pi D^4}{64} \tag{10-7}$$

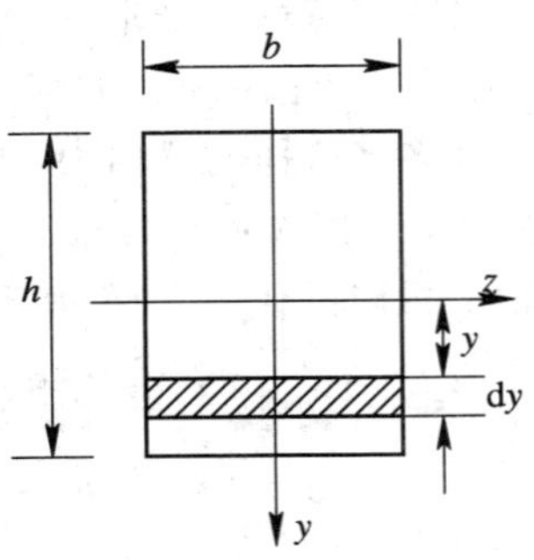

图 10-20

若圆环形截面(见图 10-21(b))的内外径之比 $\alpha = d/D$，则其惯性矩计算公式为

$$I_Z = \frac{\pi D^4}{64} - \frac{\pi d^4}{64} = \frac{\pi D^4}{64}(1-\alpha^4) \tag{10-8}$$

我们知道，圆形截面的极惯性矩 $I_\rho = \int_A \rho^2 \, dA = \frac{\pi d^4}{32}$，而 $\rho^2 = x^2 + y^2$，则

$$I_\rho = \int_A \rho^2 \, dA = \int_A (x^2 + y^2) \, dA = \int_A x^2 \, dA + \int_A y^2 \, dA = I_y + I_Z$$

基于圆形截面的对称性，$I_Z = I_y$，故 $I_Z = \frac{I_\rho}{2} = \frac{\pi D^4}{64}$。

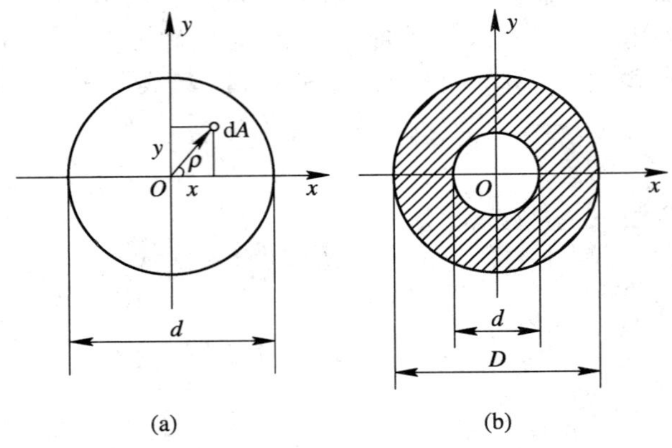

图 10-21

2. 组合截面的惯性矩

工程实际中梁的截面形状可能很复杂，这些复杂截面通常是由几个简单的截面形状组合构成的。组合截面的中性轴的惯性矩等于各个组成部分的中性轴的惯性矩的代数和，即

$$I_Z = \sum_{i=1}^{n} I_{Z_i} \tag{10-9}$$

3. 平行移轴公式

组合截面的中性轴通常并不是截面的对称轴，所以各个组成截面对中性轴的惯性矩需要用到平行移轴公式：

$$I_{Z_C} = I_Z + A \cdot d^2 \tag{10-10}$$

式中，Z 为组成部分截面的中性轴，Z_C 为平行于 Z 的任一轴，A 为截面的面积，d 为 Z_C 和 Z 之间的距离。式(10-10)说明：截面对其任一轴的惯性矩等于它对平行于该轴的形心轴的惯性矩再加上截面面积和两轴距离平方的乘积。

【例 10-6】 如图 10-22 所示的 T 形截面，计算此截面对形心轴的惯性矩。

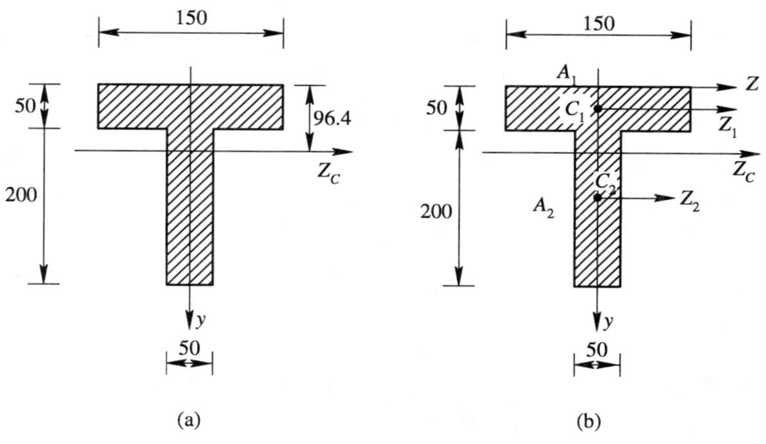

图 10－22

解　(1) 求形心位置。

如图 10－22(a)所示，建立参考坐标系 $y-z$。由对称性可知，形心一定在 y 轴上，即 $z_C=0$。为确定形心 C 的 y 坐标，将图形看做由上下两个矩形组成，如图 10－22(b)所示，因此得

$$y_C=\frac{A_1y_1+A_2y_2}{A_1+A_2}=\frac{150\times50\times25+50\times200\times150}{150\times50+50\times200}=96.4\ \text{mm}$$

(2) 计算惯性矩。

根据组合截面图形的惯性矩计算方法，将图形看做两个矩形组成，由惯性矩的叠加法，有

$$\begin{aligned}I_{Z_C}&=I_{Z_{C1}}+I_{Z_{C2}}\\&=\frac{1}{12}\times150\times50^3+150\times50\times71.4^2+\frac{1}{12}\times50\times200^3+50\times200\times53.6^2\\&=1.02\times10^8\ \text{mm}^4\end{aligned}$$

即截面图形对形心轴的惯性矩为 $1.02\times10^8\ \text{mm}^4$。

10.3.4　弯曲正应力的计算

根据变形的物理关系得出结论 $\sigma=E\varepsilon=-E\dfrac{y}{\rho}$，式中的负号取决于计算中建立的坐标系。在实际计算中，取掉负号并将在静力学关系中导出的 $\dfrac{1}{\rho}=\dfrac{M}{EI_Z}$ 代入，得

$$\sigma=\frac{My}{I_Z}\qquad(10-11)$$

式中：σ 为横截面上任一点处的正应力；M 为横截面上的弯矩；y 为计算正应力的点到中性轴的距离；I_Z 为横截面对中性轴 Z 的惯性矩。

式(10－11)是梁纯弯曲时横截面上任一点的正应力计算公式，应用时 M 及 y 均可用绝对值代入。至于所求点的正应力 σ 是拉应力还是压应力，可根据梁的变形情况确定：以中性轴为界，梁变形后靠凸的一侧受拉应力，靠凹的一侧受压应力。另外，弯矩为正，梁的

下部受拉；弯矩为负，上部受拉。

横截面上最大正应力发生在距中性轴最远的各点处，即

$$\sigma_{\max} = \frac{My_{\max}}{I_Z}$$

令

$$W_Z = \frac{I_Z}{y_{\max}}$$

则

$$\sigma_{\max} = \frac{M}{W_Z} \tag{10-12}$$

式中，W_Z 称为抗弯截面模量，是衡量截面抗弯强度的一个几何量，其值与横截面的形状和尺寸有关，单位为 cm^3 或 mm^3。对于常见截面：

矩形：$b\times h$　　$W_Z=\frac{I_Z}{h/2}=\frac{bh^2}{6}$

圆形：d　　$W_Z=\frac{\pi}{32}d^3$

圆环形：$\alpha=d/D$　　$W_Z=\frac{\pi}{32}D^3(1-\alpha^4)$

式(10－11)是在梁纯弯曲的情况下导出来的。对于一般的梁来说，横截面上除弯矩外还有剪力存在，这样的弯曲称为剪切弯曲。在剪切弯曲时，横截面将发生翘曲，平面假设不再成立。但由较精确的分析证明，对于跨度 l 与截面高度 h 之比大于 5 的梁，用该公式计算其正应力所得结果误差很小。在工程上常用的梁，通常其跨高比远大于 5，因此该公式可以足够精确地推广应用于剪切弯曲的情况。

虽然式(10－11)是以矩形截面梁为例来推导的，但公式中并没有用到矩形截面的特殊几何性质，所以，式(10－11)完全适用于具有纵向对称平面的其他截面形状的梁。

由此可得，只要梁具有纵向对称面，且载荷作用在对称面内，则当梁的跨度较大时，剪切弯曲的梁也可应用该公式。但当梁横截面上的最大应力大于比例极限时，式(10－11)不再适用。

10.3.5　梁弯曲时的强度计算

保证梁能够安全工作要求梁具备足够的强度。对于等截面梁来说，最大弯曲正应力出现在梁危险截面的上下边缘处。由于上下边缘处各点处于单向受力状态，因此梁的弯曲强度条件为

$$\sigma \leqslant [\sigma] \tag{10-13}$$

式中，$[\sigma]$为梁材料的许用应力。

梁弯曲强度条件可以解决三类问题：

(1) 强度校核：

$$\sigma = \frac{M}{W_Z} \leqslant [\sigma]$$

(2) 截面设计：

$$W_Z \geqslant \frac{M}{[\sigma]}$$

(3) 确定许可载荷：

$$M \leqslant W_Z \cdot [\sigma]$$

必须指出，对于抗拉与抗压能力相等的塑性材料，只需校核杆件应力绝对值最大处的强度即可；对于抗拉与抗压能力不相等的脆性材料(如铸铁)，需要校核受拉边。如果截面为非对称截面，则需分别校核梁受拉边和受压边的强度：

$$\sigma_l = \frac{M^+}{I_Z} y_1 \leqslant [\sigma_l]$$

$$\sigma_y = \frac{M^-}{I_Z} y_2 \leqslant [\sigma_y] \qquad (10-14)$$

其中，y_1、y_2 分别为受拉边和受压边到横截面中性轴的距离。

【例 10-7】 图 10-23 所示的简支梁上作用均布载荷 $q=2$ kN/m，材料的许用应力 $[\sigma]=140$ MPa，梁截面为圆环形，尺寸如图所示。校核梁的强度，并计算如果用圆形截面代替，在抗弯强度相等的条件下实心梁和空心梁的重量比。

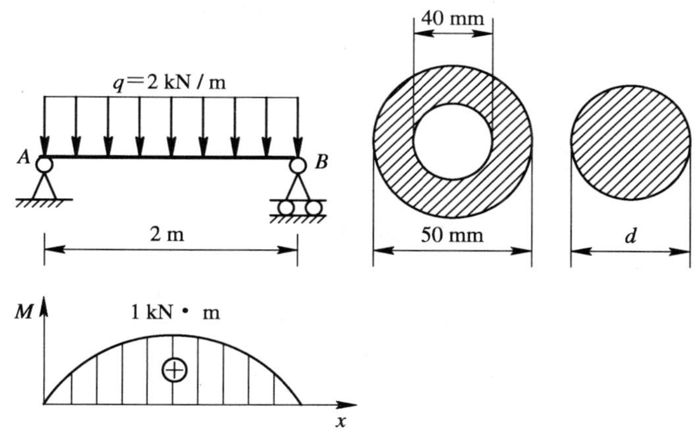

图 10-23

解 (1) 绘制弯矩图。

由弯矩图可见梁的危险截面在其中点，即 $M_{max}=1$ kN · m。

(2) 校核强度。

梁的内、外径之比 $\alpha=d/D=0.8$，则抗弯截面模量为

$$W_Z = \frac{\pi}{32} D^3 (1-\alpha^4) = \frac{\pi}{32} \times 50^3 \times (1-0.8^4) = 7241.6 \text{ mm}^3$$

$$\sigma = \frac{M}{W_Z} = \frac{1 \times 10^6}{7241.6} = 138.1 \text{ MPa} \leqslant [\sigma] = 140 \text{ MPa}$$

故梁的强度足够。

(3) 计算实心梁和空心梁的重量比。

抗弯承载能力相同，即二梁的抗弯截面模量相等，设实心梁直径为 d，则

$$W_Z = \frac{\pi}{32}d^3 = \frac{\pi}{32} \times 50^3 \times (1-0.8^4)$$

得

$$d = 41.9 \text{ mm}$$

实心梁和空心梁的重量比即为面积之比：

$$\frac{G_{实}}{G_{空}} = \frac{A_{实}}{A_{空}} = \frac{d^2}{D^2(1-0.8^2)} = 1.96$$

可见，使用实心截面需要更多的材料。

【例 10－8】 矩形截面悬臂梁 $l=4$ m，许用应力$[\sigma]=150$ MPa，如图 10－24 所示，确定许可载荷。

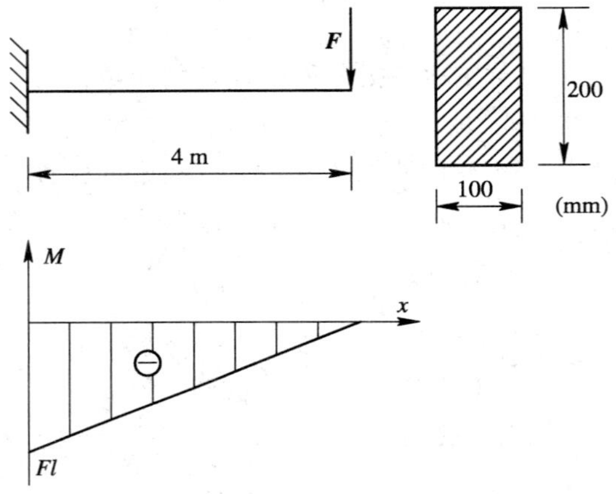

图 10－24

解 (1) 绘制梁的弯矩图。

由弯矩图可见，危险截面是梁的固定端，其弯矩值 $M_{max}=F \cdot l$。

(2) 根据强度条件确定许可载荷。

$$M_{max} \leqslant W_Z[\sigma] = \frac{100 \times 200^2}{6} \times 150$$

得

$$F \leqslant \frac{100 \times 200^2}{6 \times 4000} \times 150 = 25\ 000 \text{ N} = 25 \text{ kN}$$

因此，悬臂梁自由端所受集中力的许可值为 25 kN。

【例 10－9】 T 形截面铸铁梁，其受力情况和横截面尺寸如图 10－25 所示。铸铁抗拉许用应力$[\sigma_l]=30$ MPa，抗压许用应力$[\sigma_y]=60$ MPa。已知横截面对形心轴的惯性矩 $I_Z=763$ cm^4，$y_1=52$ mm。校核该梁的强度。

解 由于梁材料为铸铁，且截面为非对称 T 形，故需确定最大正弯矩和最大负弯矩，并在两个危险截面上分别校核受拉与受压边。

(1) 绘制弯矩图，确定最大弯矩值。

由弯矩图可见，最大正弯矩在 C 截面，最大负弯矩在 B 截面。

$$M_C = 2.5 \text{ kN} \cdot \text{m}, \quad M_B = -4 \text{ kN} \cdot \text{m}$$

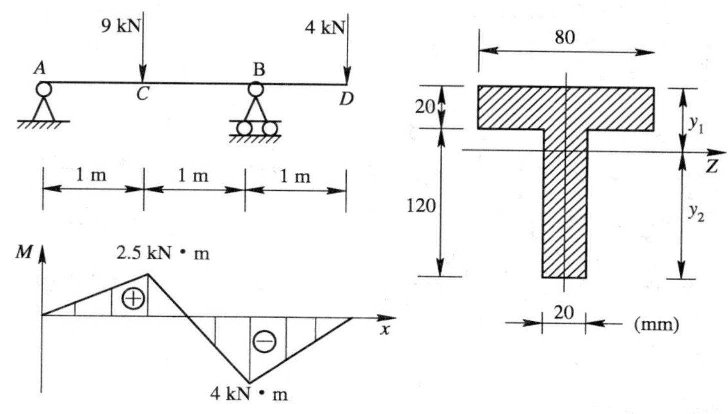

图 10 - 25

(2) 校核强度。

C 截面上弯矩为正，下部材料受拉。$y_1 < y_2$，即 $\sigma_1 > \sigma_y$，脆性材料的抗拉能力小于抗压能力，故此截面的危险点在下部受拉边，只需校核拉应力。

$$\sigma_1 = \frac{M^+}{I_Z} y_2 = \frac{2.5 \times 10^6}{763 \times 10^4} \times (120 + 20 - 52) = 28.8 \text{ MPa} \leqslant [\sigma_1] = 30 \text{ MPa}$$

B 截面上弯矩为负值，下部材料受压，故需分别校核受拉边和受压边。

$$\sigma_1 = \frac{M^+}{I_Z} y_1 = \frac{4 \times 10^6}{763 \times 10^4} \times 52 = 27.3 \text{ MPa} \leqslant [\sigma_1] = 30 \text{ MPa}$$

$$\sigma_y = \frac{M^-}{I_Z} y_2 = \frac{4 \times 10^6}{763 \times 10^4} (120 + 20 - 52) = 46.1 \text{ MPa} \leqslant [\sigma_y] = 60 \text{ MPa}$$

故梁的强度足够。

10.4　提高梁抗弯能力的措施

在工程实际中，杆件的设计原则就是从实际情况出发，在不增加或少增加材料的前提下，保证杆件能承受较大的荷载而不致出现破坏。这就要求提高杆件的承载能力。梁的设计应满足安全性好而材料消耗少的目的，即在保证安全的前提下尽可能经济。

等直梁上的最大弯曲正应力为

$$\sigma_{max} = \frac{M}{W_Z}$$

σ_{max} 和梁上的最大弯矩 M 成正比，和抗弯截面模量 W_Z 成反比。所以，要提高梁的抗弯能力，必须降低弯矩，增大抗弯截面模量。

10.4.1　合理布置梁的支座

当梁的尺寸和截面形状已定时，合理安排梁的支座或增加约束，可以缩小梁的跨度、降低梁上的最大弯矩。如图 10 - 26 所示，受均布载荷的简支梁，若能改为两端外伸梁，则梁上的最大弯矩将大为降低。

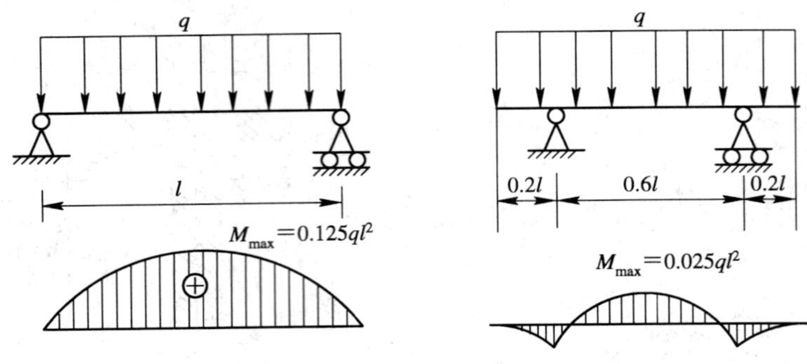

图 10-26

10.4.2 合理布置载荷

当载荷已确定时，合理布置载荷可以减小梁上的最大弯矩，从而提高梁的承载能力。例如，图 10-27 所示为桥梁简化后的简支梁，其额定最大承载能力是指载荷在桥中间时的最大值。超出额定载荷的物体要过桥时，采用长平板车将集中载荷分为几个载荷，就能安全过桥。吊车采用副梁可以起吊更重的物体也是这个道理。

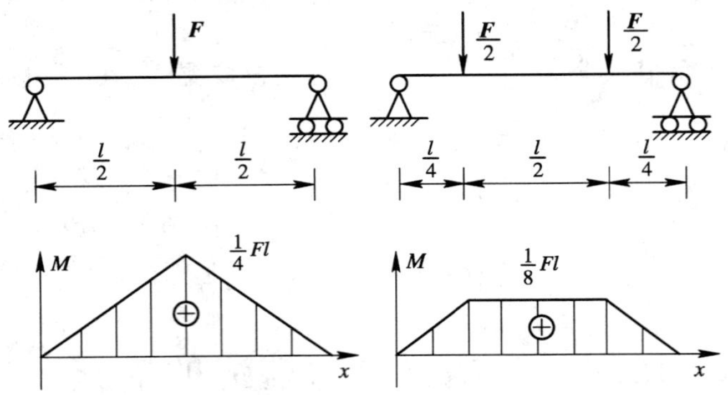

图 10-27

比较图 10-28 所示的最大弯矩可知，在结构允许的条件下，应尽可能把载荷安排得靠近支座，以降低弯矩的最大值。

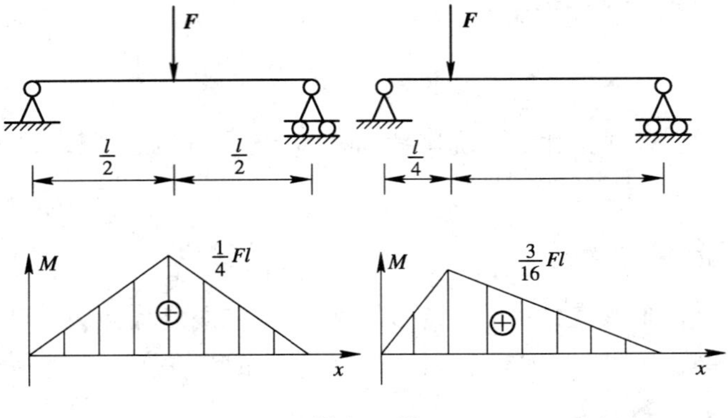

图 10-28

10.4.3 选择梁的合理截面

梁的抗弯截面系数 W_Z 与截面的面积、形状有关，在满足 W_Z 的情况下选择适当的截面形状，使其面积减小，可达到节约材料、减轻自重的目的。

由于横截面上的正应力和各点到中性轴的距离成正比，因此靠近中性轴的材料受正应力较小，未能充分发挥其潜力。故将靠近中性轴的材料移至横截面的边缘，必然使 W_Z 增大。

(1) 形状和面积相同的截面，采用不同的放置方式，则 W_Z 值可能不相同。

如图 10-29 所示的矩形截面梁($h>b$)，竖放时抗弯截面模量大，承载能力强，不易弯曲；平放时抗弯截面模量小，承载能力差，易弯曲。工字钢、槽钢等梁的放置方式不同，其抗弯截面模量也不同，承载能力亦不同。

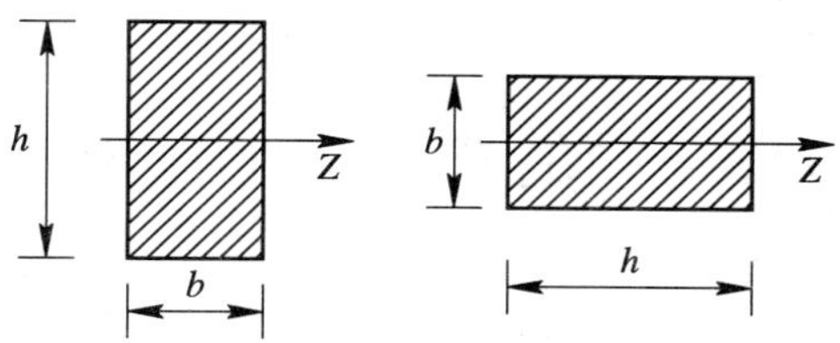

图 10-29

(2) 面积相等而形状不同的截面，其抗弯截面模量不相同。

例如，在使用同样多的材料(横截面面积相等)时，工字钢和槽钢的抗弯截面模量最大，空心圆截面次之，实心圆截面的抗弯截面模量最小，承载能力最差。实际上，从弯曲正应力分布规律可知，当离中性轴最远处的 σ_{max} 达到许用应力时，中性轴上及其附近处的正应力分别为零和很小值，材料没有充分发挥作用。为了充分利用材料，应尽可能地把材料放置到离中性轴较远处，如将实心圆截面改成空心圆截面；对于矩形截面，则可把中性轴附近的材料移到上、下边缘处而形成工字形截面；采用槽形或箱形截面也是同样的道理。

(3) 截面形状应与材料特性相适应。

对抗拉和抗压强度相等的塑性材料，宜采用中性轴对称的截面，如圆形、矩形、工字形等。对抗拉强度小于抗压强度的脆性材料，宜采用中性轴偏向受拉一侧的截面形状，如图 10-30 所示的一些截面。

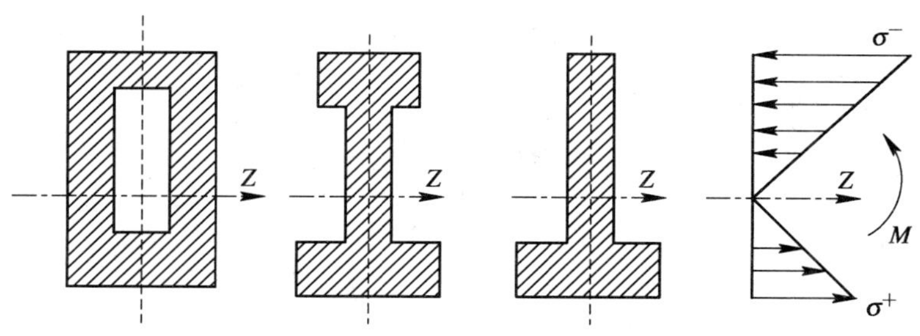

图 10-30

如能使 y_1 和 y_2 之比接近于关系：

$$\frac{\sigma_{\text{lmax}}}{\sigma_{\text{ymax}}}=\frac{y_1}{y_2}=\frac{[\sigma]_1}{[\sigma]_y}$$

则最大拉应力和最大压应力便可同时接近许用应力，使材料得到充分利用。

(4) 采用等强度梁。

等截面梁在弯曲时各截面的弯矩是不相等的。如果以最大弯矩来确定截面尺寸，则除弯矩最大的截面外，其余截面的应力均小于弯矩最大的截面的应力，这时材料就没有得到充分利用。为了减轻自重，充分发挥单位材料的抗弯能力，可使梁截面沿轴线变化，以达到各截面上的最大正应力都近似相等，这种梁称为等强度梁。但等强度梁形状复杂，不便于制造，所以工程实际中往往制成与等强度梁相近的变截面梁。例如，一些建筑中的外伸梁，做成了由固定端向外伸端截面逐渐减小的形状，较好地体现了等强度梁的概念；而机械中的多数圆轴则制成了变截面的阶梯轴。

＊10.5 梁的弯曲变形和刚度条件

工程上，许多受弯曲的构件，除了要满足强度要求外，在许多情况下，还要满足刚度要求。为此，梁的变形不能超过规定的许可值，否则会影响梁的正常工作。行车大梁起吊重物时变形过大，将使吊车移动困难，引起振动。齿轮轮轴变形过大，会使齿轮不能正常啮合，产生振动和噪声。机械加工中刀杆或工件的变形，将导致较大的制造误差。所以，对某些构件而言，必须将其变形限制在一定范围内，即满足刚度条件。当然，有些构件要有较大的或合适的弯曲变形，才能满足工作要求，如金属切削工艺实验中使用的悬臂梁式车削测力仪及车辆上使用的隔振板簧等。

10.5.1 挠度和转角的概念

度量梁的变形的两个基本物理量是挠度和转角。它们主要因弯矩而产生，剪力的影响可以忽略不计。如图 10－31 所示的悬臂梁，变形前梁的轴线为直线 AB，mn 是梁的一横截面，变形后 AB 变为光滑的连续曲线 AB_1，mn 转到了 m_1n_1 的位置。轴线上各点在 y 方向

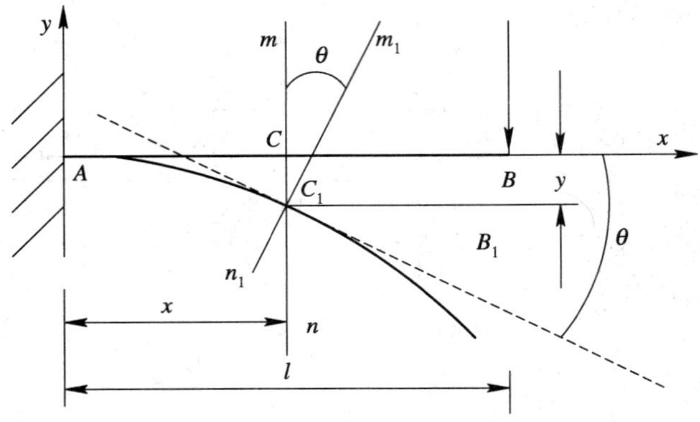

图 10－31

上的位移称为挠度，在 x 方向上的位移很小，可忽略不计。各横截面相对原来位置转过的角度称为转角。

图 10－31 中，CC_1 即为 C 点的挠度，如图示建立坐标系，规定向上的挠度为正值，则 CC_1 为负值，图中 θ 为 mn 截面的转角，规定逆时针转向的转角为正，反之为负。

曲线 AB_1 表示了全梁各截面的挠度值，故称挠曲线。挠曲线显然是梁截面位置 x 的函数，记做

$$y = f(x)$$

可以看出，转角的大小与挠曲线上的 C_1 点的切线和 x 轴的夹角相等。由数学关系知道，C 点所在截面的转角也可用过 C_1 点的切线与 x 轴的夹角来表示。

因此，挠曲线上任一点的斜率与转角的关系为

$$\frac{\mathrm{d}y}{\mathrm{d}x} = \tan\theta$$

考虑到 θ 极小，故 $\theta \approx \tan\theta$，则

$$\theta = \frac{\mathrm{d}y}{\mathrm{d}x} = f'(x)$$

即梁任一横截面的转角 θ 等于挠曲线方程 $y=f(x)$ 在该处对 x 的一阶导数。由此可知，只要知道梁的挠曲线方程，则各截面的挠度和转角可求。

10.5.2　用积分法求梁的变形

由于剪力对梁弯曲变形的影响忽略不计，故可由纯弯曲梁变形基本公式建立梁的挠曲线方程。在推导弯曲正应力时得到梁弯曲后的曲率与抗弯刚度之间的关系：

$$\frac{1}{\rho(x)} = \frac{M(x)}{EI_Z}$$

由高等数学可得

$$\frac{1}{\rho} = \pm \frac{y''}{(1+y'^2)^{3/2}}$$

且 y'' 和 $M(x)$ 始终同号，故上式取正号。

y' 为转角，是一个微量，所以 y'' 和 1 相比为高阶微量，即 $1+y''\approx 1$，则

$$y'' = \frac{1}{\rho(x)} = \frac{M(x)}{EI_Z}$$

两边积分得

$$\theta = \frac{\mathrm{d}y}{\mathrm{d}x} = \frac{1}{EI_Z}\int M(x)\ \mathrm{d}x + C \tag{10-15}$$

再次积分得

$$y = \frac{1}{EI_Z}\iint M(x)\ \mathrm{d}x + Cx + D \tag{10-16}$$

积分常数 C、D 可根据变形的边界条件和光滑连续条件确定。在固定端约束处，挠度和转角均为 0；铰链约束处，挠度为 0。由变形的连续性知，梁变形时左、右截面的挠度和转角相等。

【例 10－10】　矩形截面悬臂梁作用有集中力，如图 10－32 所示，求梁的最大挠度和转角。

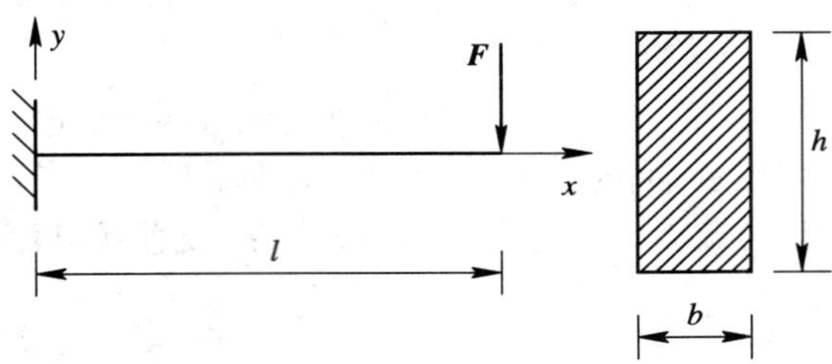

图 10 - 32

解　(1) 建立弯矩方程。

如图 10 - 32 所示，建立坐标系，列弯矩方程：

$$M(x) = -F(l-x)$$

(2) 列转角和挠度方程。

$$\theta = \frac{1}{EI_z}\int M(x)\ \mathrm{d}x + C = -\frac{1}{EI_z}\int F(l-x)\ \mathrm{d}x + C$$
$$= \frac{F}{EI_z}\left(\frac{1}{2}x^2 - lx\right) + C$$

整理得

$$\theta = \frac{F(x^2 - 2lx)}{2EI_z} + C$$

在悬臂梁的固定端转角为零，即 $\theta|_{x=0}=0$，代入转角方程得 $C=0$，即转角方程为

$$\theta = \frac{F(x^2 - 2lx)}{2EI_z}$$

$$y = \int \theta\ \mathrm{d}x + D = \frac{F}{2EI_z}\int (x^2 - 2lx)\ \mathrm{d}x + D = \frac{Fx^2}{6EI_z}(x - 3l) + D$$

在悬臂梁的固定端挠度为零，即 $y|_{x=0}=0$，代入挠度方程得 $D=0$，即挠度方程为

$$y = \frac{Fx^2}{6EI_z}(2x - l)$$

(3) 计算最大挠度和转角。

由转角和挠度方程可知，在自由端 $x=l$ 处转角和挠度取得最大值：

$$\theta = -\frac{F \cdot l^2}{2EI_z}$$

$$y = -\frac{F \cdot l^3}{3EI_z}$$

10.5.3　叠加法求梁的变形

由积分法公式可见，梁的挠度和转角是载荷的一次函数，当梁上作用有多个载荷时，梁的变形满足线性叠加原理，即可以分别求单个载荷作用下梁的挠度和转角，然后代数叠加求得所有载荷作用下梁的总变形。

表 10 - 1 所示为几种常见梁在简单载荷作用下的变形。

表 10－1　几种常见梁在简单载荷作用下的变形

梁受力简图	转　角	挠　度
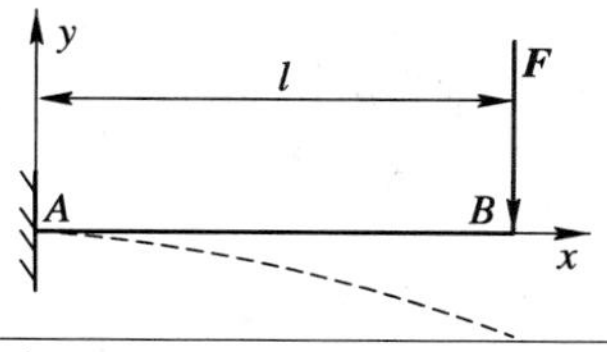	$\theta=-\dfrac{F(x^2-2lx)}{2EI_Z}$ $\theta_B=-\dfrac{F\cdot l^2}{2EI_Z}$	$y=-\dfrac{Fx^2}{6EI_Z}(3x-l)$ $y_B=-\dfrac{F\cdot l^3}{3EI_Z}$
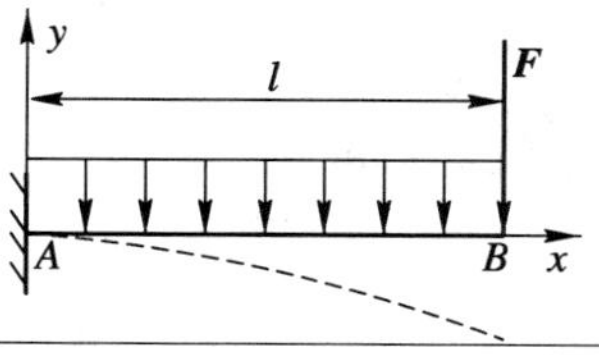	$\theta=-\dfrac{qx}{6EI_Z}(3l^2-3lx+x^2)$ $\theta_B=-\dfrac{q\cdot l^3}{6EI_Z}$	$y=-\dfrac{qx^2(6l^2-4lx+x^2)}{24EI_Z}$ $y_B=-\dfrac{q\cdot l^4}{8EI_Z}$
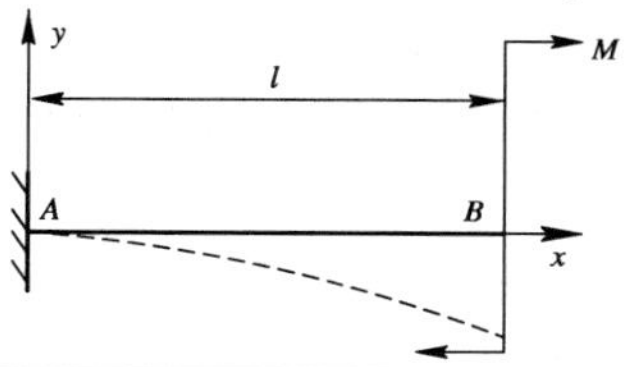	$\theta=-\dfrac{Mx}{EI_Z}$ $\theta_B=-\dfrac{M\cdot l}{EI_Z}$	$y=-\dfrac{Mx^2}{2EI_Z}$ $y_B=-\dfrac{M\cdot l^2}{2EI_Z}$
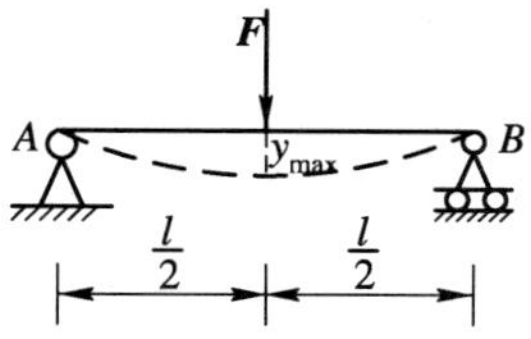	当 $x\leqslant l/2$ 时， $\theta=\dfrac{F(l^2-4x^2)}{16EI_Z}$ $\theta_A=-\theta_B=-\dfrac{F\cdot l^2}{16EI_Z}$	当 $x\leqslant l/2$ 时， $y=\dfrac{Fx}{48EI_Z}(3l^2-4x^2)$ $y_{\max}=-\dfrac{F\cdot l^3}{48EI_Z}$
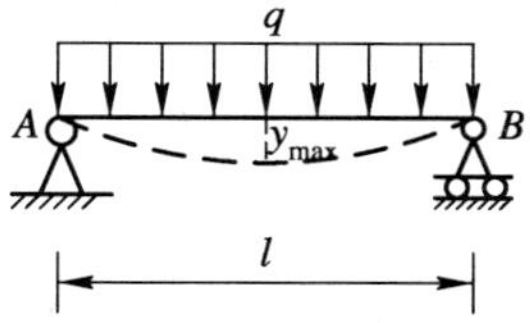	$\theta=-\dfrac{q}{24EI_Z}(l^3-6lx^2+4x^3)$ $\theta_A=-\theta_B=-\dfrac{q\cdot l^3}{24EI_Z}$	$y=-\dfrac{qx}{24EI_Z}(l^3-2lx^2+x^3)$ $y_{\max}=-\dfrac{5q\cdot l^4}{384EI_Z}$
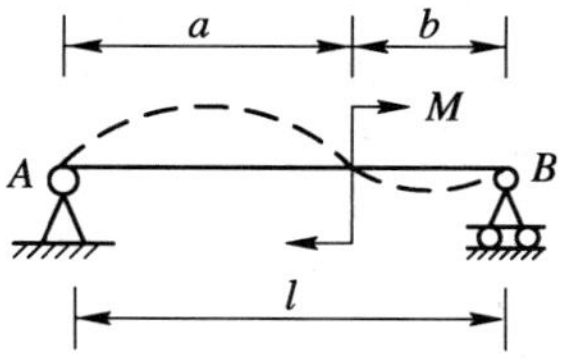	$\theta_A=\dfrac{M(l^2-3b^2)}{6EI_Zl}$ $\theta_B=\dfrac{M(l^2-3a^2)}{6EI_Zl}$	当 $x\leqslant a$ 时， $y=-\dfrac{Mx^2}{6EI_Zl}(l^2-3b^2-x^2)$； 当 $a\leqslant x\leqslant l$ 时， $y=-\dfrac{M}{6EI_Zl}[(l^2-3b^2)x$ $-3l(x-a)^2-x^3]$
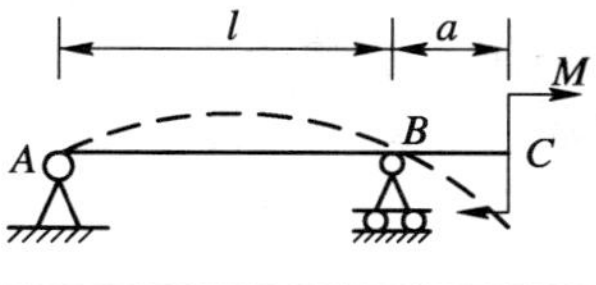	$\theta_A=-\dfrac{1}{2}\theta_B=\dfrac{M\cdot l}{6EI_Z}$ $\theta_C=-\dfrac{M(l+3a)}{3EI_Z}$	当 $x\leqslant l$ 时， $y=-\dfrac{Mx}{6EI_Zl}(x^2-l^2)$ $y_C=-\dfrac{Ma}{6EI_Z}(3a+2l)$
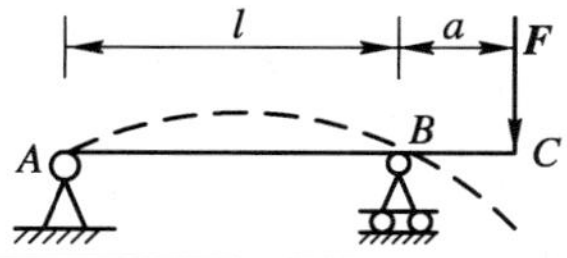	$\theta_A=-\dfrac{1}{2}\theta_B=\dfrac{Fal}{6EI_Z}$ $\theta_C=-\dfrac{Fa(2l+3a)}{6EI_Z}$	$y=\dfrac{Fax}{6EI_Zl}(l^2-x^2)$ $y_C=-\dfrac{Fa^2}{3EI_Z}(a+l)$

10.5.4 梁的刚度条件

梁的弯曲变形过大，将影响正常工作。所以，梁弯曲时不仅要满足强度条件，而且还要将其变形控制在一定的限度之内，即满足刚度条件。梁弯曲时的刚度条件是：危险截面的挠度和转角不允许超过许用值，即

$$y_{\max} \leqslant [y]$$
$$\theta_{\max} \leqslant [\theta] \tag{10-17}$$

式中，$[y]$为许用挠度，$[\theta]$为许用转角。许用值可根据工作要求或参照有关手册确定。

在设计梁时，既要保证其强度，又要保证其刚度。一般应先满足强度条件，再校核刚度条件。如所选截面不能满足刚度条件，应考虑重新选择，再按强度条件校核。

10.5.5 提高梁弯曲刚度的措施

在工程实际中，在保证杆件不出现强度破坏的同时，还要保证梁不发生较大的变形。这就要求提高杆件的弯曲刚度。

弯曲变形的积分法：

$$y = \frac{1}{EI_Z}\iint M(x)\,\mathrm{d}x + Cx + D$$

挠度表达式中，梁的变形和梁的跨度的高次方成正比，和梁的抗弯刚度 EI_Z 成反比。同时，梁的变形与受力情况及支承情况有关。

因此，提高梁弯曲刚度的具体措施如下：

(1) 降低弯矩值。降低弯矩值可以有效提高梁的弯曲刚度。减小弯矩值的方法可参考本章 10.4 节相关内容。

(2) 缩短跨度和增加支座。梁的挠度和转角与跨度 l 的高次方成正比，所以，缩小梁的跨度、合理安排梁的支承或增加约束对提高梁的刚度极为显著。

(3) 增大抗弯刚度。增大惯性矩可以增大抗弯刚度，是提高梁抗弯刚度的有效措施。如选用工字形、T 形、槽形等截面，其材料分别距中性轴更远，所以惯性矩更大。

提高 E 值可以提高梁的弯曲刚度，但不是一个合理的措施。由于优质钢和普通钢的 E 值相差不大，但价格相差较大，故一般情况下不以优质钢代替普通钢来提高梁的刚度。

思 考 题

10－1 什么情况下梁发生弯曲变形？什么是平面弯曲、剪切弯曲和纯弯曲？

10－2 材料力学中内力符号的规定与静力学中力的符号规定有什么区别？

10－3 如何根据截面一侧的外力计算截面上的弯矩？弯矩的符号是怎样规定的？举例说明画弯矩图的方法与步骤。

10－4 什么是中性层？什么是中性轴？中性轴出现在什么位置？

10－5 梁纯弯曲时，横截面上的正应力是怎样分布的？强度条件是什么？强度条件有哪些用途？应用强度条件时应注意什么问题？

10－6 塑性材料和脆性材料的截面形状怎样设计才比较合理？

10－7　惯性矩表达了什么含义？如何求解组合截面的惯性矩？

10－8　梁的弯曲变形用什么来表示？梁的刚度条件是什么？

10－9　举例说明提高梁弯曲强度和刚度的措施。

10－10　在什么条件下可以利用叠加法求解梁的变形？

习　　题

10－1　习题10－1图所示各梁中$\boldsymbol{F}_P$、q、a均为已知，各梁横截面1－1、2－2、3－3无限接近于截面C和截面D。求截面1－1、2－2、3－3上的剪力和弯矩。

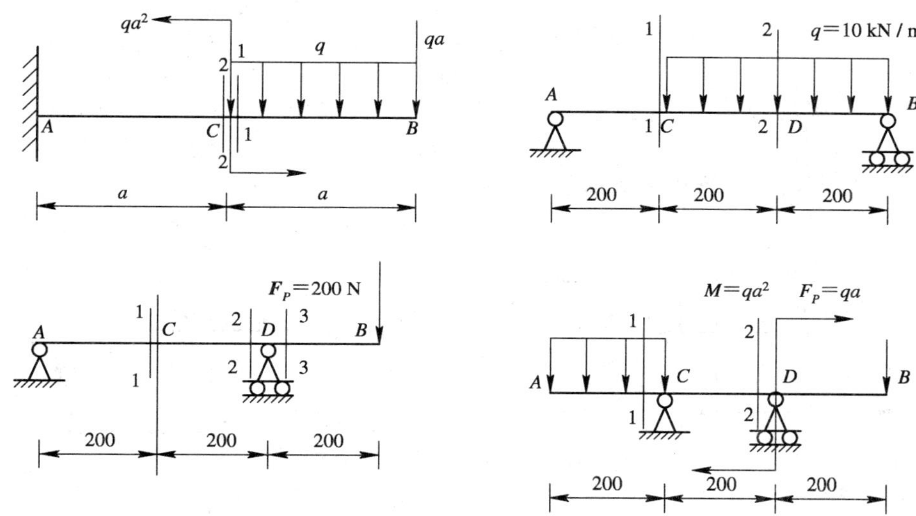

习题10－1图

10－2　习题10－2图所示各梁中$\boldsymbol{F}_P$、q、a均为已知，要求：

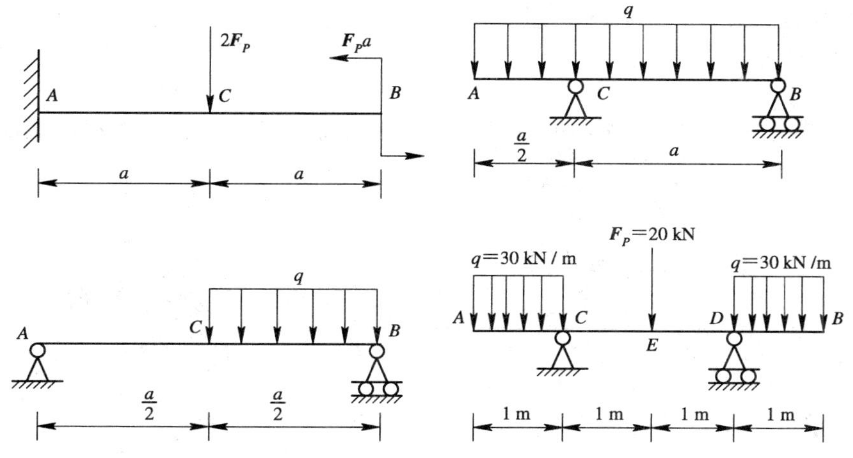

习题10－2图

(1) 建立剪力和弯矩方程；

(2) 绘制各梁的剪力图和弯矩图；

(3) 判定各梁的最大剪力值和最大弯矩值。

10－3　习题 10－3 图所示为简支梁的剪力图或弯矩图，求出此梁的另外两图。

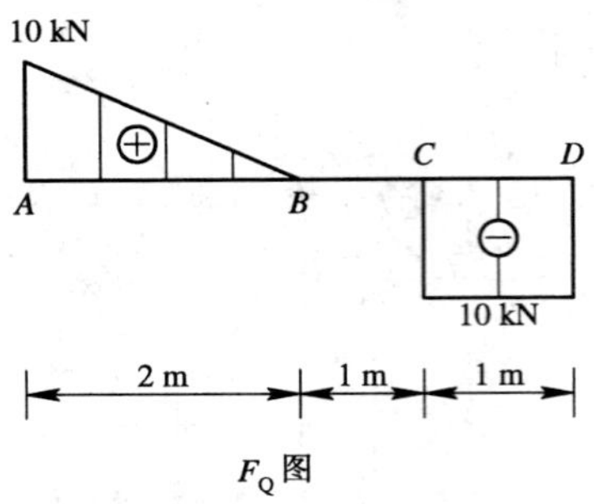

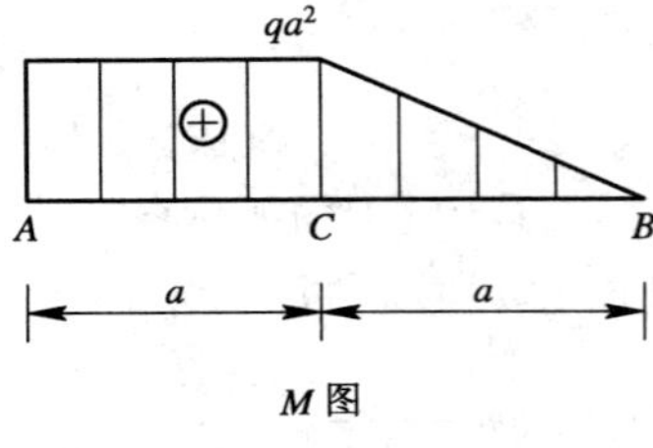

习题 10－3 图

10－4　绘制习题 10－4 图所示各梁的剪力图和弯矩图。

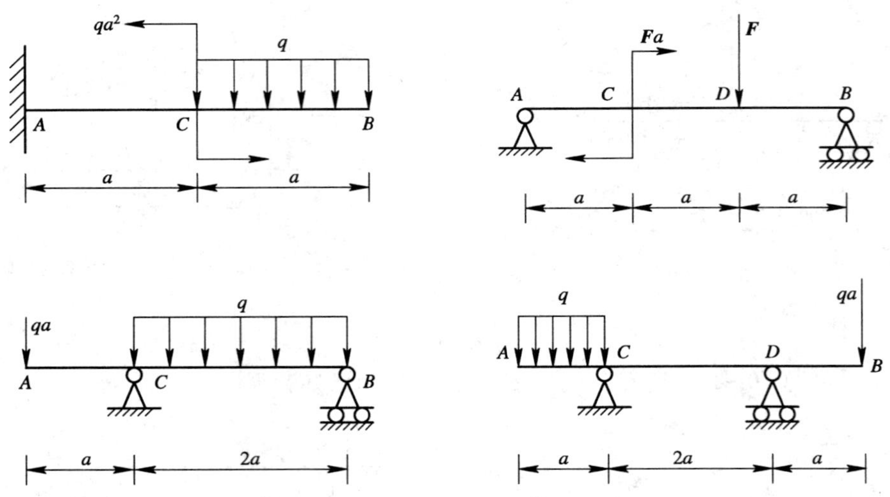

习题 10－4 图

10－5　求习题 10－5 图所示的悬臂梁固定端截面上 C 点的正应力和该截面的最大正应力。

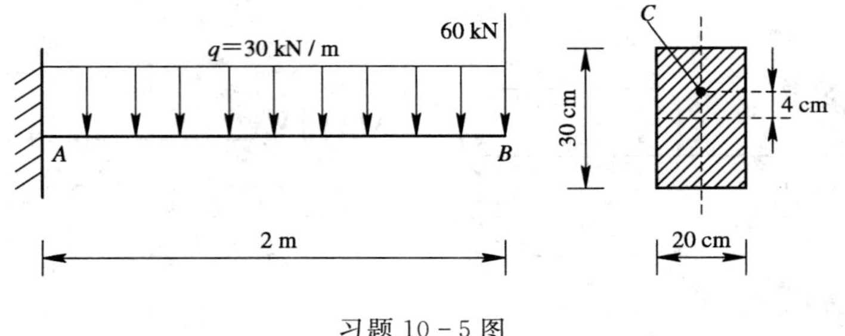

习题 10－5 图

10－6 求习题 10－6 图所示简支梁的最大正应力和 1－1 截面的最大正应力。

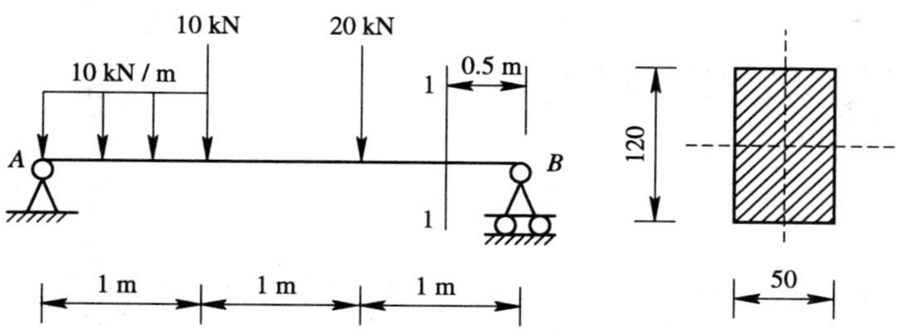

习题 10－6 图

10－7 如习题 10－7 图所示的 T 形梁，Z 为中性轴。已知 A 点的拉应力 $\sigma_A=40$ MPa，点 A 到中性轴的距离 $y_1=10$ mm，同截面上 B、D 两点到中性轴的距离分别为 $y_2=8$ mm，$y_3=30$ mm。试求：

（1）B、D 两点的正应力大小和正负；

（2）该截面上的最大拉应力。

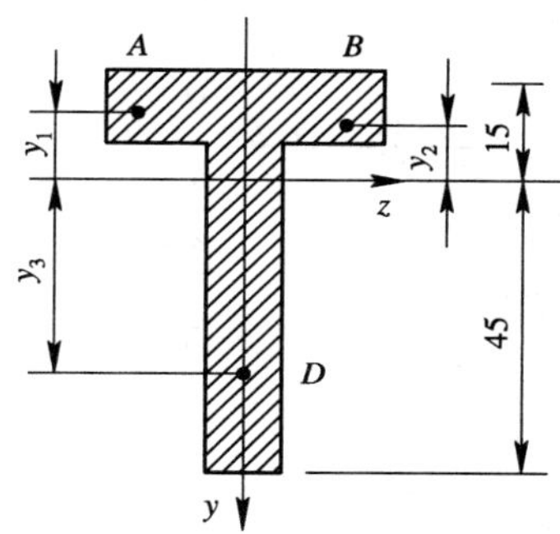

习题 10－7 图

10－8 空心圆管外伸梁如习题 10－8 图所示，已知梁的最大正应力 $\sigma_{max}=150$ MPa，外径 $D=60$ mm。求圆管的内径 d。

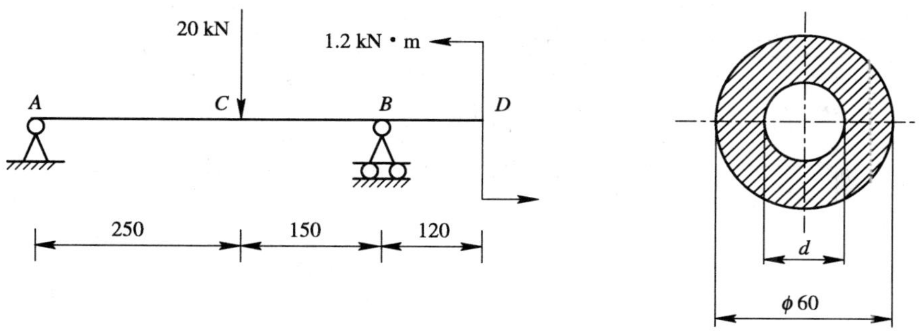

习题 10－8 图

10－9 求习题 10－9 图所示截面对形心轴的惯性矩。

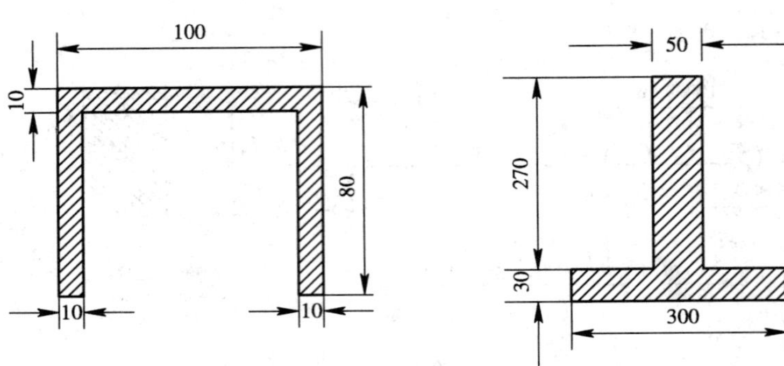

习题 10－9 图

10－10　矩形截面梁，载荷如习题 10－10 图所示，$[\sigma]=160$ MPa，设 $h/b=3/2$。试确定截面尺寸。

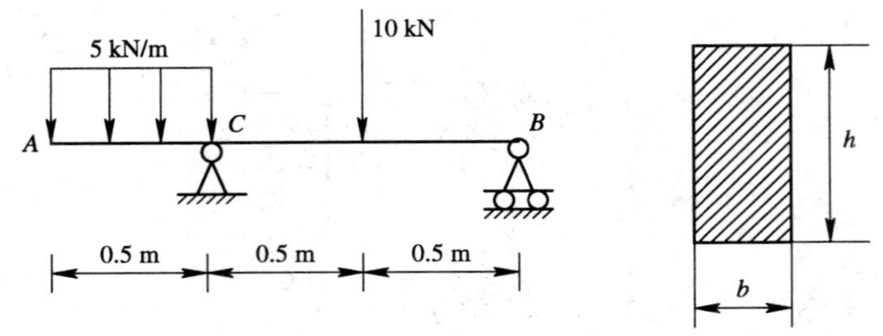

习题 10－10 图

10－11　如习题 10－11 图所示制动装置的钢拉杆用销钉支承于 B 点，销钉孔中心通过梁的轴线，孔径为30 mm。拉杆材料的$[\sigma]=140$ MPa，销钉$[\tau]=98$ MPa。确定许可载荷 P_1 和 P_2。

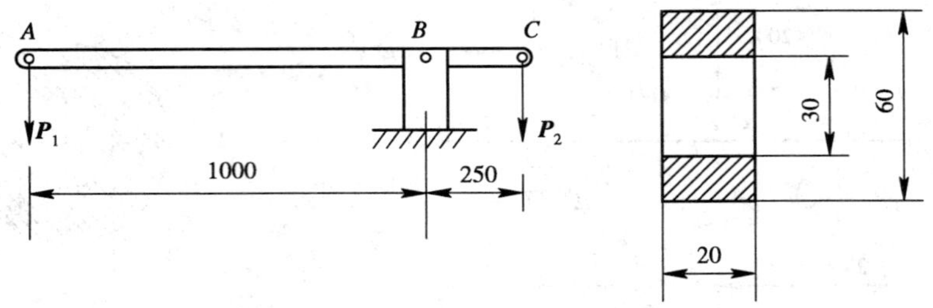

习题 10－11 图

10－12　夹具压板的受力及尺寸如习题 10－12 图所示，已知 A－A 截面为空心矩形截面，压板材料的许用正应力$[\sigma]=250$ MPa。校核压板的强度。

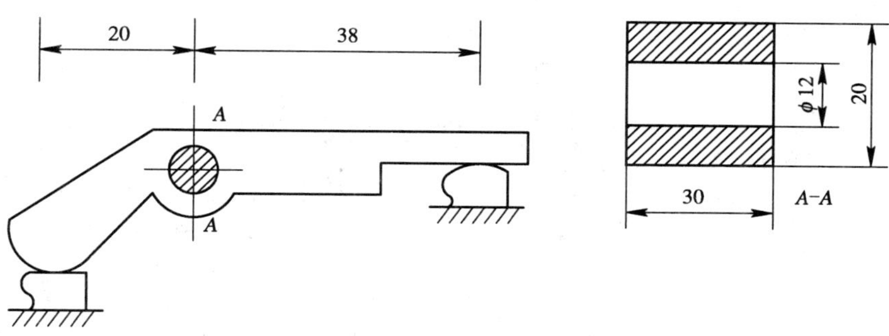

习题 10－12 图

10－13　T 形铸铁梁如习题 10－13 图所示。已知 $F=10$ kN，$l=300$ mm，材料的许用拉应力$[\sigma^{+}]=40$ MPa，许用压应力$[\sigma^{-}]=120$ MPa，$n-n$ 截面对中性轴的惯性矩 $I_Z=2\times10^{6}$ mm^4，$y_1=25$ mm，$y_2=75$ mm。校核 $n-n$ 截面的正应力强度。

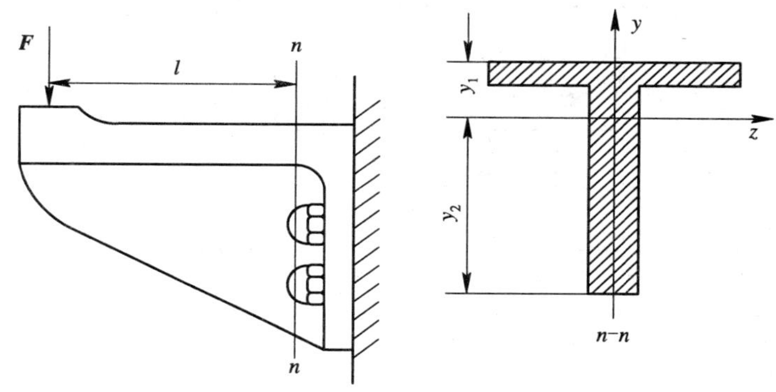

习题 10－13 图

10－14　空气泵的操纵杆如习题 10－14 图所示，右端受力为 8.5 kN，Ⅰ－Ⅰ截面和Ⅱ－Ⅱ截面均为矩形，高宽比为 $h/b=3$，操纵杆材料的许用正应力$[\sigma]=50$ MPa。设计Ⅰ－Ⅰ、Ⅱ－Ⅱ截面尺寸。

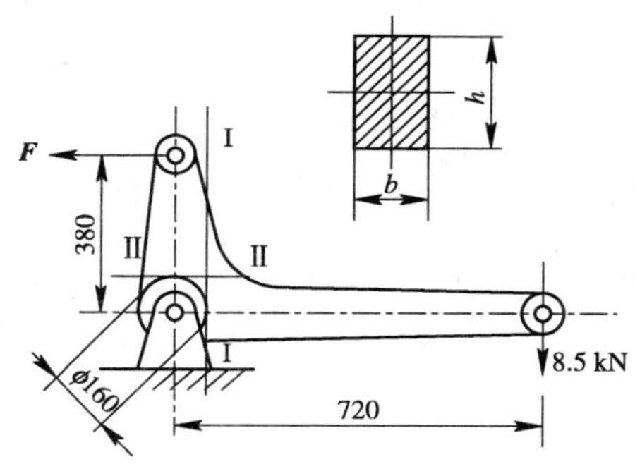

习题 10－14 图

10－15　习题 10－15 图所示的工字梁受均布载荷 $q=12$ kN/m，材料的许用正应力

$[\sigma]=160$ MPa，许用切应力$[\tau]=100$ MPa。选择此钢梁的工字钢型号。

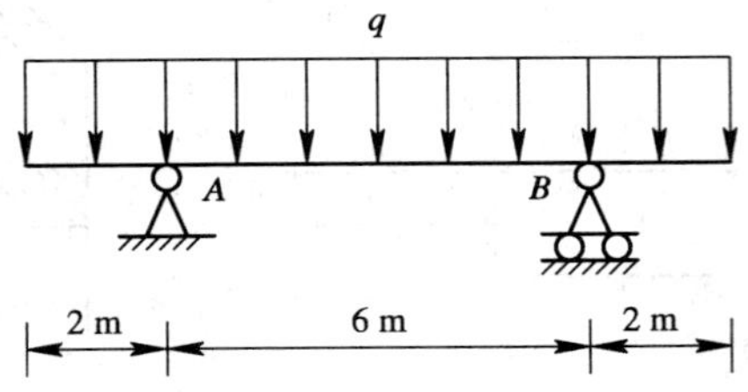

习题 10－15 图

10－16　习题 10－16 图为薄板轧制机示意图。轧辊的直径$d=760$ mm，材料的许用正应力$[\sigma]=80$ MPa，$l=1660$ mm，$l_0=800$ mm。求轧辊所能承受的轧制许可载荷$[q]$。

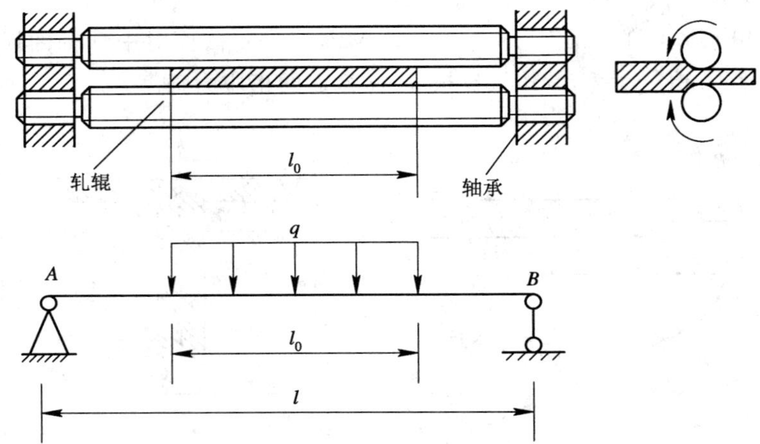

习题 10－16 图

10－17　铸铁梁的载荷及横截面尺寸如习题 10－17 图所示。$[\sigma]_{拉}=40$ MPa，$[\sigma]_{压}=100$ MPa，按正应力强度条件校核梁的强度。若载荷不变，将 T 形梁倒置是否合理？为什么？

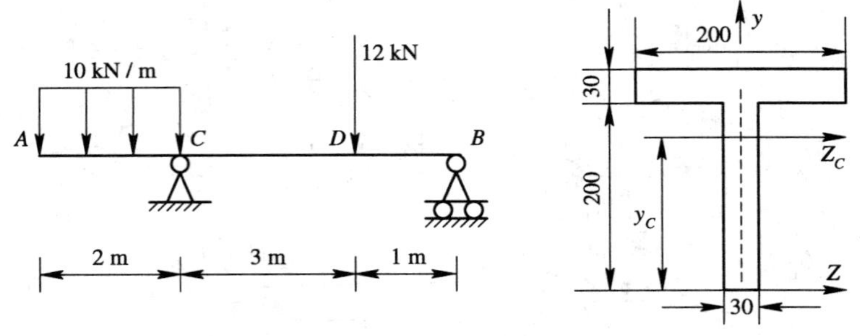

习题 10－17 图

10－18　简支梁受力情况和尺寸如习题 10－18 图所示，材料的许用正应力$[\sigma]=160$ MPa。要求：

（1）按正应力强度条件设计三种形状的截面尺寸；

（2）比较三种截面的材料用量并说明原因。

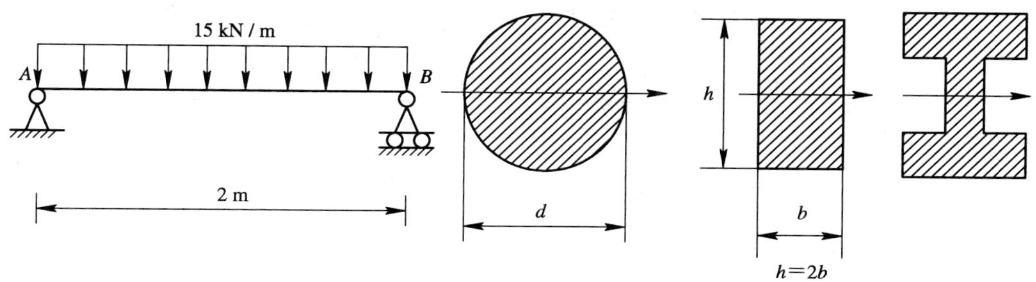

习题 10－18 图

10－19　如习题 10－19 图所示，两根材料相同、横截面面积相等的简支梁，一根为整体矩形截面梁，另一根为矩形截面叠合梁，不计叠合梁之间的摩擦。

（1）分析两种截面上的正应力分布；

（2）求两种截面承载能力之比。

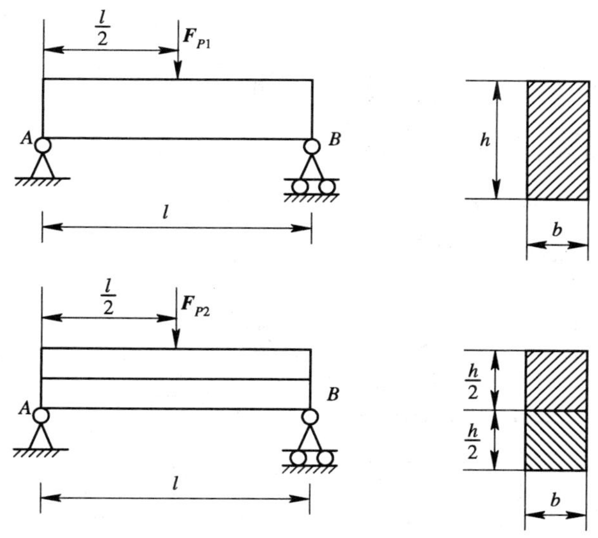

习题 10－19 图

10－20　用积分法求习题 10－20 图所示的悬臂梁自由端的挠度和转角(EI 为常数)。

10－21　用叠加法求习题 10－21 图所示的悬臂梁自由端的挠度和转角(EI 为常数)。

10－22　电机轴受力简图如习题 10－22 图所示。$E=200$ GPa，定子和转子的气隙 $\delta=0.35$ mm。根据刚度条件确定轴径。

10－23　绘制习题 10－23 图所示梁的内力图。

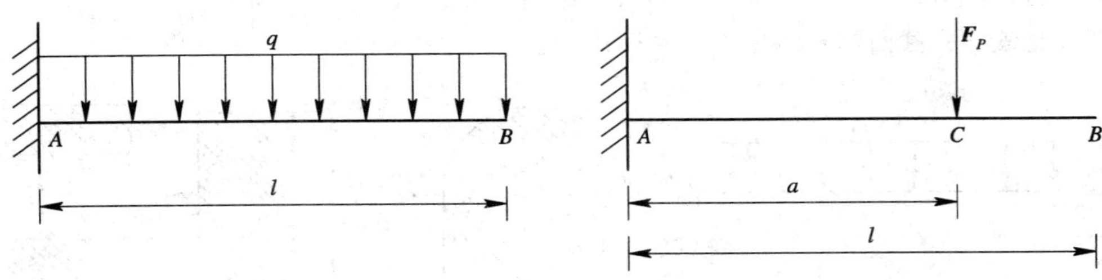

习题 10－20 图

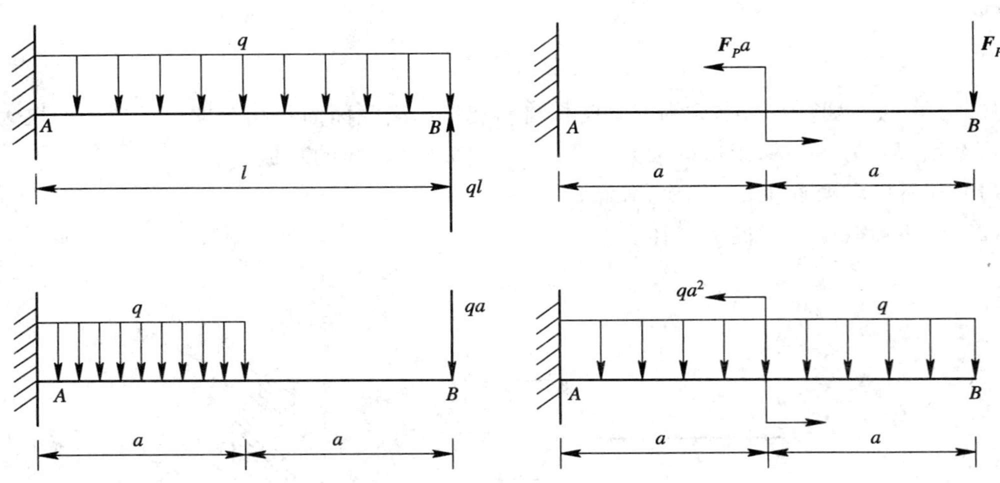

习题 10－21 图

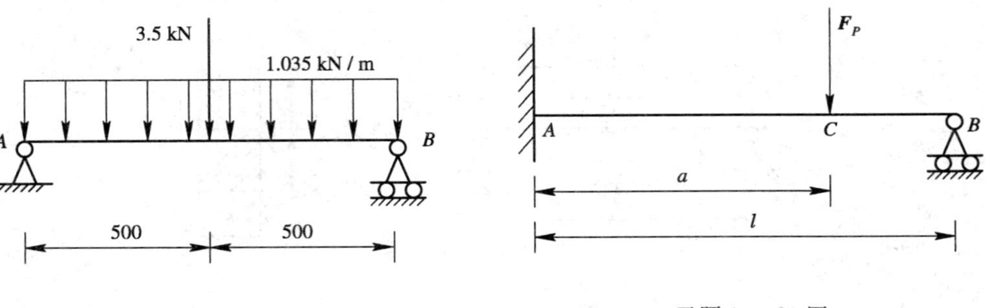

习题 10－22 图

习题 10－23 图

第 11 章　组合变形

本章综合应用了前述各章在基本变形下的内力计算、内力图、应力分布规律、应力计算以及平面应力状态下应力的分析、强度理论等知识，讨论在组合变形下构件的强度计算。

11.1　概　　述

前面几章主要研究了杆件在各种基本变形下的强度和刚度计算。在实际工程中，杆件在受力后，往往同时产生两种或两种以上基本变形的组合，这种杆件的变形称为组合变形。例如，图 11－1 所示支架中的 AB 梁，力 $\boldsymbol{R}_y$、$\boldsymbol{G}$ 和 $\boldsymbol{T}_y$ 使梁弯曲，力 $\boldsymbol{R}_x$ 和 $\boldsymbol{T}_x$ 使梁压缩，梁 AB 发生压缩和弯曲。图 11－2 所示反应釜中的搅拌轴，叶片在搅拌物料时既受到阻力的作用而发生扭转变形，同时还受到搅拌轴和桨叶的自重作用而发生轴向拉伸变形。图 11－3 所示为机械中的齿轮传动轴，在齿轮啮合力的作用下，同时发生扭转与弯曲的组合变形。

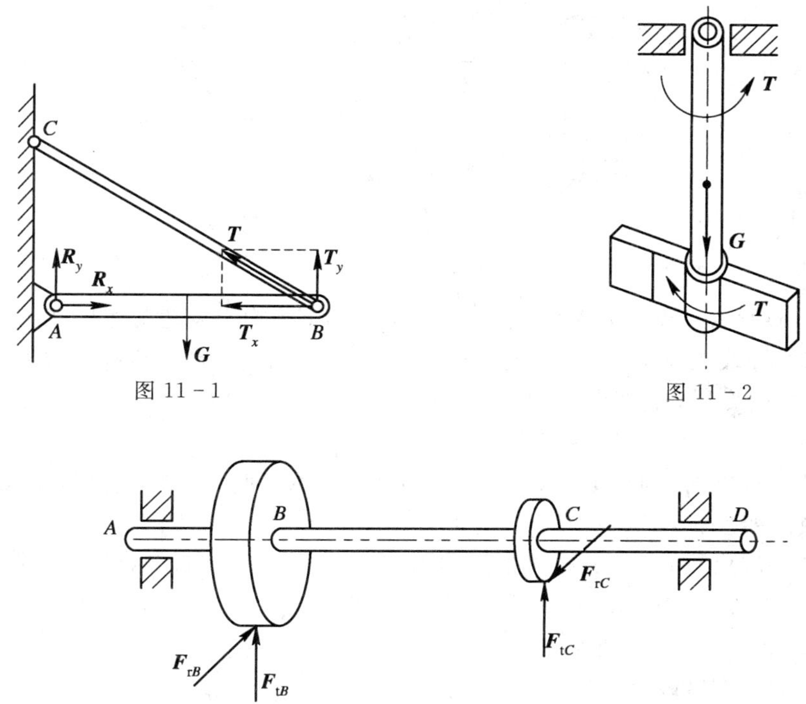

图 11－1

图 11－2

图 11－3

杆件发生组合变形时，通常变形都很小，认为在弹性范围之内，可以假设载荷之间不互相影响。这样，将作用在杆件上的载荷适当地进行分解(通常分解为与杆件轴线垂直和与杆件轴线重合的分力)，即可判断杆件发生何种组合变形，从而进行相应的强度计算。

本章只讨论弯曲与拉伸(压缩)、弯曲与扭转两种组合变形的强度问题。

11.2 拉伸(压缩)与弯曲的组合变形

若作用在构件对称平面内的外力既不与轴线重合也不与轴线垂直，如图 11-4 所示，则构件将产生拉伸(压缩)与弯曲的组合变形。现以矩形截面悬臂梁为例来说明拉伸(压缩)与弯曲组合变形的强度计算方法。

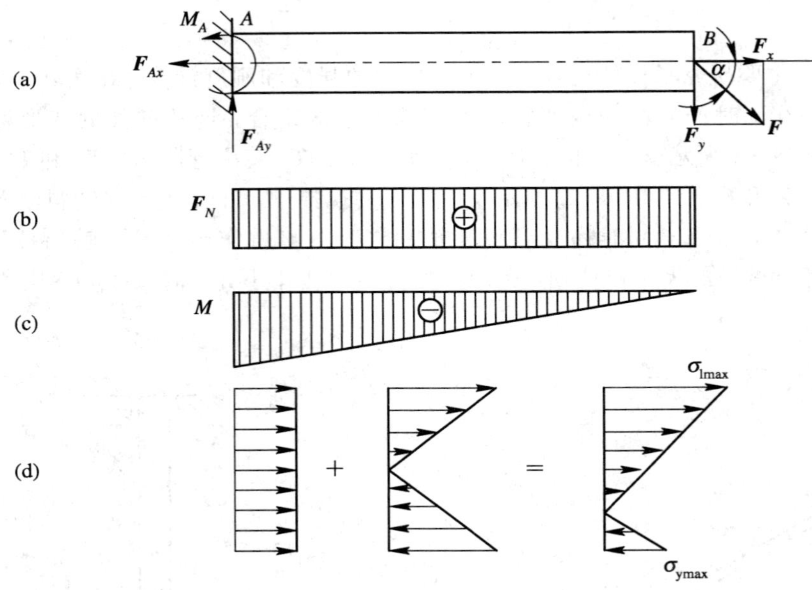

图 11-4

如图 11-4(a)所示，悬臂梁 AB 的自由端受集中力 $\boldsymbol{F}$ 的作用，$\boldsymbol{F}$ 力作用在梁的纵向对称平面内，并与梁轴线成夹角 α。固定端 A 受约束反力 $\boldsymbol{F}_{Ax}$、$\boldsymbol{F}_{Ay}$ 以及约束反力偶 M_A 的作用。为了分析出梁的变形，将载荷 $\boldsymbol{F}$ 分解成两个正交分量 $\boldsymbol{F}_x$ 和 $\boldsymbol{F}_y$，两分力的大小分别为

$$F_x = F\cos\alpha \qquad F_y = F\sin\alpha$$

$\boldsymbol{F}_{Ax}$ 和 $\boldsymbol{F}_x$ 使杆件轴向拉伸，$\boldsymbol{F}_y$、$\boldsymbol{F}_{Ay}$ 和 $\boldsymbol{M}_A$ 使杆件发生弯曲，因此，杆 AB 上发生轴向拉伸与弯曲的组合变形。

为了确定杆的危险截面，可画出杆的轴力图和弯矩图，如图 11-4(b)、(c)所示。由内力图可知，固定端截面 A 为危险截面，该截面上的轴力 $F_N = F_x$，弯矩为 $M = F_y l$。危险截面上的应力分布如图 11-4(d)所示。

由轴力引起的应力沿截面均匀分布，其值为

$$\sigma_N = \frac{F_x}{A} = \frac{F_N}{A}$$

由弯矩引起的弯曲正应力在截面上呈线性分布，其值为

$$\sigma_W = \frac{F_y l}{W_Z} = \frac{M_{\max}}{W_Z}$$

由于轴力和弯矩引起的应力均为正应力，因此根据叠加原理知，危险点为截面的上、下边缘点。

当 $\sigma_N < \sigma_W$ 时，截面上边缘点的应力，即截面上的最大拉应力为

$$\sigma_{\text{lmax}} = \sigma_N + \sigma_W = \frac{F_x}{A} + \frac{F_y l}{W_Z} = \frac{F_{\text{N}}}{A} + \frac{M_{\max}}{W_Z}$$

截面下边缘点的应力，即截面上的最大压应力为

$$\sigma_{\text{ymax}} = \sigma_N - \sigma_W = \frac{F_x}{A} - \frac{F_y l}{W_Z} = \frac{F_{\text{N}}}{A} - \frac{M_{\max}}{W_Z}$$

若杆件材料为塑性材料，则只需按截面上的最大应力进行强度计算，其强度条件为

$$|\sigma|_{\max} = \left|\frac{F_{\text{N}}}{A}\right| + \left|\frac{M_{\max}}{W_Z}\right| \leqslant [\sigma]$$

但对于抗拉、抗压强度不同的脆性材料，则要分别按最大拉应力和最大压应力进行强度计算，故强度条件分别为

$$\sigma_{\text{lmax}} = \frac{F_{\text{N}}}{A} + \frac{M_{\max}}{W_Z} \leqslant [\sigma_{\text{l}}]$$

$$\sigma_{\text{ymax}} = \left|\frac{F_{\text{N}}}{A} - \frac{M_{\max}}{W_Z}\right| \leqslant [\sigma_{\text{y}}]$$

【例 11-1】 如图 11-5(a)所示，钻床受压力 P=15 kN 作用，已知偏心距 e=0.4 m，铸铁立柱的许用拉应力$[\sigma_{\text{l}}]$=35 MPa，许用压应力$[\sigma_{\text{y}}]$=120 MPa。试求铸铁立柱所需的直径。

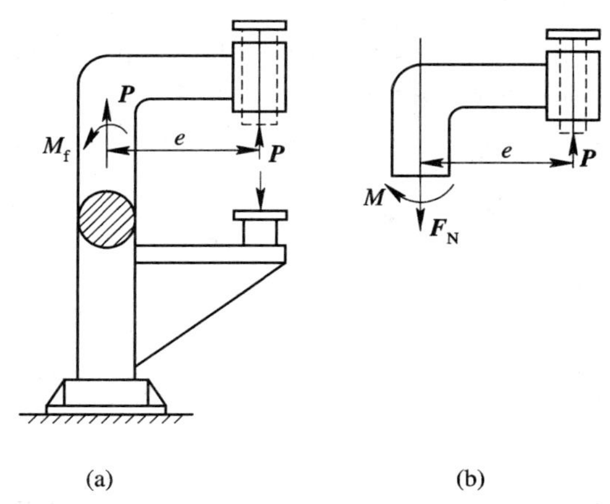

图 11-5

解 (1) 分析立柱变形。

将力 $\boldsymbol{P}$ 平移到立柱轴线上，同时附加一个力偶 $\boldsymbol{M}_{\text{f}} = \boldsymbol{P}e$。在 $\boldsymbol{P}$ 和 $\boldsymbol{M}_{\text{f}}$ 的共同作用下，立柱发生弯曲和拉伸的组合变形。

(2) 分析内力。

假想地将立柱截开，取上端为研究对象(见图 11-5(b))，由平衡条件得

$$F_N = P = 150 \times 10^2 \text{ N}$$

$$M = Pe = 150 \times 10^2 \times 0.4 \times 10^3 = 600 \times 10^4 \text{ N} \cdot \text{mm}$$

(3) 分析应力。

轴力产生的拉应力在截面上均匀分布，其值为

$$\sigma_l = \frac{F_N}{A}$$

弯矩在横截面上产生弯曲应力，其最大值为

$$\sigma_{\max} = \frac{M}{W_Z} = \frac{Pe}{W_Z}$$

立柱右侧边缘点的总应力为

$$\sigma_{右} = \frac{F_N}{A} + \frac{Pe}{W_Z}$$

立柱左侧边缘点的总应力为

$$\sigma_{左} = \frac{F_N}{A} - \frac{Pe}{W_Z}$$

(4) 强度计算。

由于铸铁抗压能力强，抗拉能力差，故应对受拉侧进行强度计算，即

$$\frac{F_N}{A} + \frac{Pe}{W_Z} \leqslant [\sigma_l]$$

代入已知数据得

$$\frac{150 \times 10^2}{\pi d^2/4} + \frac{600 \times 10^4}{\pi d^3/32} \leqslant 35$$

解上式即可求得立柱的直径 d。这是一个三次方程，求解较繁。因为一般在偏心距较大的情况下，偏心拉伸(或压缩)杆件的弯曲正应力是主要的，所以可先按弯曲强度条件求出立柱的一个近似直径，然后将此直径的数值稍稍增大，再代入偏心拉伸的强度条件中进行校核，如数值相差较大，再作适当变更，以试凑的方法进行设计计算，最后即可求得满足此方程的直径。

先考虑弯曲强度条件

$$\frac{M}{W_Z} \leqslant [\sigma]$$

即

$$\frac{600 \times 10^4}{\pi d^3/32} \leqslant 35$$

得直径 d=120 mm，将其稍稍加大，现取 d=125 mm，用拉伸的强度条件进行校核，得

$$\sigma_{l\max} = \frac{150 \times 10^2}{3.14 \times 125^2/4} + \frac{600 \times 10^4}{3.14 \times 125^3/32}$$

$$= 32.4 \text{ MPa} < [\sigma] = 35 \text{ MPa}$$

满足强度条件。最后选用立柱的直径 d=125 mm。

【例 11-2】 最大吊重 P=8 kN 的起重机如图 11-6(a)所示。AB 为工字钢，材料为 Q235 钢，$[\sigma]$=100 MPa。试选择工字钢型号。

解 (1) 求 CD 杆受力。

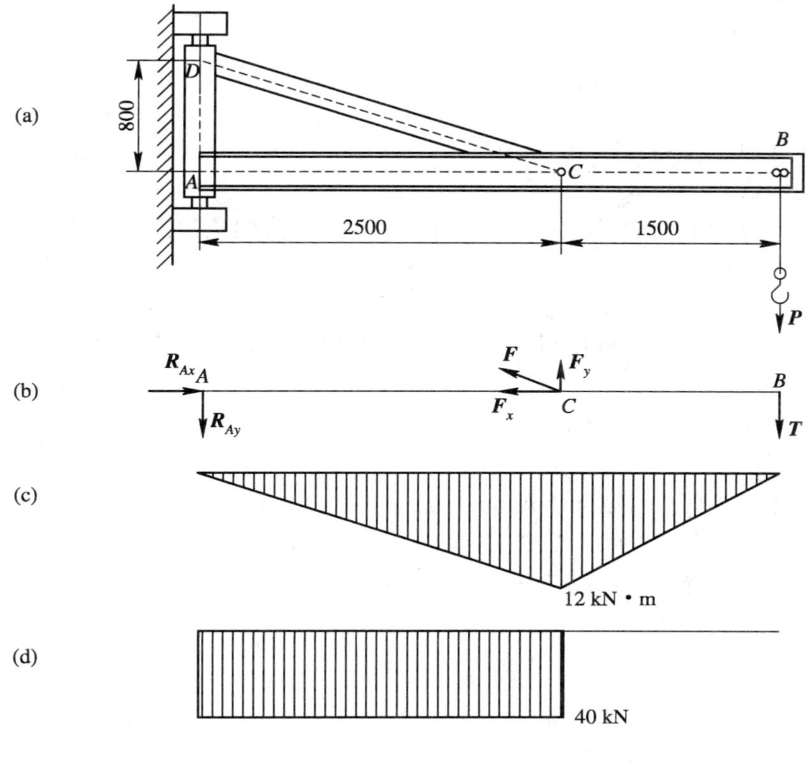

图 11 - 6

CD 杆的长度为

$$l = \sqrt{2500^2 + 800^2} = 2620\ \text{mm} = 2.62\ \text{m}$$

AB 杆的受力简图如图 11 - 6(b)所示。设 *CD* 杆的拉力为 **F**，由平衡方程

$$\sum M_A = 0$$

得

$$F \times \frac{0.8}{2.62} \times 2.5 - 8 \times (2.5 + 1.5) = 0$$

$$F = 42\ \text{kN}$$

(2) 分析杆件变形。

把 **F** 分解为 $\boldsymbol{F}_x$ 和 $\boldsymbol{F}_y$ 两个分力，可见 *AB* 杆在 *AC* 段内产生压缩与弯曲的组合变形。$\boldsymbol{F}_x$ 和 $\boldsymbol{F}_y$ 大小分别为

$$F_x = F \times \frac{2.5}{2.62} = 40\ \text{kN}$$

$$F_y = F \times \frac{0.8}{2.62} = 12.8\ \text{kN}$$

作杆的弯矩图和轴力图，如图 11 - 6(c)所示。从图中看出，在 *C* 点左侧的截面上弯矩最大，而轴力在 *AC* 段为相同值，故 *C* 截面为危险截面。

（3）根据弯曲强度条件选取工字钢。

因为

$$W_Z \geqslant \frac{M_{\max}}{[\sigma]} = \frac{12 \times 10^3}{100 \times 10^6} = 12 \times 10^{-5}\ \text{m}^3 = 120\ \text{cm}^3$$

查型钢表，选取 16 号工字钢，$W=141\ \text{cm}^3$，$A=26.1\ \text{cm}^2$。

（4）强度校核。

由于轴力和弯矩的共同影响，危险截面 C 的下边缘点为危险点，最大压应力为

$$|\sigma_{y\max}| = \left|\frac{F_N}{A} + \frac{M_{\max}}{W_Z}\right| = \left|-\frac{40 \times 10^3}{26.1 \times 10^{-4}} - \frac{12 \times 10^3}{141 \times 10^{-6}}\right| \times 10^{-6} = 100.5\ \text{MPa}$$

由于最大压应力与许用应力接近相等，故无需重新选择截面的型号。

11.3 应力状态

杆件在基本变形时，横截面上的危险点是在正应力或剪应力的单独作用下发生破坏的。杆件在复杂的组合变形中，横截面上既有正应力又有剪应力，这时材料的破坏是由哪个应力决定的呢？这就需要对截面上一点的应力情况和材料破坏的原因做进一步的研究。

在轴向拉伸的杆件中，如图 11－7 所示，可以证明，任意截面 $m-n$ 上的正应力和剪应力分别为

$$\sigma_\alpha = \sigma \cos 2\alpha = \frac{F}{A}\cos 2\alpha \tag{11-1}$$

$$\tau_\alpha = \frac{\sigma}{2}\sin 2\alpha = \frac{F}{2A}\sin 2\alpha \tag{11-2}$$

式(11－2)中，α 为轴线正向与截面外法线的夹角(规定逆时针为正)，称为截面的方位角；A 为横截面面积。显然，在同一点处不同方位的截面上，应力的大小和方向都随所取截面的方位角 α 而改变。杆件在扭转或弯曲中，即使在同一截面上各点的应力也不相同。因此，为了解决杆件的强度问题，需要研究构件内在哪一点、哪一个截面上的应力为最大。通常把杆件受力后其中任一点处各个截面上的应力情况，称为该点的应力状态。

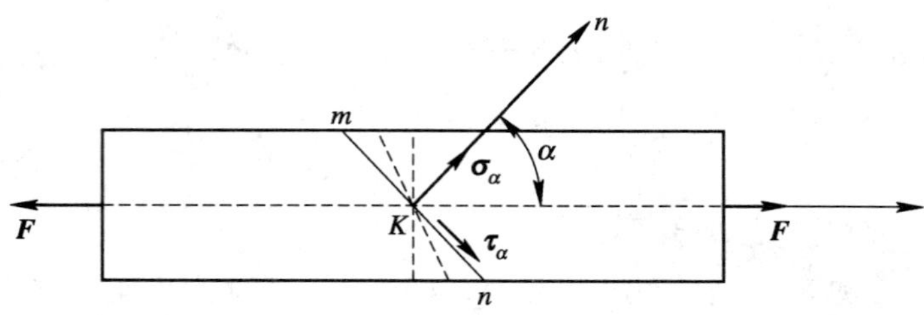

图 11－7

要研究构件内某一点的应力状态，通常是围绕该点取一个微单元体(边长为无限小的正六面体)来分析。现以图 11－7 中的 K 点为例来说明单元体的切取方法。

在 K 点周围用两个横截面、两个纵向水平面和两个纵向铅垂面截取一个单元体，如图

11－8(a)所示。分析 K 点的受力情况可知，该单元体只有左、右两个面上有正应力 $\boldsymbol{\sigma}$，且 $\sigma=\dfrac{F_N}{A}=\dfrac{F}{A}$，可用如图 11－8(b)所示的平面单元体表示。

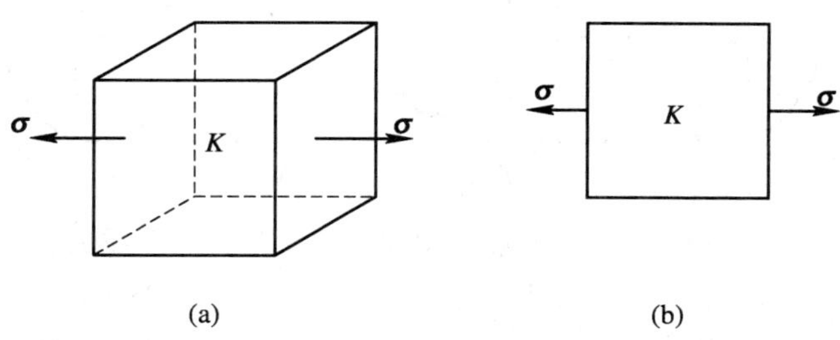

图 11－8

如图 11－9(a)所示受横力弯曲的简支梁，若以相同的方法在梁上中性层处的 A 点及任意点 B、C 处截取单元体，分别得到这些点的应力状态如图 11－9(b)、(c)、(d)所示。

若单元体上三个互相垂直平面上的应力已知，便可利用截面法，由静力平衡条件求出过该点任意斜截面上的应力，于是便确定了这一点的应力状态。

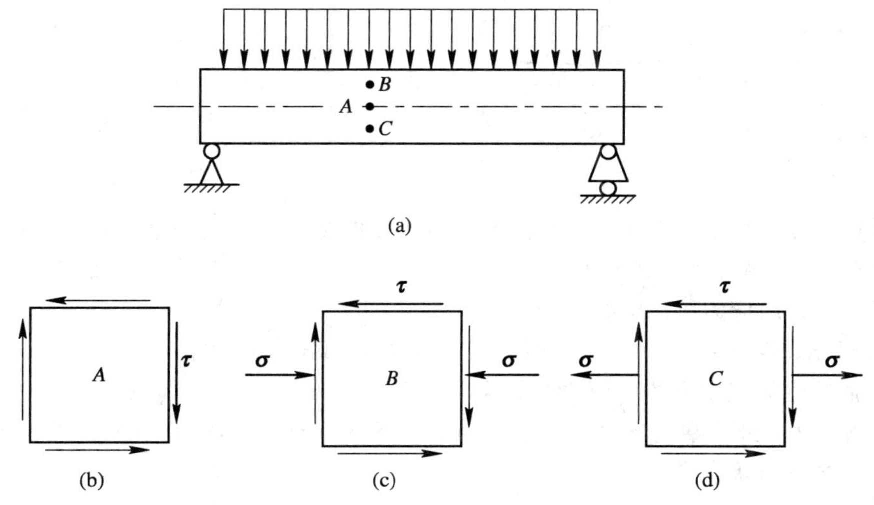

图 11－9

在某点单元体的各平面中，剪应力为零的平面称为主平面，主平面上的正应力称为主应力。图 11－8 所示点 K 的单元体中，有三个主平面。因横截面是主平面，故 $\boldsymbol{\sigma}$ 是主应力。可以证明，每个单元体上都有三个主平面，所以，一般也应有三个主应力。三个主应力常以 $\boldsymbol{\sigma}_1$、$\boldsymbol{\sigma}_2$、$\boldsymbol{\sigma}_3$ 表示，其编号是按其代数值的大小顺序排列的，即 $\sigma_1>\sigma_2>\sigma_3$。对于点 K 的单元体，$\sigma_1=\sigma$，$\sigma_2=0$，$\sigma_3=0$。

如果单元体在三个方向的主平面上只有一个方向存在主应力，则称为单向应力状态。轴向拉伸杆件中的 K 点(见图 11－8)处于单向应力状态。

如果单元体在三个方向的主平面上有两个方向存在主应力，则称为二向应力状态。例如，在有内压的薄壁容器中以纵向及横向所截得的单元体应力情况为二向应力状态，如图

11－10 所示。

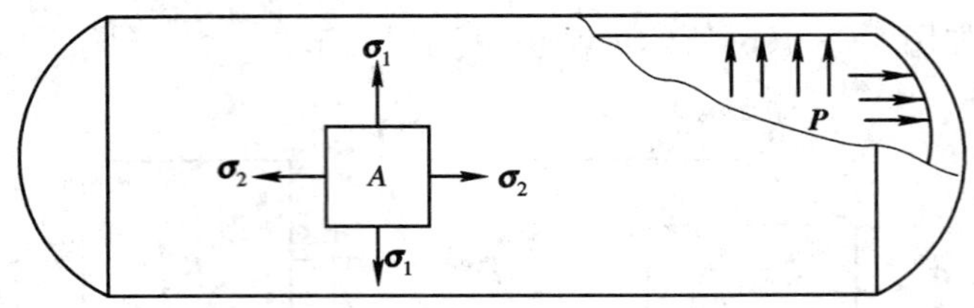

图 11－10

如果单元体在三个方向的主平面上都有主应力，则称为三向应力状态。图 11－11(a)所示的滚珠轴承中滚珠与外圈接触处的 A 点即处于三向应力状态(见图 11－11(b))。$\boldsymbol{\sigma}_3$ 是滚珠与外圈的接触应力。由于 $\boldsymbol{\sigma}_3$ 的作用，单元体将向周围膨胀，于是引起周围材料对它的约束压应力 $\boldsymbol{\sigma}_2$ 和 $\boldsymbol{\sigma}_1$。单向应力状态称为简单应力状态，二向及三向应力状态称为复杂应力状态。

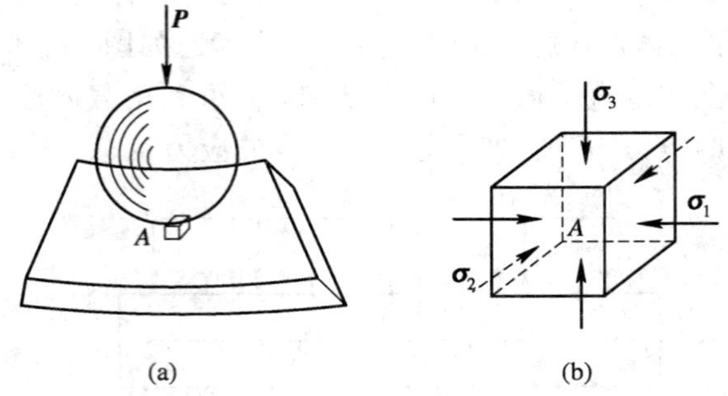

图 11－11

分析点的应力状态，便可了解点在各个不同方位截面上的应力情况，从而找出最大应力，为强度计算提供依据。工程实际中许多受力构件的危险点都处于平面应力状态，所以下面仅以简单二向应力状态进行分析。

设图 11－12(a)所示的单元体上作用着已知的应力 $\boldsymbol{\sigma}_x$、$\boldsymbol{\sigma}_y$ 和 $\boldsymbol{\tau}_x$、$\boldsymbol{\tau}_y$。这里 $\boldsymbol{\sigma}_x$ 和 $\boldsymbol{\tau}_x$ 是外法线与 x 轴平行的截面上的正应力和剪应力，而 $\boldsymbol{\sigma}_y$ 和 $\boldsymbol{\tau}_y$ 是外法线与 y 轴平行的截面上的正应力和剪应力。外法线与 z 轴平行的截面是一个主平面，但该面上的正应力为零。此单元体处于二向应力状态。图 11－12(b)所示单元体为平面应力状态最一般的情况。

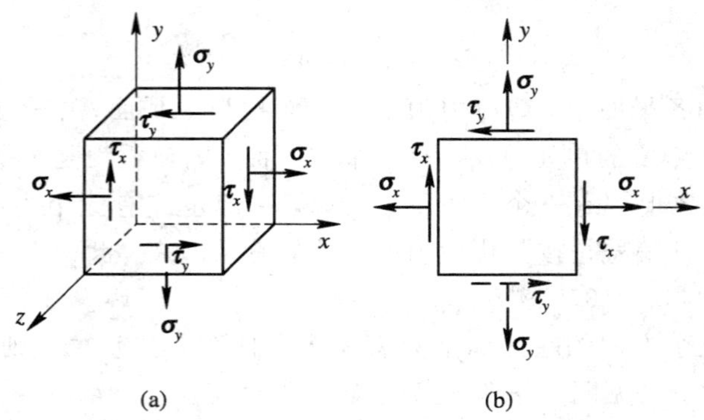

图 11－12

用截面法，根据静力平衡方程可求得构件内某点的单元体上任意斜截面上的应力为

$$\sigma_\alpha = \frac{\sigma_x + \sigma_y}{2} + \frac{\sigma_x - \sigma_y}{2}\cos 2\alpha - \tau_x \sin 2\alpha \tag{11-3}$$

$$\tau_\alpha = \frac{\sigma_x - \sigma_y}{2}\sin 2\alpha + \tau_x \cos 2\alpha \tag{11-4}$$

式(11－3)和式(11－4)表明，斜截面上的正应力和剪应力均随截面方位角 α 而改变，是 α 的函数。

可以证明，构件内某点的单元体上，各截面中的最大正应力和最小正应力就是该点的主应力，其值可由下式求出：

$$\begin{cases} \sigma_{\max} = \sigma_1 = \dfrac{\sigma_x + \sigma_y}{2} - \sqrt{\left(\dfrac{\sigma_x - \sigma_y}{2}\right)^2 + \tau_x^2} \\ \sigma_{\min} = \sigma_2 = \dfrac{\sigma_x + \sigma_y}{2} + \sqrt{\left(\dfrac{\sigma_x - \sigma_y}{2}\right)^2 + \tau_x^2} \end{cases} \tag{11-5}$$

主平面的位置可由下式确定：

$$\tan 2\alpha_0 = \frac{-2\tau_x}{\sigma_x - \sigma_y} \tag{11-6}$$

式中，α_0 为 x 轴正向与主平面的外法线 n 的夹角(逆时针方向为正)。由式(11－6)可以求出相差 90°的两个角度 α_0 和 α_0'，而 $\alpha_0' = \alpha_0 + 90°$。由此确定的两个互相垂直的平面都是主平面，一个是最大正应力所在的平面，另一个是最小正应力所在的平面。由于两个主平面互相垂直，因此两个主应力亦必互相垂直。

11.4　强 度 理 论

强度理论用于解决复杂应力状态下强度条件如何建立的问题。

构件在轴向拉、压时的强度条件为

$$\sigma = \frac{N}{A} \leqslant [\sigma]$$

式中，$[\sigma] = \frac{\sigma_u}{n}$，$\sigma_u$ 可通过拉伸或压缩试验来确定，因此构件的强度条件是以材料试验为基础的。但是在复杂应力状态下，根据材料试验来建立强度条件是比较困难的。这是因为在复杂应力状态下，材料的破坏与三个主应力的大小及它们之间的比值有关。复杂应力状态是多种多样的，要通过试验来确定材料在各种复杂应力状态下的极限应力是很难做到的。所以，必须根据单向应力状态的试验结果来建立复杂应力状态下的强度条件，这就需要对材料在各种应力状态下的破坏现象进行深入的分析研究，找出引起材料破坏的主要原因。通过大量的试验和分析研究，对导致材料破坏的原因先后提出了种种假设，认为无论是单向应力状态还是复杂应力状态，材料的破坏都是由某一种决定性因素引起的。关于引起材料破坏的决定性因素的各种假设，称为强度理论。

通过生产实践和科学实验，对大量材料的破坏进行分析研究表明，材料的破坏形式可归结为以下两类：脆性断裂破坏和屈服流动破坏。因此，强度理论也相应地分为两类：一类以脆断破坏作为标志；另一类以屈服破坏作为标志。

1. 最大拉应力理论(第一强度理论)

第一强度理论认为，引起材料破坏的主要因素是最大拉应力，即认为材料不论处于什么样的应力状态下，只要在构件内一点处的最大拉应力 σ_1 达到材料的极限值 σ_b，就引起断裂破坏。它的破坏条件是：

$$\sigma_1 = \sigma_b$$

由上式导出的第一强度理论的强度条件是

$$\sigma_1 \leqslant \frac{\sigma_b}{n} = [\sigma] \tag{11-7}$$

式中，$[\sigma]$为单向拉伸时的许用应力。

2. 最大伸长线应变理论(第二强度理论)

第二强度理论认为，材料发生脆性断裂的原因是最大伸长线应变。也就是说，不论材料处于何种应力状态下，只要最大伸长线应变 ε_1 达到了单向拉伸断裂时的最大伸长线应变值 ε_{ljx}，材料就会发生断裂破坏。其破坏条件是：

$$\varepsilon_1 = \varepsilon_{ljx}$$

根据胡克定律，上式可改写为

$$\frac{1}{E}[\sigma_1 - \mu(\sigma_2 + \sigma_3)] = \frac{1}{E}\sigma_b$$

由此导出第二强度理论的强度条件为

$$\sigma_1 - \mu(\sigma_2 + \sigma_3) \leqslant [\sigma] \tag{11-8}$$

3. 最大剪应力理论(第三强度理论)

第三强度理论认为，最大剪应力是引起材料屈服的主要因素，即不论材料处于何种应力状态下，只要危险点的最大剪应力达到材料在单向拉伸试验下发生屈服时的最大剪应力 τ_s，材料就会发生屈服破坏。因此，材料发生屈服破坏的条件是

$$\tau_{max} = \tau_s$$

按此理论建立的强度条件是

$$\sigma_1 - \sigma_3 \leqslant [\sigma] \tag{11-9}$$

4. 形状改变比能理论(第四强度理论)

第四强度理论认为，形状改变比能是引起屈服的主要原因，即认为无论材料处于何种应力状态下，只要形状改变比能达到与材料性质有关的某一极限值，材料就会发生屈服。由此而导出的第四强度理论的强度条件为

$$\sqrt{\frac{1}{2}[(\sigma_1 - \sigma_2)^2 + (\sigma_2 - \sigma_3)^2 + (\sigma_3 - \sigma_1)^2]} \leqslant [\sigma] \tag{11-10}$$

实验表明，第四强度理论比第三强度理论更符合实验结果，因此，在工程中得到广泛应用。

大量的实例说明，材料的失效形式与应力状态和材料的性质有关。

(1) 无论是塑性或脆性材料，在三向拉应力相近的情况下，都将以断裂的形式失效，宜采用最大拉应力理论。

(2) 无论是塑性或脆性材料，在三向压应力相近的情况下，都可引起塑性变形，宜采用第三或第四强度理论。

(3) 一般情况下，对脆性材料宜采用第一或第二强度理论。

(4) 一般情况下，对塑性材料宜采用第三或第四强度理论。

11.5 弯曲与扭转的组合变形

弯曲与扭转的组合变形是工程实际中常见的情况，通常情况下发生纯扭转变形的轴很少见。下面来讨论圆截面杆在弯扭组合时的强度问题。

如图 11-13(a)所示的曲拐，AB 段为等直实心圆截面杆，在 C 点处受一个集中力 $\boldsymbol{F}$ 的作用。

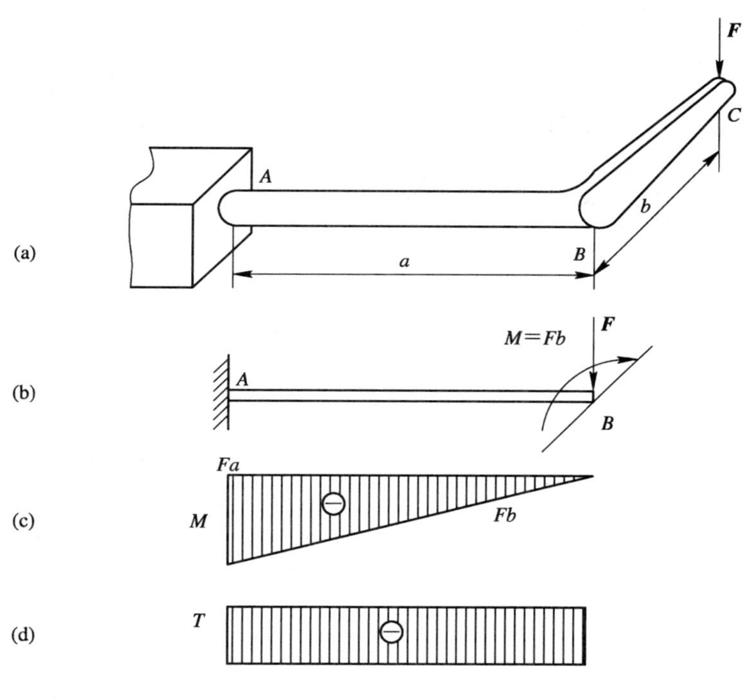

图 11-13

1. 外力分析

将力 $\boldsymbol{F}$ 向 AB 杆的 B 截面形心简化，得到横向力 $\boldsymbol{F}$ 和附加力偶矩 $\boldsymbol{M}=\boldsymbol{F}b$。力 $\boldsymbol{F}$ 使 AB 杆发生弯曲，附加力偶矩 $\boldsymbol{M}$ 使其发生扭转，所以 AB 杆发生弯扭组合变形，其计算简图如图 11-13(b)所示。

2. 内力分析

作出 AB 杆的内力图(如图 11-13(c)、(d)所示)。由弯矩图和扭矩图可知，固定端 A 为危险截面，其上的弯矩值和扭矩值分别为

$$M = Fa$$

$$T = Fb$$

3. 应力分析

弯矩 M 引起垂直于横截面的弯曲正应力，扭矩 $\boldsymbol{M}_n$ 引起切于横截面的剪应力。固定端

左侧截面上的正应力和剪应力分布如图 11－14(a)、(b)所示。可见该截面上 C、D 两点处的弯曲正应力和剪应力均分别达到了最大值，因此，C、D 两点均为危险点，该两点的弯曲正应力和扭转剪应力分别为

$$\sigma = \frac{M}{W_Z}$$

$$\tau = \frac{T}{W_n}$$

取 C 点的单元体如图 11－14(c)所示，它处于二向应力状态，需用强度理论来建立强度条件。

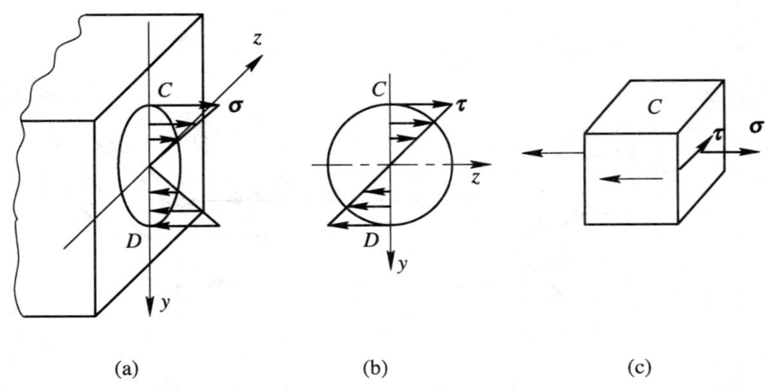

图 11－14

4. 强度计算

对于塑性材料制成的转轴，因其抗拉、抗压强度相同，因此，应当采用第四强度理论或第三强度理论。单元体 C 的第三、第四强度理论的相应强度条件分别为

第三强度理论：

$$\sigma_{xd3} = \sqrt{\sigma^2 + 4\tau^2} \leqslant [\sigma] \tag{11-11}$$

第四强度理论：

$$\sigma_{xd4} = \sqrt{\sigma^2 + 3\tau^2} \leqslant [\sigma] \tag{11-12}$$

将 $\sigma=\dfrac{|M|_{\max}}{W_Z}$、$\tau=\dfrac{T}{W_n}$代入式(11－11)和式(11－12)，且因为 $W_n=2W_Z$，即可得到

第三强度理论：

$$\sigma_{xd3} = \frac{\sqrt{M^2 + T^2}}{W} \leqslant [\sigma] \tag{11-13}$$

第四强度理论：

$$\sigma_{xd4} = \frac{\sqrt{M^2 + 0.75T^2}}{W} \leqslant [\sigma] \tag{11-14}$$

以上的分析和计算公式同样适用于空心截面杆的弯扭组合变形，因为空心截面的抗扭截面模量也是其抗弯截面模量的两倍。

对于拉伸(压缩)与扭转组合变形的圆杆，由于其危险截面上的应力情况及危险点的应

力状态都与弯曲和扭转组合变形时相同，因此，式(11－11)和式(11－12)都可以使用。

【例 11－3】 已知轴 AB 的中点装有一重 $G=5$ kN、直径 $D=1.2$ m 的皮带轮，其两边的拉力分别为 $P=3$ kN 和 $2P=6$ kN。轴长 1.6 m 并通过联轴器和电动机连接，如图 11－15(a)所示。试按第三强度理论设计此轴的直径。

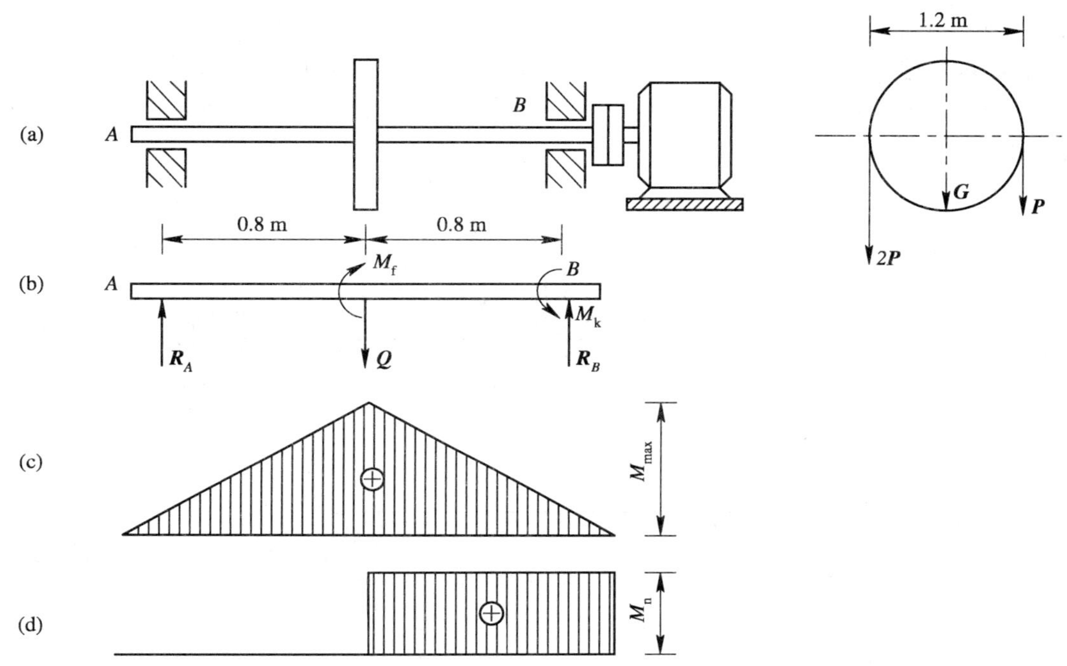

图 11－15

解 (1) 分析轴的变形。

轮中点所受的力 $\boldsymbol{F}$ 为轮重与皮带拉力之和，即 $Q=5+3+6=14$ kN，轴的计算简图如图 11－15(b)所示。$\boldsymbol{Q}$ 与 A、B 处的反力 $\boldsymbol{R}_A$、$\boldsymbol{R}_B$ 使轴产生弯曲，轴中点还受皮带拉力产生的力矩作用，其值为

$$M_f = 6\times 0.6 - 3\times 0.6 = 1.8\ \text{kN}\cdot\text{m}$$

轴 B 端作用有电机输入的转矩 $\boldsymbol{M}_k$。$\boldsymbol{M}_f$ 和 $\boldsymbol{M}_k$ 使轴产生扭转，故 AB 轴的变形为弯曲与扭转的组合变形。

(2) 分析轴的内力。

画出轴的扭矩图和弯矩图，如图 11－15(c)、(d)所示。根据内力图，可知轴的危险截面为中点稍偏右的截面，则最大弯矩为

$$M_{max} = \frac{Ql}{4} = \frac{14\times 10^3\times 1.6}{4} = 5.6\ \text{kN}\cdot\text{m}$$

轴右半段各截面上的扭矩值均相等，其值为

$$T = M_f = 1.8\ \text{kN}\cdot\text{m}$$

(3) 按第三强度理论计算轴的直径。

由公式(11－13)得

$$W_Z \geqslant \frac{\sqrt{M^2+T^2}}{[\sigma]}=\frac{\sqrt{(5.6\times10^6)^2+(1.8\times10^6)^2}}{50}=118\times10^3\ \text{mm}^2$$

因 $W_Z=0.1d^3$，所以

$$d \geqslant \sqrt[3]{\frac{118\times10^3}{0.1}}=106\ \text{mm}$$

取 $d=110$ mm。

【例 11-4】 图 11-16(a)为一卷扬机的示意图，设卷扬机轴的直径 $d=30$ mm，轮直径 $D=360$ mm，轴材料的许用应力$[\sigma]=80$ MPa。试用第三强度理论来确定卷扬机起吊的最大许可载荷 $\boldsymbol{P}$。

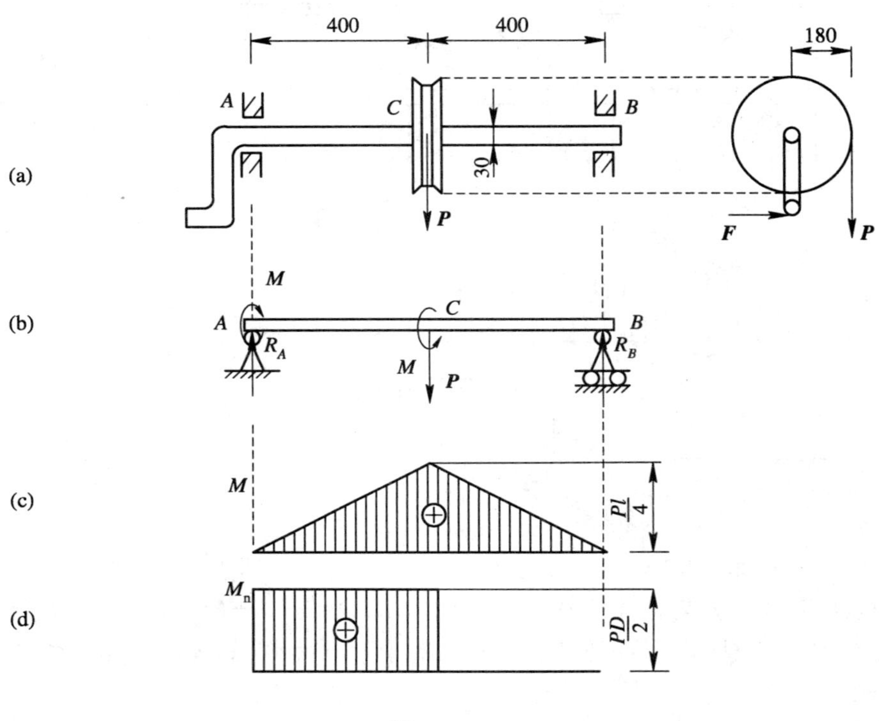

图 11-16

解 (1) 外力分析。

将力 $\boldsymbol{P}$ 向 C 点轴心平移，可得一横向力 $\boldsymbol{P}$ 和一力偶矩 $\boldsymbol{M}=\frac{PD}{2}$的力偶。卷扬机轴的计算简图如图 11-16(b)所示。轴在力 $\boldsymbol{P}$ 作用下产生弯曲变形，在力偶 $\boldsymbol{M}$ 作用下 AC 段产生扭转变形。故卷扬机轴的 AC 段产生弯曲与扭转的组合变形。

(2) 内力分析。

由内力图得出 C 点稍偏左的截面为危险截面，最大弯矩值为

$$M_{\max}=\frac{Pl}{4}=\frac{P\times800}{4}=200P\ \text{N}\cdot\text{mm}$$

扭矩值为

$$T=\frac{D}{2}P=180P\ \text{N}\cdot\text{mm}$$

(3) 按第三强度理论求许可载荷。

实心圆截面的抗弯截面系数为

$$W_Z = \frac{\pi d^3}{32} = \frac{1}{4} \times 3.14 \times 15^3 = 2.65 \times 10^3 \text{ mm}^3$$

又

$$\frac{\sqrt{M^2 + T^2}}{W_Z} \leqslant [\sigma]$$

即

$$\frac{1}{2.65 \times 10^3} \sqrt{P^2 (200^2 + 180^2)} \leqslant 80$$

于是可得

$$P = 788 \text{ N}$$

思　考　题

11－1　试用外力简化的方法判断题图 11－1 中各构件属于何种变形?

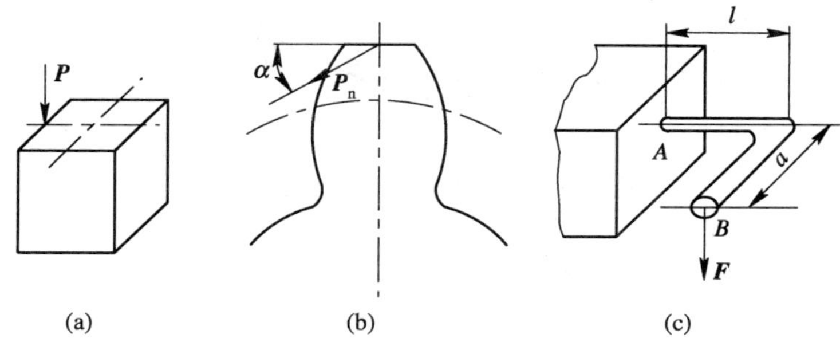

题图 11－1

11－2　指出题图 11－1 各图中构件的危险截面及最大应力的位置。

11－3　何谓点的应力状态?何谓主平面与主应力?单元体的主应力和正应力有何区别与联系?

11－4　在单元体中，最大正应力作用的平面上有无剪应力?最大剪应力作用的平面上有无正应力?

11－5　对于拉伸(压缩)和扭转的组合变形，为什么公式(11－11)、式(11－12)能够应用，而公式(11－13)、式(11－14)不能应用?

11－6　什么是强度理论?为什么要建立强度理论?

习　　题

11－1　如习题 11－1 图所示，矩形截面为 180 mm×240 mm 的木梁，受拉力 F= 18 kN。求梁内的最大正应力和最小正应力。

11-2　如习题 11-2 图所示钩头螺栓，螺纹的内径 $d=25.1$ mm，当拧紧螺母时承受偏心力 $F=4.2$ kN 的作用，偏心距 $e=50$ mm。试求螺栓内的最大应力。

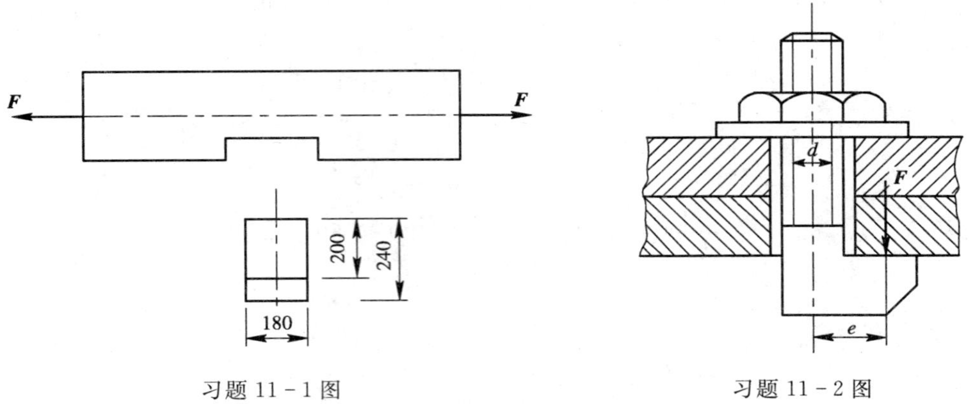

习题 11-1 图　　　　习题 11-2 图

11-3　如习题 11-3 图所示，梁 AB 的截面为 100 mm×100 mm 的正方形。若 $P=3$ kN，试作轴力图及弯矩图，并求最大拉应力及最大压应力。

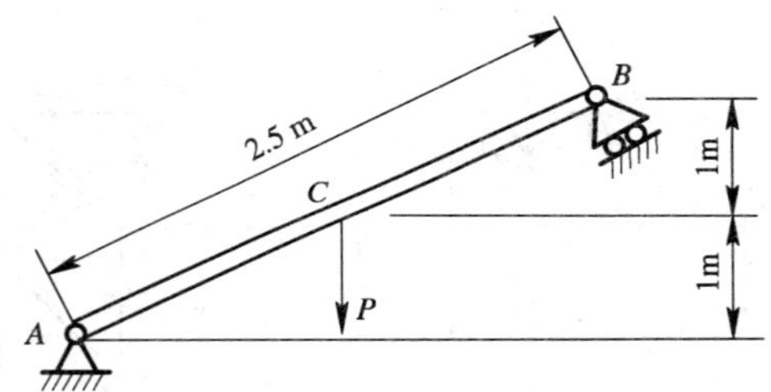

习题 11-3 图

11-4　如习题 11-4 图所示，一梁 AB 的跨度为 6 m，梁上铰接一桁架，力 $F=10$ kN 平行于梁轴线且作用于桁架 E 点。若梁的横截面为 100 mm×200 mm 的矩形，试求梁内的最大拉应力。

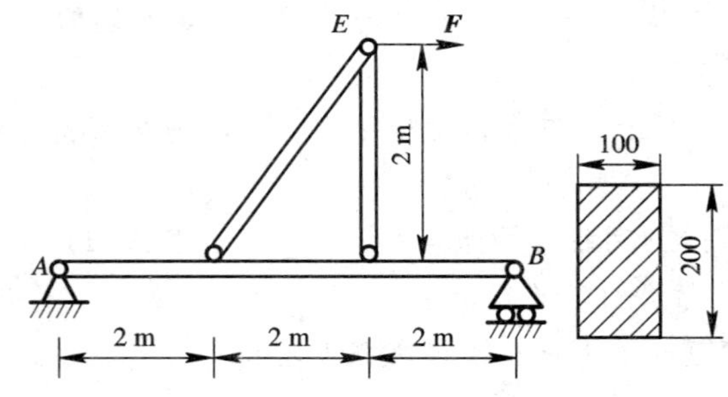

习题 11-4 图

11-5　单轨吊车起吊重物如习题 11-5 图所示。已知电葫芦与起重机重量总和 $P=16$ kN，横梁 AB 采用 16 号工字钢，许用应力$[\sigma]=120$ MPa，梁长 $l=3200$ mm。试校核横梁 AB 的强度。

11－6　钻床如习题 11－6 图所示，工作压力 $F=15$ kN，$e=400$ mm，$[\sigma]=36$ MPa。试计算铸铁立柱所需的直径 d。

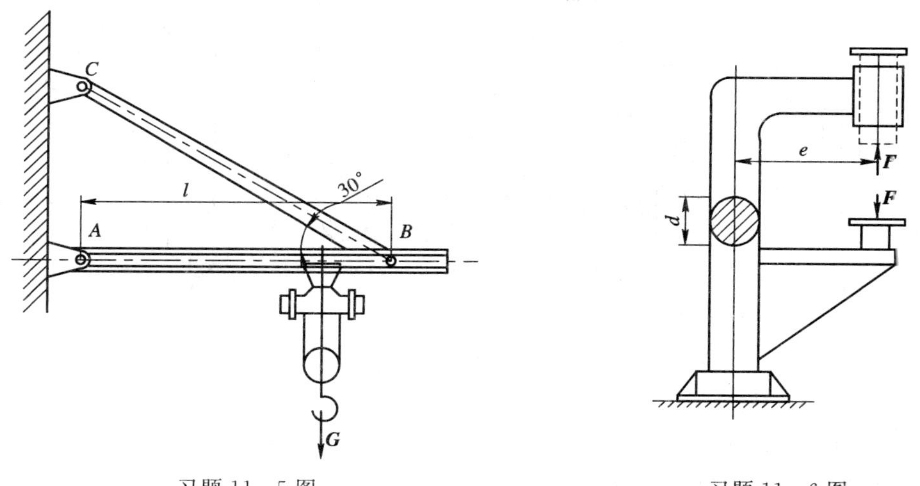

习题 11－5 图　　　　习题 11－6 图

11－7　如习题 11－7 图所示，长 $l=1$ m 的轴 AB 用联轴器和电动机连接，在 AB 轴的中点装有一直径 $D=1$ m 的带轮，两边的拉力各为 $F_1=4$ kN 和 $F_2=2$ kN，带轮重量不计。若轴材料的许用应力$[\sigma]=140$ MPa，轴的直径为 62 mm，试按第三强度理论校核此轴的强度。

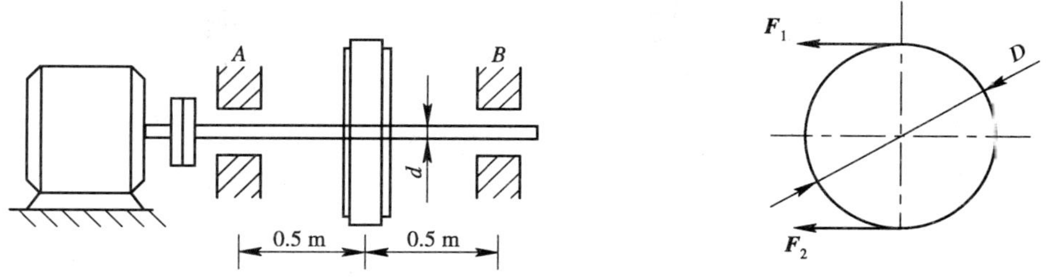

习题 11－7 图

11－8　如习题 11－8 图所示，开口链环由直径 $d=20$ mm 的钢杆制成，钢杆的许用应力$[\sigma]=100$ MPa。若$a=50$ mm，求链环的最大许可载荷。

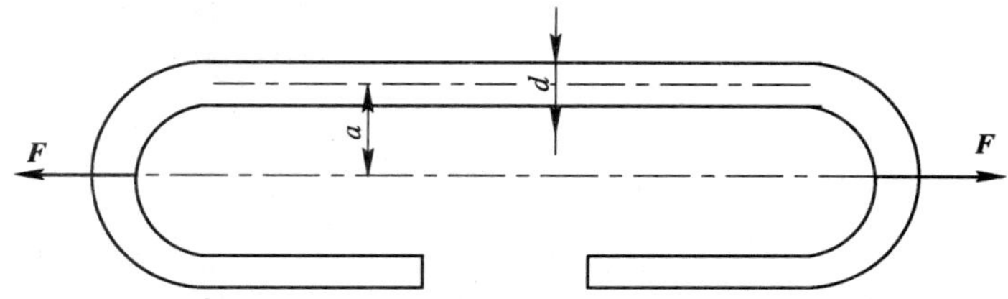

习题 11－8 图

11－9　构件受力如习题 11－9 图所示。要求：

(1) 确定危险点的位置；

(2) 用单元体表示危险点的应力状态。

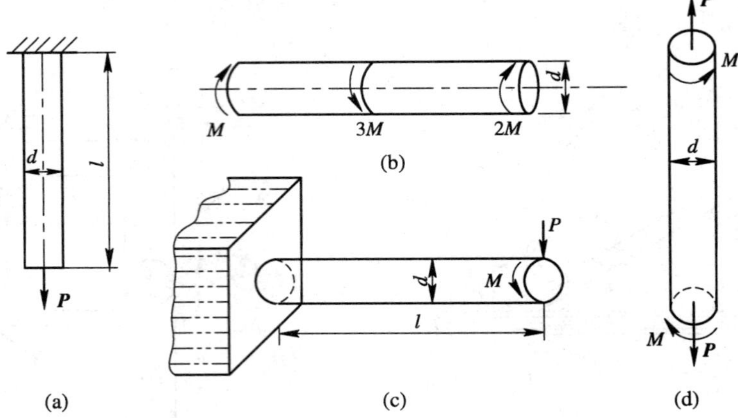

习题 11－9 图

11－10　已知应力状态如习题 11－10 图所示。

(1) 试求主应力的大小和主平面的位置；

(2) 在单元体上绘出主平面的位置及主应力的方向。应力单位为 MPa。

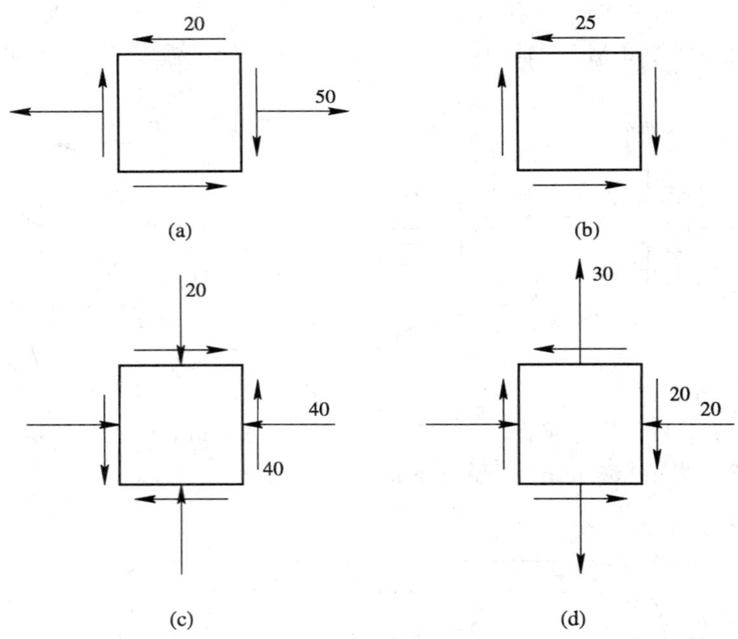

习题 11－10 图

11－11　曲拐受力如习题 11－11 图所示，其圆形部分的直径 $d=30$ mm。若杆的许用应力$[\sigma]=100$ MPa，试按第四强度理论校核此杆的强度。

11－12　如习题 11－12 图所示的路标圆形板装在外直径 $D=60$ mm 的空心圆柱上。若路标板上所受的最大风载 $P=2\ \text{kN/m}^2$，$[\sigma]=60$ MPa，试按第三强度理论选定空心圆柱的厚度。

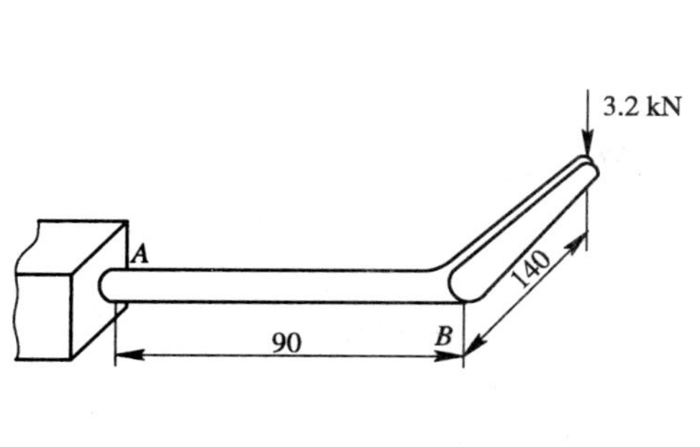

习题 11-11 图

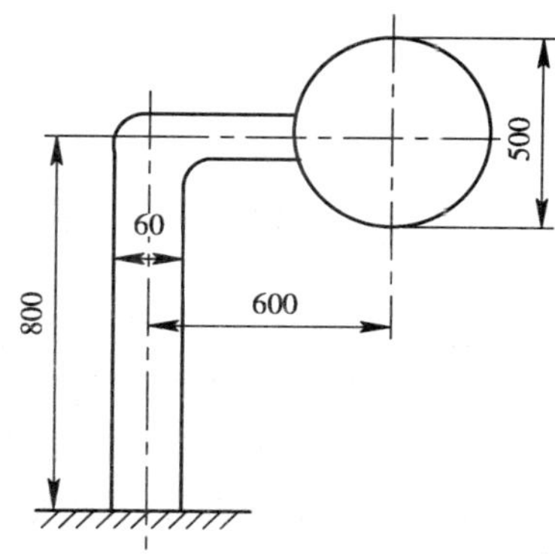

习题 11-12 图

11-13 某轴受弯曲和扭转联合作用。已知弯矩 $M=18\times10^4$ N·mm，扭矩 $M_n=9\times10^4$ N·mm，轴的许用应力$[\sigma]=80$ MPa。试按第三强度理论计算轴的直径。

11-14 如习题 11-14 图所示，轴 AB 上装有两个轮子，一轮轮缘上受力 $\boldsymbol{P}$ 作用，另一轮上绕一绳，绳端悬挂一重 $Q=6$ kN 的物体。若此轴在力 $\boldsymbol{P}$ 和 $\boldsymbol{Q}$ 作用下处于平衡状态，轴的许用应力$[\sigma]=60$ MPa，试按第三强度理论求轴的直径。

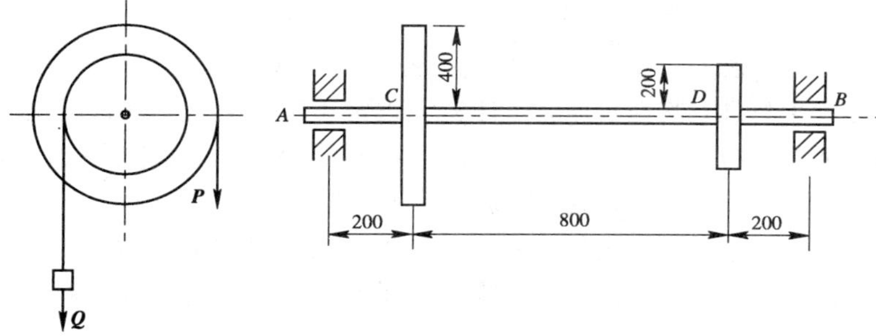

习题 11-14 图

11-15 已知习题 11-15 图所示，钻机钻杆的内径为 120 mm，外径为 152 mm，材料为 20 号无缝钢管。钻杆的最大推进压力 $P=180$ kN，扭矩 $M_n=17.3$ kN·m。当材料的许用应力$[\sigma]=100$ MPa 时，试按第三强度理论校核钻杆的强度。

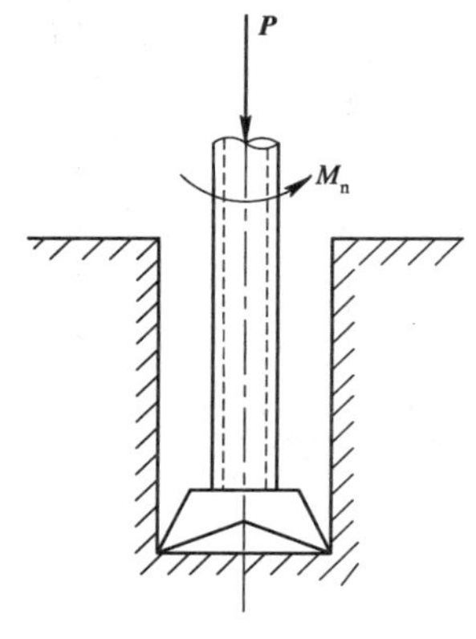

习题 11-15 图

第 12 章 压 杆 稳 定

细长杆在承受轴向压力时，可能因为平衡的不稳定性而发生失效，这种失效称为稳定性失效。受压杆件的稳定性同强度和刚度问题一样，是材料力学研究的基本问题，对于工程设计十分重要。本章在介绍压杆稳定性概念的基础上，找出影响压杆稳定性的主要因素，对压杆进行稳定性计算。

12.1 压杆稳定的概念

研究受轴向压缩的杆件时，是从强度的观点出发的，认为只要满足压缩强度条件，就可以保证压杆的正常工作。实际上，这个结论只对短粗的压杆是正确的，而对细长压杆将导致错误的结果。如果压杆又短又粗，则即使受压力很大，杆也不会弯曲。如果受压的直杆细长，则在压力还不很大，杆横截面的应力还远小于极限应力，甚至小于比例极限时，压杆就可能突然发生弯曲，甚至折断，使杆失去正常工作能力。产生这种破坏并非由于压杆的强度不够，而是压杆丧失了稳定性。受压直杆不能保持原有直线平衡状态的现象，称为压杆丧失稳定性，简称失稳。显然，稳定性问题与强度问题有着本质的区别。

工程实践中，构件除了要有足够的强度外，还必须有足够的稳定性，才能保证正常工作。例如，机构中的连杆、螺旋千斤顶的螺杆和托架中的斜撑杆等受压杆件，为保证其正常工作，在设计时均应考虑稳定性问题。

为了研究细长压杆的稳定问题，可做如下实验：如图 12－1(a)所示的压杆，在杆端加轴向力 $\boldsymbol{F}$，当 $\boldsymbol{F}$ 不大时，压杆将保持直线平衡状态，当给一个微小的横向干扰力时，直杆只发生微小的弯曲，干扰力消除后，杆经过几次摆动后仍恢复到原来直线平衡的位置，压杆处于稳定的平衡状态(见图 12－1(b))。当轴向力 $\boldsymbol{F}$ 逐渐增大时，杆件将由原来稳定的平

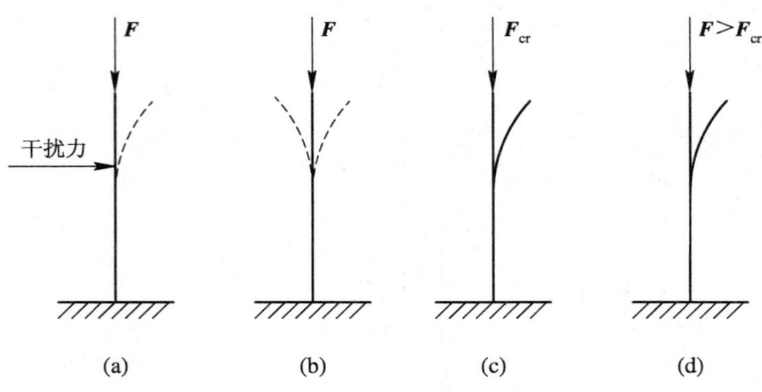

图 12－1

衡状态过渡到不稳定的平衡状态(见图 12－1(c))。显然，在过渡过程中存在临界状态。临界状态时的轴向压力称为临界压力或临界载荷，记为 $\boldsymbol{F}_{cr}$。当轴向力 $\boldsymbol{F}$ 大于临界力 $\boldsymbol{F}_{cr}$ 时，只要有一点轻微的干扰，杆件就会在微弯的基础上继续弯曲，甚至破坏(见图 12－1(d))。这时压杆处于不稳定状态。

由此不难看出，受压直杆能否保持它原有的直线平衡状态和轴向压力 $\boldsymbol{F}$ 的大小有关。因此，解决压杆稳定问题的关键是确定压杆的临界力。

12.2　细长压杆的临界力

12.2.1　两端铰支压杆的临界力

设细长压杆的两端为铰支座(见图 12－2)，杆轴线为直线，其临界力计算公式为

$$F_{cr} = \frac{\pi^2 EI}{l^2} \tag{12-1}$$

该式称为临界荷载的欧拉公式。式中，EI 为材料的抗弯刚度，l 为压杆长度。注意，惯性矩 I 应取压杆横截面的最小惯性矩。

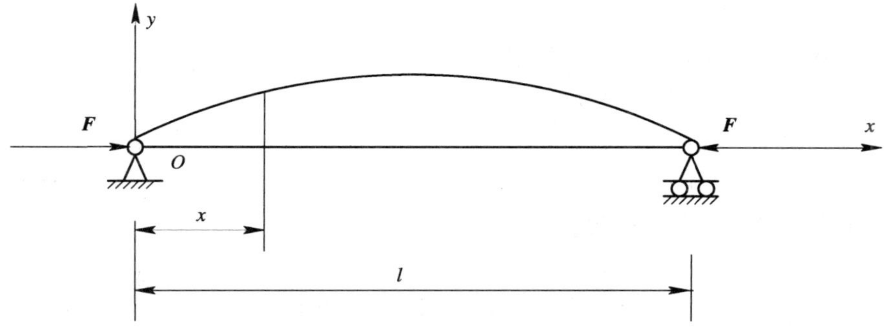

图 12－2

从式(12－1)可以看出，临界力 $\boldsymbol{F}_{cr}$ 与杆的抗弯刚度 EI 成正比，而与杆长 l 的平方成反比。这就是说，压杆越细长，其临界力越小，即越容易失稳。

12.2.2　其他支承情况下压杆的临界力

当压杆两端的支承情况不同时，其临界力也不相同，但临界力的计算公式相似。对于各种不同支承情况，临界力公式统一写成如下形式：

$$F_{cr} = \frac{\pi^2 EI}{(\mu l)^2} \tag{12-2}$$

这是欧拉公式的普遍形式。式中，μ 是与压杆两端的支承情况有关的系数，称为长度系数。不同支承情况下的 μ 值列于表 12－1 中。μl 称为相当长度。

表 12－1　不同支承情况下的长度系数

杆端约束情况	两端铰支	一端固定一端自由	两端固定	一端固定一端铰支
挠度曲线形状	F_{cr}, l	F_{cr}, l, $2l$	F_{cr}, $\frac{l}{4}$, $\frac{l}{2}$, $\frac{l}{4}$, l	F_{cr}, $0.7l$, l
μ	1	2	0.5	0.7

【例 12－1】 如图 12－3 所示的压杆由 14 号工字钢制成，其上端自由，下端固定。已知钢材的弹性模量 $E=210\ \text{GPa}$，屈服点 $\sigma_s=240\ \text{MPa}$，杆长 $l=3\times10^3\ \text{mm}$。试求该杆的临界力 F_{cr}。

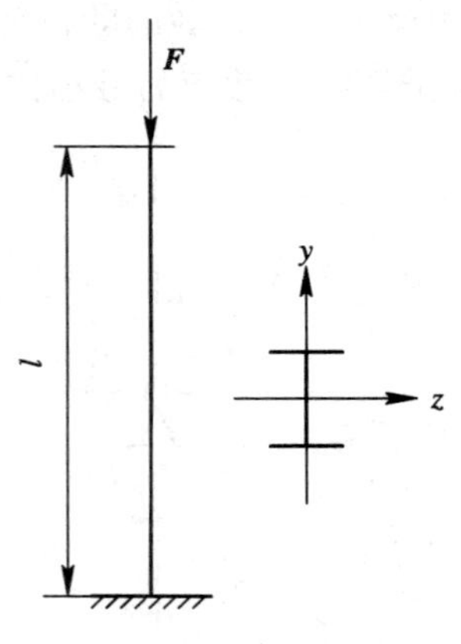

图 12－3

解　计算临界力。对 14 号工字钢，查型钢表得

$$I_z = 712\times10^4\ \text{mm}^4$$
$$I_y = 64.4\times10^4\ \text{mm}^4$$
$$A = 21.5\times10^2\ \text{mm}^2$$

压杆应在刚度较小的平面内失稳，故取

$$I_{min} = I_y = 64.4\times10^4\ \text{mm}^4$$

由表 12－1 查得 $\mu=2$。将有关数据代入式(12－2)，即得该杆的临界力

$$F_{cr} = \frac{\pi^2 EI}{(\mu l)^2} = \frac{\pi^2\times210\times10^9\times64.4\times10^{-8}}{(2\times3)^2} \approx 37.1\ \text{kN}$$

12.3　压杆的临界应力

12.3.1　临界应力

压杆在临界荷载的作用下保持直线平衡状态时，其横截面上的平均应力称为压杆的临界应力，用 σ_{cr} 表示：

$$\sigma_{cr} = \frac{F_{cr}}{A} = \frac{\pi^2 EI_{min}}{A(\mu l)^2}$$

I_{min} 和 A 与截面的尺寸和形状有关，归并起来用惯性半径

$$i = \sqrt{\frac{I_{\min}}{A}}$$

表示，其单位为 cm 或 mm，则

$$\sigma_{cr} = \frac{\pi^2 E}{(\mu l)^2} i^2 = \frac{\pi^2 E}{\left(\frac{\mu l}{i}\right)^2}$$

引入无量纲量 $\lambda = \frac{\mu l}{i}$，得

$$\sigma_{cr} = \frac{\pi^2 E}{\lambda^2} \tag{12-3}$$

该式是欧拉公式的另一种表达式。式中，λ 称为压杆的柔度，是一个无量纲的量。它集中反映了压杆的长度(l)、横截面尺寸(i)和杆端约束情况(μ)等因素对临界应力的综合影响，因而是稳定计算中的一个重要参数。由式 $\lambda = \frac{\mu l}{i}$ 可见，λ 愈大，即杆愈细长，则临界应力愈小，压杆愈容易失稳；反之，λ 愈小，压杆就愈不易失稳。

12.3.2　欧拉公式的适用范围

欧拉公式是根据挠曲线近似微分方程建立的，所以要求压杆的应力不超过材料的比例极限：

$$\sigma_{cr} = \frac{\pi^2 E}{\lambda^2} \leqslant \sigma_P \quad 或 \quad \lambda \geqslant \pi \sqrt{\frac{E}{\sigma_P}}$$

令

$$\lambda_P = \pi \sqrt{\frac{E}{\sigma_P}}$$

则欧拉公式的适用范围为

$$\lambda \geqslant \lambda_P$$

满足以上条件才可以使用欧拉公式计算压杆的临界应力。这类压杆通常称为大柔度杆，也就是我们前边提到的细长压杆。

λ_P 仅与材料的弹性模量 E、比例极限 σ_P 有关，材料不同，其 λ_P 值不同。例如，Q235 钢的 $E = 206$ GPa，$\sigma_P = 200$ MPa，可得

$$\lambda_P = \pi \sqrt{\frac{E}{\sigma_P}} = \pi \sqrt{\frac{206 \times 10^3}{200}} \approx 100$$

12.3.3　超过比例极限时压杆的临界应力

工程中常用的压杆其柔度通常小于 λ_P，即杆内的工作应力超过比例极限，这时欧拉公式已不适用，需要采用经验公式来计算临界应力。常用的是直线公式，即

$$\sigma_{cr} = a - b\lambda \tag{12-4}$$

式中，a 和 b 是与材料力学性质有关的常数，其单位为 MPa。一些常用材料的 a、b、λ_P、λ_S 的值见表 12-2。

表 12-2 部分常用材料的 a、b、λ_P、λ_S 值

材　料	a/MPa	b/MPa	λ_P	λ_S
Q235 号钢，10 号钢，25 号钢	310	1.14	100	60
35 号钢	469	2.62	100	60
45 号钢，55 号钢	589	3.82	100	60
硅钢	577	3.74	100	60
优质钢	461	2.568	86	44
硬铝	372	2.14	50	
铸铁	332.2	1.453		
松木	28.7	0.199	59	

上述经验公式也有一个适用范围。例如，对塑性材料制成的压杆，要求其临界应力不超过材料的屈服点，即

$$\sigma_{cr} \leqslant \sigma_S$$

将式(12-4)代入上式得

$$a - b\lambda \leqslant \sigma_S \quad \text{或} \quad \lambda \geqslant \frac{a-\sigma_S}{b}$$

令 $\lambda_S = \dfrac{a-\sigma_S}{b}$，可得

$$\lambda \geqslant \lambda_S$$

λ_S 是和屈服点对应的柔度，是能够使用经验公式的最小柔度值，即经验公式的适用范围为

$$\lambda_S \leqslant \lambda \leqslant \lambda_P$$

满足 $\lambda_S \leqslant \lambda \leqslant \lambda_P$ 的受压杆件称为中柔度杆或中长杆。

对于 $\lambda < \lambda_S$ 的压杆，称为短粗杆或小柔度杆。短粗杆不会发生失稳破坏，因为当 $\lambda < \lambda_S$ 时，即应力超过了材料的屈服点 σ_S 或抗拉强度 σ_b 时，它的破坏是由强度破坏引起的。若在形式上用稳定问题来研究，可令临界应力

$$\sigma_{cr} = \sigma_S \tag{12-5}$$

综上所述，可将各类柔度压杆的临界应力的计算公式归纳如下：

(1) 大柔度杆(细长杆)，用欧拉公式：

$$\sigma_{cr} = \frac{\pi^2 E}{\lambda^2}$$

(2) 中柔度杆(中长杆)，用经验公式：

$$\sigma_{cr} = a - b\lambda$$

(3) 小柔度杆(短粗杆)，用压缩强度公式：

$$\sigma_{cr} = \sigma_S$$

若将以上三种柔度范围内压杆的临界应力与柔度间的关系在直角坐标系内绘出，所得到的图线称为压杆的临界应力总图，如图 12-4

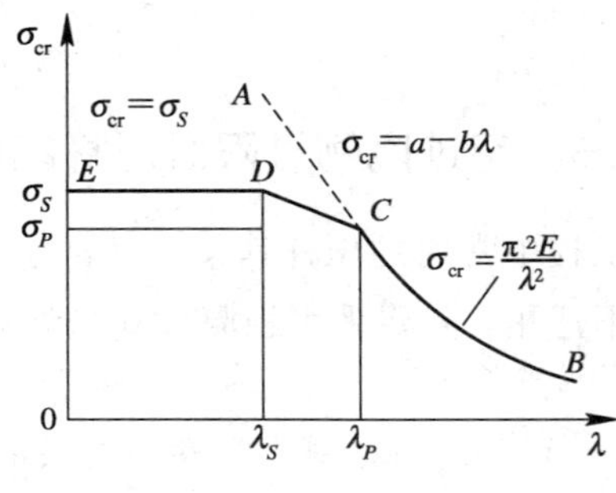

图 12-4

所示。

从图 12－4 可知，曲线的 BC 部分适用于大柔度杆，CD 部分适用于中柔度杆，水平段 DE 适用于小柔度杆。大柔度杆和中柔度杆的临界应力随柔度的增大而减小，小柔度杆则与柔度无关。

【例 12－2】 三个圆截面压杆，直径均为 $d=160$ mm，材料为 Q235 钢，$a=304$ MPa，$b=1.12$ MPa，$E=206$ MPa，$\sigma_P=200$ MPa，$\sigma_S=235$ MPa，各杆两端均为铰支，长度分别为 $l_1=5\times10^3$ mm，$l_2=2.5\times10^3$ mm，$l_3=1.25\times10^3$ mm。试计算各杆的临界力。

解 （1）计算杆件的横截面面积 A、轴惯性矩 I 以及 Q235 钢的 λ_P、λ_S：

$$A=\frac{\pi d^2}{4}=\frac{\pi\times160^2}{4}\approx2\times10^4\ \text{mm}^2$$

$$I=\frac{\pi d^4}{64}=\frac{\pi\times160^4}{64}\approx3.22\times10^7\ \text{mm}^4$$

$$i=\frac{d}{4}=40\ \text{mm}$$

$$\mu=1$$

$$\lambda_P=\pi\sqrt{\frac{E}{\sigma_P}}=\pi\sqrt{\frac{206\times10^9}{200\times10^6}}\approx100$$

$$\lambda_S=\frac{a-\sigma_S}{b}=\frac{304-235}{1.12}\approx61.6$$

（2）计算各杆的临界力：

$$l_1=5\times10^3\ \text{mm},\quad \lambda_1=\frac{\mu l_1}{i}=\frac{1\times5\times10^3}{40}=125>\lambda_P$$

所以杆件 1 属于细长杆，用欧拉公式计算，得

$$F_{\text{cr1}}=\frac{\pi^2EI}{(\mu l_1)^2}=\frac{\pi^2\times206\times10^9\times3.22\times10^{-5}}{(1\times5)^2}\approx2619\ \text{kN}$$

$$l_2=2.5\times10^3\ \text{mm},\quad \lambda_2=\frac{1\times2.5\times10^3}{40}=62.5$$

$\lambda_S\leqslant\lambda_2<\lambda_P$，所以杆件 2 属于中长杆，用直线公式计算如下：

$$\sigma_{\text{cr}}=a-b\lambda_2=304-1.12\times62.5=234\ \text{MPa}$$

$$F_{\text{cr2}}=\sigma_{\text{cr}}A=234\times10^6\times2\times10^{-2}=4680\ \text{kN}$$

$$l_3=1.25\times10^3\ \text{mm},\quad \lambda_3=\frac{1\times1.25\times10^3}{40}=31.3$$

则 $\lambda_3<\lambda_S$，所以杆件 3 属于短粗杆，应按强度计算，得

$$F_{\text{cr3}}=\sigma_{\text{cr}}A=235\times10^6\times2\times10^{-2}=4700\ \text{kN}$$

12.4 压杆的稳定计算

为了保证压杆的直线平衡位置是稳定的，并具有一定的安全度，必须使压杆在轴向所受的工作载荷满足以下条件：

$$F\leqslant\frac{F_{\text{cr}}}{n_{\text{st}}}=[F_{\text{st}}]\tag{12-6}$$

式中，n_{st}为稳定安全系数，$[F_{st}]$为稳定许用载荷。引入压杆横截面面积 A，式(12-6)也可写成

$$\sigma \leqslant \frac{\sigma_{cr}}{b_{st}} = [\sigma_{st}] \tag{12-7}$$

即压杆在直线平衡位置时横截面上的工作应力 σ 不能超过压杆的稳定许用应力$[\sigma_{st}]$。因为压杆不可能是理想的直杆，加之压杆自身的初始缺陷，如初始曲率、载荷作用的偏心以及失稳的突发性等因素，使压杆的临界载荷下降，所以，通常规定的稳定安全系数都大于强度安全系数。例如，对于钢材，取 $n_{st}=2.8\sim3.0$；对于铸铁，取 $n_{st}=5.0\sim5.5$；对于木材，取 $n_{st}=2.8\sim3.2$。基于如上压杆稳定设计要求，在工程上常采用安全系数法。采用安全系数法时，稳定性设计准则一般表示为

$$n_{st} \geqslant [n_{st}] \tag{12-8}$$

式中，$[n]_{st}$为规定的稳定安全系数，在静载荷作用下，它略高于强度安全系数；n_{st}为工作稳定安全系数，可由下式确定：

$$n_{st} = \frac{\sigma_{cr}}{\sigma} = \frac{F_{cr}}{F} \tag{12-9}$$

【例 12-3】 螺旋千斤顶如图 12-5(a)所示，丝杠长度 $l=375$ mm，直径 $d=40$ mm，材料为 45 号钢，最大起重量 $F=80$ kN，规定的稳定安全系数$[n_{st}]=4$。试校核丝杠的稳定性。

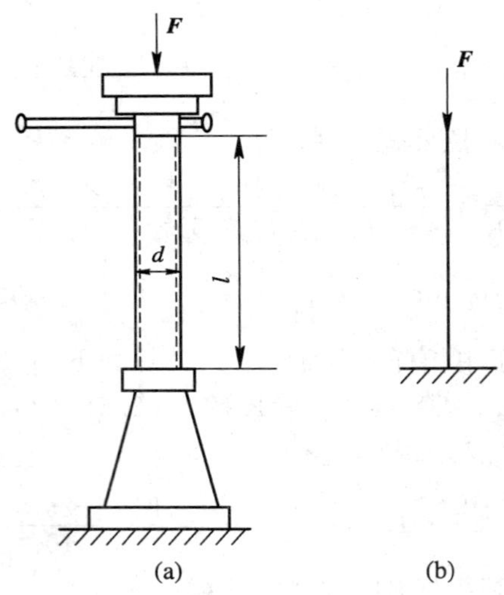

图 12-5

解 (1) 计算临界力。

丝杠可简化为下端固定、上端自由的压杆(见图 12-5(b))，故长度系数 $\mu=2$。

$$i = \sqrt{\frac{I}{A}} = \sqrt{\frac{\pi d^4/64}{\pi d^2/4}} = \frac{d}{4} = \frac{40}{4} = 10 \text{ mm}$$

$$\lambda = \frac{\mu l}{i} = \frac{2\times375}{10} = 75$$

查表 12-2 得：45 号钢 $\lambda_P=100$，$\lambda_S=60$。因 $\lambda_S<\lambda<\lambda_P$，故此丝杠为中长杆，应采用经验

公式计算临界应力。又由表 12-2 查得：$a=589$ MPa，$b=3.83$ MPa。根据公式(12-4)得

$$\sigma_{cr} = a - b\lambda = 589 - 3.83 \times 75 = 302 \text{ MPa}$$

于是可得临界力

$$F_{cr} = \sigma_{cr} A = 302 \times \frac{3.14 \times 40^2}{4} = 379 \text{ kN}$$

(2) 校核压杆的稳定性。

$$n_{st} = \frac{F_{cr}}{F} = \frac{379}{80} = 4.74 > [n_{st}] = 4$$

所以千斤顶丝杠是稳定的。

12.5　提高压杆稳定性的措施

提高压杆的稳定性，在于提高压杆的临界力或临界应力。从分析临界力或临界应力的计算公式中各个因素对压杆稳定性的影响着手，可以找出提高压杆稳定性的一些措施。

(1) 合理选用材料。对于大柔度杆，临界力与材料的弹性模量 E 成正比，但是各种钢材的 E 值相差不大，所以选用高强度钢或合金钢制造大柔度杆，并不能显著提高临界力。因此，工程中大都用普通碳钢制造大柔度杆。

对于中柔度杆，临界应力用经验公式计算。临界应力与材料的强度有关，所以中柔度杆采用合金钢对提高临界力有利。

(2) 选用合理的截面形状。压杆的截面形状对临界力的数值有很大的影响，在一定的截面面积下，应设法增大截面的惯性矩，从而增大惯性半径，减小压杆的柔度，起到提高压杆稳定性的作用。为此，应尽量使截面的材料远离中性轴。例如，空心圆管要比截面面积相同的实心圆杆合理。另外，当压杆两端各方向具有相同的支承条件时，它的失稳总是发生在抗弯刚度最小的纵向平面。为了充分发挥压杆抗失稳的能力，不仅要选用惯性矩大的截面，而且还应选用具有 $I_{max}=I_{min}$ 的截面，使压杆在各个方向的稳定性相等。

(3) 减小压杆的长度。因为压杆的长度 l 愈小，柔度 λ 也愈小，相应的临界力或临界应力就愈高，因而可有效地提高压杆的稳定性。工程中，经常利用增加中间支座的办法来减小压杆的长度。

(4) 改善杆端的支承情况。从表 12-1 中可以看出，杆端的约束刚性愈强，压杆的长度系数 μ 值就愈小，柔度 λ 的值也就愈小，临界应力及临界力值就愈大。因此，在允许的情况下，应尽可能增强杆端的约束刚性，以提高压杆的稳定性。

思　考　题

12-1　压杆失稳后产生的弯曲变形，与梁在横向力弯曲作用下产生的弯曲变形，两者在性质上有何不同？

12-2　试述压杆柔度的物理意义及其与压杆承载能力的关系。

12-3　为什么计算临界力时必须首先计算柔度？

12-4　对于圆截面细长压杆，当杆长增加 1 倍或直径增加 1 倍时，其临界力各将怎样

变化？

12－5　两端为球铰的压杆，当其横截面为题图 12－1 所示的不同形状时，试问压杆会在哪个平面内失稳(即失稳时截面绕哪根轴转动)？

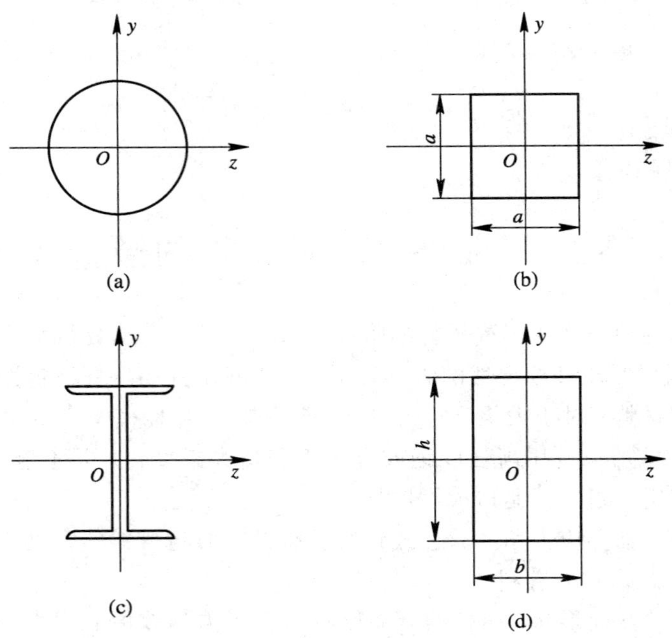

题图 12－1

12－6　一压杆如题图 12－2 所示。在计算其临界力 $\boldsymbol{F}_{cr}$ 时，如考虑在 yz 平面内失稳，应该用哪一根轴的惯性矩 I 和惯性半径 i 来计算？

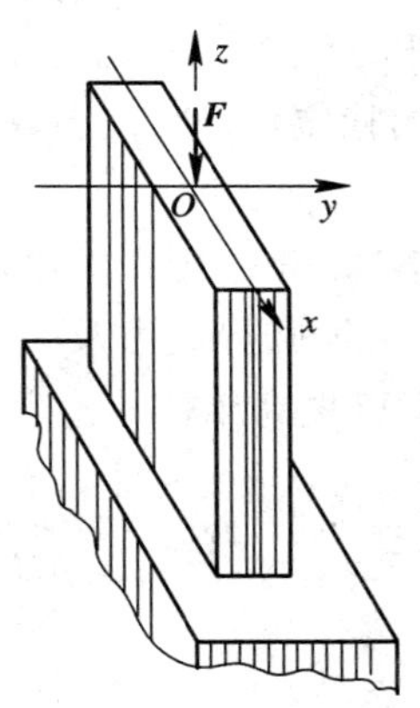

题图 12－2

12－7　题图 12－3 所示各压杆的材料和截面尺寸均相同，试问哪种情况承受的压力最大？哪种情况承受的压力最小？

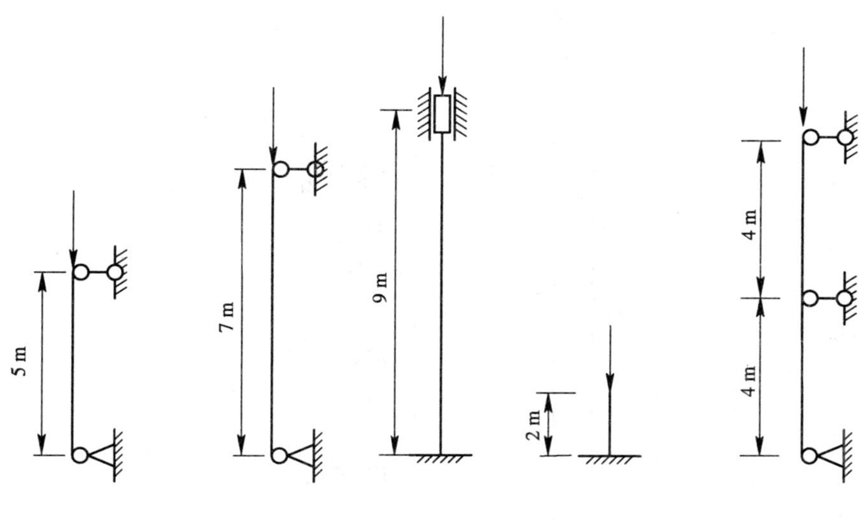

题图 12－3

习　　题

12－1　如习题 12－1 图所示，三个圆截面细长压杆，材料均为 Q235 号钢，$E=200$ GPa，直径均为 160 mm，按欧拉公式计算各杆的临界力。

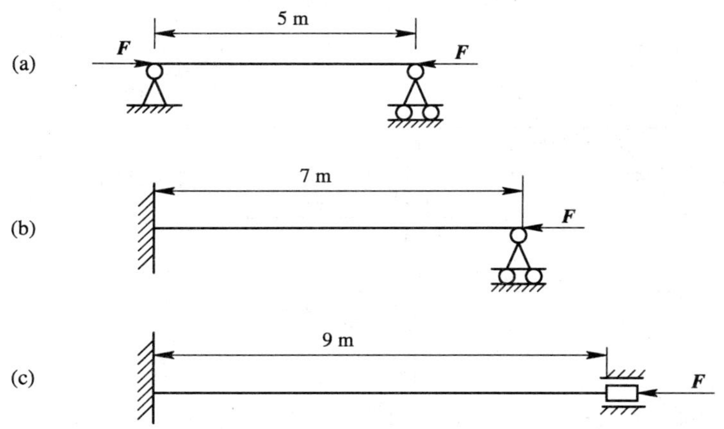

习题 12－1 图

12－2　三根圆截面压杆，直径均为 $d=160$ mm，长度分别为 l_1、l_2、l_3，且 $l_1=2l_2=4l_3=5$ m。材料均为 Q235 号钢，两端均为铰支。计算各杆的临界力。

12－3　如习题 12－3 图所示，细长压杆的两端为球铰支座，$E=200$ GPa，试用欧拉公式计算下列三种情况的临界力：

(1) 圆形截面：$d=25$ mm，$l=1$ m。

(2) 矩形截面：$h=2b=40$ mm，$l=1$ m。

(3) 16 号工字钢：$l=2$ m。

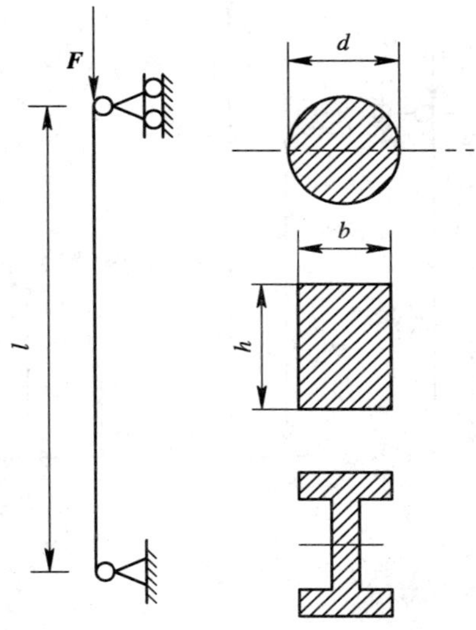

习题 12-3 图

12-4　用 Q235 号钢制成的圆柱，两端铰支。若用欧拉公式计算临界应力，则圆柱的长度应是直径的多少倍？

12-5　习题 12-5 图所示为受压杆件，材料为 Q235 号钢，弹性模量 $E=200$ GPa，横截面面积 $A=44\times10^2$ mm^2，惯性矩 $I_y=120\times10^4$ mm^4，$I_z=797\times10^4$ mm^4。在 xy 平面内，长度系数 $\mu_z=1$；在 xz 平面内，长度系数 $\mu_y=0.5$。试求临界应力和临界力。

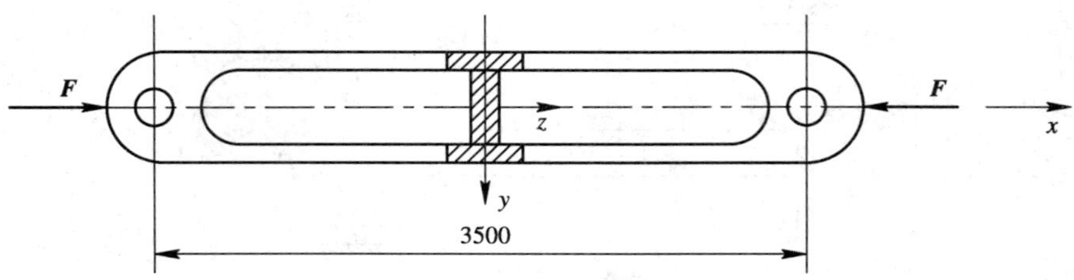

习题 12-5 图

12-6　某柴油机的挺杆两端铰接，长度 $l=257$ mm，圆形横截面的直径 $d=8$ mm，钢材的 $E=210$ GPa，$\sigma_P=240$ MPa，挺杆所受的最大压力 $P=1.76$ kN。规定的稳定安全系数 $[n_{st}]=2.5$，试校核挺杆的稳定性。

12-7　习题 12-7 图所示 AB 杆的截面为矩形，尺寸如图所示。CD 杆的截面为圆形，其直径 $d=20$ mm，在 C 处用铰链连接。材料为 Q235 号钢，规定的稳定安全系数 $[n_{st}]=3$。若测得 AB 的最大弯曲应力 $\sigma=140$ MPa，试校核 CD 杆的稳定性。

12-8　如习题 12-8 图所示，中心受压杆件由 32a 工字钢制成。在 z 轴平面内弯曲（截面绕 y 轴转动）时，杆两端为固结；在 y 轴平面内弯曲时，杆一端固定，一端自由。杆长

$l=5\ \text{m}$，$[n_{st}]=2$。试确定压杆的许可载荷。

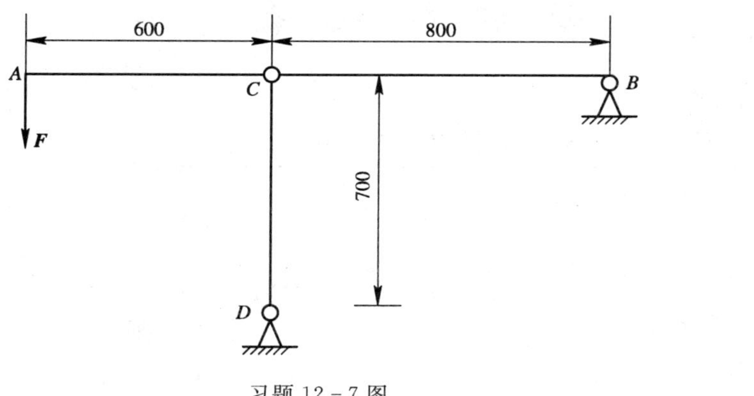

习题 12－7 图

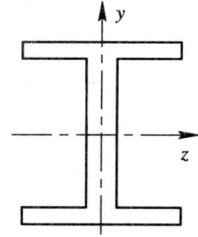

习题 12－8 图

附录　型钢规格表

表 1　热轧等边角钢(GB 9787—88)

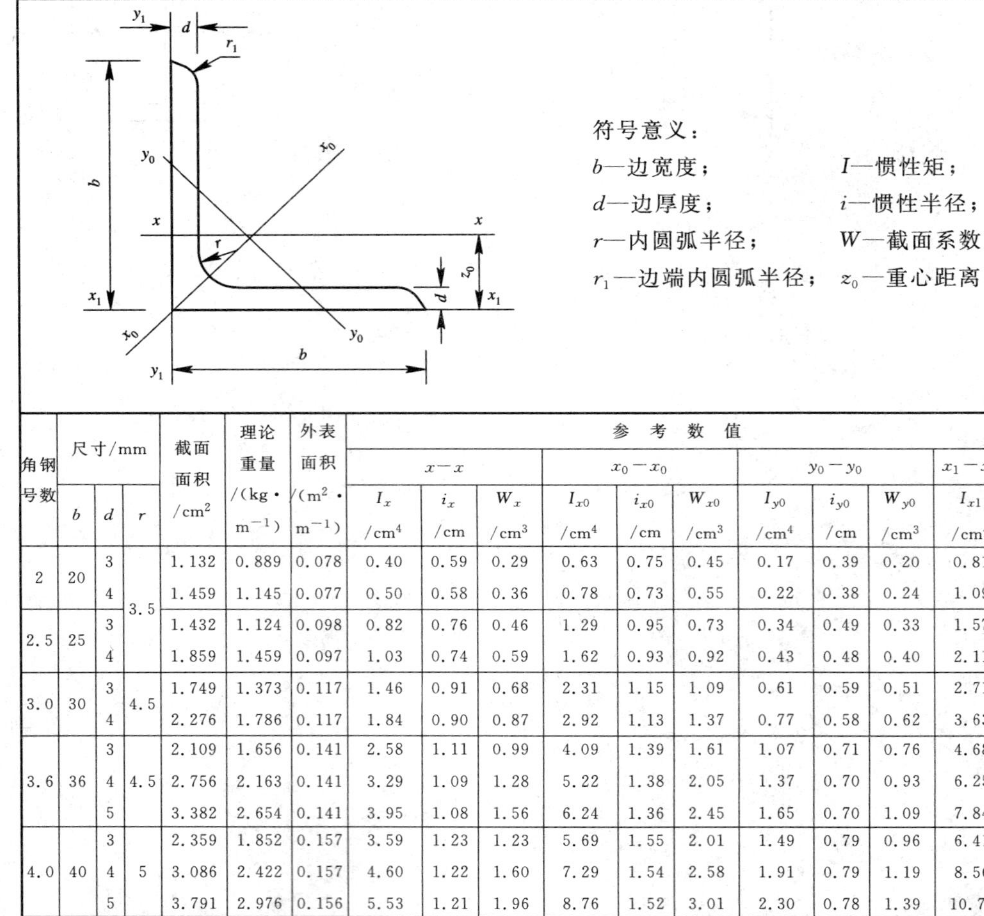

角钢号数	尺寸/mm			截面面积/cm²	理论重量/(kg·m⁻¹)	外表面积/(m²·m⁻¹)	参考数值										z_0/cm
							$x-x$			x_0-x_0			y_0-y_0			x_1-x_1	
	b	d	r				I_x/cm⁴	i_x/cm	W_x/cm³	I_{x0}/cm⁴	i_{x0}/cm	W_{x0}/cm³	I_{y0}/cm⁴	i_{y0}/cm	W_{y0}/cm³	I_{x1}/cm⁴	
2	20	3	3.5	1.132	0.889	0.078	0.40	0.59	0.29	0.63	0.75	0.45	0.17	0.39	0.20	0.81	0.60
		4		1.459	1.145	0.077	0.50	0.58	0.36	0.78	0.73	0.55	0.22	0.38	0.24	1.09	0.64
2.5	25	3		1.432	1.124	0.098	0.82	0.76	0.46	1.29	0.95	0.73	0.34	0.49	0.33	1.57	0.73
		4		1.859	1.459	0.097	1.03	0.74	0.59	1.62	0.93	0.92	0.43	0.48	0.40	2.11	0.76
3.0	30	3	4.5	1.749	1.373	0.117	1.46	0.91	0.68	2.31	1.15	1.09	0.61	0.59	0.51	2.71	0.85
		4		2.276	1.786	0.117	1.84	0.90	0.87	2.92	1.13	1.37	0.77	0.58	0.62	3.63	0.89
3.6	36	3	4.5	2.109	1.656	0.141	2.58	1.11	0.99	4.09	1.39	1.61	1.07	0.71	0.76	4.68	1.00
		4		2.756	2.163	0.141	3.29	1.09	1.28	5.22	1.38	2.05	1.37	0.70	0.93	6.25	1.04
		5		3.382	2.654	0.141	3.95	1.08	1.56	6.24	1.36	2.45	1.65	0.70	1.09	7.84	1.07
4.0	40	3	5	2.359	1.852	0.157	3.59	1.23	1.23	5.69	1.55	2.01	1.49	0.79	0.96	6.41	1.09
		4		3.086	2.422	0.157	4.60	1.22	1.60	7.29	1.54	2.58	1.91	0.79	1.19	8.56	1.13
		5		3.791	2.976	0.156	5.53	1.21	1.96	8.76	1.52	3.01	2.30	0.78	1.39	10.74	1.17
4.5	45	3	5	2.659	2.088	0.177	5.17	1.40	1.58	8.20	1.76	2.58	2.14	0.90	1.24	9.12	1.22
		4		3.486	2.736	0.177	6.65	1.38	2.05	10.56	1.74	3.32	2.75	0.89	1.54	12.18	1.26
		5		4.292	3.369	0.176	8.04	1.37	2.51	12.74	1.72	4.00	3.33	0.88	1.81	15.25	1.30
		6		5.076	3.985	0.176	9.33	1.36	2.95	14.76	1.70	4.64	3.89	0.88	2.06	18.26	1.33
5	50	3	5.5	2.971	2.332	0.197	7.18	1.55	1.96	11.37	1.96	3.22	2.98	1.00	1.57	12.50	1.34
		4		3.897	3.059	0.197	9.26	1.54	2.56	14.70	1.94	4.16	3.82	0.99	1.96	16.69	1.38
		5		4.803	3.770	0.196	11.21	1.53	3.13	17.79	1.92	5.03	4.64	0.98	2.31	20.90	1.42
		6		5.688	4.465	0.196	13.05	1.52	3.68	20.68	1.91	5.85	5.42	0.98	2.63	25.14	1.46

续表

角钢号数	尺寸/mm			截面面积/cm^2	理论重量/(kg·m^{-1})	外表面积/(m^2·m^{-1})	参考数值										z_0/cm
							$x-x$			x_0-x_0			y_0-y_0			x_1-x_1	
	b	d	r				I_x/cm^4	i_x/cm	W_x/cm^3	I_{x0}/cm^4	i_{x0}/cm	W_{x0}/cm^3	I_{y0}/cm^4	i_{y0}/cm	W_{y0}/cm^3	I_{x1}/cm^4	
5.6	56	3	6	3.343	2.624	0.221	10.19	1.75	2.48	16.14	2.20	4.08	4.24	1.13	2.02	17.56	1.48
		4		4.390	3.446	0.220	13.18	1.73	3.24	20.92	2.18	5.28	5.46	1.11	2.52	23.43	1.53
5.6	56	5	6	5.415	4.251	0.220	16.02	1.72	3.97	25.42	2.17	6.42	6.61	1.10	2.98	29.33	1.57
		8	7	8.367	6.568	0.219	23.63	1.68	6.03	37.37	2.11	9.44	9.89	1.09	4.16	47.24	1.68
6.3	63	4	7	4.978	3.907	0.248	19.03	1.96	4.13	30.17	2.46	6.78	7.89	1.26	3.29	33.35	1.70
		5		6.143	4.822	0.248	23.17	1.94	5.08	36.77	2.45	8.25	9.57	1.25	3.90	41.73	1.74
		6		7.288	5.721	0.247	27.12	1.93	6.00	43.03	2.43	9.66	11.20	1.24	4.46	50.14	1.78
		8		9.515	7.469	0.247	34.46	1.90	7.75	54.56	2.40	12.25	14.33	1.23	5.47	67.11	1.85
		10		11.657	9.151	0.246	41.09	1.88	9.39	64.85	2.36	14.56	17.33	1.22	6.36	84.31	1.93
7	70	4	8	5.570	4.372	0.275	26.39	2.18	5.14	41.80	2.74	8.44	10.99	1.40	4.17	45.74	1.86
		5		6.875	5.397	0.275	32.21	2.16	6.32	51.08	2.73	10.32	13.34	1.39	4.95	57.21	1.91
		6		8.160	6.406	0.275	37.77	2.15	7.48	59.93	2.71	12.11	15.61	1.38	5.67	68.73	1.95
		7		9.424	7.398	0.275	43.09	2.14	8.59	68.35	2.69	13.81	17.82	1.38	6.34	80.29	1.99
		8		10.667	8.373	0.274	48.17	2.12	9.68	76.37	2.68	15.43	19.98	1.37	6.98	91.92	2.03
7.5	75	5	9	7.367	5.818	0.295	39.97	2.33	7.32	63.30	2.92	11.94	16.63	1.50	5.77	70.56	2.04
		6		8.797	6.905	0.294	46.95	2.31	8.64	74.38	2.90	14.02	19.51	1.49	6.67	84.55	2.07
		7		10.160	7.976	0.294	53.57	2.30	9.93	84.96	2.89	16.02	22.18	1.48	7.44	98.71	2.11
		8		11.503	9.030	0.294	59.96	2.28	11.20	95.07	2.88	17.93	24.86	1.47	8.19	112.97	2.15
		10		14.126	11.089	0.293	71.98	2.26	13.64	113.92	2.84	21.48	30.05	1.46	9.50	141.71	2.22
8	80	5	9	7.912	6.211	0.315	48.79	2.48	8.34	77.33	3.13	13.67	20.25	1.60	6.66	85.36	2.15
		6		9.397	7.376	0.314	57.35	2.47	9.87	90.98	3.11	16.08	23.72	1.59	7.65	102.50	2.19
		7		10.860	8.525	0.314	65.58	2.46	11.37	104.07	3.10	18.40	27.09	1.58	8.58	119.70	2.23
		8		12.303	9.658	0.314	73.49	2.44	12.83	116.60	3.08	20.61	30.39	1.57	9.46	136.97	2.27
		10		15.126	11.874	0.313	88.43	2.42	15.64	140.09	3.04	24.76	36.77	1.56	11.08	171.74	2.35
9	90	6	10	10.637	8.350	0.354	82.77	2.79	12.61	131.26	3.51	20.63	34.28	1.80	9.95	145.87	2.44
		7		12.301	9.656	0.354	94.83	2.78	14.54	150.47	3.50	23.64	39.18	1.78	11.19	170.30	2.48
		8		13.944	10.946	0.353	106.47	2.76	16.42	168.97	3.48	26.55	43.97	1.78	12.35	194.80	2.52
		10		17.167	13.476	0.353	128.58	2.74	20.07	203.90	3.45	32.04	53.26	1.76	14.52	244.07	2.59
		11		20.306	15.940	0.352	149.22	2.71	23.57	236.21	3.41	37.12	62.22	1.75	16.49	293.76	2.67
10	100	6	12	11.932	9.366	0.393	114.95	3.01	15.68	181.98	3.90	25.74	47.92	2.00	12.69	200.07	2.67
		7		13.796	10.830	0.393	131.86	3.09	181.10	208.97	3.89	29.55	54.74	1.99	14.26	233.54	2.71
		8		15.638	12.276	0.393	148.24	3.08	20.47	235.07	3.88	33.24	61.41	1.98	15.75	267.09	2.76
		10		19.261	15.120	0.392	179.51	3.05	25.06	284.68	6.84	40.26	74.35	1.96	18.54	334.48	2.84
		12		22.800	17.898	0.391	208.90	3.03	29.48	330.95	3.81	46.80	86.84	1.95	21.08	402.34	2.91
		14		26.256	20.611	0.391	236.53	3.00	33.73	374.06	3.77	52.90	99.00	1.94	23.44	470.75	2.99
		16		29.627	23.257	0.390	262.53	2.98	37.82	414.16	3.74	58.57	110.89	1.94	25.63	539.80	3.06
11	110	7	12	15.196	11.928	0.433	177.16	3.41	22.05	280.94	4.30	36.12	73.38	2.20	17.51	310.64	2.96
		8		17.238	13.532	0.433	199.46	3.40	24.95	316.49	4.28	40.69	82.42	2.19	19.39	355.20	3.01
		10		21.261	16.690	0.432	242.19	3.38	30.60	384.39	4.25	49.42	99.98	2.17	22.91	444.65	3.09
		12		25.200	19.782	0.431	282.55	3.35	36.05	448.17	4.22	57.62	116.93	2.15	26.15	534.60	3.16
		14		29.056	22.809	0.431	320.71	3.32	41.31	508.01	4.18	65.31	133.40	2.14	29.14	625.16	3.24
12.5	125	8	14	19.750	15.504	0.492	297.03	3.88	32.52	470.89	4.88	53.28	123.16	2.50	25.86	521.01	3.37
		10		24.373	19.133	0.491	361.67	3.85	39.97	573.89	4.85	64.93	149.46	2.48	30.62	651.93	3.45
		12		28.912	22.696	0.491	423.16	3.83	41.17	671.44	4.82	75.96	174.88	2.46	35.03	783.42	3.53
		14		33.367	26.193	0.490	481.65	3.80	54.16	763.73	4.78	86.41	199.57	2.45	39.13	915.61	3.61

续表

角钢号数	尺寸/mm			截面面积/cm²	理论重量/(kg·m⁻¹)	外表面积/(m²·m⁻¹)	参考数值										z_0/cm
							$x-x$			x_0-x_0			y_0-y_0			x_1-x_1	
	b	d	r				I_x/cm⁴	i_x/cm	W_x/cm³	I_{x0}/cm⁴	i_{x0}/cm	W_{x0}/cm³	I_{y0}/cm⁴	i_{y0}/cm	W_{y0}/cm³	I_{x1}/cm⁴	
14	140	10	14	27.373	21.488	0.551	514.65	4.34	50.58	817.27	5.46	82.56	212.04	2.78	39.20	915.11	3.82
		12		32.512	25.522	0.551	603.68	4.31	59.80	958.79	5.43	96.85	248.57	2.76	45.01	1009.28	3.90
		14		37.567	29.490	0.550	688.81	4.28	68.75	1093.56	5.40	110.47	284.06	2.75	50.45	1284.22	3.98
		16		42.539	37.393	0.549	770.24	4.26	77.46	1221.81	5.36	123.42	318.67	2.74	55.55	1470.07	4.06
16	160	10	16	31.502	24.729	0.630	779.53	4.98	66.70	1237.30	6.27	109.36	321.76	3.20	52.76	1365.33	4.31
		12		37.441	29.391	0.630	916.58	4.95	78.98	1455.68	6.24	128.67	377.49	3.18	60.74	1639.57	4.39
		14		43.296	33.987	0.629	1048.36	4.92	90.95	1665.02	6.20	147.17	431.70	3.16	68.244	1914.68	4.47
		16		49.067	38.518	0.629	1175.08	4.89	102.63	1865.57	6.17	164.89	484.89	3.14	75.31	2190.82	4.55
18	180	12	16	42.241	33.159	0.710	1321.35	5.59	100.82	2100.10	7.05	165.00	542.61	3.58	78.41	2332.80	4.89
		14		48.896	38.388	0.709	1514.48	5.56	116.25	2407.42	7.02	189.14	625.53	3.56	88.38	2723.48	4.97
		16		55.467	43.542	0.709	1700.99	5.54	131.13	2703.37	6.98	212.40	698.60	3.55	97.83	3115.29	5.05
		18		61.955	48.634	0.708	1875.12	5.50	145.64	2988.24	6.94	234.78	762.01	3.51	105.14	3502.43	5.13
20	200	14	18	54.642	42.894	0.788	2103.55	6.20	144.70	3343.26	7.82	236.40	863.83	3.98	111.82	3734.10	5.46
		16		62.013	48.680	0.788	2366.15	6.18	163.65	3760.89	7.79	265.93	971.41	3.96	123.96	4270.39	5.54
		18		69.301	54.401	0.787	2620.64	6.15	182.22	4164.54	7.75	294.48	1076.74	3.94	135.52	4808.13	5.62
		20		76.505	60.056	0.787	2867.30	6.12	200.42	4554.55	7.72	322.06	1180.04	3.93	146.55	5347.51	5.69
		24		90.661	71.168	0.785	2338.25	6.07	236.17	5294.97	7.64	374.41	1381.53	3.90	166.55	6457.16	5.87

注：截面图中的 $r_1=\frac{1}{3}d$ 及表中 r 值的数据用于孔型设计，不做交货条件。

表 2　热轧不等边角钢(GB 9788—88)

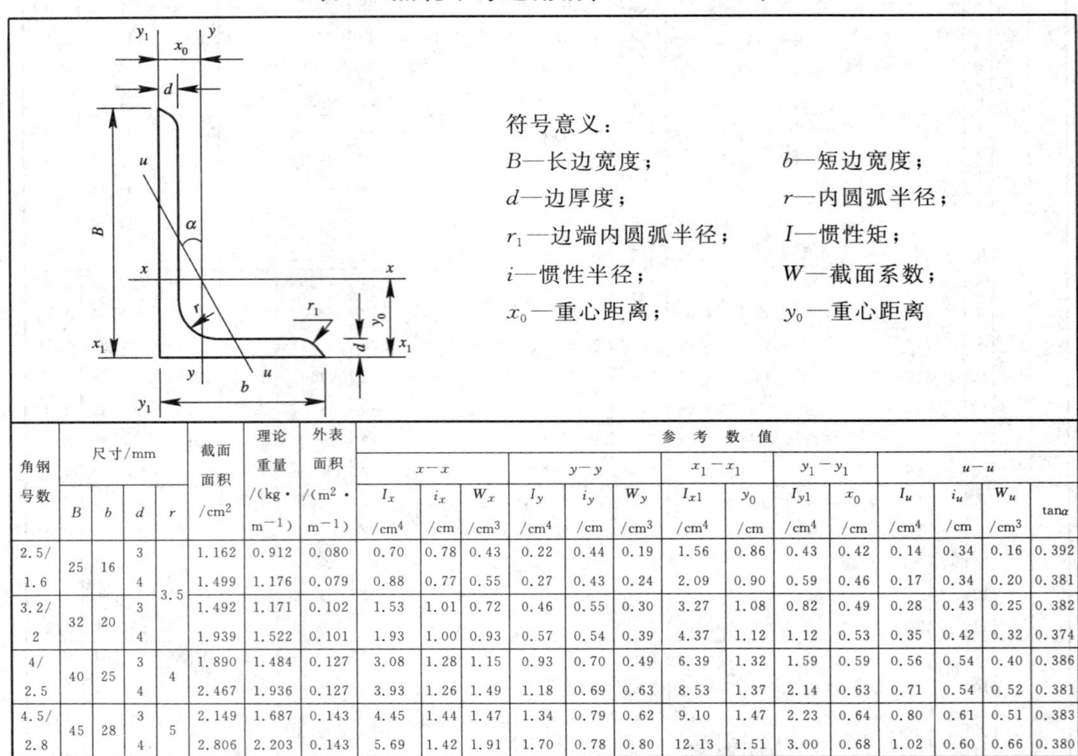

符号意义：

B—长边宽度；　b—短边宽度；

d—边厚度；　r—内圆弧半径；

r_1—边端内圆弧半径；　I—惯性矩；

i—惯性半径；　W—截面系数；

x_0—重心距离；　y_0—重心距离

角钢号数	尺寸/mm				截面面积/cm²	理论重量/(kg·m⁻¹)	外表面积/(m²·m⁻¹)	参考数值														
								$x-x$			$y-y$			x_1-x_1		y_1-y_1		$u-u$				
	B	b	d	r				I_x/cm⁴	i_x/cm	W_x/cm³	I_y/cm⁴	i_y/cm	W_y/cm³	I_{x1}/cm⁴	y_0/cm	I_{y1}/cm⁴	x_0/cm	I_u/cm⁴	i_u/cm	W_u/cm³	tanα
2.5/1.6	25	16	3	3.5	1.162	0.912	0.080	0.70	0.78	0.43	0.22	0.44	0.19	1.56	0.86	0.43	0.42	0.14	0.34	0.16	0.392
			4		1.499	1.176	0.079	0.88	0.77	0.55	0.27	0.43	0.24	2.09	0.90	0.59	0.46	0.17	0.34	0.20	0.381
3.2/2	32	20	3		1.492	1.171	0.102	1.53	1.01	0.72	0.46	0.55	0.30	3.27	1.08	0.82	0.49	0.28	0.43	0.25	0.382
			4		1.939	1.522	0.101	1.93	1.00	0.93	0.57	0.54	0.39	4.37	1.12	1.12	0.53	0.35	0.42	0.32	0.374
4/2.5	40	25	3	4	1.890	1.484	0.127	3.08	1.28	1.15	0.93	0.70	0.49	6.39	1.32	1.59	0.59	0.56	0.54	0.40	0.386
			4		2.467	1.936	0.127	3.93	1.26	1.49	1.18	0.69	0.63	8.53	1.37	2.14	0.63	0.71	0.54	0.52	0.381
4.5/2.8	45	28	3	5	2.149	1.687	0.143	4.45	1.44	1.47	1.34	0.79	0.62	9.10	1.47	2.23	0.64	0.80	0.61	0.51	0.383
			4		2.806	2.203	0.143	5.69	1.42	1.91	1.70	0.78	0.80	12.13	1.51	3.00	0.68	1.02	0.60	0.66	0.380

续表

角钢号数	尺寸/mm				截面面积/cm²	理论重量/(kg·m⁻¹)	外表面积/(m²·m⁻¹)	参考数值													
								$x-x$			$y-y$			x_1-x_1		y_1-y_1		$u-u$			
	B	b	d	r				I_x/cm⁴	i_x/cm	W_x/cm³	I_y/cm⁴	i_y/cm	W_y/cm³	I_{x1}/cm⁴	y_0/cm	I_{y1}/cm⁴	x_0/cm	I_u/cm⁴	i_u/cm	W_u/cm³	$\tan\alpha$
5/3.2	50	32	3	5.5	2.431	1.908	0.161	6.24	1.60	1.84	2.02	0.91	0.81	12.49	1.60	3.31	0.73	1.20	0.70	0.68	0.404
			4		3.177	2.494	0.160	8.02	1.59	2.39	2.58	0.90	1.06	16.65	1.65	4.45	0.77	1.53	0.69	0.87	0.402
5.6/3.6	56	36	3	6	2.743	2.153	0.181	8.88	1.80	2.32	2.92	1.03	1.05	17.54	1.78	4.70	0.80	1.73	0.79	0.87	0.408
			4		3.590	2.818	0.180	11.45	1.79	3.03	3.76	1.02	1.37	23.39	1.82	6.33	0.85	2.23	0.79	1.13	0.408
			5		4.415	3.466	0.180	13.86	1.77	3.71	4.49	1.01	1.65	29.25	1.87	7.94	0.88	2.67	0.78	1.36	0.404
6.3/4	63	40	4	7	4.058	3.185	0.202	16.39	2.02	3.87	5.23	1.14	1.70	33.30	2.04	8.63	0.92	3.12	0.88	1.40	0.308
			5		4.993	3.920	0.202	20.02	2.00	4.74	6.31	1.12	2.71	41.63	2.08	10.86	0.95	3.76	0.87	1.71	0.396
			6		5.908	4.638	0.201	23.36	1.96	5.59	7.29	1.11	2.43	49.98	2.12	13.12	0.99	4.34	0.86	1.99	0.393
			7		6.802	5.339	0.201	26.53	1.98	6.40	8.24	1.10	2.78	58.07	2.15	15.47	1.03	4.97	0.86	2.29	0.389
7/4.5	70	45	4	7.5	4.547	3.570	0.226	23.17	2.26	4.86	7.55	1.29	2.17	45.92	2.24	12.26	1.02	4.40	0.98	1.77	0.410
			5		5.609	4.403	0.225	27.95	2.23	5.92	9.13	1.28	2.65	57.10	2.28	15.39	1.06	5.40	0.98	2.19	0.407
			6		6.647	5.218	0.225	32.54	2.21	6.95	10.62	1.26	3.12	68.35	2.32	18.58	1.09	6.35	0.98	2.59	0.404
			7		7.657	6.011	0.225	37.22	2.20	8.03	12.01	1.25	3.57	79.99	2.36	21.84	1.13	7.16	0.97	2.94	0.402
7.5/5	75	50	5	8	6.125	4.808	0.245	34.86	2.39	6.83	12.61	1.44	3.30	70.00	2.40	21.04	1.17	7.41	1.10	2.74	0.435
			6		7.260	5.699	0.245	41.12	2.38	8.12	14.70	1.42	3.88	84.30	2.44	25.37	1.21	8.54	1.08	3.19	0.435
			8		9.467	7.431	0.244	52.39	2.35	10.52	18.53	1.40	4.99	112.50	2.52	34.23	1.29	10.87	1.07	4.10	0.429
			10		11.590	9.098	0.244	62.71	2.33	12.79	21.96	1.38	6.04	140.80	2.60	43.43	1.36	13.10	1.06	4.99	0.423
8/5	80	50	5	8	6.375	5.005	0.255	41.96	2.56	7.78	12.82	1.42	3.32	85.21	2.60	21.06	1.14	7.66	1.10	2.74	0.388
			6		7.560	5.935	0.255	49.49	2.56	9.25	14.95	1.41	3.91	102.53	2.65	25.41	1.18	8.85	1.08	3.20	0.387
			8		8.724	6.848	0.255	56.16	2.54	10.58	16.96	1.39	4.48	119.33	2.69	29.82	1.21	10.18	1.08	3.70	0.384
			10		9.867	7.745	0.254	62.83	2.52	11.92	18.85	1.38	5.03	136.41	2.73	34.32	1.25	11.38	1.07	4.16	0.381
9/5.6	90	56	5	9	7.212	5.661	0.287	60.45	2.90	9.92	18.32	1.59	4.21	121.32	2.91	29.53	1.25	10.98	1.23	3.49	0.385
			6		8.557	6.717	0.286	71.03	2.88	11.74	21.42	1.58	4.96	145.59	2.95	35.58	1.29	12.90	1.23	4.18	0.384
			8		9.880	7.756	0.286	81.01	2.86	13.49	24.36	1.57	5.70	169.66	3.00	41.71	1.33	14.67	1.22	4.72	0.382
			10		11.183	8.779	0.286	91.03	2.85	15.27	27.15	1.56	6.41	194.17	3.04	47.93	1.36	16.34	1.21	5.29	0.380
10/6.3	100	63	6	10	9.617	7.550	0.320	99.06	3.21	14.64	30.94	1.79	6.35	199.71	3.24	50.50	1.43	18.42	1.38	5.25	0.394
			7		11.111	8.722	0.320	113.45	3.29	16.88	35.26	1.78	7.29	233.00	3.28	59.14	1.47	21.00	1.38	6.02	0.393
			8		12.584	9.878	0.319	127.37	3.18	19.08	39.39	1.77	8.21	266.32	3.32	67.88	1.50	23.50	1.37	6.78	0.391
			10		15.467	12.142	0.319	153.81	3.15	23.32	47.12	1.74	9.98	333.06	3.40	85.73	1.58	28.33	1.35	8.24	0.387
10/8	100	80	6	10	10.637	8.350	0.354	107.04	3.17	15.19	61.24	2.40	10.16	199.83	2.95	102.68	1.97	31.65	1.72	8.37	0.627
			7		12.301	9.656	0.354	122.73	3.16	17.52	70.08	2.39	11.71	233.20	3.00	119.98	2.01	36.17	1.72	9.60	0.626
			8		13.944	10.946	0.353	137.92	3.14	19.81	78.58	2.37	13.21	266.61	3.04	137.37	2.05	40.58	1.71	10.80	0.625
			10		17.167	13.476	0.353	166.87	3.12	24.24	94.65	2.35	16.12	333.63	3.12	172.48	2.13	49.10	1.69	13.12	0.622
11/7	110	70	6	10	10.637	8.350	0.354	133.37	3.54	17.85	42.92	2.01	7.90	265.78	3.53	69.08	1.57	25.36	1.54	6.53	0.403
			7		12.301	9.656	0.354	153.00	3.53	20.60	49.01	2.00	9.09	310.07	3.57	80.82	1.61	28.95	1.53	7.50	0.402
			8		13.944	10.946	0.353	172.04	3.51	23.30	54.87	1.98	10.25	354.39	3.62	92.70	1.65	32.45	1.53	8.45	0.401
			10		17.167	13.476	0.353	208.39	3.48	28.54	65.88	1.96	12.48	443.14	3.70	116.83	1.72	39.20	1.51	10.29	0.397
12.5/8	125	80	7	11	14.096	11.066	0.403	277.98	4.02	26.86	74.42	2.30	12.01	454.99	4.01	120.32	1.80	43.81	1.76	9.92	0.408
			8		15.989	12.551	0.403	256.77	4.01	30.41	83.49	2.28	13.56	519.99	4.06	137.85	1.84	49.15	1.75	11.18	0.407
			10		19.712	15.474	0.402	312.04	3.98	37.33	100.67	2.26	16.56	650.09	4.14	173.40	1.92	59.45	1.74	13.64	0.404
			12		23.351	18.330	0.402	364.41	3.95	44.01	116.67	2.24	19.43	780.39	4.22	209.67	2.00	69.35	1.72	16.01	0.400
14/9	140	90	8	12	18.038	14.160	0.453	365.64	4.50	38.48	120.69	2.59	17.34	730.53	4.50	195.79	2.04	70.83	1.98	14.31	0.411
			10		22.261	17.475	0.452	445.50	4.48	47.31	146.03	2.56	21.22	913.20	4.58	245.92	2.12	85.82	1.96	17.48	0.409
			12		26.400	20.724	0.451	521.59	4.44	55.87	169.79	2.54	24.95	1096.09	4.66	296.89	2.19	100.21	1.95	20.54	0.406
			14		30.456	23.908	0.451	594.10	4.42	64.18	192.10	2.51	28.54	1279.26	4.74	348.82	2.27	114.3	1.94	23.52	0.403

续表

角钢号数	尺寸/mm				截面面积/cm²	理论重量/(kg·m⁻¹)	外表面积/(m²·m⁻¹)	参考数值													
								$x-x$			$y-y$			x_1-x_1		y_1-y_1		$u-u$			
	B	b	d	r				I_x /cm⁴	i_x /cm	W_x /cm³	I_y /cm⁴	i_y /cm	W_y /cm³	I_{x1} /cm⁴	y_0 /cm	I_{y1} /cm⁴	x_0 /cm	I_u /cm⁴	i_u /cm	W_u /cm³	tanα
16/10	160	100	10	13	25.315	19.872	0.512	668.69	5.14	62.13	205.03	2.85	26.56	1362.89	5.24	336.59	2.28	121.74	2.19	21.92	0.390
			12		30.054	23.592	0.511	784.91	5.11	73.49	239.06	2.82	31.28	1635.56	5.32	405.94	2.36	142.33	2.17	25.79	0.388
			14		34.709	27.247	0.510	896.30	5.08	84.56	271.20	2.80	35.83	1908.50	5.40	476.42	2.43	162.23	2.16	29.56	0.385
			16		39.281	30.835	0.510	1003.04	5.05	95.33	301.60	2.77	40.24	2181.79	5.48	548.22	2.51	182.57	2.16	33.44	0.382
18/11	180	110	10	14	28.373	22.273	0.571	956.25	5.80	78.96	278.11	3.13	32.49	1940.40	5.89	447.22	2.44	166.50	2.42	26.88	0.376
			12		33.712	26.464	0.571	1124.72	5.78	93.53	325.03	3.10	38.32	2328.38	5.98	538.94	2.52	194.87	2.40	31.66	0.374
			14		38.967	30.589	0.570	1286.91	5.75	107.76	369.55	3.08	43.97	2716.60	6.06	631.95	2.59	222.30	2.39	36.32	0.372
			16		44.139	34.649	0.569	1443.06	5.72	121.64	411.85	3.06	49.44	3105.15	6.14	726.46	2.67	248.94	2.38	40.87	0.369
20/12.5	200	125	12		37.912	29.761	0.641	1570.90	6.44	116.73	483.16	3.57	49.99	3193.85	6.54	787.74	2.83	285.79	2.74	41.23	0.392
			14		43.867	34.436	0.640	1800.97	6.41	134.65	550.83	3.54	57.44	3726.17	6.02	922.47	2.91	326.58	2.73	47.34	0.390
			16		49.739	39.045	0.639	2023.35	6.38	152.18	615.44	3.52	64.69	4258.86	6.70	1058.86	2.99	366.21	2.71	53.32	0.388
			18		55.526	43.588	0.639	2238.30	6.35	169.33	677.19	3.49	71.74	4792.00	6.78	1197.13	3.06	404.83	2.70	59.18	0.385

注：1. 括号内型号不推荐使用。

2. 截面图中的 $r_1=\frac{1}{3}d$ 及表中 r 的数据用于孔型设计，不做交货条件。

表 3　热轧工字钢(GB 706—88)

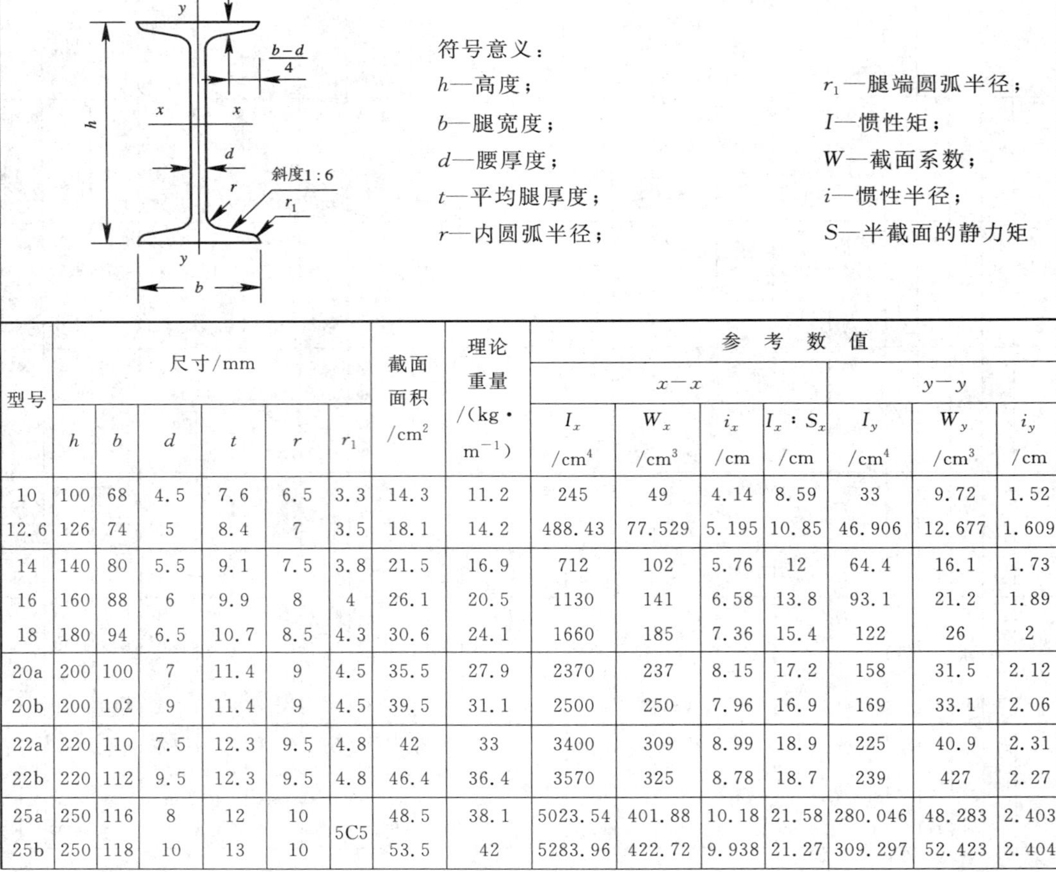

符号意义：

h—高度；

b—腿宽度；

d—腰厚度；

t—平均腿厚度；

r—内圆弧半径；

r_1—腿端圆弧半径；

I—惯性矩；

W—截面系数；

i—惯性半径；

S—半截面的静力矩

型号	尺寸/mm						截面面积/cm²	理论重量/(kg·m⁻¹)	参考数值						
									$x-x$				$y-y$		
	h	b	d	t	r	r_1			I_x /cm⁴	W_x /cm³	i_x /cm	$I_x:S_x$ /cm	I_y /cm⁴	W_y /cm³	i_y /cm
10	100	68	4.5	7.6	6.5	3.3	14.3	11.2	245	49	4.14	8.59	33	9.72	1.52
12.6	126	74	5	8.4	7	3.5	18.1	14.2	488.43	77.529	5.195	10.85	46.906	12.677	1.609
14	140	80	5.5	9.1	7.5	3.8	21.5	16.9	712	102	5.76	12	64.4	16.1	1.73
16	160	88	6	9.9	8	4	26.1	20.5	1130	141	6.58	13.8	93.1	21.2	1.89
18	180	94	6.5	10.7	8.5	4.3	30.6	24.1	1660	185	7.36	15.4	122	26	2
20a	200	100	7	11.4	9	4.5	35.5	27.9	2370	237	8.15	17.2	158	31.5	2.12
20b	200	102	9	11.4	9	4.5	39.5	31.1	2500	250	7.96	16.9	169	33.1	2.06
22a	220	110	7.5	12.3	9.5	4.8	42	33	3400	309	8.99	18.9	225	40.9	2.31
22b	220	112	9.5	12.3	9.5	4.8	46.4	36.4	3570	325	8.78	18.7	239	427	2.27
25a	250	116	8	12	10	5C5	48.5	38.1	5023.54	401.88	10.18	21.58	280.046	48.283	2.403
25b	250	118	10	13	10		53.5	42	5283.96	422.72	9.938	21.27	309.297	52.423	2.404

续表

型号	尺寸/mm						截面面积/cm^2	理论重量/(kg·m^{-1})	参考数值						
									$x-x$				$y-y$		
	h	b	d	t	r	r_1			I_x/cm^4	W_x/cm^3	i_x/cm	$I_x:S_x$/cm	I_y/cm^4	W_y/cm^3	i_y/cm
28a	280	122	8.5	13.7	10.5	5.3	55.45	43.4	7114.14	508.15	11.32	24.62	345.051	56.565	2.495
28b	280	124	10.5	13.7	10.5	5.3	61.05	47.9	7480	534.29	11.08	24.24	379.496	61.209	2.493
32a	320	130	9.5	15	11.5	5.8	67.05	52.7	11075.5	692.2	12.84	27.46	459.93	70.758	2.619
32b	320	132	11.5	15	11.5	5.8	73.45	57.7	11621.4	726.33	12.58	27.90	501.53	75.989	2.614
32c	320	134	13.5	11.5	5.8	5.8	79.95	62.8	12167.5	760.47	12.34	26.77	543.81	81.166	2.608
36a	360	136	10	15.8	12	6	76.3	59.9	15 760	875	14.4	30.7	552	81.2	2.69
36b	360	138	12	15.8	12	6	83.5	65.6	16 530	919	14.1	30.3	582	84.3	2.64
36c	360	140	14	15.8	12	6	90.7	71.2	17 310	962	13.8	29.9	612	87.4	2.6
40a	400	142	10.5	16.5	12.5	6.3	86.1	67.6	21 720	1090	15.9	34.1	660	93.2	2.77
40b	400	144	12.5	16.5	12.5	6.3	94.1	73.8	22 780	1140	15.6	33.6	692	96.2	2.71
40c	400	146	14.5	16.5	12.5	6.3	102	80.1	23 850	1190	15.2	33.2	727	99.6	2.65
45a	450	150	11.5	18	13.5	6.8	102	80.4	32 240	1430	17.7	38.6	855	114	2.89
45b	450	152	13.5	18	13.5	6.8	111	87.4	33 760	1500	17.4	38	894	118	2.84
45c	450	154	15.5	18	13.5	6.8	120	94.5	35 280	1570	17.1	37.6	938	122	2.79
50a	500	158	12	20	14	7	119	93.6	46 470	1860	19.7	42.8	1120	142	3.07
50b	500	160	14	20	14	7	129	101	48 560	1940	19.4	42.4	1170	146	3.01
50c	500	162	16	20	14	7	139	109	50 640	2080	19	41.8	1220	151	2.96
56a	560	166	12.5	21	14.5	7.3	135.25	106.2	65 585.6	2342.31	22.02	47.73	1370.16	165.08	3.182
56b	560	168	14.5	21	14.5	7.3	146.45	115	68 512.5	2446.69	21.63	47.17	1486.75	174.25	3.162
56c	560	170	16.5	21	14.5	7.3	157.85	123.9	71 439.4	2551.41	21.27	46.66	1558.39	183.34	3.158
63a	630	176	13	22	15	7.5	154.9	121.6	93 916.2	2981.47	24.62	54.17	1700.55	193.24	3.314
63b	630	178	15	22	15	7.5	167.5	131.5	98 083.6	3163.38	24.2	53.51	1812.07	203.6	3.289
63c	630	180	17	22	15	7.5	180.1	141	102 251.1	3298.42	23.82	52.92	1924.91	213.88	3.268

注：截面图和表右标注的圆弧半径 r、r_1 的数据用于孔型设计，不做交货条件。

表 4　热轧槽钢(GB 707—88)

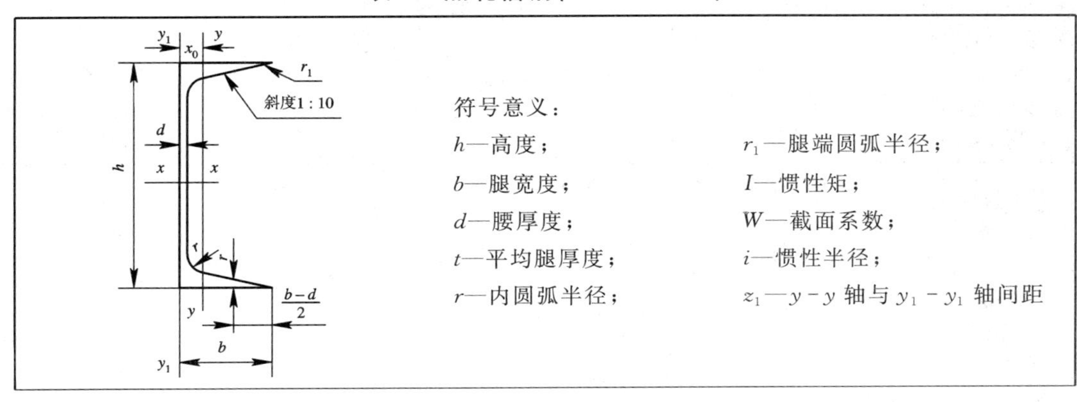

续表

型号	尺寸/mm						截面面积/cm^2	理论重量/(kg·m^{-1})	参考数值							
									$x-x$			$y-y$			y_1-y_1	z_0/cm
	h	b	d	t	r	r_1			W_x/cm^3	I_x/cm^4	i_x/cm	W_y/cm^3	I_y/cm^4	i_y/cm	I_{y1}/cm^4	
5	50	37	4.5	7	7	3.5	6.93	5.44	10.4	26	1.94	3.55	8.3	1.1	20.9	1.35
6.3	63	40	4.8	7.5	7.5	3.75	8.444	6.63	16.123	50.786	2.453	4.50	11.872	1.185	28.38	1.36
8	80	43	5	8	8	4	10.24	8.04	25.3	101.3	3.15	5.79	16.6	1.27	37.4	1.43
10	100	48	5.3	8.5	8.5	4.25	12.74	10	39.7	198.3	3.95	7.8	25.6	1.41	54.9	1.52
12.6	126	53	5.5	9	9	4.5	15.69	12.37	62.137	391.466	4.953	10.242	37.99	1.567	77.09	1.59
14a	140	58	6	9.5	9.5	4.75	18.51	14.53	80.5	563.7	5.52	13.01	53.2	1.7	107.1	1.71
14b	140	60	8	9.5	9.5	4.75	21.31	16.73	87.1	609.4	5.35	14.12	61.1	1.69	120.6	1.67
16a	160	63	6.5	10	10	5	21.95	17.23	108.3	866.2	6.28	16.3	73.3	1.83	144.1	1.8
16	160	65	8.5	10	10	5	25.15	19.74	116.8	934.5	6.1	17.55	83.4	1.82	160.8	1.75
18a	180	68	7	10.5	10.5	5.25	25.69	20.17	141.4	1272.7	7.04	20.03	98.6	1.96	189.7	1.88
18	180	70	9	10.5	10.5	5.25	29.29	22.99	152.2	1369.9	6.84	21.52	111	1.95	210.1	1.84
20a	200	73	7	11	11	5.5	28.83	22.63	178	1780.4	7.86	24.2	128	2.11	244	2.01
20	200	75	9	11	11	5.5	32.83	25.77	191.4	1913.7	7.64	25.88	143.6	2.09	268.4	1.95
22a	220	77	7	11.5	11.5	5.75	31.84	24.99	217.6	2393.9	8.67	28.17	157.8	2.23	298.2	2.1
22	220	79	9	11.5	11.5	5.75	36.24	28.45	233.8	2571.4	8.42	30.05	176.4	2.21	326.3	2.03
25a	250	78	7	12	12	6	34.91	27.47	269.597	3369.62	9.823	30.607	175.529	2.243	322.256	2.065
25b	250	80	9	12	12	6	39.91	31.39	282.402	3530.04	9.405	32.657	196.421	2.218	353.187	1.982
25c	250	82	11	12	12	6	44.91	35.32	295.236	3690.45	9.065	35.926	218.415	2.206	383.133	1.921
28a	280	82	7.5	12.5	12.5	6.25	40.02	31.42	340.328	4764.59	10.91	35.718	217.989	2.333	387.566	2.097
28b	280	84	9.5	12.5	12.5	6.25	45.62	35.81	366.46	5130.45	10.6	37.929	242.144	2.304	427.589	2.016
28c	280	86	11.5	12.5	12.5	6.25	51.22	40.21	392.594	5496.32	10.35	40.301	267.602	2.286	426.597	1.951
32a	320	88	8	14	14	7	48.7	38.22	474.879	7598.06	12.49	46.473	304.787	2.502	552.31	2.242
32b	320	90	10	14	14	7	55.1	43.25	509.012	8144.2	49.157	49.157	336.332	2.471	592.933	2.158
32c	320	92	12	14	14	7	61.5	48.28	543.145	8690.33	52.642	52.642	374.175	2.467	643.299	2.092
36a	360	96	9	16	16	8	60.89	47.8	659.7	11 874.2	13.97	63.54	455	2.73	818.4	2.44
36b	360	98	11	16	16	8	68.09	53.45	702.9	12 651.8	13.63	66.85	496.7	2.7	880.4	2.37
36c	360	100	13	16	16	8	75.29	50.1	746.1	13 429.4	13.36	70.02	536.4	2.67	947.9	2.34
44a	400	100	10.5	18	18	9	75.05	58.91	878.9	17 577.9	15.30	78.83	592	2.81	1067.7	2.49
44b	400	102	12.5	18	18	9	83.05	65.19	932.2	18 644.5	14.98	82.52	640	2.78	1135.6	2.44
44c	400	104	14.5	18	18	9	91.05	71.47	985.6	19 711.2	14.71	86.19	687.8	2.75	1220.7	2.42

注：截面图和表中标注的圆弧半径 r、r_1 的数据用于孔型设计，不做交货条件。

参考文献

[1] 何耀民，郭谆钦. 工程力学. 长春：东北师大出版社，2010.
[2] 张秉荣. 工程力学. 北京：机械工业出版社，2009.
[3] 史艺农. 工程力学. 西安：西安电子科技大学出版社，2006.
[4] 张光伟. 工程力学. 西安：西安电子科技大学出版社，2007.
[5] 皮智谋. 工程力学. 西安：西安电子科技大学出版社，2011.
[6] 李刚. 工程力学. 南京：南京大学出版社，2011.
[7] 严丽，孙永红. 工程力学. 北京：北京理工大学出版社，2007.
[8] 梁春光. 工程力学. 北京：北京理工大学出版社，2008.
[9] 禹加宽. 工程力学. 北京：北京理工大学出版社，2006.
[10] 龚良贵. 工程力学. 北京：清华大学出版社，2005.
[11] 穆能伶. 工程力学. 北京：机械工业出版社，2005.
[12] 李立，张祥兰. 工程力学. 北京：机械工业出版社，2008.
[13] 张向阳，李立新. 工程力学. 哈尔滨：哈尔滨工程大学出版社，2007.
[14] 张百新. 工程力学. 北京：冶金工业出版社，2008.
[15] 刘小群. 工程力学. 长沙：湖南大学出版社，2007.